北京市高等教育精品教材立项项目

分散控制系统 与现场总线控制系统

（第二版）

主　编　白焰

副主编　朱耀春　李新利

参　编　杨国田　董玲　梁庚

中国电力出版社
CHINA ELECTRIC POWER PRESS

内 容 提 要

本书是北京市高等教育精品教材立项项目。书中对分散控制系统和现场总线控制系统进行了论述。全书共分 13 章,主要内容包括分散控制系统概论,数据通信的原理、系统结构及相关协议,过程控制站、运行员操作站的结构和功能,工程师工作站与组态软件,分散控制系统的可靠性,分散控制系统的评价与选择,分散控制系统的工程设计与实际应用,现场总线控制系统的概念、类型、结构和特点,现场总线通信系统,现场总线设备,现场总线控制系统的组态,现场总线控制系统的工程设计和实施等。附录部分给出了 DCS 主要供应商及其代表产品、DCS 系统技术统计表,以及通过现场总线基金会认证的现场设备列表。

本书可供自动化、测控技术与仪器等专业师生阅读,也可供自动控制工程技术人员参考。

图书在版编目 (CIP) 数据

分散控制系统与现场总线控制系统/白焰主编 . —2 版 . —北京:中国电力出版社,2012.8(2023.1 重印)
北京市高等教育精品教材立项项目
ISBN 978 - 7 - 5123 - 3462 - 5

Ⅰ.①分… Ⅱ.①白… Ⅲ.①分散控制系统—高等学校—教材②总线—自动控制系统—高等学校—教材 Ⅳ.①TP273

中国版本图书馆 CIP 数据核字 (2012) 第 209571 号

中国电力出版社出版、发行
(北京市东城区北京站西街 19 号 100005 http://www.cepp.sgcc.com.cn)
三河市百盛印装有限公司印刷
各地新华书店经售
*
2001 年 3 月第一版
2012 年 10 月第二版 2023 年 1 月北京第十二次印刷
787 毫米×1092 毫米 16 开本 23 印张 558 千字
定价 48.00 元

前　言

　　分散控制系统和现场总线控制系统分别代表工业过程控制系统的现在与未来，是自动化、测控技术与仪器等专业的重要课程，同时也是自动化从业人员必备的专业知识。本书自2001 年出版以来，受到广大读者的欢迎，至今已重印 8 次，发行量近 2 万册。此间，通过日常的教学活动和读者的反馈意见，我们也陆续发现了书中存在的错误和不足之处。同时，分散控制系统和现场总线控制系统的发展十分迅速，书中的部分内容已显得过于陈旧。因此，作者一直在为本书的再版积累素材，为进一步提高本书的质量而努力。恰值北京市教育委员会于 2009 年进行北京市高等教育精品教材建设立项工作，本书成功入选北京市高等教育精品教材建设立项重点项目，为本书的修订和再版提供了强有力的支持。

　　本次再版对原书进行了以下修正：

　　（1）根据分散控制系统和现场总线控制系统的最新发展，重新梳理了教学内容，删除了部分过于陈旧的内容，补充了一些新思想、新概念、新方法和新设备；

　　（2）根据自动化、测控技术与仪器等专业本科教学要求，强化了对于基本概念的阐述和理论分析，特别注重基本概念的明晰和理论推导的简捷；

　　（3）对原书中插图进行了改进，重新绘制了本书的大部分插图；

　　（4）为了帮助学生更好地掌握书中的基本概念和分析方法，本书的各章节补充编写了课后习题，便于教学活动的开展以及学生课后的练习；

　　（5）本书还将陆续出版与之配套的习题集和教学课件，为广大师生的教学提供便利，同时也为自动化专业技术人员的自学创造条件。

　　作者真诚地希望此次再版能够为读者呈上一本满意的教科书或参考书。同时，也将一如既往地期待来自读者的声音，改进的、纠正的、质疑的，甚至是批判的。我们深知，一本好书的诞生，不仅靠作者的耕耘，更需要读者的培灌。

　　作者衷心感谢长期以来广大读者对本书的关注与厚爱！感谢中国电力出版社为本书的再版而付出的辛劳！感谢北京市教育委员会为本书的出版提供的支持！

作　者

2012 年 5 月于北京

前　言

第 一 版 前 言

自从美国 Honeywell 公司于 1975 年成功地推出世界上第一套分散控制系统 DCS 以来，它已经经历了 25 年的风风雨雨，由初生走向成熟。特别是近些年来，随着计算机技术、通信技术、控制技术、大规模集成电路技术、图形显示技术、多媒体技术、人工智能技术以及其他高新技术的发展，分散控制系统历经几代变迁，成为工业生产过程控制、管理和决策的核心，广泛应用于电力、石油、化工、冶金、建材、制药等行业的各种工业生产过程。在企业面对日趋激烈的市场竞争条件下，分散控制系统在保持生产过程的安全稳定，提高工艺系统的经济效益，实现全厂范围内的优化运行，并且在管理层的决策支持方面发挥着越来越重要的作用。

现场总线控制系统 FCS 是继分散控制系统之后出现的新一代控制系统，虽然它的出现才短短的几年，但它所代表的是一种数字化到现场、网络化到现场、控制功能到现场和设备管理到现场的不可逆转的发展方向。现场总线控制系统的出现，宣告了新一代控制系统体系结构的诞生。它的广泛应用大幅度地降低了控制系统的投资，显著地提高了控制质量，极大地丰富了信息系统的内容，明显地改善了系统的集成性、开放性、分散性和互操作性。因此，现场总线控制系统已经成为当今世界范围内自动控制技术的热点，被誉为跨世纪的自动控制系统。尽管对现场总线控制系统将要取代分散控制系统，还是分散控制系统将要吸纳现场总线技术，人们各抒己见，但以现场总线为基础的现场信号数字化传输将成为现场信号模拟量传输的终结者已经成为人们的共识。

本书分上下两篇。上篇为分散控制系统。其中第一章为分散控制系统概念，第二章讨论分散控制系统中的数据通信，第三章讨论过程控制站的结构、种类、硬件、软件及可靠性措施，第四章论述运行员操作站，第五章论述工程师工作站与组态软件，第六章介绍分散控制系统的可靠性，第七章介绍分散控制系统的评价与选择方法，第八章讨论分散控制系统的工程设计与实际应用。

下篇为现场总线控制系统。其中第九章为现场总线控制系统概论，第十章论述现场总线数据通信系统，第十一章介绍各种现场总线设备，第十二章讨论现场总线控制系统的组态方法，第十三章讨论现场总线控制系统的工程实施。

本书在编写的过程中，注意到了从事分散控制系统和现场总线控制系统有关工作的各方面人员的需要。它既包含必要的基本概念、硬件的工作原理和软件的组态方法，又讨论了实际的工程设计、调试方法和试验方法，同时还介绍了系统的评价与选择依据。作者希望这些论述能够对分散控制系统开发人员、设计人员和管理人员正确地使用一个分散控制系统、恰当地评价一个分散控制系统与合理地选择一个分散控制系统有所帮助，同时也能够使初学者用较短的时间，尽快地掌握分散控制系统基本概念。

本书第一、九、十、十一、十二、十三章由白焰编写；第四、五、七、八章由吴鸿编写；第二、三、六章由杨国田编写。

本书在编写过程中，得到了斯可克、韩文清、王运、邱忠昌、雷丽敏、李丽等同志的热情帮助，在此一并表示衷心的感谢。

作者特别感谢国家电力公司电力规划设计总院教授级高级工程师赵庆裕同志，他在百忙之中审阅了全部书稿，并提出了十分宝贵的修改意见。

由于本书的作者均工作在教学、科研和工程的一线，在有限的时间里匆匆成稿，加之分散控制系统和现场总线控制系统的发展如此之快，使得书中难免会有一些缺点和错误，恳请广大专家和读者不吝赐教。

作　者

2000 年 7 月于北京

目　　录

1 分散控制系统概论

随着现代化工业的飞速发展，生产过程的控制规模不断扩大，复杂程度不断增加，工艺过程不断强化，人们对过程控制和生产管理系统提出了越来越高的要求。面临日趋激烈的市场竞争，大型工业生产过程经历了劳动力密集型、设备密集型和信息密集型发展阶段，正在向知识密集型转变。在这一过程中，以计算机为基础而构成的控制、管理与决策系统无疑起着非常重要的作用。而分散控制系统（Distributed Control System，DCS），正是在这种背景下产生的，它是继直接作用式气动仪表、气动单元组合仪表、电动单元组合仪表和组件组装式仪表之后出现的新一代控制系统。

1.1 概　　述

20 世纪 50 年代末期，计算机开始进入过程控制领域，数字控制技术取得了长足的进步。此后，微处理机技术和数字通信技术的飞速发展，导致了 1975 年分散控制系统的诞生。目前，分散控制系统已经在工业生产过程控制中迅速普及，成为过程控制系统的核心。分散控制系统的应用，大幅度提高了生产过程的安全性、经济性、稳定性和可靠性。

分散控制并不是一个全新的概念，早期的过程控制系统就采用分散控制方式。当时，控制装置安装在被控过程附近，每个控制回路都有一个单独的控制器。这些控制装置就地测量过程变量的数值，并把它与给定值相比较而得到偏差值，然后按照一定的控制规律产生控制作用，通过执行机构去控制生产过程。运行人员分散在全厂的各处，分别管理自己所负责的那一部分生产过程（见图 1-1）。这种分散控制方式适用于那些生产规模不太大、工艺过程不太复杂的企业。20 世纪 30 年代初期使用的直接作用式气动控制器就是这种控制方式的产物。现在，在那些比较简单的过程控制领域中仍然使用它们，如连续排污扩容器、生水加热器等容器的水位控制就常常采用这种类型的控制器。

到了 20 世纪 30 年代末期，被控过程的生产规模和复杂程度不断增加，单靠那些相互独立的控制回路来保持整个生产过程的安全、稳定、经济和协调变得越来越困难，因为这时的生产过程已经成为一个各部分相互关联的有机整体。随着生产过程的不断强化，该有机整体中各个部分的相互作用和相互影响愈加强烈，如不能及时地协调和很好地处理各部分之间的关系，在几秒钟之内整个生产过程就可能瘫痪。因此，人们不得不探索新的控制方式——集中控制。

集中控制需要解决的首要问题就是信息的远距离传输。要想在中央控制室内实现对整个生产过程的控制，就必须把反映过程变量的信号传送到中央控制室，同时还要把控制变量传送到现场的执行机构。因此，变送器、控制器和执行器是分离的，变送器和执行器安装在现场，控制器安装在中央控制室。集中控制方式的优点是运行人员在中央控制室获得整个生产过程中的有关信息，能够及时、有效地进行各部分之间的协调控制，这有利于安全、经济运行。

20世纪30年代
机械式仪表
现场操作

20世纪40年代
大型气动式仪表
控制室操作

20世纪50年代
气动单元组合仪表
控制室操作

20世纪60年代
电动单元组合仪表
控制室操作

20世纪70年代
分散控制系统
控制室操作

图 1-1 过程控制系统的发展历史

　　值得注意的是，所谓的集中控制方式只是控制仪表和运行人员在地理位置上的集中，但就整个系统的控制任务而言，仍然是由许多控制器分别完成的，某一局部的控制器发生故障，不会对整个系统造成严重影响。从这一点来说，这种所谓的集中控制方式仅仅是生产过程运行管理的集中，而对生产过程的控制而言，仍然保留着分散控制的特征。

　　这一时期的过程控制主要采用模拟控制仪表，开始是大型气动控制仪表，后来逐渐发展到气动单元组合仪表、电动单元组合仪表和组件组装式仪表。目前，国内电厂几乎全部淘汰了这样的控制模式。

　　20 世纪 50 年代末期，计算机开始应用于过程控制领域。最初它用于生产过程的安全监视和操作指导，后来用于实现监督控制，但还没有直接用来控制生产过程。

到了20世纪60年代初，计算机开始用于生产过程的直接数字控制。由于当时的计算机造价很高，因此常常用一台计算机控制全厂所有的生产过程，这样，就造成了整个系统控制任务的集中。受当时硬件水平的限制，计算机的可靠性很低，一旦计算机发生故障，全厂的生产就陷于瘫痪，因此，这种大规模集中式的直接数字控制系统基本上宣告失败。但人们从中认识到，直接数字控制系统确有许多模拟控制系统无法比拟的优点，只要解决了体系结构和可靠性问题，计算机用于闭环控制是大有希望的。

20世纪60年代中期，控制系统工程师分析了集中控制失败的原因，提出了分散控制系统的概念。他们设想像模拟控制系统那样，把控制功能分散在不同的计算机中完成，并且采用通信技术实现各部分之间的联系和协调。但遗憾的是，当时要实现这些设想还有许多困难，直到20世纪70年代初，微处理机和固态存储器的出现，才使得这些想法付诸实践。

综上所述，控制系统的发展历史实际上经历了一个由控制分散、管理分散，控制分散、管理集中，控制集中、管理集中到控制分散、管理集中的过程。这个过程经历了一个循环，但这个循环绝不是简单的重复。今天的分散控制系统已经不是过去的那种模拟控制系统，而是采用计算机技术的数字控制系统。今天的集中管理不是依靠中央控制室中的指示仪表、记录仪表和操作开关，而是采用先进的运行员操作站、工程师工作站和大屏幕图形显示设备。

国外称分散控制系统为4C技术的产物。所谓4C技术，就是指控制（Control）技术、计算机（Computer）技术、通信（Communication）技术和CRT（Cathode Ray Tube）显示技术。随着图形显示技术的飞速发展，传统的阴极射线管（CRT，又称显像管）早已淘汰，取而代之的是各种各样的新型显示设备，如液晶显示器（LCD）、等离子显示器（PDP）、荧光显示器（VF）等。因此，不妨将CRT显示技术理解成图形（Chart）显示技术。

分散控制系统就是以大型工业生产过程及其相互关系日益复杂的控制对象为前提，从生产过程综合自动化的角度出发，按照系统工程中分解与协调的原则研制开发出来的，以微处理机为核心，结合了控制技术、通信技术和图形显示技术的新型控制系统。

最近几年，在分散控制系统日臻成熟的基础上，以新的控制和管理理论为基础的运行优化软件，在生产过程中逐渐推广使用，使分散控制系统逐渐变成一个集过程控制、安全保障、经济运行和管理优化的综合性系统。

图1-2描述了过程控制体系结构的发展，其中纵坐标是控制系统中的信号传输方式，横坐标是发展年代。现场总线控制系统将在后续章节中介绍。

20世纪50年代，过程控制系统采用3～15psi（1psi＝6.895kPa）的气动信号标准，即第一代过程控制体系结构PCS（Pneumatic Control System）。

20世纪60年代，4～20mA模拟信号的广泛应用，促成了第二代过程控制体系结构ACS（Analogous Control System）。

20世纪70年代前后，数字计算机进入过程控制领域，出现了集中式的计算机控制系统，即第三代过程控制体系结构CCS（Computer Control System）。

20世纪80年代，微处理机的广泛应用产生了分散控制系统，即第四代过程控制体系结构DCS（Distributed Control System）。目前，在工业生产中广泛应用的DCS采用了分散式的体系结构、专利型网络的支撑和模拟式的现场信号。因此，通常称其为半数字的控制

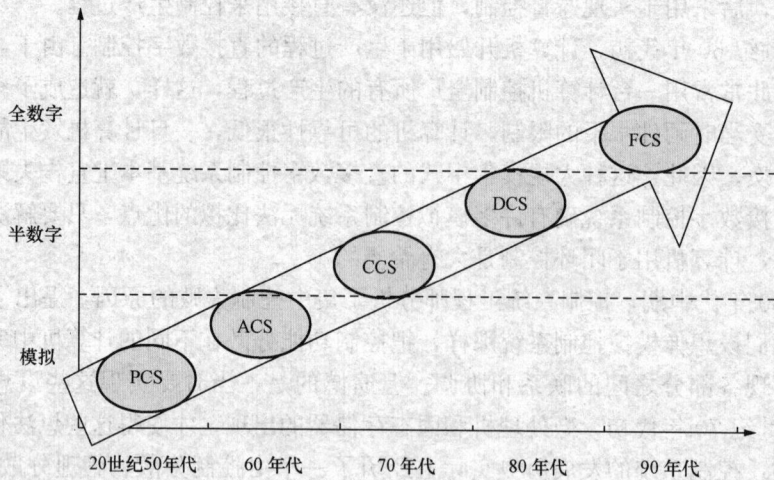

图 1-2　过程控制体系结构的发展

系统。

　　20 世纪 90 年代，现场总线技术的广泛应用，推进了现场设备的网络化、数字化和智能化，现场总线控制系统进入实用阶段，即第五代过程控制体系结构 FCS（Fieldbus Control System）。此时，现场信息的传输方式由模拟传输变为数字传输，出现了全数字式的控制系统。

1.2　分散控制系统的结构

　　分散控制系统是纵向分层、横向分散的大型综合控制系统。它以多层计算机网络为依托，将分布在全厂范围内的各种控制设备和数据处理设备连接在一起，实现各部分的信息共享和协调工作，共同完成各种控制、管理及决策功能。

　　图 1-3 所示为分散控制系统的典型结构。系统中的所有设备分别处于 4 个不同的层次，自下而上分别是现场级、控制级、监控级和管理级。对应着这 4 层结构，分别由 5 层计算机网络，即现场网络 Fnet（Field Network）、输入/输出网络 I/Onet（Input/Output Network）、控制网络 Cnet（Control Network）、监控网络 Snet（Supervision Network）和管理网络 Mnet（Management Network）把相应的设备连接在一起。

1.2.1　现场级

　　现场级设备一般位于被控生产过程的附近。典型的现场级设备是各类传感器、变送器和执行器，它们将生产过程中的各种物理量转换为电信号。例如，4～20mA 的电信号（一般变送器）或符合现场总线协议的数字信号（现场总线变送器）送往控制站或数据采集站，或者将控制站输出的控制量（4～20mA 的电流信号或现场总线数字信号）通过执行器转换成机械位移，带动调节机构，实现对生产过程的控制。

　　目前，现场级的信息传递有三种方式：一种是传统的 4～20mA（或者其他类型的模拟

4

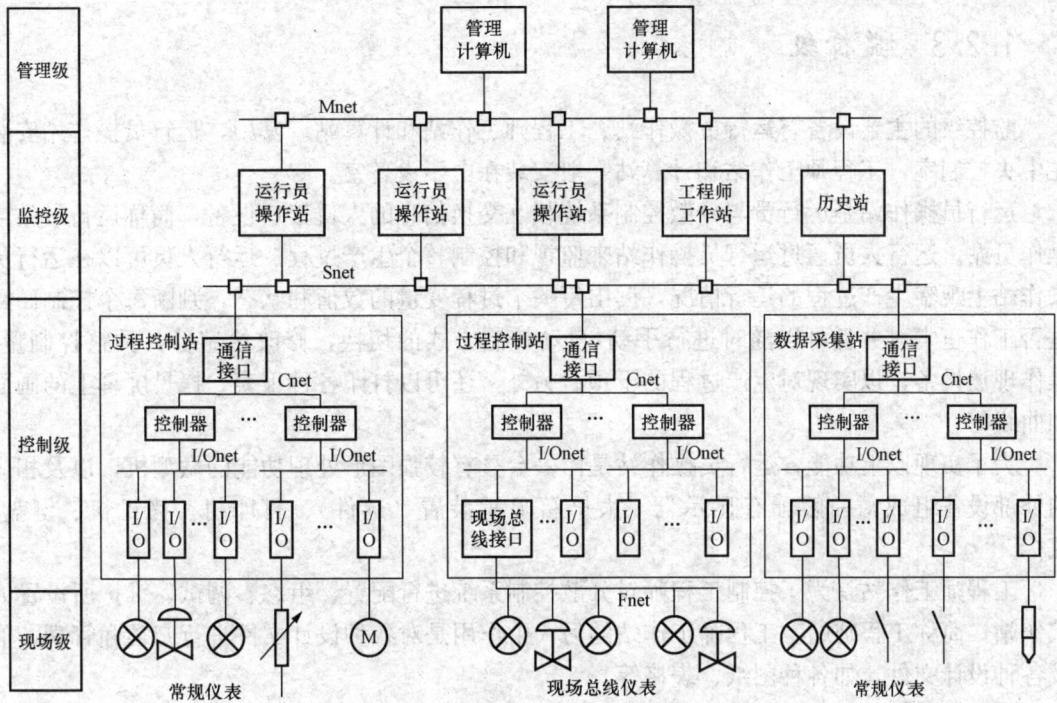

图 1 - 3 分散控制系统的典型结构

量信号）模拟量传输方式；另一种是现场总线的全数字量传输方式；还有一种是在 4～20mA 模拟量信号上，叠加上调制后的数字量信号的混合传输方式。现场信息以现场总线为基础的全数字传输已经在工业现场实现。

按照传统观点，现场设备不属于分散控制系统的范畴，但随着现场总线技术的飞速发展，网络技术已经延伸到现场，微处理机已经进入变送器和执行器，现场信息已经成为整个系统信息中不可缺少的一部分。因此，通常将其并入分散控制系统体系结构中。

1.2.2 控制级

控制级主要由过程控制站和数据采集站构成。电厂中，通常把过程控制站和数据采集站集中安装在位于主控室后的电子设备室中。过程控制站接收由现场设备，如传感器、变送器来的信号，按照一定的控制策略计算出所需的控制量，并送回到现场的执行器中去。过程控制站可以同时完成连续控制、顺序控制或逻辑控制功能，也可能仅完成其中的一种控制功能。

数据采集站与过程控制站类似，也接收由现场设备送来的信号，并对其进行一些必要的转换和处理之后送到分散控制系统中的其他部分，主要是监控级设备中去。数据采集站接收大量的过程信息，并通过监控级设备传递给运行人员。数据采集站不直接完成控制功能，这是它与过程控制站的主要区别。

1.2.3　监控级

监控级的主要设备有运行员操作站、工程师工作站和计算站。其中，运行员操作站安装在中央控制室，工程师工作站和计算站一般安装在电子设备室。

运行员操作站是运行员与分散控制系统相互交换信息的人机接口设备，简称运行员站或操作员站。运行人员通过运行员操作站来监视和控制整个生产过程。运行人员可以在运行员操作站上观察生产过程的运行情况，读出每一个过程变量的数值和状态，判断每个控制回路是否工作正常，并且可以随时进行手动/自动控制方式的切换，修改给定值，调整控制量，操作现场设备，以实现对生产过程的干预。另外，还可以打印各种报表，拷贝屏幕上的画面和曲线等。

为了实现以上功能，运行员操作站是由一台具有较强图形处理功能的微型机，以及相应的外部设备组成，一般配有显示器、大屏幕显示装置（选件）、打印机、拷贝机、键盘、鼠标。

工程师工作站是为了控制工程师对分散控制系统进行配置、组态、调试、维护所设置的工作站，简称工程师站。工程师工作站的另一个作用是对各种设计文件进行归类和管理，形成各种设计文件，如各种图纸、表格等。

工程师工作站一般由 PC 机配置一定数量的外部设备如打印机、绘图机等所组成。

计算站的主要任务是实现对生产过程的监督控制，如机组运行优化和性能计算、先进控制策略的实现等。由于计算站的主要功能是完成复杂的数据处理和运算功能，因此，对它的要求主要是运算能力和运算速度。计算站一般由超级微型机或小型机构成。

机组运行优化也可以由一套独立的控制计算机和优化软件构成，只是在机组控制网络上设置一个接口，利用优化软件的计算结果去改变控制系统的给定值或偏置。

1.2.4　管理级

管理级包含的内容比较广泛，一般来说，它可能是一个发电厂的厂级管理计算机，也可能是若干个机组的管理计算机。它所面向的使用者是厂长、经理、总工程师、值长等行政管理或运行管理人员。厂级管理系统的主要任务是监测企业各部分的运行情况，利用历史数据和实时数据预测可能发生的各种情况，从企业全局利益出发辅助企业管理人员进行决策，帮助企业实现其规划目标。

对管理计算机的要求是，能够对控制系统作出高速反应的实时操作系统。大量数据的高速处理与存储，能够连续运行可冗余的高可靠性系统，能够长期保存生产数据，并且具有优良的、高性能的、方便的人机接口，丰富的数据库管理软件、过程数据收集软件、人机接口软件及生产管理系统生成软件等工具软件，实现整个工厂的网络化和计算机的集成化。

管理级属厂级，也可分成实时监控和日常管理两部分。实时监控是全厂各机组和公用辅助工艺系统的运行管理层，承担全厂性能监视、运行优化，全厂负荷分配和日常运行管理等任务，主要为值长服务；日常管理承担全厂的管理决策、计划管理、行政管理等任务，主要是为厂长和各管理部门服务。

1.3 分散控制系统的特点

由于分散控制系统采用了先进的计算机控制技术和分级分散式的体系结构，因此与常规控制系统和集中式计算机控制系统相比，它具有很多优点。下面从几个侧面分别讨论分散控制系统的特点。

1. 适应性和扩展性

分散控制系统在结构上采用了常规控制系统的模块化设计方法，无论是硬件还是软件，都可以根据实际应用的需要去灵活地加以组合。对于小规模的生产过程，可以只用一两个过程控制站或数据采集站，配以简单的人机接口装置，即可以实现生产过程的直接数字控制。对于大规模的生产过程，可以采用几十个，甚至上百个过程控制站或数据采集站，以及各种实现优化控制任务的高层计算站和运行员操作站、工程师工作站等人机接口设备，组成一个具有管理和控制功能的大型分级计算机控制系统。这一点，集中式计算机控制系统是无法做到的。一个按照小规模生产过程设计的集中式计算机控制系统，由于主机存储容量、运算速度和带外部设备能力等诸多因素的限制，很难把它应用于大规模生产过程中。同样，一个按照大规模生产过程设计的集中式计算机控制系统，如果将其用于小规模的生产过程，则会造成巨大的浪费。

模块化设计方法带来的另一个优点是系统的扩展性。分散控制系统可以随着生产过程的不断发展，逐渐扩充系统的硬件和软件，以期达到更大的控制范围和更高的控制水平。分散控制系统的可扩展性具有两个明显的特征：一个是递进性，即扩充新的控制范围或控制功能时，并不需要摒弃已有的硬件和软件；另一个是整体性，分散控制系统在扩展时，并不是让新扩充的部分形成一个与原有部分毫无联系的孤岛，而是通过通信网络把它们联系起来，形成一个有机的整体。这一点对于现代化的大型工业生产过程来说尤为重要。

2. 控制能力

常规控制系统的控制功能是用硬件实现的，因而要改变系统的控制功能，就要改变硬件本身，或者改变硬件之间的连接关系。在分散控制系统中，控制功能主要是由软件实现的，因此它具有高度的灵活性和完善的控制能力。它不仅能够实现常规控制系统的各种控制功能，而且还能完成各种复杂的优化控制算法和各种逻辑推理及逻辑判断。它不但保持了数字控制系统的全部优点，而且还克服了集中式计算机控制系统由于功能过分集中所造成的可靠性太低的缺点。因此，它的控制能力是常规控制系统所不可比拟的。

3. 人机联系手段

分散控制系统具有比常规控制系统更先进的人机联系手段，其中最重要的一点，就是采用了图形显示器和键盘、鼠标操作。人机联系按照信息的流向分为"人→过程"联系和"过程→人"联系。在常规控制系统中，"人→过程"联系是通过各种操作器、定值器、开关和按钮等设备实现的，运行人员通过这些设备调整和控制生产过程；"过程→人"联系是通过各种显示仪表、记录仪表、报警装置、信号灯等设备实现的，运行人员通过它们了解生产过程的运行情况。所有这些传统的人机联系设备都是安装在控制盘或者控制台上的。当生产过程的规模比较大、复杂程度比较高时，这些设备的数量会迅速增加，甚至达到令人无法应付的程度。例如，一台600MW的发电机组，如果采用常规控制系统，其控制盘的长度竟达10m以上。在如此庞大的监视和操作面中，要迅速、准确地找到需要监视和操作的对象是比较困难的，也容易出错。这种情况反映了常规控制系统的人机联系手段的双向分散这一弱点。

在分散控制系统中，由于采用了图形显示器和键盘、鼠标操作技术，人机联系手段得到了根本的改善。"过程→人"的信息直接显示在图形显示器屏幕上，运行人员可以随时调用他所关心的显示画面来了解生产过程中的情况，同时，运行人员还可以通过键盘、鼠标输入各种操作命令，对生产过程进行干预。由此可见，在分散控制系统中，所有的过程信息都被"浓缩"在显示器屏幕上，所有的操作过程也都"集中"在键盘、鼠标上。因此，分散控制系统的人机联系手段是双向集中的。除上述特点之外，分散控制系统还具有人机联系一致性比较好的特点，因为键盘操作使许多操作过程得到统一，而遵循统一的操作规律是防止误操作的有力措施。

4. 可靠性

分散控制系统的可靠性比以往任何一种控制系统的可靠性都高，这主要反映在以下几个方面：

（1）由于系统采用模块化结构，因此，每个过程控制站仅控制少数几个控制回路，个别回路或单元故障不会影响全局，而且元器件的高度集成化和严格的筛选有效地保证了控制系统的可靠性。

（2）分散控制系统广泛地采用了各种冗余技术。例如，对电源、通信系统、过程控制站等都采用了冗余技术。尽管常规控制系统也可以采用某些冗余措施，但由于其故障判断和系统切换都不易处理，因此常规控制系统的冗余往往只限于变送器或操作器。分散控制系统由于采用了计算机技术，因此上述问题很容易得到解决。原则上说，分散控制系统中的任何一个组成部分都可以采用冗余措施，这样就为设计出高可靠性的系统创造了条件。

（3）分散控制系统采用软件模块组态方法形成各种控制方案，取消了常规系统中各种模件之间的连接导线，因此大大减少了由连接导线和连接端子所造成的故障。

5. 可维修性

可维修性反映了系统部件发生故障后对其进行维修的难易程度。可维修性差的系统需要较长的维修时间和较高的维修费用。常规控制系统的可维修性最差。由于它的部件种类繁多、稳定性较差，又缺少必要的诊断功能，因此维修工作十分困难。集中式计算机控制系统的可维修性比常规控制系统要好些，但由于它有一个庞大的、相互关联十分密切的硬件和软件系统，因此也要求维修人员具有较高的技术水平。分散控制系统的可维修性明显优于上述两类系统。它采用少数几种统一设计的标准模件，每一种模件包含的硬件比较简单。因为整个系统的控制功能不是由一台计算机包揽，而是由许多微处理机分别完成的，每台微处理机只担负着少量的控制任务，因此对它的要求并不很高。另外，分散控制系统采用了比较完善的在线故障诊断技术，大多数系统的故障诊断定位准确度都可以达到模件级。通过各种人机接口设备，运行人员或工程师能够迅速发现系统故障的性质和地点，并且可以在不中断被控过程的情况下更换故障模件。

6. 安装费用

控制系统的安装费用主要包括电缆、导线的安装敷设费用和控制室、电子设备室的建筑费用。常规控制系统的安装费用比较高，因为由变送器、传感器和执行器到控制系统机柜之间需要很长的电缆，各种模件之间也要通过导线的连接组成不同的控制方案。另外，各种机柜和控制盘台也要占用大量的建筑空间。

在分散控制系统中，控制方案的实现主要靠软件功能块的连接，因此大大减少了模件之间的接线。另外，过程控制站可以采用地理分散的方式安装在被控过程的附近，这样就大大减少了变送器、传感器和执行器与控制系统之间的连接电缆，不仅节省了导线、电缆的安装敷设费用，而且减少了控制系统在中央控制室所占用的空间。根据有关资料介绍，分散控制系统的安装工作量仅为常规控制系统的 30％～50％，而控制室建筑面积仅为常规控制系统的 60％左右。可见，采用分散控制系统所取得的经济效益是十分显著的。

由于分散控制系统具有以上特点，因此它代表了当前计算机控制系统发展的主流和方向。目前，国内新建电厂和老厂改造几乎毫无例外地采用了分散控制系统。随着分散控制系统在研究、制造、推广和应用等方面的不断深入发展，它必将在电厂热工过程自动化中发挥更大的作用。

1.4 分散控制系统的分散方式

分散控制系统包含功能分散、物理分散与地理分散三个不同的概念。深入理解这三个概念，对于了解分散控制系统的本质是非常必要的。

1.4.1 功能分散

火力发电厂的热力系统是一个复杂的大系统，为了便于理解、分析、控制和管理这样一个系统，常将其划分为若干个子系统，如制粉系统、燃烧系统、汽水系统等。同样，一个大系统的控制功能也要分解为一些基本的控制功能，这就是系统的功能分散。

一个单元机组的控制功能在纵向上可分为四个级，即单元机组级、功能组级、子功能组级和过程 I/O 级。

每一级在横向上再根据被控生产过程的特点分成若干个块，每块对应着一部分生产过程，这样就形成了图 1-4 所示的金字塔式系统功能分层分块结构。

（1）单元机组级：主要实现与机组协调控制系统高层控制任务有关的控制功能，如单元机组主控指令的形成、单元机组负荷给定值的形成、单元机组负荷给定值的控制、单元机组的协调控制，以及单元机组的负荷能力计算、机组自动启动和停止的顺序控制等。

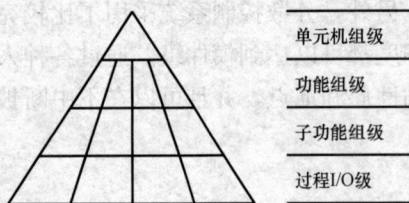

图 1-4 金字塔式系统功能的分层分块结构

（2）功能组级：主要实现子系统中较高层次的顺序控制和连续控制。对于顺序控制，在功能组级形成控制子功能组的启动或停止命令。对于连续控制，功能组级完成某些控制回路的主控任务，向下一级控制器发出主控信号。功能组级往往对应着某些子系统，如燃烧系统、风烟系统、给水系统、过热蒸汽系统、再热蒸汽系统、高低压旁路系统、凝结水系统等。

（3）子功能组级：主要实现每个被控对象的顺序控制和连续控制。许多基本的控制作用均在这一级实现。子功能组级往往对应着某一被控设备，如某台给煤机、磨煤机、给水泵等。在有些情况下，将这一级的功能移到上一级，即功能组级去实现。在控制功能比较简单的情况下，子功能组级与功能组级可合并为一级。

（4）过程 I/O 级：分散控制系统与现场设备之间的桥梁。过程 I/O 级对应着现场的每一个 I/O 测点，是每一个模拟量或开关量的入口和出口，它们直接与现场的变送器、执行器、继电器、电动装置等设备相连。

1.4.2 物理分散

分散控制系统的多个以微处理机为核心的基本控制单元，可实现直接数字控制系统中一台计算机所执行的控制任务，这种控制分散的思想正是分散控制系统的可靠性远远高于直接数字控制系统的重要原因。控制分散在系统硬件上的反映，就是系统的物理分散。也就是说，整个系统所要完成的控制功能是由许多不同的物理实体分散地实现的。就分散控制系统而言，它有两种分散形式：一种为层次分散型，另一种为水平分散型。层次分散型系统的控制器为两层（或多层）：上层控制器用以实现较高级的控制功能，下层控制器用来实现一些基本控制功能，如图 1-5（a）所示。水平分散型系统的各个控制器在硬件结构上均处于平等地位，如图 1-5（b）所示。

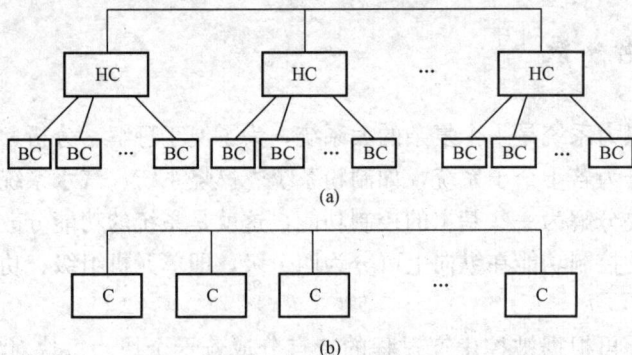

(a)

(b)

图 1-5 层次分散与水平分散

(a) 层次分散；(b) 水平分散

HC—高层控制器；BC—基本控制器；C—控制器

层次分散型系统的特点是：硬件结构与系统的功能分散相适应，因此控制系统的每一部分都有比较强的自治性，在上层控制器失效的情况下，下层控制器可维持基本控制功能，即控制系统可降级运行；合理地进行功能分配，可以使每个控制器的工作负荷比较均匀，因而可降低对硬件技术指标的要求；系统结构中的通信是多层次的，直接与控制有关的信息在低层通信总线上高速传播，监视和管理信息通过高层通信网络传输，因此通信系统的信息流分布合理，不会造成通信网络上的信息拥挤。

水平分散型系统的特点是：硬件结构清晰，控制器的形式统一，便于维护和备份；由于没有采用多层次的通信系统，因此尽管对通信系统的速度和容量要求较高，但通信系统的结构比层次分散型系统简单一些。

应该指出：尽管水平分散型系统硬件结构的层次与系统控制功能的层次没有对应关系，但采用水平分散型系统并不影响系统控制功能的层次分散。同样，对于硬件结构上层次分散的控制系统，也并不一定能够找到硬件结构层次与控制功能层次完全一一对应的关系。

1.4.3 地理分散

功能分散由被控生产过程的特点所决定，物理分散则由控制系统的硬件结构所决定。后者在系统制造出来之后，不能轻易改变。但对于分散控制系统的安装布置方式而言，则有两种不同的选择：一种是地理集中式，另一种是地理分散式。

所谓地理集中式，就是把所有过程控制站集中安装在中央控制室或附近的电子设备室内；而所谓地理分散式，就是把过程控制站安装在被控生产过程的附近，即在整个厂房内分散布置。目前，电厂中实际应用的分散控制系统大都采用地理集中的布置方式。将过程控制站分别布置在锅炉房和汽机房的按机柜地理分散的方式，在电厂中也在逐渐推广应用。

1.5　分散控制系统的发展

分散控制系统的发展与科学技术的发展密切相关。在过去三十多年中，分散控制系统已经经历了四代的变迁，系统功能不断完善，可靠性不断提高，开放性不断增强。目前，分散控制系统的发展主要体现在以下几个方面。

1. 分散控制系统的网络结构

传统的分散控制系统多采用制造商自行开发的专用计算机网络。网络的覆盖范围上至用户的厂级管理信息系统，下至过程控制站的 I/O 子系统。随着网络技术的不断发展，分散控制系统的上层将与 Internet 融合在一起，而下层将采用现场总线通信技术，使通信网络延伸到现场。最终实现以现场总线为基础的底层网 Infranet、以局域网为基础的企业网 Intranet 和以广域网为基础的互联网 Internet 所构成的三网融合的网络架构。

三网融合促进了现场信息、企业信息和市场信息的融合、交流与互动，使基础自动化、管理自动化和决策自动化有机地结合在一起，实现三者的无缝集成（Seamless Integration）。它可以更好地实现企业的优化运行和最佳调度，并且能在更大的范围内支持企业的正确决策，给企业创造更好的经济效益。

2. 人机接口技术

工业图形显示系统（Industrial Graphic Display System）是最常用的人机接口设备之一，现正向着高速度、高密度、多画面、多窗口和大屏幕方向发展。

工业图形显示系统的硬件趋向于采用专用器件，以达到更高的响应速度。如采用 32 位精简指令集计算机 RISC（Reduced Instruction Set Computer）、采用多处理器并行处理、设置专用积压画面存储器等，使工业图形显示系统处理速度达到以前的 2 倍。

新型工业图形显示系统具有多窗口功能，可从多个帧存储器中随意切出几部分画面，很方便地组合在一起，以多窗口方式显示出来；此外，还具有多层重合画面功能，可将几个画面重合在一起，按其优先顺序，以透过或非透过方式显示。新型工业图形显示系统可定义超过显示器尺寸的大画面，采用滚动方式把一个逻辑上的大画面在有限的显示器屏幕上显示出来。这种滚动方式是连续的、任意方向的，可采用鼠标或专用滚动键操作，还可在保持原画面输入、输出功能的前提下，将画面放大或缩小，在一台显示器上显示多幅画面。

大屏幕显示装置已进入实用阶段。70～100in(178～254cm) 的大型显示器和工业电视装置已投入使用。这些大屏幕显示装置主要用在中央控制室内，显示多个运行人员同时了解的信息，可取代 BTG（Boiler，Turbine，Generator）盘上的显示仪表及记录仪表，同时将来自工作站或个人计算机的文件或图像放大显示，或传达会议消息。

多媒体技术将在人机接口设备中发挥越来越重要的作用。语音信息、图像信息将为运行人员提供良好的"视听"功能。运行人员在操作站上不但能了解生产过程中的实时数据，而且还能看到现场设备的运行情况，听到现场设备的运行声音，得到运行支持系统的语音提示。

3. 标准化、通用化技术

分散控制系统的另一个重要的发展方向是大量采用标准化和通用化技术。分散控制系统中的硬件平台、软件平台、组态方式、通信协议、数据库等各方面都将采用标准化和通用化技术。例如，现在许多分散控制系统的厂家都推出了基于 PC 机和 Windows/Unix 平台的运行员操作站。这不仅降低了系统造价，提供了更完善的系统功能，而且便于运行人员学习并掌握使用方法。另外，许多系统都采用了 OPC（OLE for Process）技术，使各种不同厂家的产品能十分方便地交换信息。其他如组态方法，不少厂家都在向国际电工委员会发布的 IEC 1131-3 标准靠拢，使用户不必再花费很多精力去学习各种不同分散控制系统的组态方法。为了在分布式环境下更好地组织功能块的运行，新的功能块标准 IEC 61499 也正在成为 DCS 厂家竞相研究与采纳的标准。

总之，标准化、通用化技术的全面采用，大大提高了分散控制系统的开放程度，显著地减少了系统的制造、开发、调试和维护成本，为用户提供了更广阔的选择余地，同时也为分散控制系统开辟了更广泛的应用前景。

4. 人工智能

未来的分散控制系统中，将逐渐采用人工智能研究成果，如智能报警系统 IMARK（Intelligent Alarm System Marking Process Data with Significant Words）。当生产过程发生异常时，IMARK 可把报警输出数量限制在必要的最低限度，避免当一个主要报警原因发生时，因连锁保护动作而造成大量其他原因报警。

人工智能还将用于各种运行支持系统。对于火力发电厂的运行支持系统，可分为启停时的运行支持系统、正常运行时的优化支持系统和异常时的运行支持系统。启停时的运行支持系统属于自动化技术范畴，后两项为专家系统的应用技术。这些运行支持系统都可以在分散控制系统中实现。

模式控制系统正走向实用阶段。传统的温度、压力控制系统中，以某点的温度或压力作为被控制量。而在实际生产过程中，常常需要对某温度场中的温度分布或某容器内的压力分布进行控制，这时，被控制量就成为分布在某一空间上的模式控制。因技术上的原因，这种控制方案之前难以实现。随着人工神经网络技术的飞速发展，模式识别及模式控制问题可通过神经网络得到较圆满的解决。目前，某些分散控制系统已经能够提供人工智能技术开发平台，或者通过第三方软件公司提供专家系统外壳、模糊控制外壳和神经网络外壳。可以预计，在未来的分散控制系统中，以人工智能方法为基础的各种控制方案会不断出现。

5. 厂级监控信息系统

近年来，以经济控制为目标的发电厂厂级监控信息系统 SIS（Supervisory Information System）成为研究的热点，并在一些新建电厂得以应用。监督控制的目的就是在一定的约束条件下，求出一组能够使生产过程的目标函数取得极值的最优操作变量。从工程应用角度来看，SIS 主要包括五个功能：生产过程的监控、经济信息的管理和生产成本的在线计算、竞价上网报价系统、经济分析和最优控制。例如，能够实现实时优化、短期优化和中期优化的 OPTIMAX PowerFit 电厂优化控制系统，具有生产预算、生产计划、生产成本实时计算和生产成本预测功能的 semCost 竞价上网报价系统等。

习　　题

1. 早期的过程控制系统采用分散控制方式吗？
2. 集中控制的主要缺点是什么？
3. 分散控制系统的特点是什么？
4. 分散控制系统的典型结构由哪几部分组成？
5. 分散控制系统中的"4C"技术是指哪些技术？
6. 分散控制系统的分散方式有哪几种？

2 数 据 通 信

通信就是信息从一处传输到另一处的过程。任何通信系统都是由发送装置、接收装置、信道和信息四大部分所组成的，如图2-1所示。发送装置将信息送上信道，信息由信道传送给接收装置。

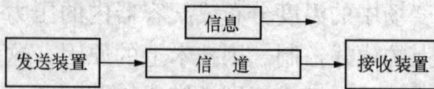

图2-1 通信系统的基本组成

例如，本书的作者通过书页上的文字把信息传输给读者，作者即发送者，读者即接收者，书页是信息的载体，即信道，而信息就是由文字所表达的内容。

作者和读者必须对书中的文字种类、语法、名词术语等有一个统一的认识。例如，作者用英文写作，而读者不懂英文，则不能实现信息的传输。同样，用不符合英文语法的英文去写作，即使读者懂得英文也无法看懂，因而也达不到信息传输的目的。因此，信息的传输必须遵守一定的规则，这些规则就是后面要讨论的通信协议。

在作者通过书稿表达自己的思想意图，并由出版社将其最终转化成书页上的文字这一过程中，可能会出现差错，因此，出版社要对书稿和清样进行校对。同样，信息的传输过程也需要发现和纠正错误。这就是所谓的差错控制。

2.1 数 据 通 信 原 理

数据通信中的许多概念和术语对于理解数据通信系统的工作原理是非常重要的，这里首先给出它们的定义。

2.1.1 基本概念及术语

1. 数据信息

具有一定编码、格式和字长的数字信息称为数据信息。

2. 传输速率

传输速率是指信道在单位时间内传输的信息量，一般以每秒钟所能够传输的比特数来表示，常记为 bit/s 或 b/s。大多数分散控制系统的数据传输速率一般为 0.5～100Mbit/s。

3. 传输方式

通信方式按照信息的传输方式，分为单工、半双工和全双工三种。

（1）单工（Simplex）方式。信息只能沿单方向传输的通信方式称为单工方式，如图2-2（a）所示。

（2）半双工（Half duplex）方式。信息可以沿着两个方向传输，但在某一时刻只能沿一个方向传输的通信方式称为半双工方式，如图 2-2（b）所示。

（3）全双工（Full duplex）方式。信息可以同时沿着两个方向传输的通信方式称为全双工方式，如图 2-2（c）所示。

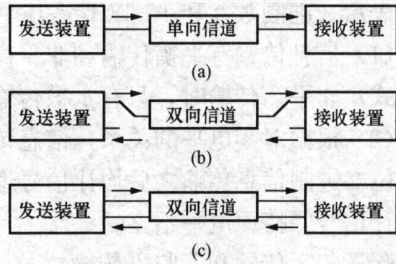

图 2-2　单工、半双工和全双工通信方式
（a）单工方式；（b）半双工方式；（c）全双工方式

4. 基带传输、载带传输与宽带传输

计算机中的信息是以二进制形式存在的，这些二进制信息可以用一系列的脉冲信号来表示。所谓基带传输，就是直接将这些脉冲信号通过信道进行传输。

基带传输不适用于远距离数据传输。当传输距离较远时，需要进行调制。用基带信号调制载波之后，在信道上传输调制后的载波信号，这就是载带传输。

如果要在一条信道上同时传送输多路信号，各路信号以不同的载波频率加以区别，每路信号以载波频率为中心占据一定的频带宽度，整个信道的带宽为各路载波信号所分享，实现多路信号同时传输，这就称为宽带传输。

5. 异步传输与同步传输

在异步传输中，信息以字符为单位进行传输，每个信息字符都具有自己的起始位和停止位，一个字符中的各个位是同步的，但字符与字符之间的时间间隔是不确定的。

在同步传输中，信息不是以字符，而是以数据块为单位进行传输的。通信系统中有专门用来使发送装置和接收装置保持同步的时钟脉冲，使两者以同一频率连续工作，并且保持一定的相位关系。在这一组数据或一个报文之内不需要启停标志，所以可以获得较高的传输速度。

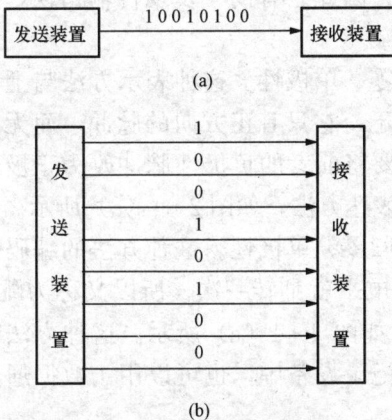

图 2-3　串行传输与并行传输示意图
（a）串行传输；（b）并行传输

6. 串行传输与并行传输

串行传输是把构成数据的各个二进制位依次在信道上进行传输的方式，并行传输是把构成数据的各个二进制位同时在信道上进行传输的方式。串行传输与并行传输如图 2-3 所示。在分散控制系统中，数据通信网络几乎全部采用串行传输方式，因此本章主要讨论串行通信方式。

2.1.2　二进制数据的表示方法

1. 基带传输中数据的表示方法

计算机中的信息是用二进制数 0 和 1 表示的，所以基带传输中相应地可用各种不同的方

法来表示二进制数 0 和 1。以下是其中三种分类方式:

(1) 信息传输有平衡传输和非平衡传输之分。平衡传输时,无论 0 还是 1 均有规定的传输格式;非平衡传输时,只有 1 被传输,而 0 则以在指定的时刻没有脉冲信号来表示。

(2) 根据对零电平的关系,信息传输可以分为归零传输和不归零传输。归零传输是指在每一位二进制信息传输之后均让信号返回零电平,不归零传输是指在每一位二进制信息传输之后让信号保持原电平不变。

除了归零传输和不归零传输之外,还有一种以脉冲的上升沿和下降沿来表示数据的方法,通常称为双相码或差分码,取决于所传输的信息。双相码在每一个时钟周期内都会出现正跳变或负跳变,因此,不存在归零还是不归零的问题。

(3) 根据信号的极性,信息传输分为单极性传输和双极性传输。单极性是指脉冲信号的极性是单方向的,双极性是指脉冲信号有正和负两个方向。

下面介绍几种常用的数据表示方法:

(1) 平衡、归零、双极性。用正极性脉冲表示 1,用负极性脉冲表示 0,在相邻脉冲之间保留一定的空闲间隔。在空闲间隔期间,信号归零,如图 2-4(a)所示。这种方法主要用于低速传输,其优点是可靠性较高。

(2) 平衡、不归零、单极性。如图 2-4(b)所示,它以高电平表示 1,低电平表示 0。这种方法主要用于速度较低的异步传输系统。

(3) 非平衡、归零、双极性。如图 2-4(c)所示,用正负交替的脉冲信号表示 1,用无脉冲表示零。由于脉冲总是交替变化的,因此它有助于发现传输错误,通常用于高速传输。

(4) 非平衡、归零、单极性。这种表示方法与上一种表示方法的区别在于,它只有正方向的脉冲,而无负方向的脉冲,所以只要将前者的负极性脉冲改为正极性脉冲,就得到后一种表达方法,如图 2-4(d)所示。

(5) 非平衡、不归零、单极性。这种方法的编码规则是,每遇到一个 1 电平就翻转一次,所以又称为跳 1 法或 NRZ-I 编码法,如图 2-4(e)所示。这种方法主要用于磁带机等磁性记录设备中,也可以用于数据通信系统中。

(6) 平衡、双相码、双极性。这种方法又称为曼彻斯特(Manchester)编码方法。在每一位中间都有一个跳变,这个跳变既作为时钟,又表示数据。从高到低的跳变表示 1,从低到高的跳变表示 0,如图 2-4(f)所示。由于这种方法把时钟信号和数据信号同时发送出去,简化了同步处理过程,因此,有许多数据通信网络都采用这种表示方法。

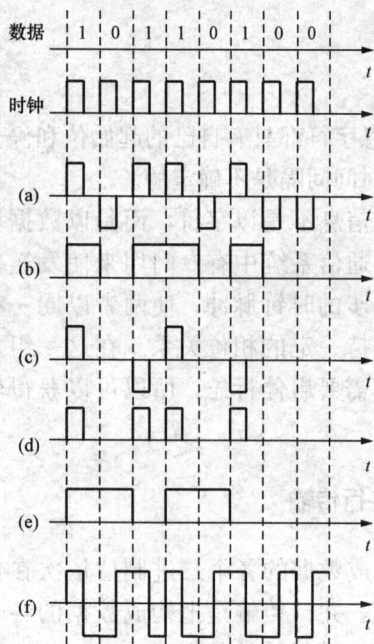

图 2-4 数据表示方法
(a) 平衡、归零、双极性;
(b) 平衡、不归零、单极性;
(c) 非平衡、归零、双极性;
(d) 非平衡、归零、单极性;
(e) 非平衡、不归零、单极性;
(f) 平衡、双相码、双极性

2. 载带传输中的数据表示方法

如上所述，载带传输是指用基带信号去调制载波信号，然后传输调制信号的方法。载波信号是正弦波信号，它有三个描述参数，即振幅、频率和相位，所以相应地也有三种调制方式，即调幅方式、调频方式和调相方式。

（1）调幅方式。调幅方式 AM（Amplitude Modulation）又称为幅移键控法 ASK（Amplitude-Shift Keying）。它是用调制信号的振幅变化来表示一个二进制数，例如，用高振幅表示 1，用低振幅表示 0，如图 2-5（a）所示。

（2）调频方式。调频方式 FM（Frequency Modulation）又称为频移键控法 FSK（Frequency-Shift Keying）。它是用调制信号的频率变化来表示一个二进制数，例如，用高频率表示 1，用低频率表示 0，如图 2-5（b）所示。

（3）调相方式。调相方式 PM（Phase Modulation）又称为相移键控法 PSK（Phase-Shift Keying）。它是用调制信号的相位变化来表示二进制数，例如，用 0°相位表示二进制的 0，用 180°相位表示二进制的 1，如图 2-5（c）所示。

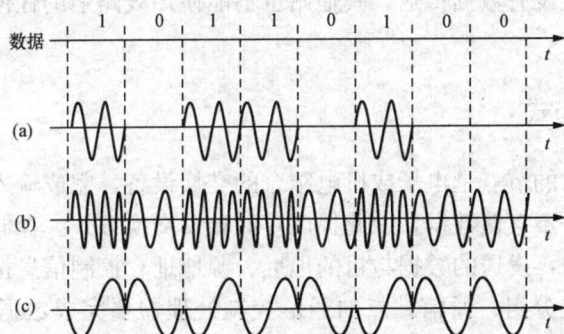

图 2-5　调制方式
（a）调幅；（b）调频；（c）调相

2.1.3　数据交换方式

在数据通信系统中，通常采用两种数据交换方式，即线路交换方式和存储转发交换方式。其中，存储转发交换方式包含报文交换方式、报文分组交换方式，而报文分组交换方式又包含虚电路和数据报两种交换方式。

1. 线路交换方式

所谓线路交换方式，是在需要通信的两个节点之间事先建立起一条实际的物理连接，然后再在这条实际的物理连接上交换数据，数据交换完成之后再拆除物理连接。因此，线路交换方式将通信过程分为三个阶段，即线路建立、数据通信和线路拆除，如图 2-6 所示。

（1）线路建立：若主机 A 向主机 B 传送数据，A 首先发送"连接请求包"，包内含需要建立线路连接的源地址与目的地址。若 B 接受 A 的呼叫请求，则通过已建立的物理线路向 A 发送"连接应答包"。

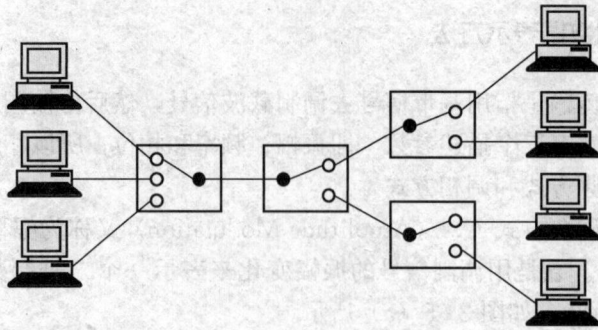

图 2-6　线路交换方式

（2）数据通信：主机 A 与主机 B 在物理线路连接建立后，就可进行数据通信。

（3）线路拆除：数据通信完毕，一般由主机 A 向主机 B 发送"释放请求包"，B 同意后，回送"释放应答包"，则物理连接逐站释放，结束通信。

线路交换方式建立了一条专用线路，因此通信实时性强，适用于交互式通信；但一旦两站连接建立起来，即使没有数据传送，其他站也不能使用线路上的任何节点，故线路的利用率较低。

2. 存储转发交换方式

由于线路交换方式的节点是电子或机电结合的交换设备，完成输入线路与输出线路的物理连接，节点交换设备不存储数据，因此提出存储转发交换方式。存储转发交换方式与线路交换方式的主要区别是：发送的数据与目的地址、源地址、控制信息按一定格式组成一个数据单元，即报文或报文分组；通信站点的通信控制处理器要完成数据单元的接收、差错校验、存储、路选和转发功能。

（1）报文交换方式。报文交换方式交换的基本数据单位是一个完整的报文。这个报文是由要发送的数据加上目的地址、源地址和控制信息所组成的。

报文在传输之前并无确定的传输路径，每当报文传到一个中间节点时，该节点就要根据目的地址来选择下一个传输路径，或者下一个节点，如图 2-7 所示。

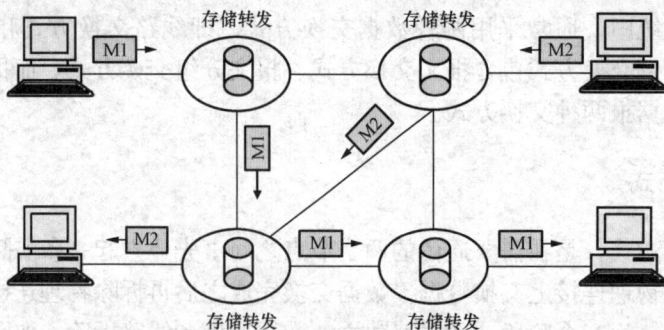

图 2-7　报文交换方式

（2）报文分组交换方式。报文分组交换方式交换的基本数据单位是一个报文分组。报文分组是一个完整的报文按顺序分割开来的比较短的数据组。由于报文分组比报文短得多，传输时比较灵活。特别是当传输出错需要重发时，它只需重发出错的报文分组，而不必像报文交换方式那样重发整个报文。报文分组交换方式的具体实现方法有以下两种：

1）虚电路方法。虚电路方法在发送报文分组之前，需要先建立一条逻辑信道。这条逻辑信道并不像线路交换方式那样，是一条真正的物理信道。因此，通常将这条逻辑信道称为虚电路。虚电路的建立过程是：首先由发送站发出一个"呼叫请求分组"，按照某种路径选择原则，从一个节点传递到另一个节点，最后到达接收站。如果接收站已经做好接收准备，并接受这一逻辑信道，那么该站就做好路径标记，并发回一个"呼叫接受分组"，沿原路径返回发送站。这样就建立起一条逻辑信道，即虚电路。当报文分组在虚电路上传送时，其内部附有路径标记，使报文分组能够按照指定的虚电路传送，在中间节点上不必再进行路径选择。尽管如此，报文分组也不是立即转发，仍需排队等待转发，如图2-8所示。

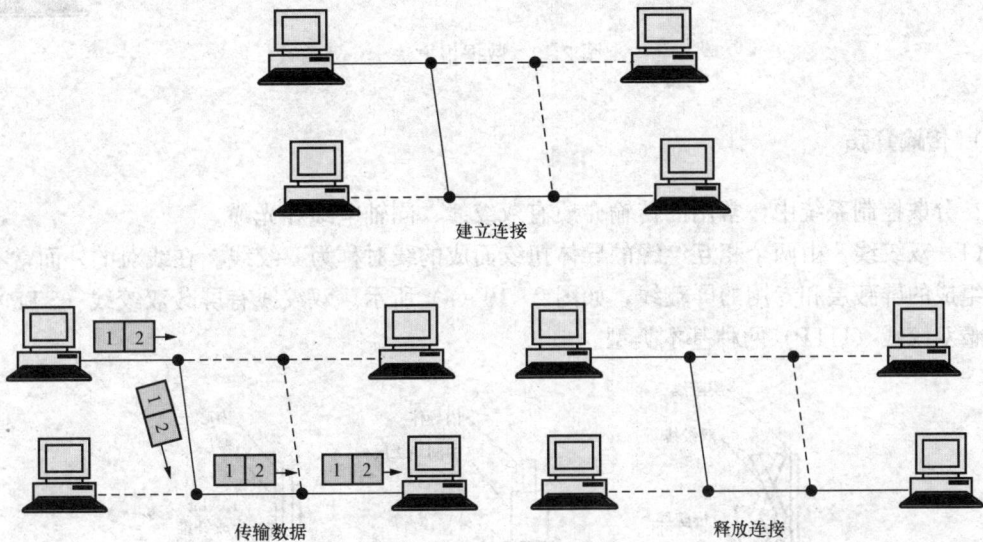

建立连接

传输数据   释放连接

图2-8 虚电路方法

2）数据报方法。在数据报方法中，把一个完整的报文分割成若干个报文分组，并为每个报文分组编好序号，以便确定它们的先后次序。发送站在发送时，把序号插入报文分组内。数据报方法与虚电路方法不同，它在发送之前并不需要建立逻辑连接，而是直接发送。数据报在每个中间节点都要处理路径选择问题，这一点与报文交换方式类似。然而，数据报经过中间节点存储、排队、路选和转发，可能会使同一报文的各个数据报沿着不同的路径，经过不同的时间到达接收站。这样，接收站所收到的数据报顺序就可能是杂乱无章的。因此，接收站必须按照数据报中的序号重新排序，以便恢复原来的顺序，如图2-9所示。

2.1.4 信道

所谓信道，是指发送装置和接收装置之间的信息传输通路，它包括传输介质和有关的中间设备。

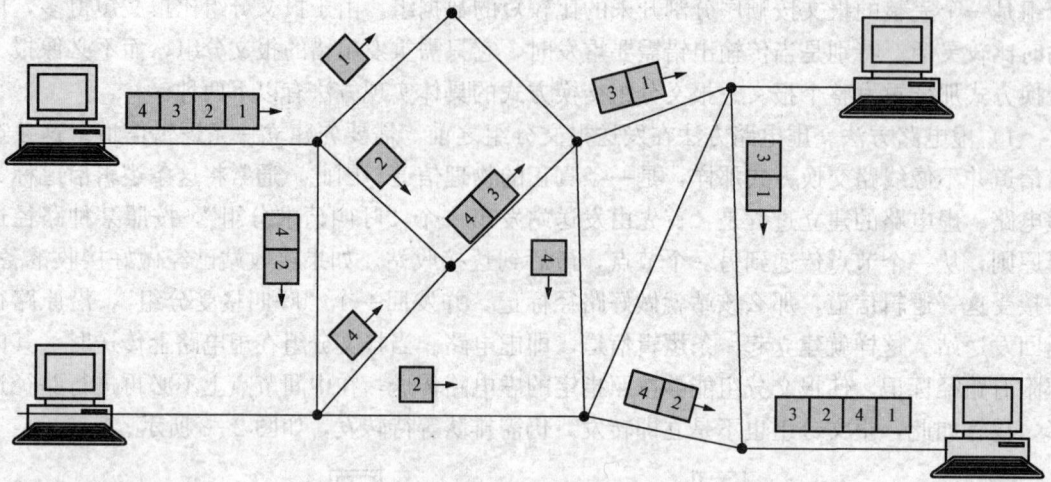

图 2-9　数据报方法

1. 传输介质

在分散控制系统中，常用的传输介质有双绞线、同轴电缆和光缆。

（1）双绞线。由两个相互绝缘的导体扭绞而成的线对称为双绞线。在线对的外面常有金属箔组成的屏蔽层和专用的屏蔽线，如图 2-10（a）所示。双绞线有屏蔽双绞线（STP）和非屏蔽双绞线（UTP）两种基本类型。

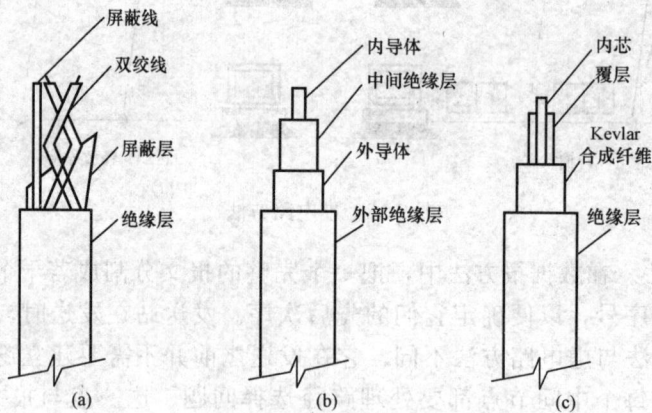

图 2-10　传输介质
（a）双绞线；（b）同轴电缆；（c）光缆

双绞线的成本较低，在局域网中使用得非常广泛。但在传输距离比较远时，其传输速率受到限制，一般不超过 10Mbit/s（见图 2-11）。

（2）同轴电缆。同轴电缆的结构如图 2-10（b）所示。它是由内导体、中间绝缘层、外导体和外绝缘层组成的。信号通过内导体和外导体传输。外导体总是接地的，起到了良好的屏蔽作用。有时为了增加机械强度和进一步提高抵抗磁场干扰的能力，还在最外层加上两层对绕的钢带。

同轴电缆的传输特性优于双绞线，是局域网中普遍使用的传输介质。在相同的传输距离下，其数据传输速率高于双绞线，这一点由图 2-11 很容易看到。但同轴电缆的成本高于双绞线。

（3）光缆。光缆的结构如图 2-10（c）所示。它的内芯是由二氧化硅拉制成的光导纤维，外面敷有一层玻璃或聚丙烯材料制成的覆层。由于内芯和覆层的折射率不同，以一定角度进入内芯的光线能够通过覆层折射回去，沿着内芯向前传播，以减少信号的损失。在覆层的外面一般有一层被称为 Kevlar 的合成纤维，用以增加光缆的机械强度，它使直径为 $100\mu m$ 的光纤能承受 300N 的拉力。

光缆不仅具有良好的信息传输特性，而且具有良好的抗干扰性能，因为光缆中的信息是以光的形式传播的，所以，电磁干扰几乎对它毫无影响。这一点对于电厂这种具有强电磁干扰的环境来说尤为重要。光缆的传输特性如图 2-11 所示。由图可见，光缆可以在更大的传输距离上获得更高的传输速率。但是，在分散控制系统中，由于其他配套通信设备的限制，光缆的实际传输速率远远低于理论传输速率。尽管如此，光缆在许多方面仍然比前两种传输介质具有明显的优越性，因此，光缆是一种很有前途的传输介质，其主要缺点是分支比较困难。

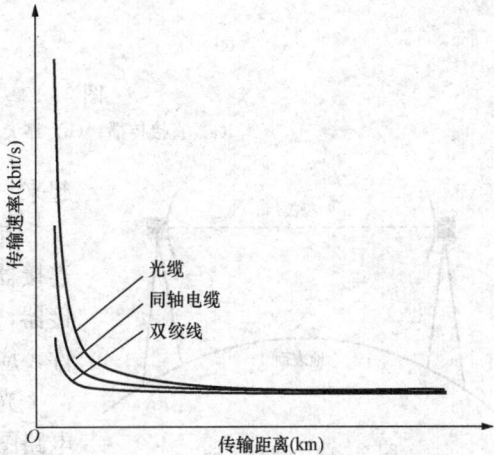

图 2-11　三种传输介质的传输特性

（4）无线传输。可以在自由空间利用电磁波发送和接收信号进行通信就是无线传输。地球上的大气层为大部分无线传输提供了物理通道，即为无线传输介质。无线传输所使用的频段很广，人们现在已经利用了好几个波段进行通信。紫外线和更高的波段目前还不能用于通信。无线通信的方法有无线电波、微波和红外线。

无线电波是指在自由空间（包括空气和真空）传播的射频频段的电磁波。无线电波是一种能量的传播形式，电场和磁场在空间是相互垂直的，并都垂直于传播方向，在真空中的传播速度等于光速 300000km/s。无线电波是一种全方位传播的电波，其传输形式有两种：一是直接传播，即电波沿地表面向四周传播；二是靠大气层中电离层的反射进行传播，如图 2-12 所示。

微波是一种定向传播的电波，收发双方的天线必须相对应才能收发信息，即发送端的天线要对准接收端，接收端的天线要对准发送端，如图 2-13 所示。

2. 连接方式

在分散控制系统中，过程控制站、运行员操作站、工程师工作站等都是通过通信网络连接在一起的，所以它们都必须通过这样或那样的方式与传输介质连接起来。以电信号传输信息的双绞线和同轴电缆，其连接方式比较简单，以光信号传输信息的光缆，其连接方式比较复杂。下面简单介绍几种传输介质的连接方式。

双绞线的连接十分简单，只要通过普通的接线端子就可以把各种设备与通信网络连接

21

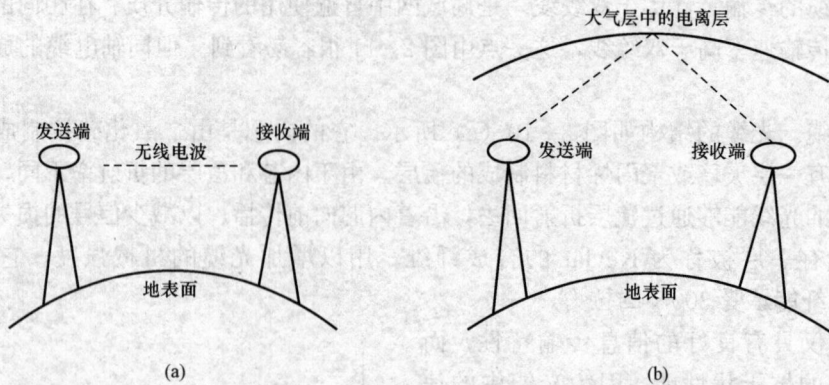

图 2-12 无线电波传输
（a）直接传播；（b）靠大气层中电离层的反射进行传播

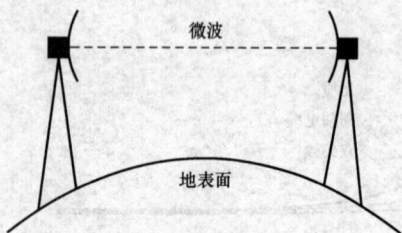

图 2-13 微波传输

起来。

同轴电缆的连接稍复杂，一般要通过专用的 T 形连接器进行连接。这种连接器类似于闭路电视中的连接器，构造比较简单，而且已经形成了一系列的标准件，应用起来十分方便。

光缆的连接比较复杂。图 2-14 所示光缆连接器电路图。光脉冲输入信号经 pin 光电二极管转换为低电平的电压信号。该信号经放大器 1、2 放大后，再经过 LED 发光二极管转换为光脉冲信号输出。放大器 1 输出的信号还经过放大器 3 送往接收电路。当发送数据时，选择开关切换到下面，通过放大器 4 发送数据。控制信号通过驱动器 5 控制选择开关的切换。

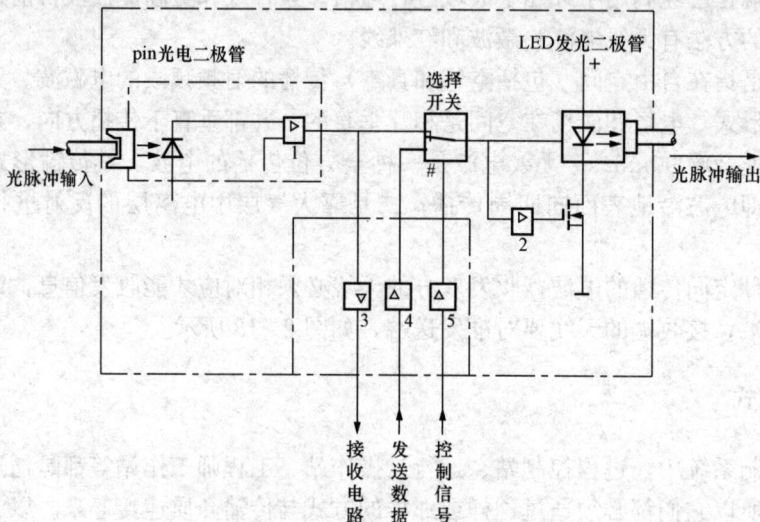

图 2-14 光缆连接器电路图

表 2-1 总结了三种传输介质的特点。

特点 项目 \ 介质	双 绞 线	同 轴 电 缆	光 缆
传输线价格	较低	较高	较高
连接器件和支持电路的价格	低	较低	高
抗干扰能力	如采用屏蔽措施，则比较好	很好	特别好
标准化程度	高	较高	低
敷设	简单	稍复杂	简单
连接	同普通导线一样简单	需要专用的连接器	需要很复杂的连接器件和连接工艺
适用的网络类型	环型或总线型网络	总线型或环型网络	主要用于环型网络
对环境的适应性	较好	较好	特别好，耐高温，适用于各种恶劣环境

2.1.5 差错控制

1. 差错控制的概念

分散控制系统的通信网络是在条件比较恶劣的工业环境下工作的，因此，在信息传输过程中，各种各样的干扰可能造成传输错误。这些错误轻则会使数据发生变化，重则会导致生产过程事故。因此，必须采取一定的措施来检测错误并纠正错误。通常将检错和纠错统称为差错控制。

2. 传输错误及可靠性指标

在通信网络上传输的信息是二进制信息，它只有 0 和 1 两种状态，因此，传输错误或者是把 0 误传为 1，或者是把 1 误传为 0。根据错误的特征，可以将错误分为两类，一类称为突发错误，另一类称为随机错误。突发错误是由突发噪声引起的，其特征是误码连续成片出现；随机错误是由随机噪声引起的，其特征是误码与其前后的代码是否出错无关。实际传输线路中出现的传输错误，往往是突发错误和随机错误的综合。但由于一般信道中保证了相当大的信噪比，使噪声幅值减小，所引起的随机错误减少，因此突发错误在传输错误中占主导地位。

在分散控制系统中，为了满足控制要求和充分利用信道的传输能力，传输速率一般为 0.5～100Mbit/s。传输速率越大，每一位二进制代码（又称码元）所占用的时间就越短，波形就越窄，抗干扰能力就越差，可靠性就越低。传输可靠性用误码率表示，其定义式如下

$$P_e = 出错的码元数 / 传输的总码元数 \qquad (2-1)$$

由式（2-1）可见，误码率越低，通信系统的可靠性就越高。

在分散控制系统中，常常用每年出现多少次误码来代替误码率。对大多数分散控制系统来说，这一指标为 0.01～4 次/年。

3. 差错控制方法及其分类

差错控制方法一般分为两类：一类是在传输信息中附加冗余度的方法，另一类是在传输

23

方法中附加冗余度的方法，如图 2-15 所示。

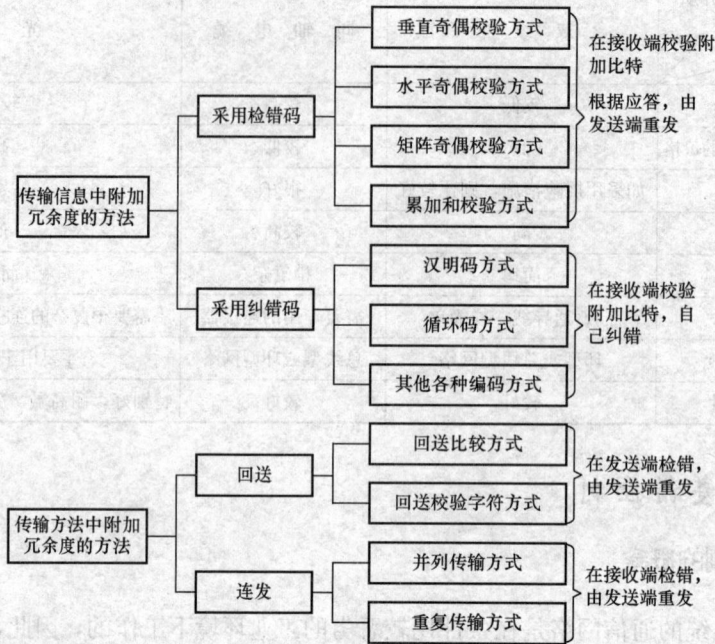

传输信息中附加冗余度的方法
- 采用检错码
  - 垂直奇偶校验方式
  - 水平奇偶校验方式
  - 矩阵奇偶校验方式
  - 累加和校验方式

  在接收端校验附加比特
  根据应答，由发送端重发

- 采用纠错码
  - 汉明码方式
  - 循环码方式
  - 其他各种编码方式

  在接收端校验附加比特，自己纠错

传输方法中附加冗余度的方法
- 回送
  - 回送比较方式
  - 回送校验字符方式

  在发送端检错，由发送端重发

- 连发
  - 并列传输方式
  - 重复传输方式

  在接收端检错，由发送端重发

图 2-15　差错控制方法及其分类

在传输信息中附加冗余度的方法较为常用，其基本原理是在传输的信息中按照一定的规则附加一定数量的冗余位。有了冗余位，真正有用的代码数就会少于所能组合成的全部代码数。这样，当代码在传输过程中出现错误，并且使接收到的代码与有用的代码不一致时，就说明发生了错误。下面举例说明：

假设要传输的信息是 0，在传输的过程中由于受到干扰而变成了 1，这在接收端是无法发现的，因为 0 和 1 都是合法的信息，如图 2-16 所示。图中浅灰色表示冗余位，深灰色表示出错位。

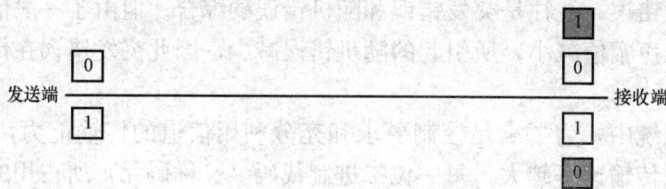

发送端　　　　　　　　　　　　　　　接收端

图 2-16　无冗余位的传输

如图 2-17 所示，如果在要发送的信息后面附加一个冗余位，并规定发送 0 时，冗余位取 0，发送 1 时冗余位取 1，这样，在传输信息 0 时，所发送出去的信息就是 00。如果信息在传输过程中某一位出现错误，到达接收端的信息就会变成 01 或 10。因为 01 或 10 是无用的状态，或称非法信息，所以接收端即可发现错误。但无法确定是哪一位发生错误，因为第一位错误和第二位错误的可能性都是相同的。如果干扰很严重，致使两位同时出错，00 变为 11，则接收端无法检查出这一错误，因为 11 是合法信息。

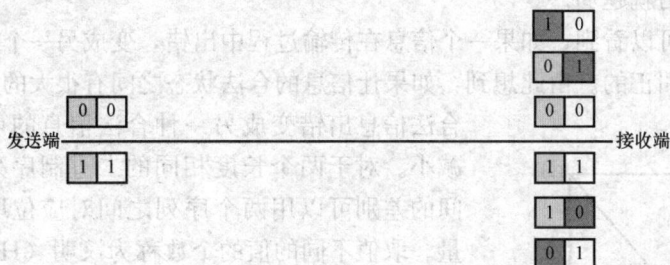

图 2-17　带有 1 位冗余位的传输

如图 2-18 所示，为了提高检错和纠错能力，可在此基础上再增加一个冗余位，并规定发送 0 时，冗余位取 00；发送 1 时，冗余位取 11。这样，在传输信息 0 时，所发送出去的信息就是 000。如果在传输过程中出现一位错，到达接收端的信息就会变成 001、010 或者 100。因为这些状态都是非法状态，所以接收端即可发现传输错误。究竟是哪一位错误呢？将这三种误码与正确状态 000 或 111 相比较可以发现，它们与 000 相比只有一位不同，而与 111 相比，则有两位不同。根据概率来看，错一位的可能性要比错两位的可能性大得多。因此，出现这三种情况时，可认为发送的信息是 000。同样的理由，当出现 011 或 110 时，可认为发送的信息是 111。这样，当传输过程中出现一位错误时，不但能够发现，而且能够纠正错误。但是，如果是两位出错，例如，发送的 000 变为 011，这时就只能发现错误，而不能纠正错误，因为按照上述纠错原则 011 会被判定为 111，它并不是真正传输出去的信息。所以，两位错误是无法纠正的。如果是三位同时出错，显然不但不能纠正，而且无法发现，因为 000 和 111 都是合法信息。

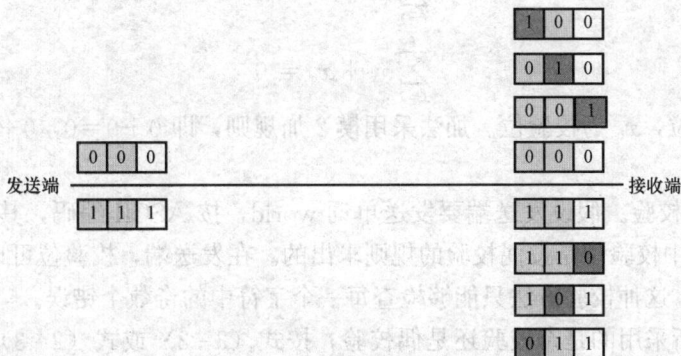

图 2-18　带有 2 位冗余位的传输

由以上讨论可见，冗余位数越多，检错和纠错的能力就越强，但信息的有效传输率则越低。

下面介绍几个与信息冗余有关的基本概念。在数据传输过程中，信息总是成组处理的。设一组信息的字长是 k 位，则这组信息可以有 2^k 个状态。如果在信息后面按一定规则附加 r 个冗余位，则可组成长度为 $n=k+r$ 的二进制序列，称为码组。码组共有 2^n 个状态，其中有 2^k 个是有用的状态，即合法信息，其余均是无用的冗余状态，即非法信息。每个状态称为一个码字，这些码字的集合称为分组码，记为 (n, k)。k 与 n 的比值称为编码率，用 R 表示。R 越大，有用信息所占的比重就越大，信息的传输效率越高，但信息的冗余度就越小，差错控制的能力就越弱。

由上面的例子可以看到，如果一个信息在传输过程中出错，变成另一个合法信息，是很难检查出来并加以纠正的。由此想到，如果让信息的合法状态之间有很大的差别，那么一种合法信息出错变成另一种合法信息的可能性就会大大减小。对于两个长度相同的二进制序列来说，它们之间的差别可以用两个序列之间对应位取值的不同来衡量。取值不同的值的个数称为汉明（Hamming）距离，用字母 d 表示。例如，在前面的例子中，设 $c_1 = 000$，$c_2 = 111$，这两个序列之间的汉明距离为 $d(c_1, c_2) = 3$，其几何意义如图 2-19 所示，c_1 和 c_2 的汉明距离就是沿单位立方体的棱边从 000 到 111 的距离。在一个分组码中，码字之间的最小汉明距离是很重要的参数，最小汉明距离越大，说明码字之间的差别就越大，一个码字出错而变成另一个码字的可能性就越小。

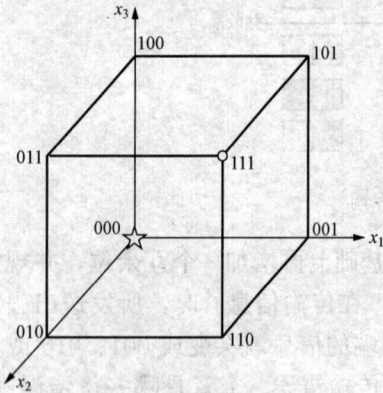

图 2-19 汉明距离的几何表达

发送端在信息码的后面按照一定的规则附加冗余位组成传输码组的过程称为编码，在接收端按相同规则检错和纠错的过程称为译码。编码和译码都是由硬件电路配合软件完成的。下面介绍几种常用的差错检验方法。

（1）奇偶校验。奇偶校验是一种经常使用的比较简单的校验技术。所谓奇偶校验，就是在每个码组之内附加一个校验位，使得整个码组中 1 的个数为奇数（奇校验）或偶数（偶校验），其规则可以表示为

奇校验
$$\sum_{i=1}^{k} x_i + x_c = 1 \qquad\qquad (2-2)$$

偶校验
$$\sum_{i=1}^{k} x_i + x_c = 0 \qquad\qquad (2-3)$$

式中：x_i 为数据位，x_c 为校验位。加法采用模 2 加规则，即 $0+0=0$，$0+1=1$，$1+0=1$，$1+1=0$。

1）垂直奇偶校验。假设发送端要发送单词 world，按 ASCII 编码，其代码与校验位如表 2-2 所示，其中校验位是按偶校验的规则求出的。在发送端，校验位可以用图 2-20（a）所示的电路形成。这种校验方法只能够检查每一个字符中的奇数个错误。

检查可根据所采用的是奇校验还是偶校验，按式（2-2）或式（2-3）进行。图 2-20（b）所示为在接收端采用的校验电路。发送端按照奇或偶校验的原则编码后，以字符为单位发送，发送次序如表 2-2 中箭头方向所示，x_c 表示校验位。接收端按照相同的原则检查收到的每个字符中"1"的位数，如果为奇校验，发送端发出的每个字符中"1"的位数为奇数，若接收端收到的字符中"1"的位数也为奇数，则传输正确，否则传输错误。如果采用奇校验，并且奇校验出错端为 1，就说明出错；如果采用偶校验，并且偶校验出错端为 1，就说明出错。

2）水平奇偶校验。仍以上面的五个字符为例说明水平奇偶校验法。这次是对水平方向的码元进行模 2 加来确定冗余位，如表 2-3 所示。表中的校验位也是按偶校验规则得出的，在这种校验中，可以检测出组内各字符同一位中的奇数个错误，也可以检测出所有突发长度

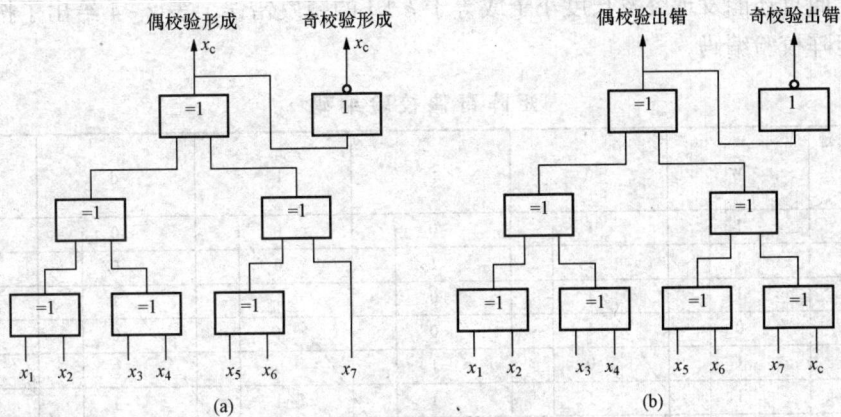

图 2-20 奇偶校验电路
(a) 校验位形成电路；(b) 校验电路

小于或等于 k 的突发错误。对于本例，$k=7$，发送次序如表 2-3 中箭头所示，即先传送第一个字符 w，然后是 o……最后是校验码 x_c。由于每一位校验码与该组中每下一字符的对应位均有关系，因此其编码、译码电路比较复杂。

表 2-2   垂直奇偶校验编码

位＼字符	w	o	r	l	d
x_1	1	1	0	0	0
x_2	1	1	1	0	0
x_3	1	1	0	1	1
x_4	0	1	0	0	0
x_5	1	0	1	0	0
x_6	1	1	1	1	1
x_7	1	1	1	1	1
x_c	0	0	0	0	1

表 2-3   水平奇偶校验编码

位＼字符	w	o	r	l	d	x_c
x_1	1	1	0	0	0	0
x_2	1	1	1	0	0	1
x_3	1	1	0	1	1	0
x_4	0	1	0	0	0	0
x_5	1	0	1	0	0	0
x_6	1	1	1	1	1	1
x_7	1	1	1	1	1	1

3) 矩阵奇偶校验。在一组字符中，既进行垂直奇偶校验，又进行水平奇偶校验，这就是矩阵奇偶校验。矩阵奇偶校验具有较强的检错能力，它不但能发现某一行或某一列上的奇

数个错误，而且还能发现突发长度小于或等于 $k+1$ 的突发错误。表 2-4 给出了按偶校验规则求出的矩阵校验编码。

表 2-4　　　　　　　　　　矩 阵 奇 偶 校 验 编 码

位　＼＼＼字符	w	o	r	l	d	x_c
x_1	1	1	0	0	0	0
x_2	1	1	1	0	0	1
x_3	1	1	0	1	1	0
x_4	0	1	0	1	0	0
x_5	1	1	0	0	1	1
x_6	1	0	1	1	0	1
x_7	1	1	0	0	0	1
x_c	0	0	0	0	0	1

（2）汉明校验。汉明（Hamming）校验是在奇偶校验的基础上发展起来的。汉明校验不像奇偶校验那样仅设置一位校验码，而是设置若干位校验码，其中每个校验位有一定的校验范围。例如，设被传输的数据为 x_1（仅 1 位），如果采用汉明校验码，则需附加 2 位校验位，记为 x_{c1}、x_{c2}。由于 x_{c1}、x_{c2} 可以组合成四种状态，故可用其中的一种状态表示无错，其他三种状态分别表示 x_1、x_{c1}、x_{c2} 出错。具体实现方法如下：将 x_1 和 x_{c1} 编为一组，记为 G_1，再将 x_1 和 x_{c2} 编为一组，记为 G_2。对每一组都分别进行奇偶校验（本例中采用偶校验）。编组情况如表 2-5 所示。

表 2-5　　汉明校验的编组

校验组	x_1	x_{c1}	x_{c2}
G_1	√	√	
G_2	√		√

表 2-5 中，用 √ 表示参加哪一组奇偶校验，例如，表中第一行表示 x_1 和 x_{c1} 参加 G_1 组奇偶校验，第二行表示 x_1 和 x_{c2} 参加 G_2 组奇偶校验。以偶校验为例，如果要传输的信息 x_1 为 0，则 x_{c1} 应为 0，以保证 G_1 组中 1 的个数为偶数；同理，x_{c2} 也应为 0。当要传输的信息为 1 时，x_1 和 x_{c2} 均应为 1。如果在数据传输过程中发生错误，在接收端就会发现 G_1 组或 G_2 组偶校验出错；在此，以 $G_1=1$ 表示 G_1 组出错，以 $G_2=1$ 表示 G_2 组出错，那么会有以下几种情况：

1）$G_1G_2=11$，说明 G_1、G_2 两组均发生错误，因此可以判定是 x_1 出错，将 x_1 取反，就可实现纠错。

2）$G_1G_2=10$，说明只有 G_1 组发生错误，因此可以判定是 x_{c1} 出错，此时 x_1 是正确的，无须纠错。

3）$G_1G_2=01$，说明只有 G_2 组发生错误，因此可以判定是 x_{c2} 出错；同理，x_1 正确，无须纠错。

4）$G_1G_2=00$，说明 G_1G_2 两组均正确传输，没有错误。

从上述例子中可以总结出汉明校验的能力：若采用 r 个校验位，则校验位可以组成 2^r 种状态，用其中的一种状态代表无错，用 r 种状态表示哪一个校验位出错，则还有 2^r-1-r 种状态信息能用于纠错。若被传输的数据为 k 位，采用汉明校验，所附加的校验位为 r，则应满足下式

28

$$2^r \geqslant k+r+1$$

汉明校验的编码规则如下：

1）若附加 r 个冗余校验位，则可以组成 r 个校验组，分别用 G_1、G_2、$\cdots$、G_r 表示，且每个冗余位一般只参加 1 个校验组。

2）每位数据必须参加 $2\sim r$ 个校验组，但组合上不应重复。

3）如果某位出错，必使它所参加的校验组校验出错。例如，若 x_4 参加了 G_2 和 G_6 组，当 G_2 和 G_6 校验出错，而其他组的校验正确时，则可判定是 x_4 出错，只要将 x_4 取反，即可纠正。

例如，对于 $k=11$，$r=5$，采用汉明校验，校验编组如表 2-6 所示。

由表 2-6 中编组可见，如果 $G_1G_2G_3G_4G_5=00000$，则无错；若 $G_5=1$，说明有一位错（3 位及 3 位以上错不讨论），且 $G_1G_2G_3G_4$ 可指出错误位置；若 $G_1G_2G_3G_4\neq0$，则表示有两位错。

表 2-6　　　　　　　　　　　　　汉明校验的编组

校验组	x_1	x_2	x_3	x_4	x_5	x_6	x_7	x_8	x_9	x_{10}	x_{11}	x_{c1}	x_{c2}	x_{c3}	x_{c4}	x_{c5}
G_1					√	√	√	√	√	√	√	√				
G_2		√	√	√				√	√	√	√		√			
G_3	√		√	√	√		√		√		√			√		
G_4	√	√	√			√	√			√	√				√	
G_5	√	√	√	√	√	√	√	√	√	√	√	√	√	√	√	√

图 2-21 所示为汉明校验的检错及纠错电路。该电路能检查出两位错误，同时纠正一位错误。例如，当 x_2 出错时，它所参加的校验组 G_2、G_4 和 G_5 就会变为 1，而 G_1 和 G_3 为 0，因此，译码器的第二个输出端 $\overline{G_1}\,G_2\,\overline{G_3}\,G_4=1$，$\overline{G_1}\,G_2\,\overline{G_3}\,G_4$ 与 x_2 进行"异或"运算之后，其输出 $x_2'=\overline{x_2}$ 即对出现错误的 x_2 进行了纠正。译码器的其他输出端均为 0，其余各位保持不变。

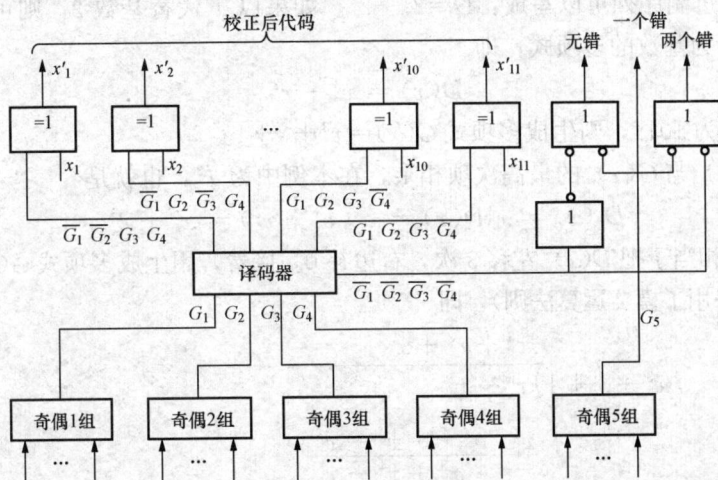

图 2-21　汉明校验的检错及纠错电路

（3）循环冗余校验。循环冗余校验 CRC（Cyclic Redundancy Check）是在分散控制系统中应用较多的一种校验方法，其检验原理如图 2-22 所示。校验码的生成过程如下：

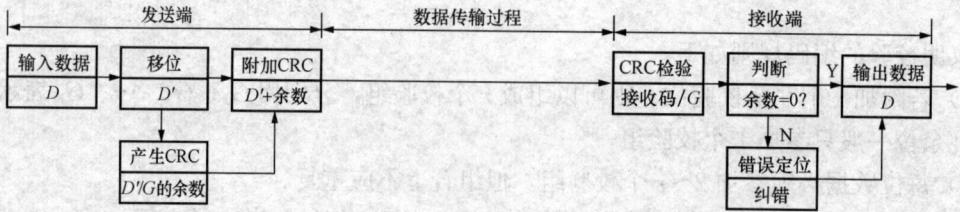

图 2-22 循环冗余校验原理

1）设要发送的数据为 D，把 D 与 G（称为生成多项式）的最高次项相乘得到 D'（通过移位来实现）。

2）用 G（生成多项式）除 D'。

3）将上一步相除后所得的余数作为校验码（即 CRC）。

4）将 D' 与余数相加后传输。

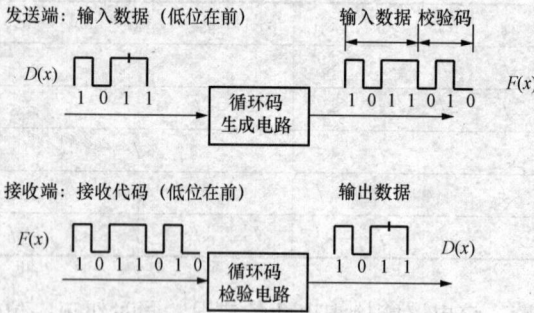

图 2-23 循环冗余校验例

在接收端的校验方法如下：

1）用与发送端相同的多项式 G 去除所接收到的 D'+余数。

2）如果能除尽，表示无差错，去掉余数后，得到数据。

3）如果除不尽，说明有差错，按一定规则进行纠错或请求重发。

下面举例说明 CRC 方法的应用，如图 2-23 所示。

【例 2-1】 已知要发送的数据 $D=1100$，生成码 1011（$r=3$，表示冗余码位数），求循环冗余码和待发送码字。

解 这个二进制序列可以写成：$D=2^3+2^2$。如果以 x 代替基数 2，则可以把一个二进制序列化为以 x 为基数的多项式，即

$$D(x) = x^3 + x^2$$

已知生成码为 1011，则生成多项式 $G(x)=x^3+x+1$。

首先把 $D(x)$ 与 $G(x)$ 的最高次项相乘，在本例中为 x^3，也就是

$$D'(x) = x^3 D(x) = x^3(x^3 + x^2) = x^6 + x^5$$

实际上，这相当于把 $D(x)$ 左移 3 次，右边补 0。接着，用生成多项式 $G(x)$ 去除 $D'(x)$（在这里应注意采用了模 2 运算法则），即

$$
\require{enclose}
\begin{array}{r}
x^3 + x^2 + x \\
x^3+x+1 \enclose{longdiv}{x^6 + x^5 } \\
\underline{x^6 + x^4 + x^3} \\
x^5 + x^4 + x^3 \\
\underline{x^5 + x^3 + x^2} \\
x^4 + x^2 \\
\underline{x^4 + x^2 + x} \\
x
\end{array}
$$

得到余数为 x，即循环冗余码为 010（注意到循环冗余码为 3 位）。

把 $D'(x)$ 加上余数，这就是发送出去的全部信息 $F(x)$，即

$$F(x) = D'(x) + x = x^6 + x^5 + x$$

即待发送码字为 1100010。

【例 2 - 2】 已知接收到的码字为 1100010，生成码为 1011（$r=3$），求码字的正确性。若正确，指出信息码和冗余码。

解 接收到的码字为 1100010，多项式 $F(x) = x^6 + x^5 + x$

生成码为 1011，生成多项式 $G(x) = x^3 + x + 1$

在接收端用生成多项式 $G(x)$ 去除 $F(x)$，如果能除尽（余数＝0）表示无差错。

$$
\require{enclose}
\begin{array}{r}
x^3 + x^2 + x \\
x^3 + x + 1 \enclose{longdiv}{x^6 + x^5 + x} \\
\end{array}
$$

$$
\begin{array}{r}
x^6 + x^4 + x^3 \\
\hline
x^5 + x^4 + x^3 \\
x^5 + x^3 + x^2 \\
\hline
x^4 + x^2 + x \\
x^4 + x^2 + x \\
\hline
0
\end{array}
$$

因 $r=3$，所以冗余码是 010，信息码为 1100，信息正确接收。

如果出现错误，则余数不为 0，且出错位与余数之间有一定的对应关系；不同位出错，其余数也不同。可以证明，余数与出错位的对应关系只与码制及生成多项式有关，而与待测码字（信息位）无关。因此，可以根据余数的数值进行纠错，或者要求发送端重发。

【例 2 - 3】 已知要发送数据 $D=1010$，生成码 $G=1011$，下面给出接收到的码字的出错模式。

解 信息码多项式为

$$D(x) = x^3 + x$$

生成多项式为

$$G(x) = x^3 + x + 1$$

移位后

$$D'(x) = x^6 + x^4$$

$$
\begin{array}{r}
x^3 + x + 1 \\
x^3 + x + 1 \enclose{longdiv}{x^6 + x^4 } \\
\end{array}
$$

$$
\begin{array}{r}
x^6 + x^4 + x^3 \\
\hline
x^3 \\
x^3 + x + 1 \\
\hline
x + 1
\end{array}
$$

得到余数 $x+1$，即循环冗余码为 11。

发送的全部信息 $F(x) = x^6 + x^4 + x + 1$，即 1010011。收到的码字出错情况如表 2 - 7 所示，其中传输错误的二进制位用斜体表示。

表 2-7 　　　　　　　　　　　　　接收到的码字出错表

接收到的码字（码位）							余　　数			出错位
x^6	x^5	x^4	x^3	x^2	x^1	x^0				
1	0	1	0	0	1	1	0	0	0	正确
1	0	1	0	0	1	*0*	0	0	1	1
1	0	1	0	0	*0*	1	0	1	0	2
1	0	1	0	*1*	1	1	1	0	0	3
1	0	1	*1*	0	1	1	0	1	1	4
1	0	*0*	0	0	1	1	1	1	0	5
1	*1*	1	0	0	1	1	1	1	1	6
0	0	1	0	0	1	1	1	0	1	7

如果循环码有一位出错，用 $G(x)$ 作模 2 除将得到一个不为 0 的余数。如果对余数补 0 继续除下去，我们将发现一个有趣的结果（各次余数将按表 2-7 中顺序循环）。例如，第一位出错，余数将为 001，补 0 后再除，第二次余数为 010，以后依次为 100、011、…反复循环，这就是"循环码"名称的由来。如果在求出余数不为 0 后，一边对余数补 0 继续做模 2 除，同时让被检测的校验码字循环左移，则当出现余数（101）时，出错位也移到 x^6 位置。可通过异或门将它纠正后在下一次移位时送回 x^0。这样就不必像汉明校验那样用译码电路对每一位提供纠正条件。当位数增多时，循环码校验能有效地降低硬件代价，这是它得以广泛应用的主要原因。

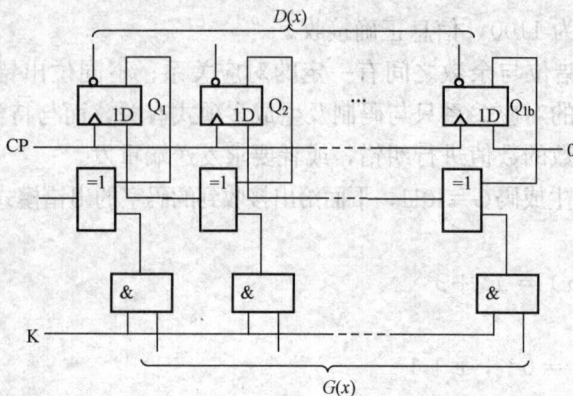

图 2-24　实现模 2 除的逻辑电路

CRC 校验的编码和译码主要是做模 2 除法运算，这可以通过硬件电路来实现。图 2-24 给出了模 2 除的逻辑电路，其中 $Q_1 \sim Q_{16}$ 组成 16 位移位寄存器。在分散控制系统中，数据传输的可靠性要求非常高，循环冗余码一般为 16 位。应该指出，生成多项式不能任意设置，它需要满足的条件是：生成多项式是 (x^n+1) 的 $(n-k)$ 次因式。例如，$n=7$，$k=3$，$x^7+1=(x+1)(x^3+x^2+1)(x^3+x+1)$，满足条件的生成多项式有以下两个：

$$(x+1)(x^3+x^2+1) = x^4+x^2+x+1$$
$$(x+1)(x^3+x+1) = x^4+x^3+x^2+1$$

目前应用比较广泛的生成多项式有以下几种：

CRC-CCITT（国际电报电话咨询委员会）：$G(x) = x^{16}+x^{12}+x^5+1$。

CRC-16：$G(x) = x^{16}+x^{15}+x^2+1$。

CRC-12：$G(x) = x^{12}+x^{11}+x^3+x^2+x+1$。

CRC-32：$G(x) = x^{32}+x^{26}+x^{23}+x^{22}+x^{16}+x^{12}+x^{11}+x^{10}+x^8+x^7+x^5+x^4+x^2+x+1$。

CRC 循环冗余校验具有比奇偶校验强得多的检错能力。可以证明：CRC 循环冗余校验可以检测出所有单数位错误、几乎所有双数位错误、低于 $G(x)$ 对应二进制校验位数的所有连续位错误、大于或等于 $G(x)$ 对应二进制校验位数的绝大多数连续位错误。

对数据信号传输过程中的位错误进行修正的方法主要有以下两种：

1）由发送装置提供错误修正码，然后由接收装置自己修正错误。

2）在接收装置发现接收到的错误帧中有位错误时，通知发送装置重新发送数据信号帧。

前一种方法中的错误修正码需要发送装置由被传送数据信号帧计算得到，然后添加到数据帧的后面，其长度几乎等于数据位数，导致效率降低 50%，实际采用不多；一般采用后一种较为有效的重发送方法。

以上是在传输信息中附加冗余度的方法，下面介绍在传输方法中附加冗余度的方法。

（4）回送校验。回送校验就是在接收端接收传输数据的同时，将传输数据送回发送端，由发送端校验发送的数据和送回的数据是否一致。如果不一致，说明传输出错，由发送端将数据再重发一次。

（5）连发校验。连发校验是把同一数据连发两次，在接收端比较这两次的数据是否相同；如果不同，则说明传输出错。由于连发会导致传输效率下降，因此有时只把一些重要数据连发。

2.2　数据通信系统结构

通信网络在分散控制系统中起"桥梁"作用，执行分散控制的各个单元和各级人机接口要靠通信网络连成一体，这种在局部区域内实现设备互连的通信网络称为局域网（LAN）。它是一种高通信速率、低误码率、快速响应的局部网络。分散控制系统完成的是工业控制，其所用的局域网与一般商用局域网相比，具有如下特点：

（1）具有快速实时响应能力。一般工业控制局域网的响应时间在 0.01～0.5s 以内，高优先级信息对网络的存取时间不超过 10ms，而办公自动化局域网的响应时间为 2～6s。

（2）具有极高的可靠性。大多数工业控制系统（尤其是火电厂的分散控制系统）的通信系统必须保持连续、准确运行，数据传送误码率低于 10^{-11}～10^{-8}。因此，除在网络中采取各种有效的信号处理和传输技术外，还采用双网冗余方式，提高网络运行可靠性。

（3）适合在恶劣环境下工作。用于工业控制的局域网通常工作在恶劣的工业现场环境下，要能抗电源干扰、电磁干扰、雷击干扰、地电位差干扰等。

（4）分层结构。为了把分散控制系统中的各个组成部分连接在一起，常常需要把整个通信系统的功能分成若干个层次去实现，每一个层次就是一个通信子网。通信子网具有以下特征：

1）通信子网具有自己的地址结构。

2）通信子网相连可以采用自己的专用通信协议。

3）一个通信子网可以通过接口与其他网络相连，实现不同网络上的设备相互通信。

一般情况下，分散控制系统的通信从底层到上层有以下几种：

（1）现场设备和中央控制室设备之间的通信（即智能现场设备通过现场总线与中央控制室中的现场总线网关、接口或控制器进行通信）。

（2）基本控制单元内的 I/O 设备与处理器之间的通信（属于 I/O 总线通信）。

（3）同一控制机柜中基本控制单元之间的通信（仅限于一个控制机柜中具有几个基本控制单元的 DCS 结构）。

（4）不同过程控制站之间及与人机接口之间的通信（即运行员站与过程控制站、过程控制站与过程控制站之间的通信）。

（5）人机接口之间的通信（通过对每个人机接口添加独立的网卡，形成独立的网络进行通信）。

2.2.1　通信系统的结构

图 2-25 所示为通信系统的一种结构。在这种结构中，整个通信系统分为以下三级：

（1）每个机柜中的机柜子网，实现机柜中各个基本控制单元之间的通信。

（2）中央控制室内的控制室子网，实现高层设备之间的通信。

（3）厂区范围内的厂级子网，实现控制室设备与现场设备之间的通信。

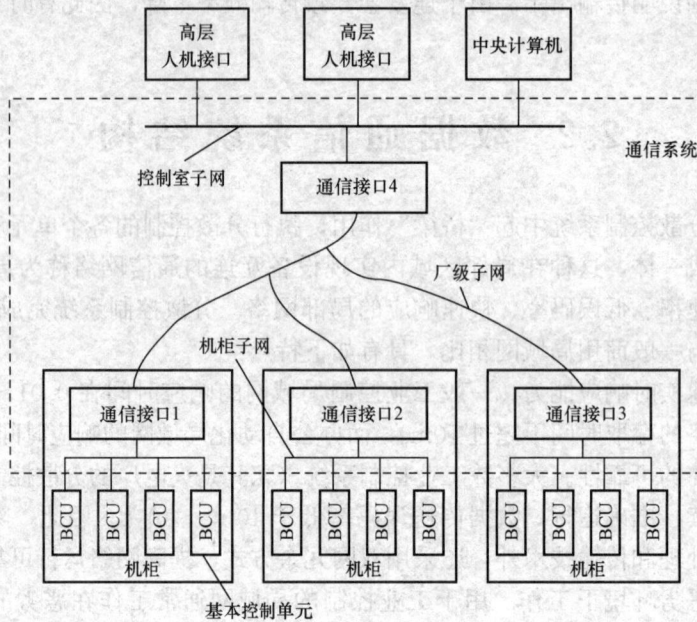

图 2-25　通信系统结构（一）

这种通信系统结构的缺点是不便于进行高层设备之间的高速通信，如从一个设备到另一个设备的数据库转储。另外，如果基本控制单元是大规模的多回路控制器，人机接口的通信量就很大，这种结构会造成高层通信接口的"拥挤"。图 2-26 所示的通信系统结构就不存在以上问题，它由以下几部分组成：

（1）局部子网。实现一个子系统内或一个机柜内各基本控制单元之间的通信。

（2）厂级子网。把高层设备和局部子网连接起来。

（3）后端子网。实现高层设备之间的高速数据传输，与过程控制不直接发生关系。

一般来说，多级通信网络的灵活性较强。在小规模的系统中，可以只采用最低层的子

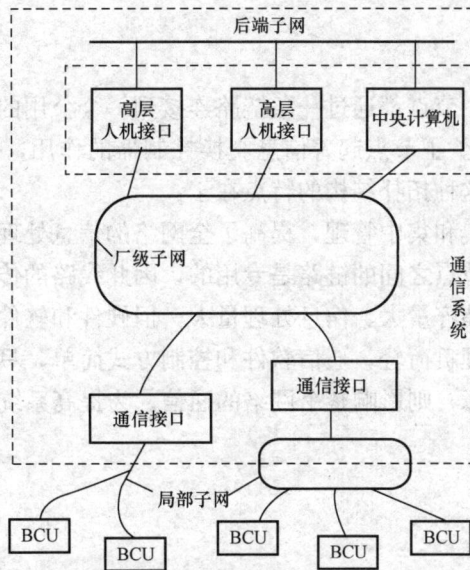

图 2-26 通信系统结构 (二)

网，需要时再增加高层网络。这种多层结构可以组成大规模的通信系统。多层结构的主要缺点是信息传输过程中要经过大量的接口，因此通信的延迟时间较长。另外，通信系统中的硬件较多，因此故障的机会增多，而且维修比较复杂。

2.2.2 通信网络的拓扑结构

通信系统的结构确定后，要考虑的就是每个通信子网的网络拓扑结构问题。所谓通信网络的拓扑结构，就是指通信网络中各个节点或站相互连接的方法。拓扑结构决定了一对节点之间可以使用的数据通路，或称链路。

在分散控制系统中应用较多的拓扑结构是星型、环型和总线型，如图 2-27 所示。下面分别介绍这几种结构。

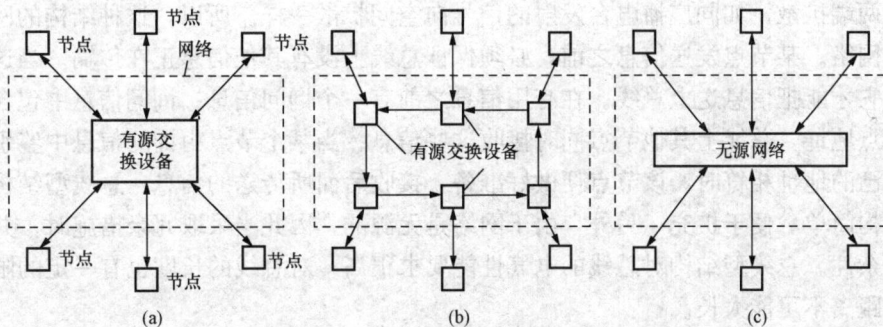

图 2-27 通信网络的拓扑结构

(a) 星型结构；(b) 环型结构；(c) 总线型结构

1. 星型结构

在星型结构中，每一个节点都通过一条链路连接到一个公用的交换中心上，该交换中心称为主节点（或中央节点）。主节点起着信息交换控制器的作用，任何两个节点之间的通信都要通过主节点来实现。这种拓扑结构的特点在于：

（1）易于信息流的汇集和集中管理，提高了全网络的信息处理效率。

（2）由于主节点与各节点之间的链路是专用的，因此线路的传输效率高，但利用率低。

（3）主节点的信息存储容量大、信息处理量大，但硬件和软件较复杂。

（4）各节点的信息处理负荷轻，通信软件和控制方式简单，只需具备点到点通信功能。

（5）若主节点出现故障，则影响整个网络的通信。为提高系统可靠性，主节点常采用冗余结构。

2. 环型结构

在环型结构中，所有节点通过链路组成一个环状。需要发送信息的节点将信息送到环上，信息在环上只能按某一确定的方向传输。当信息到达接收节点时，该节点识别信息中的目的地址与自己的地址相同，就将信息取出，并加上确认标记，以便由发送节点清除。由于传输是单方向的，因此不存在确定信息传输路径的问题，这可简化链路的控制。当某一节点故障时，可以将该节点旁路，以保证信息畅通无阻。为了进一步提高可靠性，在某些分散控制系统中采用双环，或者在故障时支持双向传输。环型结构的主要问题是在节点数量太多时会影响通信速度；另外，环是封闭的，不便于扩充。

3. 总线型结构

与星型和环型结构相比，总线型结构采用的是一种完全不同的方法。这时的通信网络仅仅是一种传输介质，它既不像星型网络中的中央节点那样具有信息交换的功能，也不像环型网络中的节点那样具有信息中继的功能。所有站都通过相应的硬件接口直接接到总线上。由于所有节点都共享一条公用的传输线路，因此每次只能由一个节点发送信息，信息由发送它的节点向两端扩散，如同广播电台发射的信号向空间扩散一样。所以，这种结构的网络又称为广播式网络。某节点发送信息之前，必须保证总线上没有其他信息正在传输。当这一条件满足时，它才能把信息送上总线。在有用信息之前有一个询问信息，询问信息中包含接收该信息的节点地址，总线上其他节点同时接收这些信息。当某个节点由询问信息中鉴别出接收地址与自己的地址相符时，该节点便做好准备，接收后面所传送的信息。总线型结构的突出特点是结构简单、便于扩充；另外，由于网络是无源的，因此当采取冗余措施时，并不增加系统的复杂性。总线型结构对总线的电气性能要求很高，对总线的长度也有一定的限制，因此其通信距离不可能太长。

总而言之，三种拓扑结构可以归为两类：一类是独占传输介质而需要中央节点的网络，如星型拓扑结构；另一类是共享传输介质而不需要中央节点的网络，如环型和总线型拓扑结构。

2.3 通 信 协 议

网络结构问题不仅涉及信息的传输路径，而且涉及链路的控制。对于一个特定的通信系统，为了实现安全、可靠的通信，必须确定信息从源点到终点所要经过的路径，以及实现通信所要进行的操作。在计算机通信网络中，对数据传输过程进行管理的规则称为协议。

协议一般分为若干个层次，为了理解这一点，先看看人类彼此之间交流思想的情况。为了进行思想交流，首先要具备传播思想的媒介、机构和控制手段。例如，声带振动，振动通过空气传送至他人的耳膜而产生声音；把文字写在纸上传递给对方等。这些物质的存在是交流思想的基础，称为信号层。在这个基础上，人们还必须遵守某种规则，如语言的种类、词意、语法等，否则人们不能正常交流思想，这一层称为语言层。有这两层并不能保证人们在任何情况下都能够顺利地交流思想。例如，当某个专家作专业性很强的学术报告时，非专业人员听起来会感到十分困难甚至根本不懂，这说明他们间缺乏共同的专业知识背景，这时需要更高的层次，在这一层次中包括一个人所具有的专业知识、基本概念以及理解能力等，称为知识层。

从上面的介绍可以看出：第一，人们为了彼此能够交流思想，需要有一个有层次的通信功能；第二，上一层的功能建立在下一层的功能基础之上，而且在每一层内都必须遵守一定的规则。

对于一个计算机通信网络来说，接到网络上的设备是各种各样的，有时甚至出自不同的厂家，它们在硬件和软件上的差异使其相互间的通信存在一定的困难，这就需要建立一系列有关信息传递的控制、管理和转换的手段和方法，并要遵守彼此公认的一些规则，这就是网络协议的概念。同人们交流思想一样，这些协议在功能上应该是有层次的。为了便于实现网络的标准化，国际标准化组织 ISO 提出了一个开放系统互连 OSI（Open System Interconnection）参考模型，简称 ISO/OSI 模型。

2.3.1 协议的参考模型

ISO/OSI 模型将各种协议分为七层，自下而上依次为物理层、链路层、网络层、传输层、会话层、表达层和应用层，如图 2-28 所示。各层协议的主要作用如下：

（1）物理层。物理层协议规定了通信介质、驱动电路和接收电路之间接口的电气特性和机械特性，如信号的表示方法，通信介质、传输速率、接插件的规格及使用规则等。

（2）链路层。通信链路是由许多节点共享的。这层协议的主要作用是确定在某一时刻由哪一个节点控制链路，即链路使用权的分配。它的另一个作用是确定比特级的信息传输结构，即信息每一位和每一个字节的格式，同时还确定了检错和纠错方式，以及每一帧信息的起始和停止标记的格式。帧是链路层传输信息的基本单位，由若干字节组成，除了信息本身之外，它还包括表示帧开始与结束的标志段、地址段、控制段及校验段等。

（3）网络层。在一个通信网络中，两个节点之间可能存在多条通信路径。网络层协议的主要功能就是处理信息的传输路径问题。在由多个子网组成的通信系统中，这层协议还负责处理一个子网与另一个子网之间的地址变换和路径选择。如果通信系统只由一个网络组成，节点之间只有唯一的一条路径，那么就不需要这层协议。

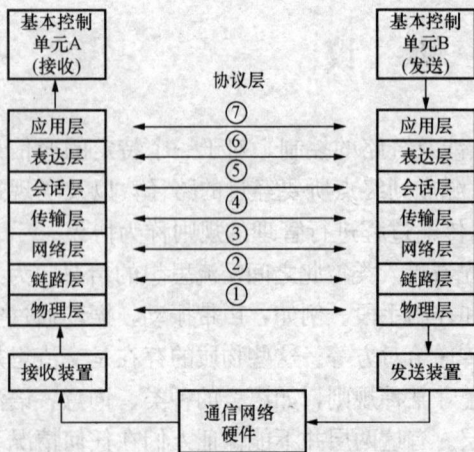

图 2-28 ISO/OSI 参考模型

（4）传输层。传输层协议的功能是确认两个节点之间的信息传输任务是否已经正确完成，其中包括信息的确认、误码的检测、信息的重发、信息的优先级调度等。

（5）会话层。会话层协议用来对两个节点之间的通信任务进行启动和停止调度。

（6）表达层。表达层协议的任务是进行信息格式的转换，它把通信系统所用的信息格式转换成它上一层，也就是应用层所需的信息格式。

（7）应用层。严格地说，应用层不是通信协议结构中的内容，而是应用软件或固件中的一部分。它的作用是召唤低层协议为其服务。在高级语言程序中，应用层可能是向另一节点请求获得信息的语句。在功能块程序中，它可能是一个请求从另一个基本控制单元中读取过程变量的输入功能块。

2.3.2 物理层协议

物理层协议涉及通信系统的驱动电路、接收电路与通信介质之间的接口问题。它连接两个物理设备，为链路层提供透明位流传输所必须遵循的规则，有时也叫物理接口。接口两边的设备，在 ISO 术语中叫做 DTE（数据终端设备）和 DCE（数据通信设备）。物理层协议主要提供 DTE 和 DCE 之间的接口。物理层为上层协议提供了一个传输数据的物理媒体。在这一层，数据的单位为比特（bit）。物理层协议规定了以下四个方面的特性：

（1）机械特性。规定物理连接所使用的可接插连接器的形状尺寸、引脚数量与排列等。

（2）功能特性。规定物理接口上各条信号线（数据线、控制线、定时线和接地线）的功能分配和确切定义。

（3）电气特性。规定在物理连接器上传输二进制比特流时线路上信号电平的高低、阻抗及阻抗匹配、传输速率和传输距离限制。

（4）过程特性。规定信号之间的工作规则和时序。

下面以 RS-232C 为例说明物理层协议。

RS-232C 是 1969 年由美国电子工业协会 EIA 修订的串行通信标准接口，其规定的特性如下：

（1）机械特性。RS-232C 接口定义了 25 针，采用 25 针接插件 DB25，并规定 DTE 的接插件为凸形，DCE 的接插件为凹形，如图 2-29（a）所示。对不需要 25 针的系统来说，常用 9 针的简化接插件 DB9，如图 2-29（b）所示。

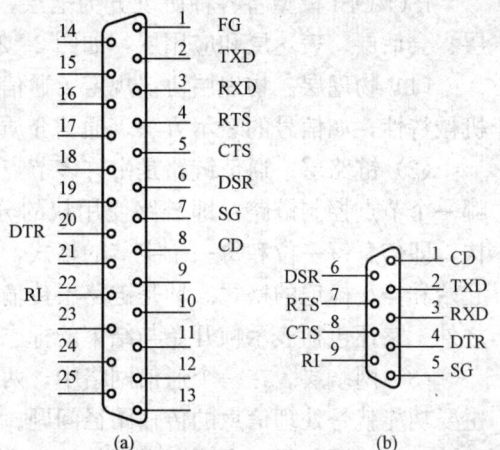

图 2-29 RS-232C 接口

(a) 25 针 DB25；(b) 9 针 DB9

38

（2）功能特性。RS-232C 接口允许 25 条信号线用于连接两台设备。表 2-8 给出了常用信号线的信号功能。

表 2-8　　　　　　　　　　　　常用信号线的信号功能

符　号	25 针引脚	9 针引脚	信号流向	功　　能
TXD	2	3	输出	发送数据
RXD	3	2	输入	接收数据
RTS	4	7	输出	请求发送
CTS	5	8	输入	清除发送
DSR	6	6	输入	数据装置准备好
SG	7	5		信号地
CD	8	1	输入	数据载体检测
DTR	20	4	输出	数据终端准备好
RI	22	9	输入	振铃指示

（3）电气特性。RS-232C 接口规定数据信号按负逻辑进行工作，以 $-15 \sim -5\text{V}$ 的低电平信号表示逻辑 1，以 $+5 \sim +15\text{V}$ 的高电平信号表示逻辑 0；控制信号和定时信号在正电压时为通（ON），在负电压时为断（OFF）；信号地为 $\pm 3\text{V}$；采用单端驱动单端接收电路，其特点是传输一种信号只用一根信号线，对于多根信号线，它们的地线是公共的。RS-232C 规定：除公用地线为双向传送外，其他各线都为单向传送；信号的最高传输速率为 19.2kbit/s，最大传输距离为 15m，当传输距离大于 15m 时，需增加调制解调器。

（4）过程特性。RS-232C 规定，一个设备要发送数据时，首先应发送请求发送信号（RTS），只有在收到允许信号（CTS）后，才能发送数据。

RS-232C 接口是串行传送数据的，传输速度较慢、传输距离短、串线干扰大，这种接口主要用于只有一个发送器和一个接收器的通信线路，如计算机与显示终端或打印机之间的接口。

除了 RS-232C 外，属于物理层定义的典型串口还包括 RS-449、RS-485 等。

（1）RS-449。为了进一步提高 RS-232C 的性能，特别是提高传输速率和传输距离，EIA 于 1977 年公布了 RS-449 标准，并且得到了 CCITT 和 ISO 的承认。RS-449 采用与 RS-232C 不同的信号表达方式，其抗干扰能力更强，传输速率达到 2.5Mbit/s，传输距离达到 300m。另外，它还允许在同一通信线路上连接多个接收器。

（2）RS-485。RS-485 扩展了 RS-449 的功能，它允许在一条通信线路上连接多个发送器和接收器（最多可以支持 32 个发送器和接收器），实现了多个装置的互连，其成本很低，传输速率和通信距离与 RS-449 在同一数量级。

应该指出，上述标准并不规定所传输的信息格式和意义，只有更高层的协议才完成这一功能。

2.3.3　链路层协议

如上所述，链路层协议主要完成两个功能：一是对链路的使用进行控制，二是组成具有确定格式的信息帧。下面将讨论这两个功能，并举例说明其实现方法。

由于通信网络是由通信介质和与其连接的多个节点组成的，因此链路层协议必须提出一种决定如何使用链路的规则。实现网络层协议有许多种方法，某些方法只能用于特定的网络拓扑结构。表2-9列举了一些常用网络送取控制协议的优缺点。

表2-9　　　　　　　　　　　　常用网络送取控制协议的优缺点

网络送取控制协议	网络类型	优　点	缺　点
时间分割/多路送取法（TDMA法）	总线型	结构简单	通信效率低、总线控制器需要冗余
查询法	总线型或环型	结构简单、比TDMA法效率高、网络送取分配情况可预先确定	网络控制器需要冗余，送取速度低
令牌法	总线型或环型	网络送取分配情况可预先确定、无网络控制器、可以在大型总线网络中使用	丢失令牌时，必须有重发令牌的措施
载波监听多路送取/冲突检测法	总线型	无网络控制器、实现比较简单	在长距离网络中效率下降，网络送取时间是随机、不确定的
扩展环型法	环型	无网络控制器、能支持多路信息同时传输	只能用于环型网络

1. 时间分割多路送取法

时间分割多路送取法又称TDMA（Time Division Multiplex Access）法，这种方法用于总线型网络。在网络中有一个总线控制器，它负责把时钟脉冲送到网络中的每个节点上。每个节点有一个预先分配好的时间槽，在给定的时间槽里它可以发送信息。在某些系统中，时间槽的分配不是固定不变，而是动态进行的。尽管这种方法很简单，但它不能实现节点对网络的快速送取，也不能有效地处理在短时间内涌出的大量信息。另外，这种方法需要总线控制器。如果不采取一定的冗余措施，总线控制器的故障就会造成整个通信系统的瘫痪。

2. 查询法

查询（Polling）法既可用于总线型网络，也可以用于环型网络。查询法与TDMA法一样，也要有一个网络控制器。网络控制器按照一定的次序查询网络中的每个节点，看看它们是否要求发送信息。如果节点不需要发送信息，网络控制器就转向下一个节点。由于不发送信息的节点基本上不占用时间，因此这种方法的通信效率比TDMA法高。然而，查询法也存在与TDMA方法同样的一些缺点，如访问速度慢、可靠性差等。

3. 令牌法

令牌（Token）法用于总线型或环型网络。在这种协议中，令牌是一个特定的信息，例如，用二进制序列11111111来表示。令牌按照预先确定的次序，从网络中的一个节点传到下一个节点，并且循环进行。只有获得令牌的节点才能发送信息。同前两种方法相比，令牌法的最大优点在于它不需要网络控制器，因此可靠性较高。这种方法的主要问题是，某一个节点故障或受到干扰，会造成令牌丢失。所以，必须采用一定的措施来及时发现令牌丢失，并且及时产生一个新的令牌，以保证通信系统的正常工作。令牌法是 IEEE802 局部区域网络标准所规定的送取协议之一。

4. 载波监听多路送取/冲突检测法

载波监听多路送取/冲突检测法又称 CSMA/CD（Carrier Sense Multiple Access with Collision Detection）法。这种方法用于总线型网络，其工作原理类似于一个共用电话网络。打电话的人（相当于网络中的一个节点）首先听一听线路是否被其他用户占用。如果未被占用，他就可以开始讲话，而其他用户都处于受话状态。他们同时收到了讲话声音，但只有与讲话内容有关的人才将信息记录下来。如果有两个节点同时送出信息，那么通过检测电路可以发现这种情况，这时，两个节点都停止发送，随机等待一段时间后再重新发送。随机等待的目的是使每个节点的等待时间能够有所差别，以免重发时再次发生碰撞。这种方法的优点是网络结构简单，容易实现，不需要网络控制器，并且能够允许节点迅速地访问通信网络；缺点是当网络所分布的区域较大时，通信效率会下降，原因是当网络太大时，信号传播所需要的时间增加了，要确认是否有其他节点占用网络就需要用更长的时间。另外，由于节点对网络的访问具有随机性，因此用这种方法无法确定两个节点之间进行通信时所需要的最大延迟时间。但是，通过排队论分析和仿真试验可以证明，CSMA/CD 法的性能是非常好的，以太网（Ethernet）通信系统中采用 CSMA/CD 协议，IEEE 802 局部区域网络标准中也包括这个协议。

5. 扩展环型法

扩展环型（Ring Expansion）法仅用于环型网络。当采用这种方法时，准备发送信息的节点不断监视着通过它的信息流，一旦发现信息流通过完毕，它就把要发送的信息送上网络，同时把随后进入该节点的信息存入缓冲器。当信息发送完毕后，再把缓冲器中暂存的信息发送出去。这种方法的特点是允许环型网络中的多个节点同时发送信息，因此提高了通信网络的利用率。

当用上述方法建立起对通信网络的控制权后，数据便可以以一串二进制代码的形式从一个节点传送到另一个节点，链路层协议定义了二进制代码的格式，使其能组成具有明确含义的信息。另外，数据链路层协议还规定了信息传送和接收过程中的某些操作，如前面所介绍的误码检测和纠正。大多数分散控制系统均采用标准的链路层协议，其中比较常用的有：

（1）BISYNC 二进制同步通信协议。这是由国际商用机器公司 IBM 开发出来的面向字符的链路层协议。

（2）DDCMP 数字数据通信协议。这是由数字设备公司 DEC 开发出来的面向字符的链路层协议。

（3）SDLC 同步数据链路控制协议。这是由 IBM 公司开发出来的面向比特的链路层协议。

（4）HDLC 高级数据链路控制协议。这是由国际标准化组织 ISO 规定的面向比特的链路层协议。

（5）ADCCP 高级数据通信控制规程。这是由美国国家标准协会 ANSI 规定的面向比特的链路层协议。

在当前的通信系统中，广泛采用面向比特的协议，因为这种形式的协议可以更有效地利用通信介质。后三种协议已经能够用现成的集成电路芯片实现，这样就简化了通信系统的结构。

2.3.4 网络层协议

网络层是 OSI 中的第三层，是主机与通信网络的接口。数据链路层协议是相邻两直接连接节点间的通信协议，它不能解决数据经过通信网络中多个转接节点的通信问题。设置网络层的主要目的就是要为报文分组以最佳路径通过网络到达目的主机提供服务，让网络用户不必关心网络的拓扑模型与所使用的通信介质。

OSI 规定网络层的主要功能为路径选择与中继、网络流量控制、网络连接建立与管理。

（1）路径选择与中继。通信路径是指从源节点到目的节点之间的一条通路。一般在两个节点之间都会有多条路径，因此必然存在路径选择。通信中继节点在收到一个报文分组后，决定下一个转发的中继节点是谁，通过哪一条输出链路传送所使用的策略称为路径选择算法，简称路选算法。

（2）网络流量控制。网络层的流量控制是指对通信量加以一定的控制，以防因通信量过大而造成通信网络性能下降。因为网络资源，如链路容量、节点计算机的缓冲区大小与处理器的处理能力都是有限的，如果在某段时间内，在某一层协议的执行过程中，对某类网络资源的需求量超过该资源所提供的可用数量，则这一资源在该段时间内将出现拥挤。若网络中多种资源同时发生拥挤，网络性能将明显下降，严重时将造成锁死。解决网络拥挤的方法就是流量控制。

（3）网络连接建立与管理。从 OSI 模型角度看，网络层提供的服务分两类，一类是面向连接的网络服务，又称虚电路服务，它具有网络连接建立、数据传输、网络连接释放三个阶段；另一类是无连接网络服务，其实体之间的通信不需要建立好一个连接，一般有以下三种类型：

1）数据报：其服务不要求接收端应答。

2）确认交付：又称可靠数据报，它要求接收端对每个报文分组都要产生一个确认信息发送给发送端。

3）请求回答：要求接收端用户每收到一个报文均给发送用户发回一个应答报文。

已有的一些标准协议（如 CCITT X.25）可以支持网络层的通信，然而，由于成本很高、结构复杂，因此在工业过程控制系统中一般不采用具有可选路径的通信网络。比较常用的是具有冗余的总线型或环型网络，这些网络中不存在通信路径的选择问题，因此网络层协议的作用只是在主通信线路故障时，让备用通信线路继续工作。

出于以上原因，大多数工业过程控制系统中网络层协议的主要作用是管理子网之间的接口。子网接口协议一般专门用于某一特定的通信系统。另外，网络层协议还负责管理那些与其他计算机系统连接时所需要的网间连接器。网络层协议把一些专用信息传送到低层协议中，即可实现上述功能。

2.3.5 传输层和会话层协议

在工业过程控制所用的通信系统中，为了简单起见，常常把传输层和会话层协议合在一起。这两层协议确定了数据传输的启动方法和停止方法，以及实现数据传输所需要的其他信息。

1. 传输层

传输层的基本功能是从会话层接收数据，在必要时把它们划分成较小的单元传递给网络层，并确保到达对方的各段信息准确无误。这些任务都必须高效率地完成。

传输层是在网络层的基础上再增添一层软件，使之能屏蔽掉各类通信子网的差异，向用户进程提供一个能满足其要求的服务。传输层具有一个不变的通用接口，使用户进程只需了解该接口，便可方便地在网络上使用网络资源并进行通信。

通常情况下，会话层每请求建立一个传输连接，传输层就为其创建一个独立的网络连接。如果传输连接需要较高的信息吞吐量，传输层也可以为之创建多个网络连接，让数据在这些网络连接上分流，以提高吞吐量。另一方面，如果创建或维持一个网络连接不合算，传输层可以将几个传输连接复用到一个网络连接上，以降低费用。在任何情况下，都要求传输层能使多路复用对会话层透明。

传输层是真正的从源到目标"端到端"的层。也就是说，源端机上的某程序，利用报文头和控制报文与目标机上的类似程序进行对话。在传输层以下的各项层中，协议是每台机器和它直接相邻的机器间的协议，而不是最终的源端机和目标机之间的协议，在它们中间可能还有多个路由器。

TCP 协议工作在本层，它提供可靠的基于连接的服务，在两个端点之间提供可靠的数据传送，并提供端到端的差错恢复与流量控制。

2. 会话层

会话层允许不同机器上的用户之间建立会话关系，即正式的连接。这种正式的连接使得信息的收发具有高可靠性。会话层的目的就是有效地组织和同步进行合作的会话服务用户之间的对话，并对它们之间的数据交换进行管理。

会话层服务之一是管理对话，它允许信息同时双向传输，或任意时刻只能单向传输。如果属于后者，则类似于单线铁路，会话层将记录此时该轮到哪一方了。一种与会话有关的服务是令牌管理（Token Management），令牌可以在会话双方之间交换，只有持有令牌的一方可以执行某种关键操作。

另一种会话服务是同步（Synchronization）。如果在平均每小时出现一次大故障的网络上，两台机器只要进行一次 2h 的文件传输，试想会出现什么样的情况呢？每一次传输中途失败后，都不得不重新传送这个文件。当网络再次出现大故障时，可能又会半途而废。为解决这个问题，会话层提供了一种方法，即在数据中插入同步点。每次网络出现故障后，只需重传最后一个同步点以后的数据。

TCP/IP 协议体系中没有专门的会话层，但在其传输层协议——TCP 协议中实现了本层部分功能。

3. 数据库的更新

在分散控制系统中，每个节点都是"智能的"。也就是说，每个节点都有自己的微处理机，它可以独立地完成整个系统的一部分工作任务。为了使整个系统协调工作，每个节点都要输入一定的信息，这些信息有的来自节点本身，有的则来自系统中的其他节点。一般情况下，可以把通信系统的作用看成是一种数据库更新作用，它不断地把其他节点的信息传输到需要这些信息的节点中去，相当于在整个系统中建立了一个为多个节点所共享的分布式数据库。更新数据库的功能是在传输层和会议层协议中实现的。下面简要介绍常用的三种更新数据库的方法：

（1）查询法。需要信息的节点周期性地查询其他节点，如果其他节点响应了查询，则开始进行数据交换。若由其他节点返回的数据中包含了确认信号，则说明被查询的节点已经接收到请求信号，并且正确地理解了信号的内容。

（2）广播法。广播法类似于广播电台发送播音信号。含有信息的节点向系统中其他所有节点广播自己的信息，而不管其他节点是否需要这些信息。在某些系统中，信息的接收节点发出确认信号，也有些系统不发确认信号。

（3）例外报告法。在这种方法中，节点内有一个信息预定表，此表说明有哪些节点需要这个节点中的信息。当这个节点内的信息发生了一定量的（常常把这个量称为例外死区）变化时，它就按照预定表中的说明去更新其他节点的数据。一般情况下，收到信息的节点要回送确认信号。

查询法是在分散控制系统中应用较多的协议，特别是用在具有网络控制器的通信系统中。但是，查询法不能有效地利用通信系统的带宽，另外，其响应速度也比较慢。广播法在这两方面比较优越，特别是不需确认的广播法。不需确认的广播法在信息传输的可靠性上存在一定的问题，因为它不能保证数据的接收者准确无误地收到所需要的信息。实践证明，例外报告法是一种迅速而有效的数据传输方法。但例外报告法还需要在以下两个方面进行一些改进：首先，要求对同一个变量不产生过多的、没有必要的例外报告，以免增加通信网络的负担，这一点可通过限制两次例外报告之间的最小间隔时间来实现；其次，在预先选定的时间间隔内，即使信息的变化没有超过例外死区，也至少要发出一个例外报告，这样能够保证信息的实时性。

2.3.6 高层协议

所谓高层协议，是指表达层和应用层协议，它们用来实现低层协议与用户之间接口所需要的一些内务操作。高层协议的重要作用之一就是区别信息的类型，并确定它们在通信系统中的优先级。例如，可以把通信系统传送的信息分为以下几级：

（1）同步信号。

（2）跳闸和保护信号。

（3）过程变量报警。

（4）运行员改变给定值或切换运行方式的指令。

（5）过程变量。

（6）组态和参数调整指令。

（7）记录和长期历史数据存储信息。

根据优先级顺序，高层协议可以对信息进行分类，并且把最高优先级的信息首先传输给较低层的协议。这一点很难实现，在技术复杂性和成本上都存在一定的问题，到目前为止，分散控制系统还没有采用具有优先级结构的通信系统。因此，为了使各种信息都能顺利地通过通信系统，并且不产生过多的时间延迟，通信系统中的实际通信量必须远远小于通信系统的极限通信能力。

2.4　网络间的互联

实现网络间互联的方式，常见的有以下几种。

1. 中继器（Repeater）方式

中继器是局域网互联的最简单设备。当多个网络具有共同的特性时，在物理层采用中继器即可实现互联。

2. 网桥（Bridge）方式

当相联网络具有相同逻辑链路控制协议，但采用不同的介质存取控制协议时，不能采用简单的中继器，而必须采用网桥实现网络互联。

网桥对帧的格式不加修改，不作重新包装，但要设置足够大的缓冲区满足高峰需求，还必须具备寻址和路由选择的功能。

3. 网关（Gateway）方式

当连接不同类型而协议差别又较大的网络时，要选用网关设备。网关的功能体现在 OSI 模型的最高层，它将协议进行转换，将数据重新分组，以便在两个不同类型的网络系统之间进行通信。

网关的功能是将一个网络协议层次上的报文"映射"为另一个网络协议层次上的报文。不同类型的局域网互联时，必须制定互联协议（Interconnection Protocol，IP），解决网际寻址、路由选择、网际虚电路/数据报、流量控制、拥挤控制以及网际控制等服务功能的问题。

网关有以下两种类型：

（1）介质转换型。该类型网关是从一个子网中接收信息，拆除封装，并产生一个新封装，然后将信息转发到另一个子网中去。

（2）协议转换型。该类型网关是将一个子网的协议转换为另一个子网的协议。对于语义不同的网，这种转换还需先经过标准互联协议的处理。

网络互联在局域网的扩展和较大的分散控制系统中占有十分重要的地位。在现代火电厂的综合自动化系统中，网关是将厂内各种数字系统集成为一个实用大系统的关键设备。

习　　题

1. 数据通信系统中数据交换方式有哪几种？
2. 双绞线、同轴电缆和光缆三种传输介质的传输特性各是什么？
3. 通信系统中差错控制指的是什么？传输错误根据特征可分为哪两类？
4. 差错控制方法可分为哪几类？
5. 什么是奇偶校验？垂直奇偶校验、水平奇偶校验和矩阵奇偶校验各有什么特点？
6. 汉明校验和奇偶校验有什么区别？
7. 什么叫编码率？它与传输效率、差错控制能力有何关系？
8. 什么叫最小汉明距离？该距离有什么意义？
9. 已知 k 位数据，若采用汉明校验，则校验位 r 应该满足什么关系式？
10. 循环冗余校验中的校验码是如何生成的？
11. 循环冗余校验中的生成多项式应满足什么条件？
12. 用于工业控制的局域网具有什么特点？
13. 通信子网具有什么特征？
14. 分散控制系统从底层到上层的通信有哪几种？
15. 通信网络中常见的拓扑结构有哪几种？各有什么特点？
16. ISO/OSI 开放系统互连参考模型中的七层协议名称是什么？
17. 通信协议的物理层都规定了哪些特性？
18. 链路层中链路控制有哪些方法？各有什么特点？
19. 分散控制系统通信协议中必须有网络层吗？
20. 高层协议的作用是什么？
21. 网络互联有哪些方式？

3 过程控制站

过程控制站是分散控制系统中实现过程控制的重要设备。根据控制方式的不同,过程控制站可以分为直接数字控制站、顺序控制站和批量控制站。其中,直接数字控制站主要用于生产过程中连续量(又称模拟量,如温度、压力、流量等)的控制;顺序控制站主要用于生产过程中离散量(又称开关量,如电动机的启/停、阀门的开/关等)的控制;批量控制站既可以实现连续量的控制,又可以实现离散量的控制。目前,大多数分散型控制系统中的过程控制站均能同时实现连续控制、顺序控制和逻辑控制功能。因此,在没有必要加以区别时,统称为过程控制站。

3.1 过程控制站的结构

3.1.1 机械结构

过程控制站一般是标准的机柜式结构,如图 3-1 所示。

机柜顶部装有风扇组件,其目的是带走机柜内部电子部件所散发出来的热量。机柜内部设若干层模件安装单元。机柜上层安装处理器模件和通信模件,中间安装输入/输出模件,最下层安装电源组件,为整个机柜提供电源。模件在机柜中的布置并不唯一,很多情况下,电源组件也布置在机柜的最上层,它是机柜中发热量最多的部件,这样便于风扇将其热量快速带走。

机柜内还设有各种总线,如电源总线、接地总线、数据总线、地址总线、控制总线等。有些总线是由模件安装单元背后的印刷电路板构成,有些总线是由模件安装单元之间的扁平电缆或其他专用电缆构成,有些则是由装设在机柜侧面的汇流条构成。

由 I/O 模件输入或输出的信号,经过机柜中的端子板与现场设备相连,通信模件与监控网络之间的连接通过专用通信电缆实现。

3.1.2 系统结构

过程控制站的系统结构如图 3-2 所示。

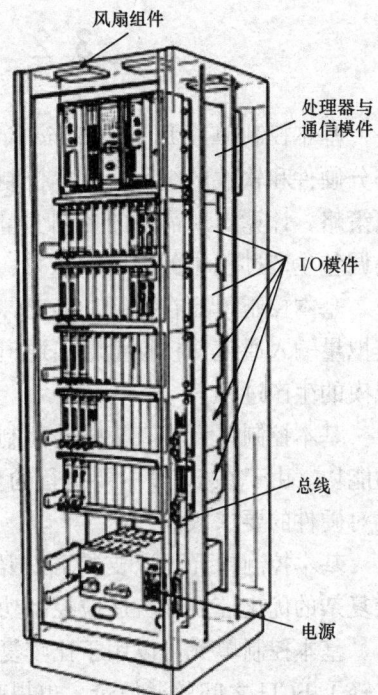

图 3-1 过程控制站的机械结构

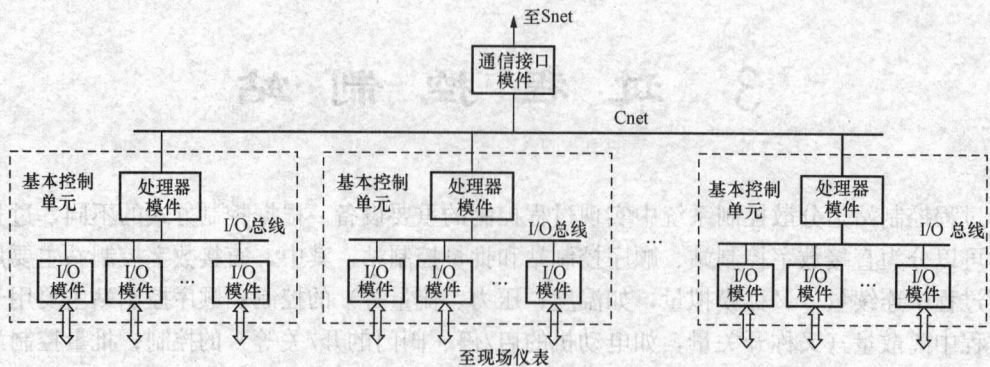

图 3-2 过程控制站的系统结构

一个过程控制站中可能包含一个或多个基本控制单元。基本控制单元由一个完成控制算法或数据处理任务的处理器模件，以及与其相连的若干个输入/输出模件构成。基本控制单元之间通过控制网络 Cnet 连接在一起，Cnet 网络上的上传信息通过通信模件送到监控网络 Snet；同理，Snet 的下传信息亦通过通信模件和 Cnet 传到各个基本控制单元。在每一个基本控制单元中，处理器模件与输入/输出模件之间的信息交换由内部总线完成。内部总线可能是并行总线，也可能是串行总线。近年来，越来越多的分散型控制系统在处理器模件和输入/输出模件之间采用了串行总线，简化了系统结构，提高了信息传输的可靠性。

3.2 基 本 控 制 单 元

基本控制单元 BCU（Basic Control Unit）是分散控制系统中直接控制生产过程的那一部分硬件和软件的统称。基本控制单元接收来自传感器或变送器的过程变量，按照一定的控制策略，计算出所需要的控制变量，并把这些控制变量传送到生产过程中去，通过执行机构去调整生产过程中的温度、压力、流量、液位等被控变量。

基本控制单元在控制功能上，可以同时实现连续控制和顺序控制，具有几十个到上百个模拟量输入通道、模拟量输出通道、开关量输入通道和开关量输出通道，可以控制具有一定规模的生产过程。

基本控制单元具有很强的控制能力，可以运行几百个连续控制功能块和上千个顺序控制功能块。由于在 BCU 中要执行的全部功能块必须在 0.5s，甚至更短的时间内执行完毕，因此对硬件的要求很高。

基本控制单元可以支持高级语言，如 BASIC、FORTRAN、C 语言，可以用来实现比较复杂的优化控制和自适应控制功能。

基本控制单元可以用于比较复杂的多变量系统，大量的控制信号可以在 BCU 内部传输，减轻了 BCU 之间的通信量，也提高了系统的安全性和整体性。另外，由于控制任务过于集中，必须采用冗余措施，有时不单是 CPU 要冗余，甚至 I/O 部件也要冗余，因此系统的结构比较复杂。如果基本控制单元仅仅是完成高层优化功能，而不直接控制生产过程，那么也可以不设冗余，但应妥善考虑 BCU 故障时输出信号的保持问题。

3.2.1　基本控制单元的硬件

基本控制单元是由一个完成控制算法或数据任务的处理器模件以及与其相连的其他输入/输出模件组成的。其中，输入/输出模件包括模拟量输入模件、模拟量输出模件、开关量输入模件、开关量输出模件、脉冲量输入模件等基本模件，有的 DCS 还有专门用于汽轮机电液控制系统的液压伺服模件、用于连接现场总线的现场总线模件等专用模件。通信接口模件不一定与基本控制单元有一一对应的关系，在有些分散控制系统中，可能存在若干个基本控制单元共用一个通信接口模件的情况，在此我们与基本控制单元的模件一并进行讨论。

1. 处理器模件

处理器模件有时也称为控制器模件、主控制器模件等，是完成过程控制的核心模件，它完成用户所设计的各种控制策略。控制策略以组态文件的形式存储于非易失性存储器（NVRAM）中。由于有后备电池的支持，在系统失电的情况下，组态数据也不会丢失。鉴于处理器模件的重要性，大多数分散型控制系统中的处理器模件都是可冗余设置的。也就是同时设置两个或多个处理器模件，一个工作，另一个（或几个）备用。工作的处理器模件与备用的处理器模件具有相同的组态，当主处理器模件工作时，备用的处理器模件不断监视着主处理器模件，一旦主处理器模件发生故障，备用处理器模件就会自动接替控制任务，保证生产过程的安全。图 3-3 所示为处理器模件原理框图。

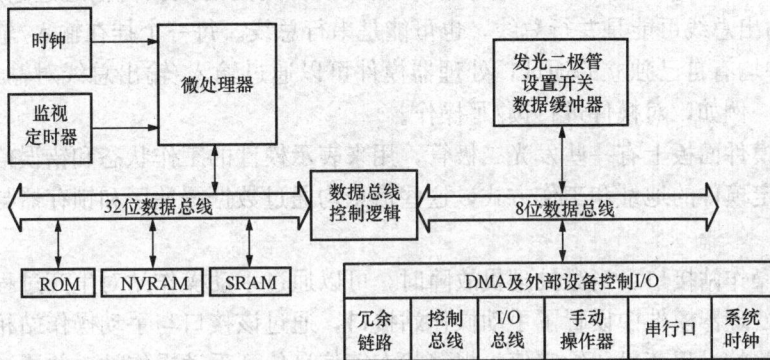

图 3-3　处理器模件原理框图

处理器模件由以下几部分所组成：

（1）微处理机：微处理机负责模件的操作和控制。目前一般采用 32 位的微处理机。微处理机可以同步访问 32 位字长的存储器，或者异步访问各种字长的端口。由于微处理机负责模件的操作，因此它与模件中的所有其他部分交换信息。微处理机的操作系统和功能块库，驻留于只读存储器（ROM）中。微处理机完成由功能块组态而建立的各种控制策略。

（2）时钟和实时时钟：时钟为微处理机和相关的外部设备提供时钟信号，而实时时钟（RTC）为系统提供实时时间。

（3）存储器：存储器包含只读存储器（ROM）、静态随机存储器（SRAM）和非易失存储器（NVRAM）。ROM 保存微处理机的操作系统；SRAM 作为数据暂存和系统组态的副本；NVRAM 保存系统组态（用功能块设计的控制策略）、批处理文件以及 UDF 和高级语言程序。NVRAM 中存储的信息在系统失电时也不丢失。

（4）DMA 控制器：直接数据存储（DMA）控制部分使各种通信链路能够直接与 RAM 交换数据，而不需要微处理机的干预。I/O 扩展总线、双冗余的链路模拟量控制站或开关量控制站串行链路以及控制网络 Cnet 等通信链路，均支持 DMA。

采用 DMA 处理方式大大减轻了微处理机的负担，并且显著地提高了处理器模件的工作速度，因为它不需要频繁地处理数据交换任务。

（5）控制网络：控制网络是一个高速通信网络，处理器模件利用这个网络来与过程控制站中的其他基本控制单元交换信息。

控制网络一般是可冗余的，有两个独立的通道，处理器模件可以同时通过两个通道来发送和接收信息，并检查两个通道的一致性，这样就可以及时发现故障，使通信故障造成的影响减至最低。

（6）冗余链路：处理器模件是可冗余组态的。冗余链路为主处理器模件和备用处理器模件提供两个并行链路，当主模件执行控制任务时，备用模件通过冗余链路，获得主模件的块输出信息；不管主模件因何原因发生故障，备用模件都可以在不中断被控过程的情况下自动接替控制任务。

由于主模件和备用模件在硬件上处于平等地位，并且可以相互切换，因此设置了并行链路。需要注意的是，主模件和备用模件必须使用同一版本的固件，否则就会发生错误。

（7）输入/输出总线：处理器模件与输入/输出模件之间的数据传输通过输入/输出总线进行。输入/输出总线可能是并行总线，也可能是串行总线。每一个挂在输入/输出总线上的输入/输出模件均有自己独立的地址，处理器模件可以通过输入/输出总线对输入/输出模件进行各种操作。例如，对模件进行读/写操作。

在处理器模件面板上有一些发光二极管，用来表示模件的工作状态和错误信息。模件上的开关用来设定模件的地址和工作方式，这些信息均通过数据缓冲区和锁存器与微处理机交换信息。

（8）手动操作站接口：当微处理机故障时，可以通过手动操作站对生产过程进行手动操作。因此，在处理器模件中设置了手动操作站接口，通过该接口与手动操作站相连接。该接口也可以把相关的过程变量、给定值、报警状态等信息传到手动操作站，并通过手动操作站显示出来。

（9）串行口：处理器模件还可以设置串行口，以便通过标准的串行口（如 RS-232 或 RS-485）与其他设备进行通信。串行口支持高级语言，如 C 语言和 BASIC 语言编程，并且具有光电隔离措施，以提高可靠性，防止模件损坏。

2. 模拟量输入模件

来自现场的模拟量输入信号有三类：热电阻（RTD）输入信号、热电偶（TC）输入信号和变送器输入信号。其中，RTD 和 TC 信号电平较低，为低电平（小信号）输入；变送器信号电平较高（4~20mA/1~5V/0~10V），为高电平（大信号）输入。模拟量输入模件必须能够针对这三类不同的模拟量输入信号进行处理。功能较简单的输入模件只能处理一类信号，功能复杂的输入模件根据通道配置可以处理三类信号。

模拟量输入模件接收由现场送来的模拟量信号，对其量程、零点进行校正和调整，并将其转换为数字量，转换为工程单位，然后经 I/O 总线传送给处理器模件，其结构如图 3-4 所示。

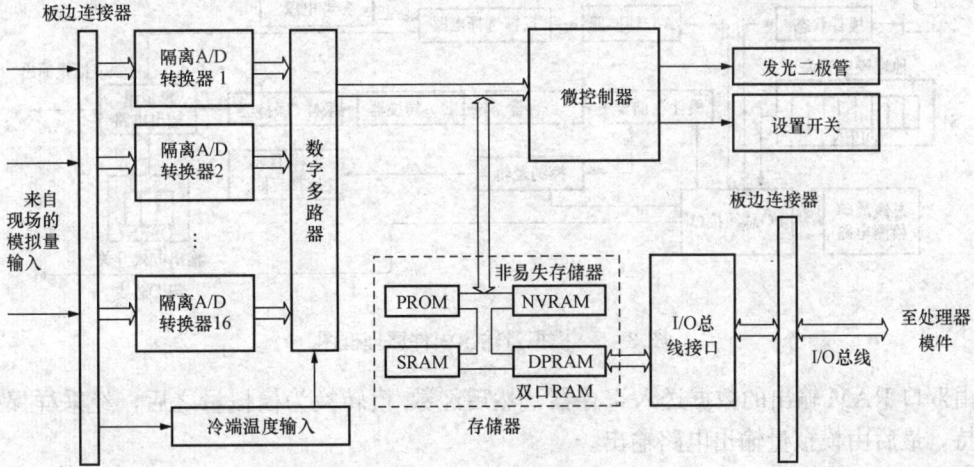

图 3-4　模拟量输入模件原理框图

每个通道均有超限和开路检测，当采用热电偶输入时，还可以进行冷端温度补偿。

组成模件的各部分的功能如下：

（1）隔离 A/D 转换器：每一个输入通道都有一个 A/D 转换器和一个隔离放大器。隔离放大器含有滤波器、低漂移的通道参考电压、可编程放大器、信号隔离器、开路检测电路。A/D 转换器负责将输入的模拟量信号转换为数字量信号。A/D 转换器一般是软件可编程的，通过软件来选择 A/D 转换器的分辨率。

（2）数字多路器：由隔离 A/D 转换器输出的数字信号，其中包括输入参考和冷端补偿信号，经数字多路器的选择后进入微控制器。

（3）微控制器和存储器：微控制器主要完成通道 A/D 转换器的校准，通道和冷端温度补偿电压的切换，对 A/D 的分辨率进行控制，读 A/D 的数据并且进行必要的校正，提供设置开关和面板发光二极管的接口，一致性的检测，通过双口 RAM 读写 I/O 总线上的数据。

（4）冷端温度补偿：在与模拟量输入模件相连的端子板上，一般设有检测冷端温度的热电阻，通过这个电阻来检测热电偶的冷端温度，进而实现冷端温度校正。

（5）设置开关与指示灯：与 CPU 模件一样，模拟量输入模件上设有开关和指示灯，分别用于设置模件的地址、工作方式，以及显示模件的工作状态。

3. 模拟量输出模件

模拟量输出模件的作用是把处理器模件输出的控制量信号转化成具有一定带负载能力的电压或电流信号，输出到现场的执行机构，以实现对生产过程的控制。

模拟量输出模件的原理框图如图 3-5 所示。该模件由输入/输出总线接口、模件存储器、寄存器、数/模转换器、采样/保持器、模拟量输出电路、控制逻辑、反馈选择、模/数转换器等几部分组成，工作原理为：由输入/输出总线送来的控制量输出信号经总线接口送往模件存储器。模件存储器是一个双口 RAM，它是处理器模件与模拟量输出电路之间的缓冲器，可以同时读写，以提高工作速度。

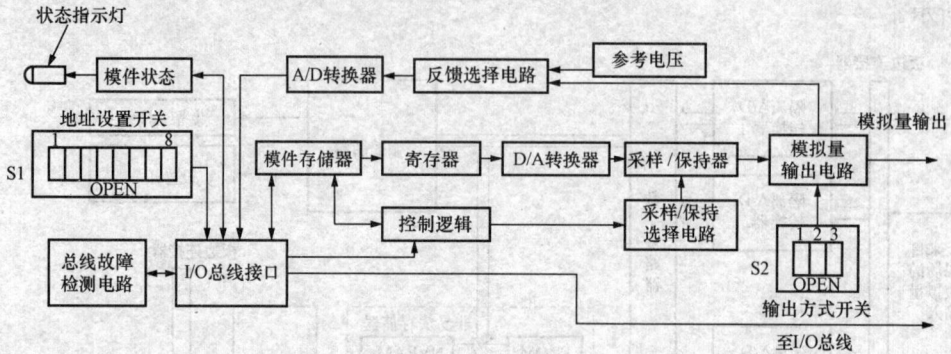

图 3-5　模拟量输出模件原理框图

由双口 RAM 输出的数据送入寄存器，然后经数/模转换为模拟量之后，经采样保持电路保持，最后由模拟量输出电路输出。

为了检查 D/A 转换器的工作是否正常，又将模拟量输出电路的输出信号经反馈选择电路、A/D 转换电路和 I/O 总线接口反馈到处理器模件中去，由处理器模件检查 D/A 转换器的工作情况，参考电压用于检查 A/D 转换器的工作情况。

图 3-5 中的控制逻辑是由可编程逻辑阵列实现的。它提供模件在正常或故障状态下各部分电路所需要的控制信号。

I/O 总线故障监测电路是一个计时器，由 I/O 总线时钟定期复位；如果时钟停止，总线故障监测电路就会在一定的时间内发出故障信号，使模拟量输出信号变成组态时所设置的默认值。

4. 开关量输入模件

开关量输入模件接收由现场输入的开关量信号，对其进行预处理后，将反映开关量状态变化的数字量信号经 I/O 总线送往处理器模件。

开关量输入模件的原理框图如图 3-6 所示。该模件由输入隔离电路、阀值判别电路、控制逻辑电路、模件状态监测电路、I/O 总线接口等部分组成。

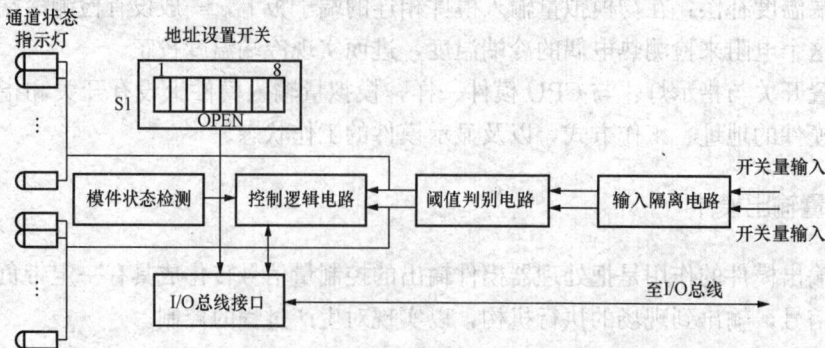

图 3-6　开关量输入模件原理框图

52

来自现场的开关量信号一般是无源的，开闭时有可能产生抖动。这些开关量信号首先进入输入隔离电路，该电路通过光电耦合器提供现场输入线路与模件内部电路之间的电气隔离。

经输入隔离电路输出的信号送入阀值判别电路。阀值判别电路一般由施密特触发器构成，它对输入信号进行判断和整形，输出高低电平清晰的脉冲信号，并且使输入与输出信号具有一定的回差关系，以防止输出信号产生不必要的抖动。

控制逻辑电路由缓冲寄存器组成，用以存放阀值判别电路输出的信号，以及模件的状态数据。处理器模件可以通过I/O总线接口来读取由现场输入的开关量或者模件的工作状态。I/O总线接口用于该模件与处理器模件之间的信息交换，其中包括数据信号、地址信号和控制信号。当处理器模件发出的地址信号与该模件地址开关上所设置的地址一致时，就从该模件中读取输入信号或状态信号。

模件的前面板设有指示灯，阀值判别电路的输出信号送到这些指示灯上，以便观察每一路开关量输入的状态。

此外，还有一种特殊的开关量输入模件——SOE输入模件。SOE（Sequence of Event）是"事件记录"的英文缩写，它是一种时间邮戳（Time Stamp）的DI采集模件，即SOE模件不仅要采集DI的状态，还要同步记录DI状态变位发生的时刻。SOE主要用于分析事故的原因，即事故之间的因果关系。所以，严格来说SOE所关心的不是事件发生的绝对时刻，而是相对时刻，即事件发生的先后顺序。因此，系统的所有SOE模件都要进行严格的计时同步，即所有的SOE模块统一由一个共同的时钟源发同步信号，来保持所有SOE模块同步。时钟源有两种：一种是GPS（全球卫星定位系统）接收机，另一种是DCS系统内自己维持的时钟源。

SOE事件最小记录的时间单位一般设计为1ms。对于同一个DI状态的改变事件，一般要求接入同一个处理器模件的不同SOE模件，各模件记录的时间相对误差不大于1ms；接入不同处理器模件的不同SOE模件，各模件记录的时间相对误差不大于2ms。

5. 开关量输出模件

开关量输出模件通过I/O总线接收处理器模件输出的开关量信号，经该模件输出，以便控制现场的开关量控制设备。

开关量输出模件原理框图如图3-7所示。该模件由输出寄存器、输出选择器、输出驱动电路、状态缓存器、故障控制逻辑、故障状态寄存器、总线故障监测电路等部分组成。

由处理器模件输出的开关量信号经I/O总线和总线接口送往输出寄存器。在正常情况下，输出选择器选择输出寄存器的信息输出，然后经输出驱动电路送往现场。

当总线故障检测电路检测到总线故障时，它就通过I/O总线接口向故障控制逻辑电路发出信号，故障控制逻辑输出指令给输出选择器。这时选择器选择故障状态寄存器中的信息输出，以保证生产过程的安全。

模件状态显示电路用来显示模件的工作状态，如电源是否接通、通信是否正常等。

I/O总线接口和面板指示灯的作用同上，故不赘述。

输出驱动电路采用光电隔离或继电器隔离，以避免引入干扰。同时，输出驱动电路还具有功率放大作用，以增加模件的带负载能力。根据现场负荷功率大小不同，可选用不同功率

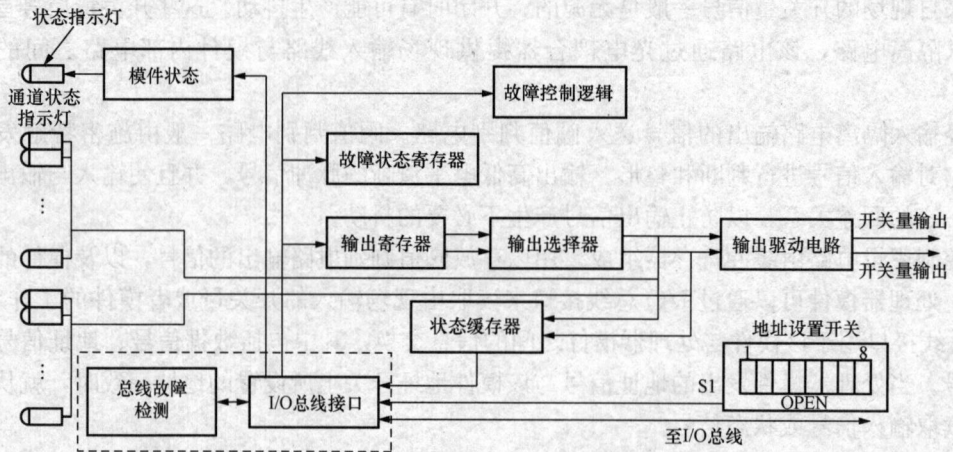

图 3-7　开关量输出模件原理框图

放大器件构成不同的开关量驱动输出通道。一般有机械电磁继电器和固态继电器两类。

电磁继电器主要由线圈、铁芯、衔铁和触点等部件组成，其中触点有动合和动断两种类型。线圈带电，动合触点关闭，动断触点打开。电磁继电器方式的开关量输出是一种最常用的输出方式，通过弱电控制外界交流或直流的高电压、大电流设备。电磁继电器输出电路如图 3-8 所示。

固态继电器是一种无触点开关电子继电器，利用电子技术实现了控制回路和负载回路之间的电隔离和信号耦合，没有任何可动部件和触点，却能实现电磁继电器的功能，故称固态继电器。它具有体积小、开关速度快、无机械噪声、无抖动和会跳、寿命长等优点。固态继电器的输入电压一般为 4～32V，输出工作电压可以是直流（30～180V），也可以是交流（多为 380V 或 220V）。固态继电器输出电路如图 3-9 所示。

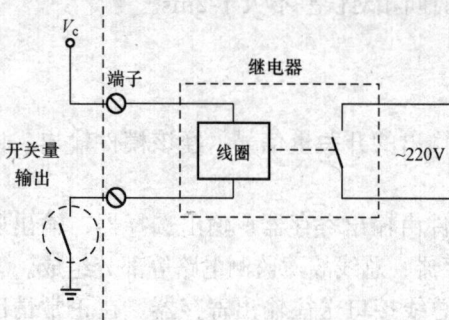

图 3-8　电磁继电器输出电路

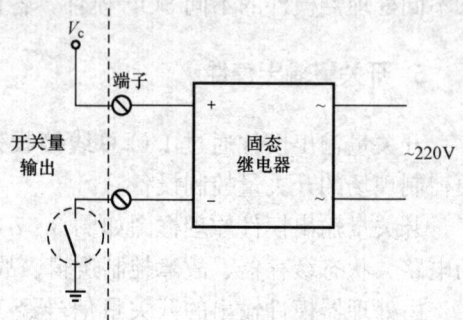

图 3-9　固态继电器输出电路

6. 脉冲量输入模件

脉冲量输入模件的作用是对来自生产过程中的脉冲量信号进行处理，存储并通过 I/O 总线传送给处理器模件。一个脉冲量输入可以接收多个脉冲量输入信号。

脉冲量输入模件有三种工作方式：积算方式、频率方式和周期方式。其中，积算方式用于累积脉冲的总数，一般用于流量或电量的积算；频率方式用于测量脉冲的频率，也就是单位时间内脉冲的个数，其典型应用是转速的测量；周期方式是测量两个脉冲之间的时间间隔。事实上，周期是频率的倒数，当脉冲的频率很低时，为了提高测量精度，常常采用测周期的方式。

图 3-10 所示为脉冲量输入模件的原理框图，来自现场的 8 路脉冲量输入信号首先进入输入信号预处理电路，经多路器选择某路信号后，送入计数器。对 8 路输入信号而言，计数器是分时使用的。例如，如果采样周期是 72ms，那么每个通道的计数器大约工作 9ms。在这 9ms 中，输入脉冲信号的状态被读入移位寄存器中，移位寄存器中保持前次采样时的输入状态，以判断是否有脉冲信号输入。如果有脉冲输入，则改变计数器的值，存储器用来保存每一个脉冲量输入通道在采样时的计数值和累积值。当处理器模件读某一个通道值时，存储器中的内容就被传送到输入缓冲器，并通过输入/输出总线接口和输入/输出总线传送到处理器模件中。

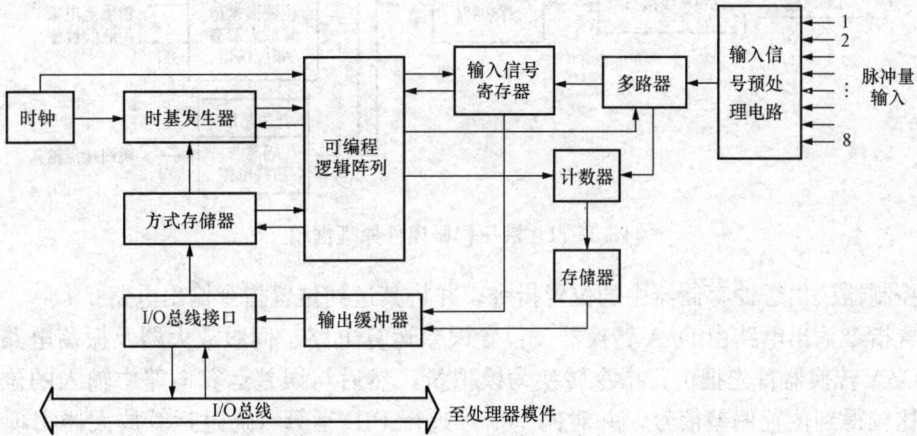

图 3-10 脉冲量输入模件原理框图

方式寄存器用来保存每一个脉冲量输入通道的工作方式。时基信号发生器利用时钟产生各种定时信号，并通过可编程逻辑阵列，产生各种控制信号，控制各部分电路的工作。

7. 液压伺服模件

液压伺服模件的主要功能是实现对现场液压伺服机构的控制，如对汽轮机调节门的控制。液压伺服模件与一般的模拟量输出模件的区别在于：它可以接收液压伺服机构的位置反馈信号，实现位置的闭环控制，并达到 $25\mu m$ 的位置控制精度；同时它还具有较大的带负载能力，可以直接驱动液压伺服阀的线圈。另外，它的可靠性很高，提供了两路输出信号，任何一路输出出现故障，均不会影响另一路输出。它还可以提供位置反馈机构中差动变压器所需要的高频交流激磁电压。

液压伺服模件原理框图如图 3-11 所示。该模件由 I/O 总线接口、数据与状态存储器、微控制器、开关量输入/输出防抖电路、位置反馈电路、差动变压器振荡电路、位置指令输出电路等部分组成。

处理器模件经由 I/O 总线接口送来的位置指令存入模件内部总线数据与状态缓冲存储器，缓冲存储器可以使 I/O 总线与模件内部总线之间的信息传输以异步方式进行。

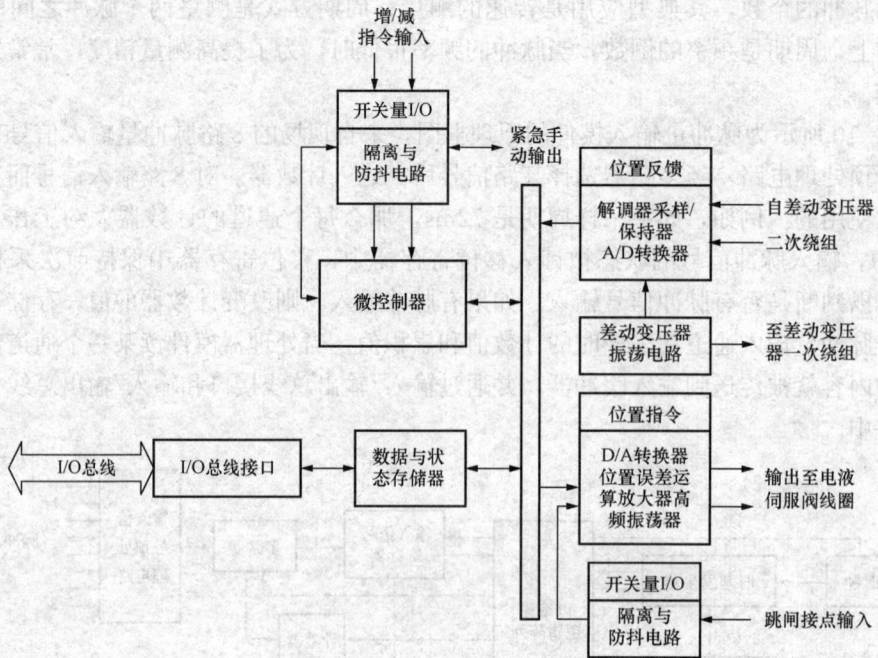

图 3-11 液压伺服模件原理框图

微控制器读出缓冲存储器中的位置指令，并将其送到位置指令输出电路。

位置指令输出电路由 D/A 转换器、位置误差运算电路、伺服放大器及振荡电路四部分组成。D/A 转换器首先把位置指令转换为模拟量，然后与误差运算电路中输入的位置反馈信号相比较得到位置偏差信号，并对偏差信号进行 PID 运算（通过运算放大器实现）。PID 运算部分输出的模拟量信号叠加上一个小幅度的振荡信号后送入伺服放大器，其目的是克服液压伺服机构的摩擦力，并且防止液压伺服机构卡涩。

由液压伺服机构输出的位置反馈信号送入位置反馈电路。位置反馈电路由解调器、采样保持电路和 A/D 转换器三部分组成。来自位置反馈差动变压器二次绕组的高频交流信号首先经解调器变换为直流信号，经采样/保持电路送入 A/D 转换器。经 A/D 转换器的数字量在微控制器的控制下写入数据与状态缓冲存储器，最后通过 I/O 总线送往处理器模件。

振荡电路为位置反馈差动变压器提供一个高频振荡信号，加到该变压器的一次绕组上。

当该模件与处理器模件之间的通信发生故障时，运行员可以用增/减按钮通过开关量输入/输出电路来调整液压伺服机构的位置，这部分电路具有光电隔离和触点防抖功能。微控制器接收到增/减指令后，通过位置指令电路控制输出。同时，该电路还输出一个开关量信号，点亮紧急手动指示灯，通知运行员模件处于紧急手动状态。

图 3-11 中右下角的开关量输入电路用来输入紧急跳闸信号。该信号通过光电隔离和触点防抖电路后送往位置指令输出电路，使液压伺服机构关闭。

8. 现场总线模件

分散控制系统为了与现场总线技术兼容，还会设计一些现场总线模件。现场总线模件为现场的智能装置提供了一条数字通信通道。在一条称为现场总线的通信线路上，可以连接多达 32 个符合该现场总线通信协议的智能设备。这些智能设备以全数字方式传递过程变量、控制变量、状态信息、管理信息等内容。有一些分散控制系统中的现场总线模件支持数/模混合通信。在这些系统中，以 4～20mA 的模拟量信号传输过程变量信号，其他信号的数字量调制信号叠加在模拟量信号上传输。现场总线模件是现场总线与分散型控制系统之间的一个接口。

现场总线模件原理框图如图 3-12 所示。该模件由模件 I/O 电路、A/D 转换器、通信电路、微处理器及控制逻辑、I/O 总线接口五部分组成。

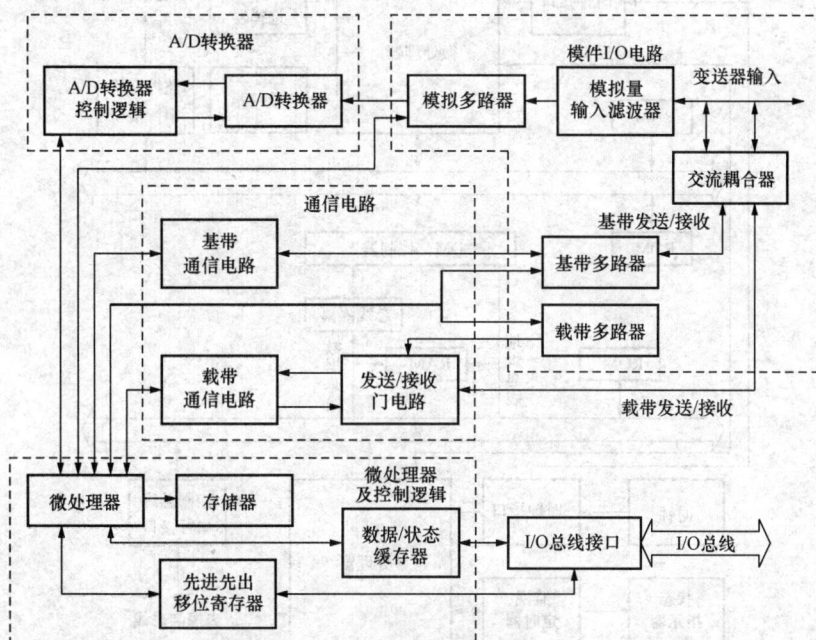

图 3-12　现场总线模件原理框图

该模件支持数模混合方式。由现场来的输入信号可以是纯数字信号，也可以是数模混合信号。因此，输入信号中的模拟量信号进入模拟量输入滤波器，经多路器和 A/D 转换器送入微处理机，而输入信号中的数字量信号可以有两种传输方式：一种是基带传输方式，另一种是载带传输方式。当采用基带传输方式时，由交流耦合器提取输入信号中的交流信号后，经过基带多路器和基带通信电路，传送给微处理机；当采用载带传输方式时，交流耦合器提取输入信号中的交流调制信号后，经发送/接收门电路送往载带通信电路，载带通信电路对信号进行解调后，将数字量信号送往微处理机。

微处理机还可以将信息传送给现场的智能设备，这时的通信方向正好与上述情况相反，读者可自行分析。

与微处理机相连的存储器用于存储过程变量、控制变量、现场智能设备以及其他信息。当处理器模件请求输入过程变量时，该模件中的微处理机就把存储器中的数据送入先进先出（FIFO）移位寄存器，然后由 I/O 总线接口送往处理器模件。

9. 过程控制站通信接口

分散型控制系统中的过程控制站不是一个孤立的系统，它与其他过程控制站，以及处于上层的运行员操作站、工程师工作站等设备都是相互联系的，这就需要高一层的通信系统——监控网络 Snet。过程控制站通信接口就是连接基本控制单元的控制网络 Cnet 与连接运行员操作站，以及其他站的监控网络 Snet 之间的一个通信接口。从某种意义上说，它就是一个网间连接器。过程控制站通信接口原理框图如图 3-13 所示。

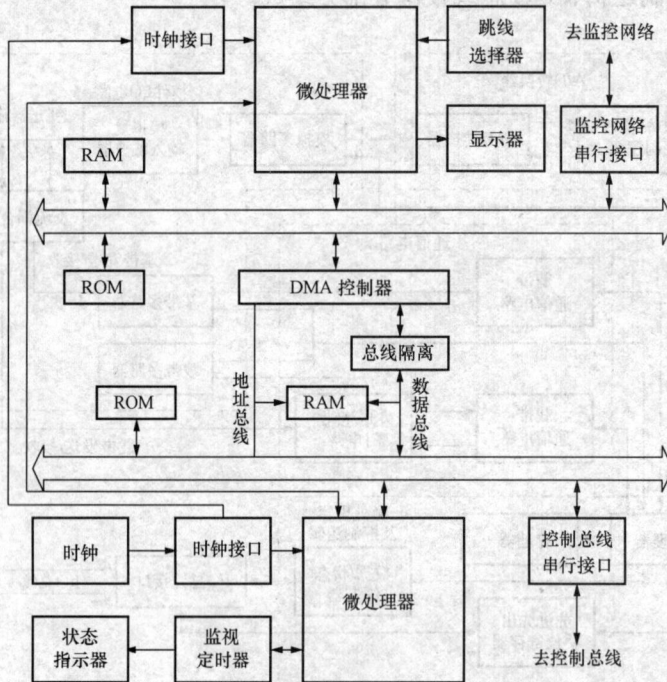

图 3-13　过程控制站通信接口原理框图

通信接口模件由模件控制网络和监控网络接口组成，两者配合实现基本控制单元与监控网络之间的信息交流。监控网络和控制网络各由一个微处理器控制，其中一个负责信息的汇集和处理，另一个负责在控制网络和监控网络之间的信息传送。它们各自拥有自己的ROM、RAM、总线接口和时钟芯片，但使用共同的时钟基准。两者之间通过 DMA 控制器实现信息交换，交换过程的启动通过互相发送中断触发信号来实现。每个微处理器还设有电源监视逻辑和监视定时器。监控网络中的通信底层还采用冗余设计，除此以外，每个系统还允许使用一个冗余的通信模件。应该指出，在监控网络微处理器控制下的 DMA 控制器，其地址总线与控制网络微处理器中 RAM 的地址总线直接相连，而数据总线通过两个接口芯片与控制网络微处理器的数据总线隔离。

3.2.2　基本控制单元的软件

由于基本控制单元采用了以微处理机为基础的控制技术，它的硬件只能起到把信号输入计算机或把信号从计算机中输出，并为程序的执行提供环境的作用，因此，要实现复杂的控制功能，必须有软件的支持。基本控制单元的控制和计算功能是由程序存储器中的程序，以及工作存储器中的参数决定的。在 BCU 中存储的程序和参数都是以二进制的形式存在的，这和其他任何一种计算机装置都相同。然而，用户并不希望直接同二进制数打交道，因此，必须有一种合适的语言来使用户能够方便地描述 BCU 所要完成的控制和计算功能，这就是基本控制单元的语言。

一、编程语言的种类

在分散控制系统的发展过程中，基本控制单元的编程语言也在不断地发展和完善。早期的分散控制系统采用填表式语言，后来又出现了批处理语言。这两种语言均属于面向问题的语言；随着计算机图形化编程技术的发展，又出现了功能块和梯形图语言。目前，分散控制系统大多采用这两种图形化编程语言。由于各 DCS 厂家推出的系统均使用自己的图形化编程语言，因此缺少通用性。有时用户不得不学习许多厂家的编程语言。为了制定统一的标准化编程语言，1979 年国际电工委员会 IEC 成立了 TC65 委员会，开始制定从硬件、安装、试验、编程到通信等各方面的标准，标准号为 1131。这个标准的第 3 部分，即 IEC 1131-3 就是有关标准化编程的部分。IEC 1131-3 一共制定了 5 种编程方法，其中有 3 种为图形化编程方法，它们是：功能块图 FBD（Function Block Diagram）、梯形图 LD（Ladder Diagram）、顺序功能图 SFC（Sequential Function Chart）；另外 2 种为文本化语言，它们是指令表 IL（Instruction List）和结构化文本 ST（Structured Text）。除此之外，在许多分散控制系统中还支持面向问题的语言 POL（Problem Oriented Language）和通用的高级语言，如 BASIC、Fortran 和 C 的编程，用户可以利用这些高级语言来实现一些特殊的控制算法。下面分别讨论这几种语言。

二、图形化编程语言

（一）功能块

功能块是一种预先编好程序的软件模块，用户确定它的参数，并且通过组态将其连接在一起。每一个功能块完成一种或几种基本控制功能，如 PID 控制、开方运算、乘除运算等。功能块很像常规控制系统中的单元仪表或模件仪表，所以有的分散控制系统中把功能块称为"内部仪表"，只不过这些内部仪表的功能是由软件实现的。每个内部仪表对应 ROM 中的一段程序，而不是一个真正的"硬件仪表"。

在目前的分散控制系统中，功能块是在 BCU 一级最流行的方法。厂家把所有控制和计算功能块都编好程序存放在基本控制单元的 ROM 中，用户只要选择适当的功能块，把它们连接在一起，设置好必要的参数，就可以组成所需要的控制系统。表 3-1 所示为一个功能块程序库的实例。

由表中可以看到，功能块不仅能够实现许多常规仪表所完成的普通控制功能，而且能够实现许多复杂的高级控制功能。例如，自适应功能块可根据外部过程的情况自动调整功能块中的某些参数。

表 3 - 1　　　　　　　　　　　　　**常 用 功 能 块 清 单**

序号	名　称	功能码	图形符号	运算关系	说　明
1	模拟量输入	27	→□AI□—		
2	模拟量输出	29	→□AO□—		
3	开关量输入	43	→□DI□—		
4	开关量输出	44	→□DO□—		
5	开方器	7	x→□√□→y	$y=K\sqrt{x}$	
6	乘法器	16	x_1 x_2→□×□→y	$y=Kx_1x_2$	
7	除法器	17	x_1 x_2→□÷□→y	$y=K\dfrac{x_1}{x_2}$	
8	比例—积分—微分	19	SP PV TR TS→□PID□		PV—过程变量 SP—给定值 TR—跟踪信号 TS—跟踪开关
9	手动/自动操作站	21	SP PV A TR TS→□M/A□→SP O AM		A—自动输出 O—操作站输出 AM—操作站手动/自动状态
10	锁存器	34	S R OV→□S R□		S—置位端 R—复位端 OV—超驰端
11	与门	38	→□AND□		
12	或门	40	→○OR○		
13	非门	33	→□NOT□		
14	自适应	24	→□ADAPT□		

1. 功能块的基本描述

在不同的分散控制系统中，功能块的描述方法不同，但一般可以归纳为以下几个要点：用一个矩形框表达一个功能块；功能块的输入、输出信号用有向线段来表示；矩形框内的符号代表功能块所实现的功能。

要在系统中确定一个功能块的连接关系和控制功能，必须定义以下三类参数：

（1）功能码。功能码用来说明功能块所完成的功能，每一种功能块具有唯一的一个功能码。功能码实际上代表功能块的"名字"，就像学号代表学生的名字一样。功能码是由厂家确定的，每一种功能块的功能码是什么，可查阅厂家提供的功能码清单。

（2）块地址。块地址并不是指一个功能块所对应程序的首地址，而是指一个功能块的运算输出结果的存放地址。需要说明的是，有些功能块的输出可能不止一个，因此，这类功能块可能占用一个以上的块地址。大多数功能块的块地址是在用户组态时确定的。

（3）输入说明表和参数说明表。每个功能块都要有一个输入说明表和参数说明表。输入说明表指出该功能块的输入数据来自何处，参数说明表说明该功能块进行运算时所需要的参数值。在有些分散控制系统中，输入说明表和参数说明表放在一起，统称说明表。例如，一个乘法功能块实现以下运算功能

$$y = Kx_1x_2$$

式中，x_1 和 x_2 分别为乘数和被乘数，K 为比例系数。它的输入说明表必须有两项，分别说明 x_1 和 x_2 来自何处；它的参数说明表有一项，说明 K 应取何值。只有这些数据确定之后，才能实现功能块所要完成的功能。

输入说明表和参数说明表中的数据一般可分为布尔型、整数型和实数型三类。布尔型数据只有 0 和 1 两个取值；整数型数据是在一定取值范围之内的实数，如 0～255 之间的正整数、-32768～$+32769$ 之间的整数等；实数型数据是在一定取值范围之内的实数，它可以是整数，也可以是小数，一般采用指数记数法。

综上所述，功能码、块地址和说明表定义了一个功能块所实现的作用，所以也把它们称为功能块的三个要素。在这三个要素中，说明表指示出要处理的数据来自什么地方和按照什么参数去进行处理。功能码说明要进行什么样的处理；块地址说明处理所得到的结果存放在什么地方。有了这三类参数，就可以把许多功能块按照需要连接在一起，组成一个完整的控制系统。

表 3-1 列出了一些常用功能块的功能码、图形符号和运算关系。下面将根据此表，举两例来说明怎样利用功能块组成控制系统。

2. 功能块的应用实例

单回路控制系统组成原理框图如图 3-14 所示。如果采用常规仪表组成单回路控制系统，则由变送器、执行器、调节器、操作器等仪表设备组成。如果采用分散控制系统的基本控制单元来实现单回路控制，则只需要选用适当的功能块，通过组态把它们连接在一起即可。

具体步骤如下：

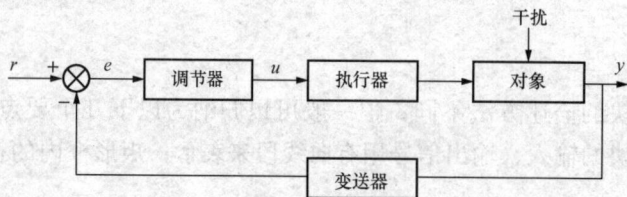

图 3-14 单回路控制系统组成原理框图

（1）根据控制系统的功能要求选择适当的功能块。为了完成控制功能，需要选用一个 PID 控制功能块完成所需要的控制作用。为了保证生产过程的安全，还需要设置一个手动/自动（M/A）操作站，以便在系统故障时可以手动控制生产过程。另外，为了把测量信号输入系统中，并把控制信号送到生产过程中，还需要设置模拟量输入和模拟量输出功能块（AI 和 AO)。

（2）把所选用的各种功能块按照系统功能要求连接起来，如图 3-15 所示。

（3）系统会为每个功能块输出端自动添上功能码（冠以方括号）和块地址，有的功能块具有一个以上的输出端，这些输出端的地址一般是连续的。块地址是可以手动修改的，DCS 控制系统会按块地址先后顺序进行功能块的计算。所以，在设置块地址时，应按系统功能的逻辑先后顺序进行。例如，对于控制回路运算，逻辑上应先获取输入数据，然后根据输入数据进行 PID 运算，最后输出运算结果，即在进行块地址的设置时，输入块的地址最小，PID功能块的地址次之，输出块的地址最大。

（4）根据每个功能块的输入信号来源填写输入说明表，根据控制和运算要求填写参数说明表。利用不同的组态工具进行组态时，这一步骤的具体情况会有所不同。有些分散控制系统采用具有计算机辅助设计 CAD 功能的工程设计工作站，只要在显示器上以作图方式将功能块连接在一起，就自动形成了输入说明表，所以并不需要填写这部分内容。但参数说明表无论在什么情况下都是需要的，一般在采用低层人机接口进行组态时，上述步骤是不可缺少的。

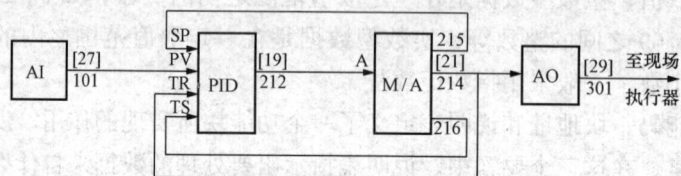

图 3-15 单回路控制系统组态

下面再举一个开关量控制系统的例子，其组态如图 3-16 所示。这是一个电动机控制系统，左边的双线方框表示运行员手动输入的开关量信号，单线方框表示过程开关量信号。当运行员按下电动机启动按钮时，通过开关量输入功能块检测到这一变化，锁存器 S 端被置位，其输出端为逻辑 1。这时如果润滑油泵处于运行状态，电动机闭锁开关处于断开位置，"与"门的三个输入端则均为逻辑 1，通过开关量输出功能块输出开关量信号，分别接通电动机合继电器和电动机运行指示灯，电动机开始运行。当检修人员在现场检修电动机时，应接通闭锁开关，这时"非"门的输出为 0，即使运行员按下启动按钮，电动机也不能运行，保证检修过程的安全。同时，闭锁开关还输出一个开关量信号到闭锁指示灯，以表示处于闭锁状态。当运行员按下电动机停止按钮时，"或"门输出为 1，一方面把锁存器置 0，使电动机合闸继电器和运行指示灯失电；另一方面，输出一个开关量信号启动跳闸继电器，使电动机停止运行。另外，当出现润滑油压力低或者电动机振动大的情况时，电动机自动跳闸。在这个控制系统中，应用了"与"、"或"、"非"、锁存器和开关量输入、输出共 6 种功能块。

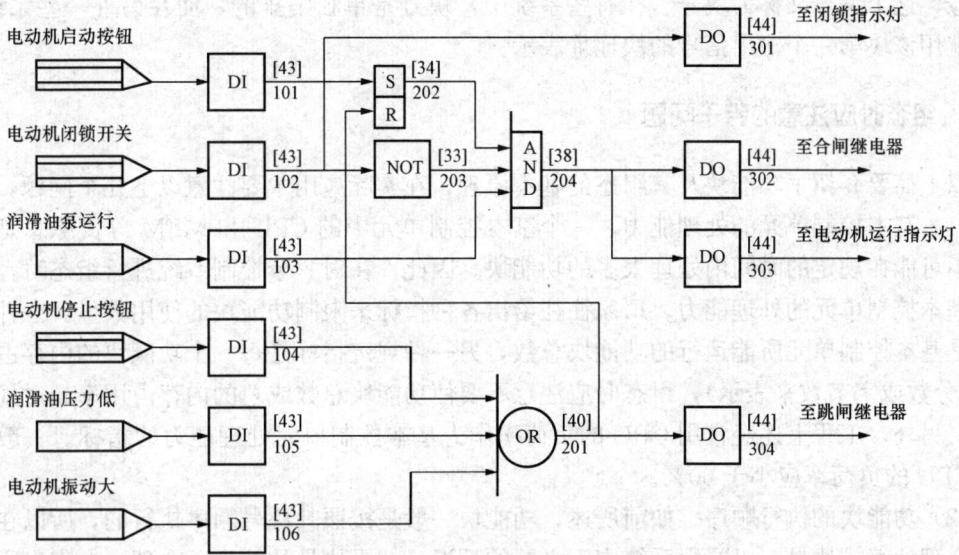

图 3-16　电动机控制系统组态

由以上两例可以看出，用功能块组态来实现一个控制系统同采用常规过程控制仪表来实现一个控制系统的过程是十分相似的，特别是在组态过程中广泛应用了 CAD 技术后，这一过程就变得更加简单了。用户不需要了解每一个功能块内部的程序是如何编制的，就可以组成所需的控制系统。而且，由于功能块之间是通过组态进行"软连接"，因此修改控制方案十分容易。在某些分散控制系统中，甚至可以在线修改控制方案。

3. 功能块的执行过程

在基本控制单元中，功能块是在运行管理程序的指挥和控制下执行的，应用比较的方法是按时间片顺序执行。一般把每个扫描周期划分为几毫秒到几十毫秒的时间片，分配给要执行的功能块。功能块的执行过程如下：

（1）将要执行的功能块程序，如 PID 算法功能块、乘法功能块等，从 ROM 中调入 RAM 的工作区。

（2）将与功能块有关的参数，如比例带、积分时间、微分时间等，调入工作区。

（3）将与功能块有关的输入数据调入工作区，这些数据可能来自生产过程，也可能来自其他功能块的输出。

（4）执行功能块所定义的处理功能，得到计算结果。

（5）把计算结果存放在预定的位置，或者输出到生产过程中。

（6）执行下一个功能块。

前面介绍的功能块的三个要素，是和功能块程序的执行过程密切相关的。功能码实际上反映了功能块在程序库中的位置。当要执行一个功能块时，是根据功能码将其调入工作区。同样，参数和输入数据是根据该功能块的参数说明表和输入说明表调入工作区的，而运算结果则是根据块地址存放在相应的存储单元中。

功能块一般不分优先级，而是按照一定的顺序执行。执行的顺序取决于功能块在组态时的编号，这个编号又称为块号。在有些系统中，块号是单独编排的，而在另外一些系统中，块号就用该块第一个输出信号的块地址表示。

4. 组态时应注意的若干问题

以上简要介绍了功能块及其组态的基本原理，在实际应用中要注意以下几个问题：

（1）基本控制单元的处理能力。一个基本控制单元中的 CPU 和 MEM 等资源总是有限的，不可能在规定的时间内处理太多的功能块。因此，在对一个控制系统进行组态时，应考虑到基本控制单元的处理能力。厂家往往给出各种指标来限制功能块的使用数量。一种规定指标是基本控制单元所能运行的功能块总数，另一种规定指标是每一个功能块的内存占有率（以百分数或字节数来表示），组态时应注意不要使功能块总数或总的内存占用率超过规定的数值。另外，工程上还经常用 CPU 的负荷率作为基本控制单元处理能力的指标。一般情况下，CPU 的负荷率应小于 60%。

（2）功能块的执行顺序。如前所述，功能块一般是按照其块号顺序执行的，所以在组态时要合理地编排块号，以减少系统中不必要的延迟。如果块号的编排不合理，会产生所谓的"绕圈"（Loop-backs）现象。下面举例说明这一情况。

在图 3-17（a）中，31 号块的下边一个输入端必须等待 37 号块的输出结果，而 37 号块又必须依赖 40 号块的输出结果，这样就产生了绕圈现象。假设 C、D 端的状态发生变化，使 40 号块的输出改变。每个周期中总是 31 号块的执行先于 37 号块，而 37 号块又先于 40 号块，当前一个块执行时，后面的块还没有执行，因此前一个块只能利用后一个块上次执行的结果，所以 C、D 的变化必须延迟一个周期以后才能传送到 37 号块，延迟两个周期才能传送到 31 号块，待 31 号块的输出发生变化至少要三个周期。另外，最终输出的 32 号块与 33 号块之间还有一个周期的延迟，所以，要得到正确的输出信号，至少要经过四个周期。

由以上分析可见，要防止出现绕圈现象，就必须避免让后执行功能块的输出作为先执行功能块的输入。也就是说，要按照信息的流向去安排功能块的执行顺序，这样就能保证及时准确地获得输出信息。按照这个原则，经过改进后的编号顺序如图 3-17（b）所示，它只要经过一个周期即可获得正确的输出。

功能块的执行顺序安排不当，不仅会影响系统的响应速度，甚至会使系统的输出产生"毛刺"（输出信号产生极短暂的错误），这对于某些要求很高的系统，如机组的保护系统，是不允许的，因为短暂的输出错误会造成保护系统误动作。

（3）功能块的执行相位。如上所述，在分散控制系统中，功能块的执行是按时间片进行的。一般把功能块的最小执行周期定为系统的基本处理周期。例如，当一个系统的基本周期为 0.5s 时，一个执行周期为 2s 的功能块只需每隔 2s 执行一次。在这 2s 的时间里，系统有四个基本周期。因此，它可以在 2s 内的第一个基本周期内执行，也可以在第二、第三或第四个基本周期内执行。通常把一个功能块在其执行周期内的第几个基本周期中执行称为该功能块的相位。显然，对一个基本周期为 0.5s 的系统，如果功能块的执行周期为 T，那么该功能块可选择的相位就是 $0 \sim 2T-1$（注意，把第一个基本周期称为相位 0）。在进行功能块的组态时，不但要考虑基本控制单元的处理能力、功能块的执行周期和执行次序，还要考虑

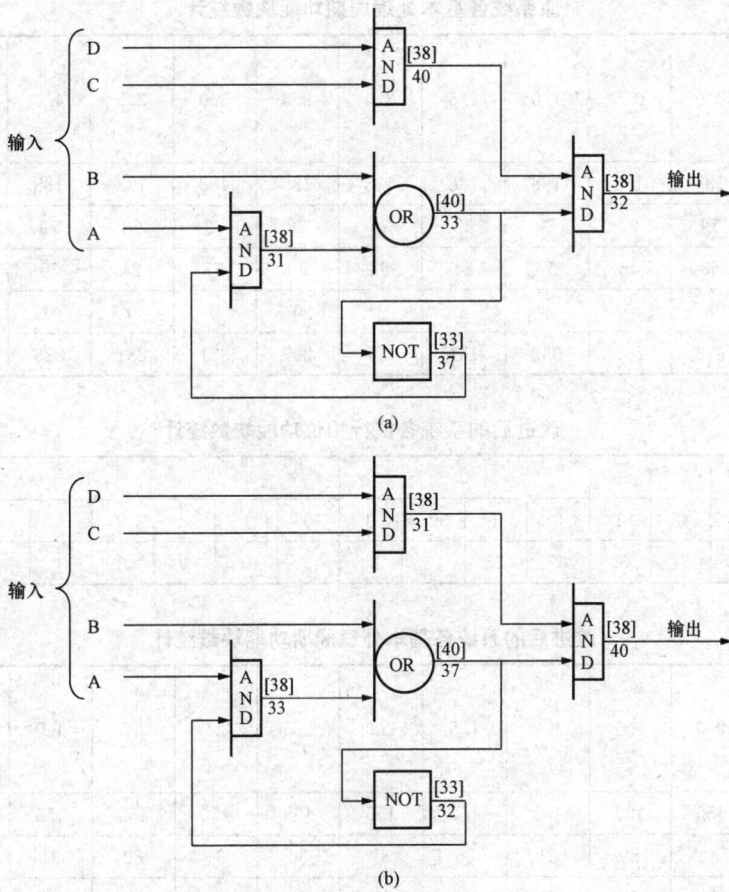

图 3-17 功能块的执行顺序

（a）不恰当的执行顺序；（b）正确的执行顺序

功能块的执行相位。如果相位安排得不合理，就可能会造成大量的功能块集中在某一个基本周期内执行，而另外一些基本周期内则没有多少功能块执行。其结果是造成 CPU 在某些基本周期时过负荷，系统的可靠性严重下降，甚至不能正常工作。

表 3-2 是某系统原设计的各种执行周期和执行相位的功能块数量统计表。表 3-3 是按上述设计方案执行时，每个基本周期所需要运行的功能块数。由表中可见，在不同的基本周期中，最多的需要执行 333 个功能块，最少的仅需要执行 131 个功能块。因此，该系统的可靠性极差，经常发生停机现象。为此，对功能块的执行相位进行了调整，调整后的执行周期和执行相位如表 3-4 和表 3-5 所示。由表中可以看出，调整后每个基本周期内所执行的功能块数为 255～263。CPU 的负荷比较均衡，可靠性显著提高。

表 3-2　　　　　某系统原设计的各种执行周期和执行相位功能块数统计

执行周期（s）	0.5	1		2				10							
执行相位	0	0	1	0	1	2	3	0	1	2	3	4	5	6	…
功能块数	188	79	22	58	46	57	24	8	0	8	1	2	1	0	…

表 3 - 3 　　　　　　　　　　　　　　原系统各基本处理周期功能块数统计

块数周期（s）＼时间（s）	0.0	0.5	1.0	1.5	2.0	2.5	3.0	3.5	4.0	4.5	…
0.5	188	188	188	188	188	188	188	188	188	188	…
1	79	22	79	22	79	22	79	22	79	22	…
2	58	46	57	24	58	46	57	24	58	46	…
10	8	0	1	2	1	0	0	0	0	0	…
等效块数	333	256	332	131	327	257	321	231	325	253	…

表 3 - 4 　　　　　　　　　　　改进后的系统各执行相位功能块数统计

执行周期（s）	0.5	1		2				10							…
执行相位	0	0	1	0	1	2	3	0	1	2	3	4	5	6	…
功能块数	155	31	80	67	25	73	20	3	0	0	6	4	0	0	…

表 3 - 5 　　　　　　　　　　改进后的系统各基本处理周期功能块数统计

块数周期（s）＼时间（s）	0.0	0.5	1.0	1.5	2.0	2.5	3.0	3.5	4.0	4.5	…
0.5	155	155	155	155	155	155	155	155	155	155	…
1	31	80	31	80	31	80	31	80	31	80	…
2	67	25	73	20	67	25	73	20	67	25	…
10	3	0	0	6	4	0	0	0	3	3	…
等效块数	256	260	259	261	257	260	259	255	259	263	…

（二）梯形图

梯形图来源于传统的继电器逻辑控制图，与电器控制系统的电路图很相似，具有直观易懂的优点，很容易被工厂电气人员掌握，特别适用于开关量逻辑控制和顺序控制，电机的启停控制、阀门的顺序开关以及保护和报警系统等。有时也把梯形图称为电路或程序。

梯形图主要由触点、线圈和用方框表示的功能块组成。触点代表逻辑"输入"条件，如外部的开关、按钮和内部条件等。线圈通常代表逻辑"输出"结果，用来控制外部的指示灯、交流接触器、中间继电器和内部的输出条件等。功能块代表附加指令，如定时器、计数器或者数字运算指令；功能块是可选的。除了以上 3 个编程元件外，一般还有标号及连接线。

梯形图的触点和线圈构成了"软继电器"，它不是真实的物理继电器，而是一些存储单元，如输入继电器、输出继电器、内部辅助继电器等。每一个软继电器与控制器模块中的一个存储单元相对应。如果该存储单元为"1"状态，则表示梯形图中对应软继电器的线圈"通电"，其动合触点接通，动断触点断开；如果该存储单元为"0"状态，则对应软继电器的线圈和触点的状态与上述状态相反。

输入继电器用于接收外部的输入信号，而不能由系统内部其他继电器的触点来驱动。因此，梯形图中只出现输入继电器的触点，而不出现其线圈。输出继电器输出程序执行结果给外部输出设备，当梯形图中的输出继电器线圈得电时，就有信号输出，但不是直接驱动输出设备，而要通过输出接口的继电器、晶体管或晶闸管才能实现。输出继电器的触点可供内部编程使用。

梯形图两侧的垂直公共线称为母线。梯形图按从左到右、从上到下的顺序排列。每一逻辑行起始于左母线，然后是触点的串、并联，最后是线圈与右母线相连。右母线可以不画出。

梯形图中每个梯级流过的不是物理电流，而是"概念电流"，从左流向右，与执行用户程序时的逻辑运算顺序一致，其两端没有电源。这个"概念电流"只是形象地描述用户程序执行中应满足线圈接通的条件。当然，在分析梯形图中的逻辑关系时，为了借用继电器电路图的分析方法，可以想象左右两侧垂直母线之间有一个左正右负的直流电源电压，母线之间有"能流"（Power Flow）从左向右流动。利用能流这一概念，可以帮助我们更好地理解和分析梯形图。

触点和线圈等组成的独立电路称为网络（Network）。用编程软件生成的梯形图程序中有网络编号，允许以网络为单位，给梯形图加注释。在网络中，程序的逻辑运算按从左到右的方向执行，与能流的方向一致。各网络按从上到下的顺序执行，执行完所有的网络后，返回最上面的网络重新执行。使用编程软件可以直接生成和编辑梯形图，并将它下载到控制器。

在梯形图的逻辑关系中，元件串联表示"与"运算，并联表示"或"运算。符号"‖"表示动合触点，"∥"表示动断触点，而"（ ）"表示线圈。

图 3-18 所示为用梯形图实现的火灾报警系统。图中的 FD1～FD3 为火灾检测器，MAN 为手动试验按钮，ALARM 为报警继电器。为了提高报警系统的可靠性，采用了 3 取 2 的报警方式，即 3 个火灾检测器中要有 2 个或 2 个以上检出火警，系统就发出报警。图中使用了一个 SR 触发器功能块来保持报警状态。

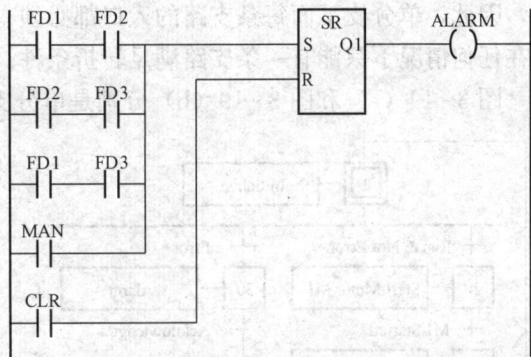

图 3-18　用梯形图实现的火灾报警系统

（三）顺序功能图

顺序功能图是一个具有较高层次的图形语言，它可以协调用其他编程语言所编写的控制功能，使其有条不紊地执行，因此常用以组织复杂的控制系统功能。例如，汽轮机的自启停系统是由盘车控制、转子应力控制、进水检测及疏水控制等十几个控制功能组所构成的，每个功能组可以用功能块图或梯形图来实现，而各个功能组之间的协调就可以用顺序功能图来实现。顺序功能图可以分进程执行，以满足不同被控对象对控制周期的不同要求。

顺序功能图是用来描述顺序操作的一种图形化的语言，由"步"和"转换点"所组成，每个转换点具有一定的逻辑条件。每一个步中所实现的功能，可以用其他几种语言，如 ST、IL、LD 和 FBD 来描述。顺序功能图中的步和转换点通过有向连线连接在一起。若干个基本步可以合并在一起组成所谓的"宏步"（Macro Steps），宏步在主程序流程图中用一个符号来表示。

顺序功能图有两条重要的基本原则：一个是两个步不能直接相连，另一个是两个转换点不能直接相连。

步用一个单线方框表示，方框内的编号用来标识步，步右侧的长方形框中可以填写文本，用来描述该步的主要动作。这种描述是说明性的，并不是真正的程序，因此可以由用户随意填写。当程序运行时，有一个令牌 Token 用来表示哪一步正在工作，令牌以图形方式在 SFC 上表示出来。

有一种特殊的步称为初始化步，用双线方框表示。程序开始运行时，总是由初始化步开始的。一个顺序功能图至少要有一个初始化步。

转换点用两个步之间连线上的一条水平横线来表示，每一个转换点都有一个编号。与步一样，转换点符号的右侧可以填写说明。

在步和转换点之间用有向连线连接起来，无箭头的连线隐含方向为从上至下。因此，当要表达从下至上的流程时，要采用有箭头的连线。

当多个连线由一个步或者转换点的引出线连接到一个步或者转换点时，通常称其为汇合。用一条长的水平直线表示的分支与汇合称为双分支与汇合。两者的区别在于：程序运行时，单分支与汇合之间的多条支路只允许有一条支路处于工作状态，而双分支与汇合之间的多条支路则允许同时处于运行状态。也就是说，单分支与汇合之间的各支路是互斥的，双分支与汇合之间的各支路是相容的。需要注意的是：单分支本身并不保证下面各支路的互斥性，因此，单分支下面每条支路的入口都必须有一个转折点，这些转折点的逻辑条件必须保证在任何情况下只能有一条支路满足转折条件。

图 3-19（a）和图 3-19（b）分别是单分支和双分支的顺序功能图。

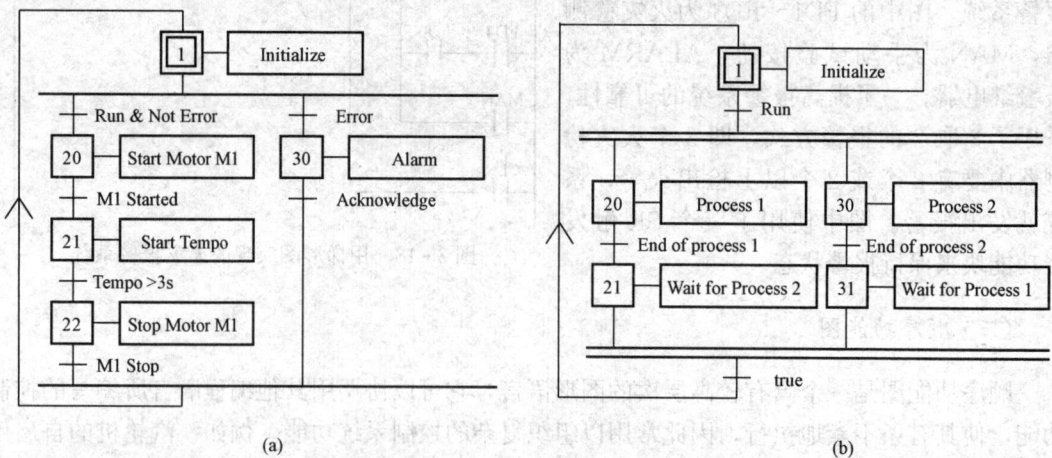

(a)   (b)

图 3-19　顺序功能图

（a）单分支；（b）双分支

三、文本化编程语言

（一）指令表

早期的单回路调节器所使用的编程语言类似于指令表，它很像"汇编语言"，因此其优缺点均与汇编语言相似。指令表具有很大的灵活性与较高的透明度，但其编程比较烦琐，不易了解控制策略的总体结构，不适合于编写较大的程序，因此常用于用户自行编制一些标准功能块不能实现的特殊算法。图 3-20 所示为一个由标准功能块实现的开关量控制系统，如果用指令表实现，则其程序如下：

助记符	参数	注释
LD	D1	（ * Load Value of D1 * ）
OR	D2	（ * OR D2 * ）
AND	D3	（ * AND D3 * ）
AND	D4	（ * AND D4 * ）
ST	StartSR. S	（ * Store in Set input of StartSR * ）
LD	Reset	（ * Load value of Reset * ）
ST	StartSR. R	（ * Store in Reset input of StartSR * ）
CAL	StartSR	（ * Cal fb. StartSR * ）
LD	StartSR. Q1	（ * Load output Q1 * ）
ST	Start	（ * Store in Start * ）

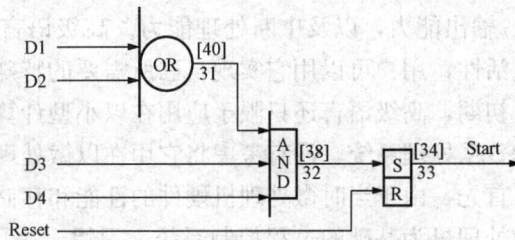

图 3-20　用功能块实现的控制逻辑

（二）结构化文本

结构化文本是一种特殊的高级语言，它极类似于 PASCAL 语言，因此常用来将原有的通用高级语言程序移植到分散控制系统中来。从某种意义上说，它是应用于控制领域的高级语言。下面就是一段用结构化文本编写的求 32 个模拟量通道输入信号最大值、最小值和平均值的程序。

```
TYPE T Channel:
    STRUCT
        Value: REAL; state: BOOL;
    END STRUCT;
END_TYPE
VAR
```

```
        min:REAL: = 0;( * Set to minimum possible value * )
        max:REAL: = 1000.0;( * Set to max. possible value * )
        input:T Inputs AT % IW130;( * Input channels * )
        sum:LREAL: = 0.0;( * To hold values total * )
        average:LREAL;
    END_VAR
    FOR I: = 1 TO 32 DO
        sum: = REAL_TO_LREAL(input[I]. value) + sum;
        IF input[I]. vale>max THEN
            Max: = input[I]. value;
        END_IF;
        IF input[I]. value<min THEN
            Min: = input[I]. value;
        END_IF;
    END_FOR;
    Average: = sum/32.0;
```

四、高级语言

高级语言是大家比较熟悉的一种语言,如 BASIC 语言、FORTRAN 语言、C 语言等。用于过程控制的高级语言和一般高级语言有差别,原因主要在于实时控制要求有比较快的执行速度和比较完善的输入/输出能力,以及中断处理能力。高级语言同功能块和面向问题的语言相比,具有更大的灵活性,用户可以用它实现自己所需要的特殊控制算法。

直到 20 世纪 80 年代初期,高级语言还只限于应用在以小型计算机为基础的直接数字控制系统、管理控制系统和数据处理系统,没有考虑将它用在以微处理机为基础的过程控制系统,这有多方面的原因。首先,由于当时微处理机硬件的性能和存储能力还不能支持这些高级语言;其次,对于以微处理机为基础的过程控制系统,习惯于采用功能块或填表式语言。然而,由于以下几个原因,这种情况正在发生变化:

(1)个人计算机的广泛应用使更多的技术人员熟悉了高级语言。

(2)用户采用一些标准功能块所不能实现的高级控制功能。

(3)微处理机和存储器件的能力不断增强,使得由上位计算机完成的某些功能移到 BCU 中实现。

由于以上原因,有必要讨论一下在 BCU 中使用高级语言的问题。

在过程控制领域中,多年来一直采用汇编语言代替高级语言。然而,许多专家指出,高级语言具有许多优点,如节省编程时间、可读性强、易于理解、易于移植等。目前,经过优化的编译程序和解释程序在内存利用率和处理时间方面几乎与汇编语言相当。

应当指出,通用的高级语言,如 FORTRAN 和 BASIC,不经过大量的修改是不能用于实时控制系统的,因为通用高级语言是被设计成在批处理环境中应用的。也就是说,使用者先编好程序,输入数据,然后才运行程序,最终获得结果。在过程控制计算机中,许多程序是连续不断地运行的,它们不但要实时地响应外部事件的各种变化,还要提供系统的实时时间。通用高级语言是不能满足这些要求的，为此，必须从下几个方面对通用高级语言进行改进：

（1）高级语言与生产过程的接口问题。接口涉及 BCU 与变送器、传感器和执行器之间的联系问题。在普通的高级语言中，信息是由内存或各种外部设备中读出或写入的。在计算机控制系统中，信息的发送装置分为两类：一类是连续控制系统中的热电偶、热电阻、变送器、阀门位置发送器等连续控制装置，另一类是温度开关、压力开关、流量开关、行程开关、继电器接点等顺序控制装置。过程控制用的高级语言应该有一些输入/输出语句来直接控制这些信息。对于模拟量 I/O 接口，语言应该包括输入扫描、模数转换、数模转换、线性化、工程单位转换功能；对于开关量 I/O 接口，语言应有位处理和逻辑运算能力，如"与"、"或"、"非"，位测试、位设置等功能。为了简化程序编写过程，最好采用 I/O 的标号名，而不采用硬件地址。

（2）高级语言要适合于在实时环境中应用。必须允许程序响应外部事件，硬件和软件的设计应能管理几级中断，并且能够屏蔽中断。另外，还要有多任务调度能力以及管理系统资源、使用计时器和实时时钟的能力。

（3）高级语言与分散控制系统其他设备的接口问题。在分散控制系统中，要求高级语言具有较强的通信能力。如果在 BCU 中使用高级语言实现趋势记录、打印记录、历史数据的存储与检索等功能，那么它就要与磁盘机、磁带机、显示器、打印机等外部设备进行通信，因而高级语言必须能够处理显示器和打印机所用的字符串。另外，语言也必须支持与人机联系设备之间的接口，如显示操作站。除此之外，分散控制系统中还有许多执行着不同控制或运算任务的 BCU，为了使它们协调一致地进行工作，就要求在它们之间进行通信。例如，实现监督控制功能的 BCU 就必须与完成直接闭环控制功能的 BCU 进行通信。另外，BCU 也可能需要由其他 BCU 输入信号来完成自己的控制任务。在某些系统中，高级语言程序可能在某些专用的计算装置上编制，然后再加载到执行它的 BCU 中去。所有这些都是通过通信装置完成的。BCU 中的高级语言必须能够处理这些信息交换问题，并且不必详细涉及通信操作本身的问题。

（4）高级语言具有安全保护功能。安全问题是任何一个计算机控制系统都需要考虑的重要问题。安全性不只是语言本身的问题，它还涉及硬件和操作系统的设计。然而，语言必须支持安全措施的实现：①语言及其支持软件必须能在程序输入和编译时检查程序是否有错误；②语言必须能够处理在运行过程中出现的错误，并且启动自恢复程序；③在许多分散控制系统中采用了冗余措施，语言及其有关的系统软件必须支持冗余工作方式，冗余的微处理机最好是对用户透明的；④软件系统必须支持硬件系统的保护措施，例如，如果在系统中采用了软件监视计时器来防止程序跑飞，那么就必须提供使计时器复位的手段。

（5）要求软件系统有足够的实用程序。高级语言程序不是在 BCU 的内存中开发出来的，用户必须通过与 BCU 相连的显示器终端或其他设备才能进行高级语言程序的开发，所以软件系统必须提供一些实用程序，通过它们来进行应用程序的开发、编辑和调试。

在 BCU 中比较常用的高级语言有实时 BASIC 语言、实时 FORTRAN 语言和 C 语言。为了初步了解它们与普通高级语言的区别，现举一个产生温度给定值的实时 BASIC 语言程序为例进行说明。程序的基本功能是：当运行人员手动输入启动指令时，升温过程开始，温度给定值按照图 3 - 21 所示的曲线以一定的速度不断增加，当温度达到预定值 SP_{max} 以后，给定值保持不变；直到运行人员发出停止指令时，给定值再按一定的速度减小，当到达最小值 SP_{min} 时停止。给定值通过输出语句送给其他控制程序或功能块，作为控制的依据。

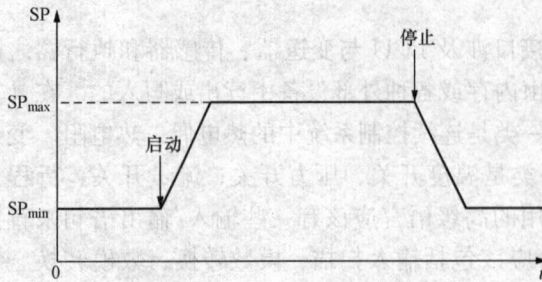

图 3-21　温度给定值曲线

这个程序由 450 号块地址和 451 号块地址分别读入运行人员发出的启动命令和停止命令。由 460 号块地址读入升/降温速度。输出的给定值信号送至 510 号块地址。过程启动标志 PSTA 和过程停止标志 PSTO 分别写到 500 号块地址和 501 号块地址中。SP_{max} 和 SP_{min} 分别为 540℃ 和 40℃。程序及其注释如下：

10 DEFSNG S,R	定义给定值 SP 和升/降温速度 R 为单精度数(按语法要求只取第一个字母)；
20 DEFINT P,A,B	定义过程启动和过程停止标志 PSTA、PSTO 及中间变量 A、B 为整数
30 A = BIN(450)	读入启动命令
40 B = BIN(451)	读入停止命令
50 R = BIN(460)	读入升/降温速度
60 IF A = 0 THEN 90	如果运行人员未输入启动命令,则转向 90 语句
70 PST A = 1	置过程启动标志
80 SP = 40	置给定值初值 40℃
90 IF B = 0 THEN 110	如果运行人员未输入停止命令,则转向 110 语句
100 PSTO = 1	置过程停止标志
110 IF(PSTA = 0)AND(PSTO = 0) THEN 210	如果不是启动和停止状态,则转向 210 语句
120 IF PSTA = 0 THEN 170	如果不是启动状态,则转向 170 语句
130 SP = SP + R	温度给定值增加
140 IF SP<540 THEN 160	如果给定值未达上限值 540℃,则转向 160 语句
150 PSTA = 0	清过程启动标志
160 GOTO	
170 SP = SP - R	温度给定值减少
180 IF SP>40 THEN 200	如果给定值未达下限值 40℃,则转向 200 语句
190 PSTO = 0	清过程停止标志
200 BOUT 510,SP	输出给定值
210 BOUT 500,PSTA	输出过程启动标志
220 BOUT 501,PSTO	输出过程停止标志
230 END	结束

由此例可见，这种 BASIC 语言同普通的 BASIC 语言很相似，但增加了一些输入/输出命令语句，如第 30、40 语句和 210、220 语句，以便与外部过程接口。该程序是按照一定的时间间隔定期执行的，它可以由实时操作系统激活，也可以由功能块中的 BASIC 调用块激活。每次激活后将运行到出现停止或结束语句时为止。各种版本的实时高级语言是不完全一样的，但大多都具有很好的兼容性。限于篇幅，此处不能详细地介绍它们各自的特点，读者可以参考有关的计算机算法语言手册。

3.2.3　基本控制单元的可靠性措施

在分散控制系统中，基本控制单元是直接控制生产过程的重要环节，因此它必须具有高度的可靠性，即使在故障情况下，也应能保证生产过程的安全。下面将讨论在基本控制单元中所采取的一些可靠性措施。

一、手动后备

在常规控制系统中，手动操作早已是一种应用十分普遍的后备方法。当控制系统故障时，运行人员通过操作器或操作开关手动控制生产过程。在分散控制系统中，同样可以采用这种方法，习惯上把手动操作设备称为手动操作站。当BCU故障时，系统就转换为运行人员手动控制。

分散控制系统有三种处于不同层次上的手动操作方式，见图3-22。

（1）在运行员操作站上进行手动操作。这种手动操作方式称为软手操，即手动操作通过软件完成。软手操器的算法在控制器模件中实现，操作通过运行员操作站完成。这种手动操作只有在运行员操作站、通信网络、控制器模件、I/O模件都能够正常工作时才能进行，因此具有一定的局限性。

（2）用手动操作站通过I/O模件进行操作。这种手动操作方式所经过的环节比较少，因此具有较高的可靠性。但它仍然要求I/O模件正常工作，否则手动操作不能进行。

（3）用手动操作站直接进行操作。在这种情况下，手动操作站直接输出4~20mA或1~5V的模拟量信号去控制执行机构。因此，即使I/O模件发生故障，手动操作仍然可以进行。这种手动操作也是电厂中经常采用的一种操作。

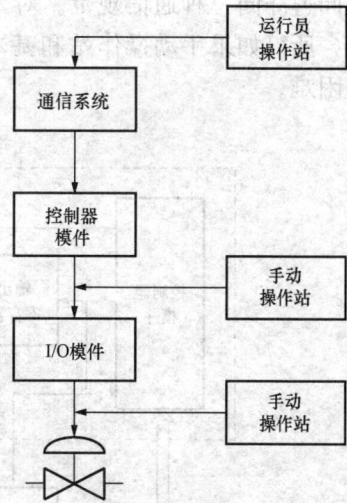

图3-22　三种手动操作方式

无论采用哪种手动后备方案，在进行手/自动方式双向切换时都必须做到输出无扰，即在自动时，手动输出可以跟踪自动输出；在手动时，自动输出可以跟踪手动输出。手动后备示意图如图3-23所示。根据不同的后备方案，输出切换部分可能会存在于控制器模件中、I/O模件接口电路中或手操器中。

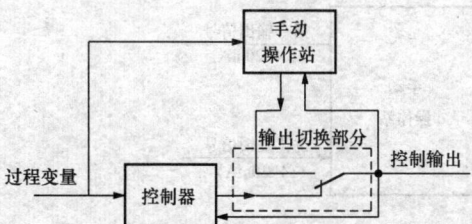

图3-23　手动后备示意图

在运行员操作站上进行的手动操作是当前的DCS系统必然实现的一种操作方式。即使基本控制单元没有发生故障，控制系统也不会一直处于自动运行方式下，在某些情况下也需要一定的手动操作。如在阀门控制指令与阀位反馈偏差过大，过程变量给定值与测量值偏差过大或系统启动运行时进行自动控制，将会使系统进入危险的状态，必须采用手动控制，而此时的手动控制往往采用软手操方式。图 3-15 就是一个软手操的例子。

用手动操作站通过 I/O 模件进行操作时，手动操作站与基本控制单元之间的通信是通过总线进行的，如图 3-24 所示。输出的控制信号反馈到手动操作站，以便使运行人员观察输出信号。手动操作站的通信接口用来在手动操作站和基本控制单元之间传送过程变量和控制输出信息，以便显示过程参数和实现无扰切换。如果 BCU 的中央处理机或其他部件发生故障（只要不包括模拟量输出通道），手动操作站通过通信接口获得故障信息之后，就切为手动控制方式。手动操作站送出手动操作信号，通过 I/O 模件产生输出信号。如果基本控制单元和手动操作站同时发生故障，故障输出选择电路就产生一个预先选定的输出信号，这个信号由生产过程的安全性要求决定。从可靠性来看，这种方案存在一定的缺点，因为手动输出与最后的输出部件之间含有比较多的环节，这些环节中的任何一个发生故障，都会导致手动操作不能进行。另外，手动操作站与基本控制单元通过总线进行通信的方式还需要双方共同遵守同一种通信规范。对于 DCS 而言，这种 I/O 总线级的通信规范往往都不对外公开，所以如果手动操作站和基本控制单元的制造商不同，双方遵守同一种通信规范就比较困难。

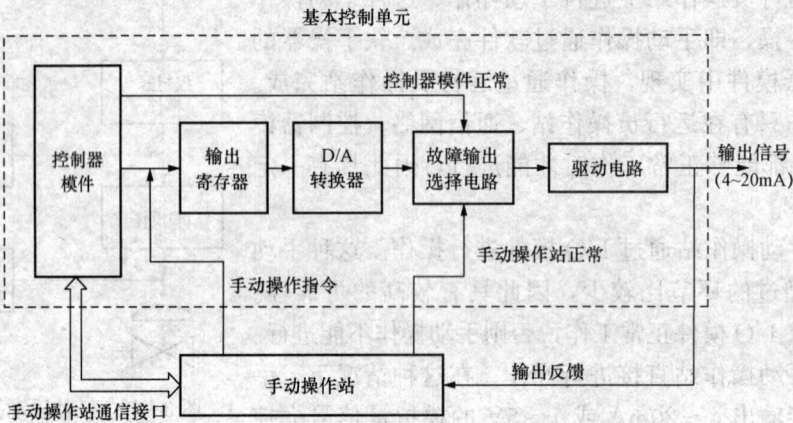

图 3-24 手动操作站通过 I/O 模件操作

用手动操作站直接进行操作时，手动操作站与基本控制单元的输出电路完全分开，两者之间通过 I/O 通道进行通信，如图 3-25 所示。基本控制单元需要获得手动操作站的工作状态，指令反馈信号，手动操作站需要获得基本控制单元的控制指令，以便实现无扰切换。手动操作器自身具有电流输出能力，且可以保持输出信号。

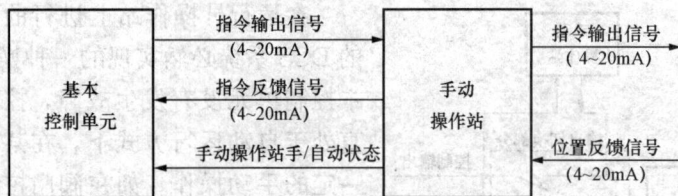

图 3-25 手动操作站直接操作

手动操作站具有两种状态：自动状态和手动状态。在自动状态下，手动操作站接收基本控制单元的指令输出信号，将其输出到现场的执行机构，执行机构的位置反馈信号主要用来显示和与指令进行比较。在手动状态下，运行员可通过手动操作站的操作面板来改变手动操作站的输出指令，同时将指令信号反馈给基本控制单元，以便基本控制单元的控制回路可以跟踪输出指令。手/自动状态的切换可通过手动操作站操作面板上的切换开关进行人工切换，同时手动操作站还将此状态信号送往基本控制单元。

由于工业技术的发展，DCS 硬件系统本身的可靠性越来越高，且控制器模件一般都会采取冗余配置，基本控制单元出现故障的概率越来越低，因此，在进行手动后备配置时，很多 DCS 系统都取消了硬手操的配置，只采用软手操进行手动后备，完全可以满足正常生产的需要，同时还降低了硬件配置成本，减少了故障发生点。

二、冗余

在分散控制系统中，冗余技术的应用十分广泛。通信总线、通信接口、I/O 模件、电源设备等均可以采取冗余措施，这里主要讨论基本控制单元的冗余问题。

1. 处理器模件冗余

处理器模件冗余是一种部分冗余措施。也就是说，它只是对基本控制单元中的处理器模件采用了冗余措施，而对基本控制单元中的其他部分则不采取冗余措施，如图 3-26 所示。这种冗余方式一般用在控制回路比较多的基本控制单元中，因为在这种情况下，处理器模件故障会影响所有回路。I/O 电路不采取冗余措施，因为它故障时只影响少数几个回路。

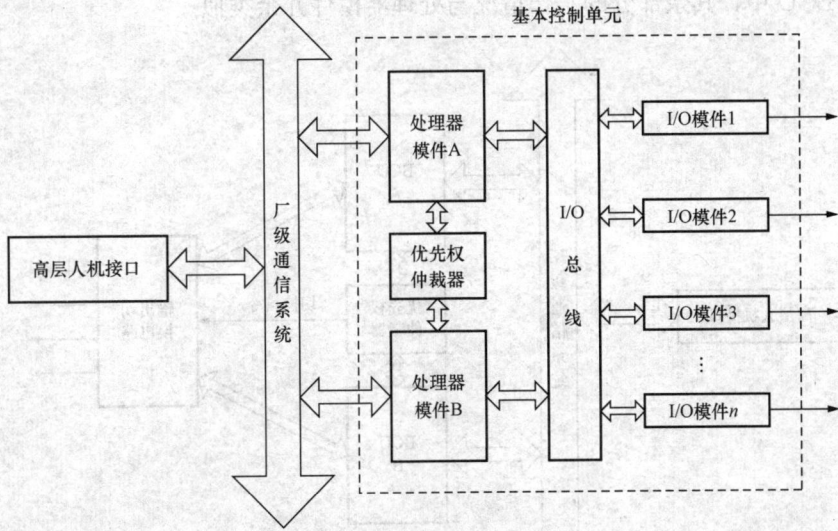

图 3-26　处理器模件冗余

在某一时刻，只有一个处理器模件处于工作状态，它采集输入信号，进行控制运算，产生控制输出。用户可以设置哪一个处理器模件为主处理器，哪一个处理器模件为备用处理器。在系统启动之后，仲裁器不断监视主处理器模件的工作情况。如果主处理器模件发生故障，仲裁器就把工作权转移给备用的处理器模件。在工作期间，备用处理器模件通过仲裁器设置主处理器模件的状态，不断更新自己的存储器。尽管两个处理器模件都接到通信网络上，但只有主处理器模件通过通信网络发送和接收信息。

在这个系统中，主要的运行员和工程师接口是高层人机接口，如图 3-26 所示。一般情况下，高层人机接口是以显示器为基础的图形显示装置，它通过通信系统与 BCU 相连。对高层人机接口来说，冗余的处理器模件应该是"透明的"。也就是说，在高层人机接口看来，具有处理器模件冗余的 BCU 与普通的 BCU 并无区别。因为只有主处理器模件接收由高层接口传来的控制命令，以及组态和参数修改信息，然后它再把新的信息传送给备用的处理器模件；反过来，处理器模件给高层人机接口的过程信息和状态信息也是通过主处理器模件传送的，并不需要备用处理器模件的参与。

由于处理器模件冗余接口电路简单实用、实现比较容易，因此，当 I/O 模件的故障率较低时，DCS 系统中较多采用处理器模件冗余方式。

2. 1:1冗余

1:1冗余采用另一个完整的基本控制单元作为备用，如图 3-27 所示。这种冗余比处理器模件冗余具有更高的冗余度，因为不仅处理器模件是冗余的，而且所有的输出通道也是冗余的。由于输出电路是双重化的，因此，当主控制器故障时，输出切换电路必须对控制器的输出进行切换。同处理器模件冗余一样，仲裁器用来决定哪一个 BCU 是主 BCU，哪一个 BCU 是备用 BCU。当仲裁器检测到主 BCU 故障时，就启动备用 BCU。同时，把一个切换指令送到输出切换电路，使备用 BCU 的输出有效。仲裁器还负责把主 BCU 中的有关信息传送到备用 BCU 中，其余部分的工作情况与处理器模件冗余类似。

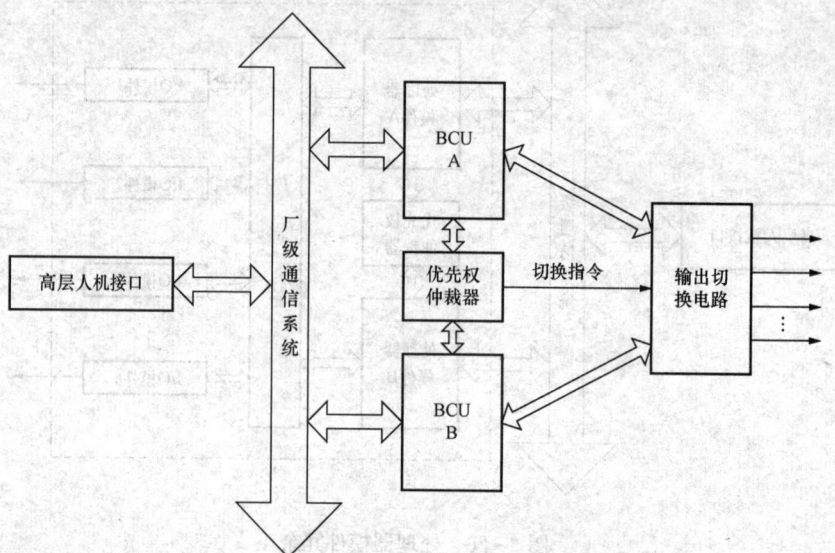

图 3-27 1:1冗余

3. N:1冗余

1:1冗余是一种造价很高的方案，而图3-28所示的N:1冗余则是一种比较经济的方案。在这种方案中，一个BCU同时作为N个BCU的后备。与前两个方案相同，仲裁器用来监视主BCU的工作情况。当主BCU发生故障时，它启动备用的BCU。但在这种方案中，无法事先知道备用的BCU将接替哪一个主BCU，因此需要一个复杂的矩阵开关电路进行I/O电路的切换工作。由于同样的原因，也不能事先把哪一个主BCU的组态方案存入备用的BCU，只有确定了哪一个主BCU发生故障之后，才能把它的组态送入备用的BCU。比较好的办法是将每个主BCU的组态都存放在仲裁器里，当BCU故障时，由仲裁器将故障BCU的组态传送到备用BCU中。

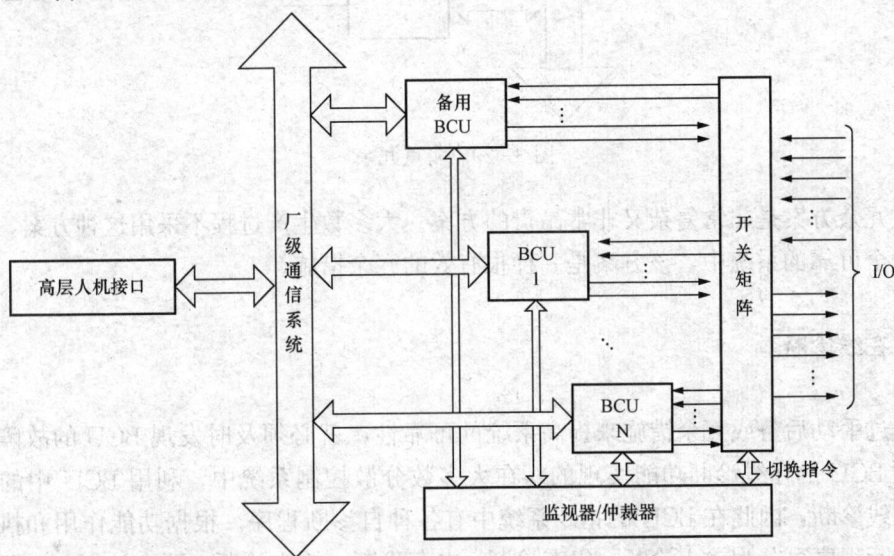

图3-28　N:1冗余

4. 多重冗余

多重冗余方案如图3-29所示，一般用于要求可靠性极高的场合。在这种方案中，用三个或更多BCU同时完成在非冗余系统中一个BCU即可完成的控制任务。这种方案与前几种方案的重要区别在于，所有BCU都同时工作，它们同时读取输入信号，进行控制运算，产生控制输出。在BCU的内部具有软件同步措施，以保证所有控制器都能在时间上保持同步，并且能够周期性地读取和检查其他控制器的内部状态。输出表决电路从几个控制器中选择一个有效输出，并把它传送到生产过程中。故障时，BCU会输出一个超出正常变化范围的信号，输出表决电路会判断出这个信号是无效的。在模拟量控制系统中，常常选择中值信号作为有效输出信号，而在开关量控制系统中，则常常采用三取二的表决方式。每个控制器都可以获得表决电路的输出信号，以便检查自己的输出是否与表决电路的输出一致。如果不一致，而且具有较大的差别，则说明发生了异常，应自动停止运行，并发出报警信号。

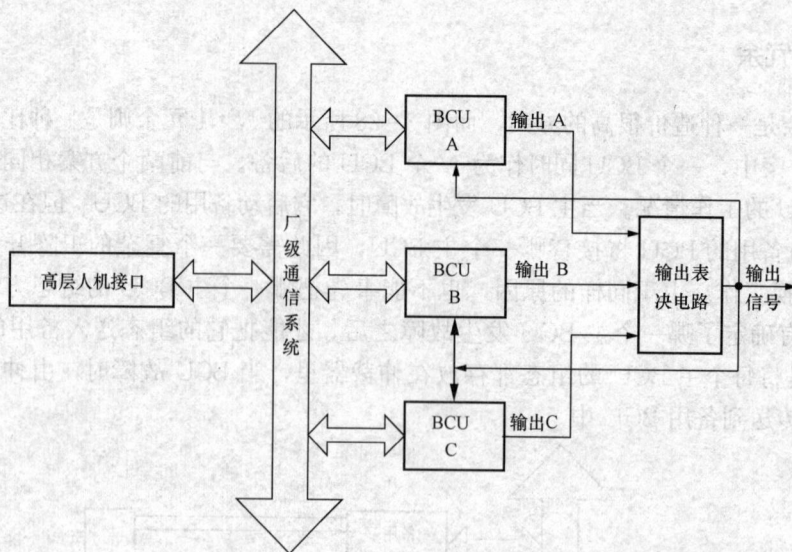

图 3-29 多重冗余

多重冗余方案是非常复杂又非常昂贵的方案。大多数生产过程不采用这种方案，但在要求高度安全可靠的系统中，该方案是一种很有效的冗余措施。

三、在线诊断

要通过手动后备或冗余措施来提高系统的可靠性，就必须及时发现 BCU 的故障，这一点是通过 BCU 的在线诊断功能实现的。在大多数分散控制系统中，利用 BCU 中的微处理机实现在线诊断，因此在 BCU 的指令系统中有各种自诊断程序。根据功能作用和执行时间分类，诊断程序可分为输入诊断、组态诊断、内存诊断、输出诊断、联合诊断、电源系统诊断、启动过程诊断、工作过程诊断和周期性诊断等，表 3-6 列出了各种故障的在线诊断程序。对于每一种诊断方法，表中都作了一定的说明，给出了典型的执行时间，以及测试失败时 BCU 所要采取的措施。

表 3-6　　　　　　　　　　故 障 在 线 诊 断 程 序

诊断程序分类	名称	说　明	执行时间	保护措施
输入诊断	A/D 转换器检查	处理机在转换器上加入零点和满量程电压，通过测量结果来校正输入误差	工作期间周期性执行	如果误差太大，则发出报警信号，关闭转换器
输入诊断	传感器输出范围检查	处理机检查传感器输出的信号是否在合适的范围内	每个输入扫描时	发出传感器故障信号
	输入变化率检查	处理机检查传感器送来的信号变化率是否在合适的范围内	工作期间	发出传感器故障信号
	热电偶开路信号	处理机检查热电偶是否开路	工作期间	发出热电偶故障信号

78

诊断程序分类	名称	说明	执行时间	保护措施
组态诊断	I/O 硬件检查	处理机检查所选择的 I/O 硬件是存在的	启动时	发出报警信号，并关闭 BCU
	内存检查	处理机检查所选择的内存是存在的	启动时	发出报警信号，并关闭 BCU
内存诊断	ROM/EAROM 求和检查	处理机计算内存数据的和，并与预先存储的正确值相比较	周期性进行	发出内存故障报警信号，并关闭 BCU
	RAM 检查	处理机将已知结果的内容写入 RAM，然后再读出来进行检查	启动时	发出内存故障报警信号，并关闭 BCU
输出诊断	D/A 转换器检查	处理机将一个已知数写入 D/A 转换器，然后通过模拟量读回来比较结果	工作期间周期性执行	如果误差太大，则发出报警信号，关闭转换器
	输出寄存器检查	处理机将一个已知数写入 D/A 转换器，然后将数字量读回来比较结果	工作期间	发出报警信号，关闭转换器
处理机/内存联合诊断	题目试验	处理机执行一个试验算法，然后与预先存储的答案进行比较	启动时	发出报警信号，关闭 BCU
外部硬件检查	监视计时器	处理机设置一个外部计时器，周期性进行复位，以判断是否正常工作	周期性执行	由计时器硬件关闭 BCU
电源系统诊断	电压监视器	处理机利用外部硬件监视 BCU 的电源电压	工作期间	发出电源故障报警信号，关闭 BCU

一旦诊断程序发现故障，BCU 必须采取一定的保护措施，其方法如下：

（1）BCU 向低层运行员接口及高层运行员接口发出报警信息，如果可能，还应指出故障的类型。

（2）当通信系统及其他与通信有关的元件故障时，BCU 通过接点向外部硬件信号报警系统发出报警信息。

（3）如果故障只影响 BCU 的一部分，BCU 内部的逻辑电路应能够驱动故障指示灯，启动相应的生产过程停机程序，或者使生产过程降级运行（例如，由自动转为手动，由串级控制转为一般控制）。

（4）如果必要，BCU 就按照一定的步骤自行停机。

四、输出保护

通过前面的介绍可知，BCU 的输出信号一般是直接控制生产过程的。如果 BCU 在故障时发生输出信号紊乱，就会严重影响生产过程的运行，甚至会造成人身伤亡或者设备损坏。为此，在 BCU 的输出电路中常采用各种安全保护措施，其主要保护原则如下：

（1）尽量减少每个 D/A 转换器所控制的输出通道数。

（2）模拟量和开关量输出在 BCU 故障时应进入安全状态。安全状态取决于生产过程的要求。对于开关量输出，可选择 0 或者 1 作为安全状态。对于模拟量输出，可以选择最大值输出、最小值输出、故障前输出、预定值输出等作为安全状态。

（3）输出电路的电源最好与 BCU 其他部分的电源分开。这样，当 BCU 其他部分失电或故障时，仍然保证输出信号的存在。

（4）输出电路将输出的实际值反馈到 BCU 中。这样做有两个目的：一是可以让 BCU 检查输出的正确性，二是让 BCU 与手动操作站或其他冗余 BCU 之间实现无扰切换。

（5）尽量减少输出电路中硬件和接线的数量。

下面分别讨论几种实现输出保护的方法。为了方便起见，在图 3 - 30 中仅表示与输出电路有关的那一部分元件，而对 CPU、ROM 和 RAM 则统一用一个方框 μP 来表示。

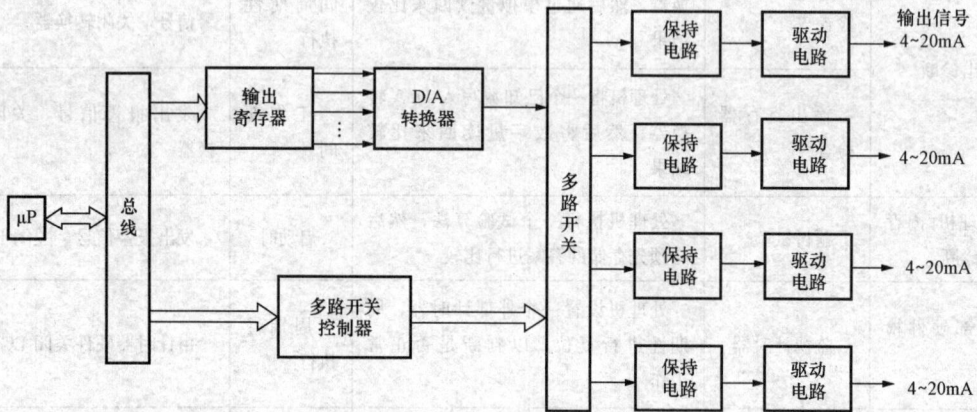

图 3 - 30　基本型模拟量输出电路

1. 模拟量输出电路

图 3 - 30 所示为基本型模拟量输出电路。微处理机把将要输出的数字量写入输出寄存器，然后经 D/A 转换器转换成相应的模拟量；同时，微处理机向多路开关控制器发出指令，控制 D/A 转换器的输出送到所选中的保持电路。保持电路实际上就是一个模拟量存储器，它可以在 D/A 转换器两次输出之间保持其输出信号不变。保持电路的输出信号送到驱动电路，经驱动电路转换为 0～10mA 或 4～20mA 的电流信号送往现场执行机构。某一路的输出完成之后，微处理机再把下一路的输出值送到寄存器和 D/A 转换器。重复以上过程，完成下一路输出信号的转换。这一过程是周期性进行的，一般每秒钟至少要进行几次。这种电路是用一个 D/A 转换器转换许多路模拟量输出，这在 D/A 转换器价格很高的过去，是一种普遍采用的电路。

尽管这种电路比较经济，但从安全角度来看，它存在许多缺点：首先，如果输出寄存器、D/A 转换器、多路开关以及多路开关控制器之中的任何一个发生故障，都会使它们所控制的输出信号全部丧失，这类故障和输出电路的电源失电都会造成输出为零，这对于某些生产过程来说是不安全的；其次，微处理机不能检测输出错误，即不能进行输出电路的在线诊断；此外，输出电路与外部环境之间没有任何隔离措施，因此干扰信号易引入控制系统，对系统中的其他元件或输出信号造成不良影响。

图 3-31 所示为改进型模拟量输出电路。电路中，每一路模拟量输出都配有单独的 D/A 转换器。另外，微处理机可以通过电流/电压转换器和 A/D 转换器重新读出输出电流信号，以便检查输出信号的正确性。在某些系统中，可以把一个已知数值的基准电压加到 A/D 转换器上，并检查 A/D 转换器的输出；然后，微处理机可以计算出 A/D 转换器和 D/A 转换器的误差，并加以修正。

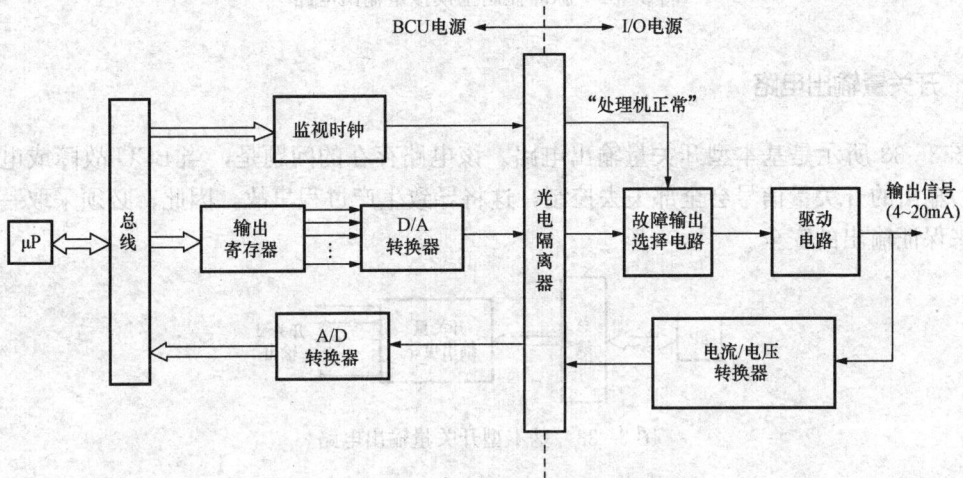

图 3-31　改进型模拟量输出电路

电路设有监视时钟。当处理机正常工作时，它周期性地监视时钟复位。如果处理机发生故障，监视时钟就会产生一个处理机故障信号，使故障输出选择电路动作，输出一个预先确定的安全信号到驱动电路。这个信号的大小一般是由输出模件上的开关来设定的。

电路采用光电隔离器来实现输出电路与 BCU 基本电路之间的隔离，这样既可以防止输出端的干扰进入 BCU，又可以使 I/O 电源与 BCU 电源分开，BCU 电源的故障不会影响输出信号的安全。

应该指出，监视时钟和 A/D 转换器也是可以公用的，因为它们并不直接影响输出信号，这样可以降低每个模拟量输出通道的成本。尽管如此，这种电路的造价仍然比前一种电路高。但随着 D/A 转换器的价格不断下降，越来越多的分散控制系统采用这种分用 D/A 的电路。

图 3-32 所示为脉冲控制型模拟量输出电路。电路中，BCU 中的微处理机并不直接输出数字量，而是输出一个增/减指令，用这两个指令来控制输出通道中的计数器，使计数器中的数字量增加或减少。这个数字量由 D/A 转换器转换成模拟量之后，再经驱动电路输出。输出的电流信号经电流/电压转换器和 A/D 转换器送回微处理机中，与所期望的输出值比较，直到两者相等为止。该电路也可以仿照改进型电路那样，设置监视时钟、光电隔离器以及故障输出选择电路等部分。这种电路的优点是能够简化冗余设备和手动操作站，另外计数器本身具有保持能力。

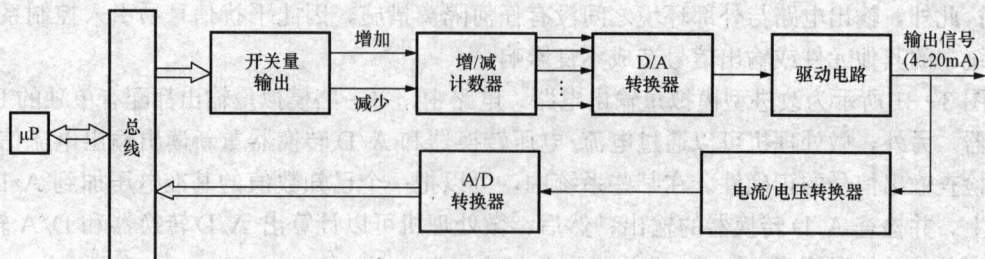

图 3-32　脉冲控制型模拟量输出电路

2. 开关量输出电路

图 3-33 所示是基本型开关量输出电路。该电路存在的问题是，当 BCU 故障或电源失电时，输出的开关量信号会全部失去控制，这将导致生产过程事故，因此，必须采取一定的措施来保证输出的安全。

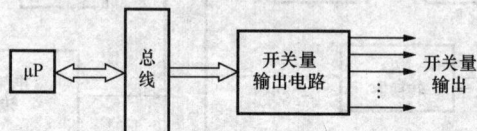

图 3-33　基本型开关量输出电路

图 3-34 所示为改进型开关量输出电路。该电路采用了一些安全措施，如设置监视时钟、光电隔离器和故障输出选择电路。BCU 电源和 I/O 电源是分别设置的，以保证在 BCU 失电时，输出电路能够保持其输出不变或者进入预先设定的安全状态。对于开关量，安全状态的设定更为简单，因为它只有 0 和 1 两种状态。

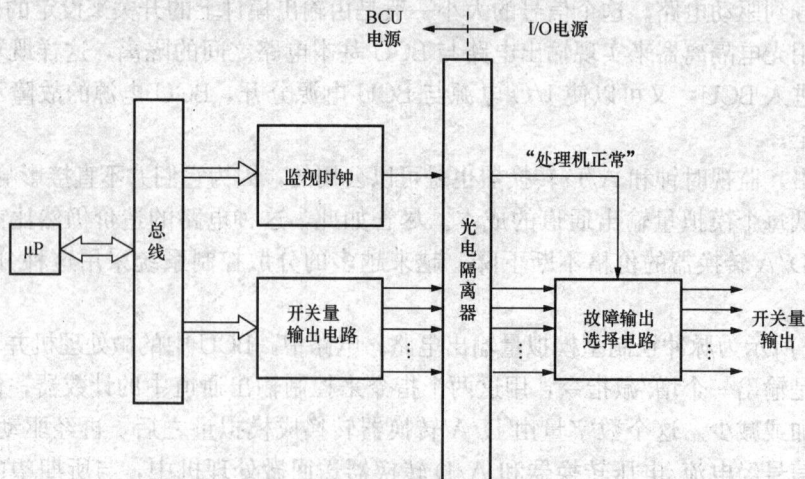

图 3-34　改进型开关量输出电路

以上介绍了基本控制单元结构、硬件、软件、接口及可靠性措施等问题。在分散控制系统中，基本控制单元不是一个孤立的装置，它通过通信网络与其他部分相互连接，组成一个统一的、协调的整体，实现整个系统的信息共享。

82

习　题

1. 过程控制站的机械结构中有哪些硬件？

2. 什么是基本控制单元？

3. 基本控制单元中的 I/O 模件有哪些？

4. 有哪几类模拟量输入模件？

5. SOE 输入模件的主要作用是什么？

6. 试画出电磁继电器的输出电路图。

7. 液压伺服模件的输出为什么要叠加一个小幅度的振荡信号？

8. IEC 1131-3 制定的 5 种标准化编程方法是什么？

9. 功能块的三要素是什么？

10. 进行功能块组态时应注意哪些问题？

11. 试用功能块或梯形图实现三取二逻辑。

12. 手动后备方式有哪几种？

13. 基本控制单元的冗余方案有几种？哪种可靠性最高？

14. 输出保护的原则有哪些？

4 运行员操作站

运行员操作站（Operator Operating Station，OOS）是运行员对过程与系统的接口，常称为人机接口（Man Machine Interface，MMI；Human Machine Interface，HMI），或称为人系统接口（Human System Interface，HSI；Man System Interface，MSI）。

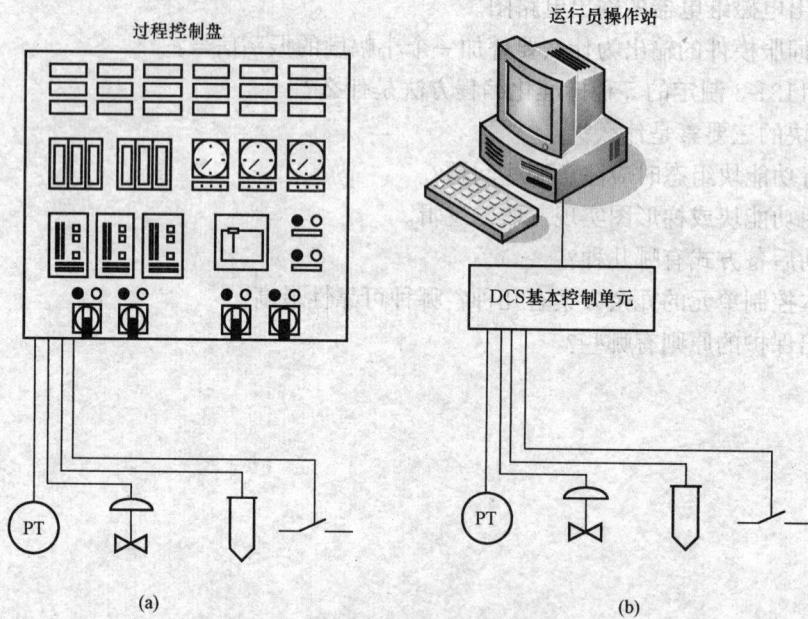

图 4-1　DCS 与以往的仪表系统比较
(a) 仪表系统；(b) DCS 系统

在采用 DCS 以前的单元控制室里，过程信号是直接通过硬接线从现场变送器连接到单元控制室的，如图 4-1（a）所示。因此，在那时的运行员看来，过程信号有以下几个特点：

（1）没有延时。过程参数只要改变了，就马上反映到仪表的指针上。

（2）在固定的位置显示。不受别的仪表的干扰，要观察某个信号，只要观察处于固定位置的那个指示仪表就可以了。

（3）故障的原因比较简单。如指示仪表故障、检测仪表故障或线路故障，这些故障是比较容易判断与解决的。

（4）重要参数的报警非常明显。重要仪表的数量有限，重要的参数一报警，运行员的注意力很容易集中到重要仪表上。

然而，当控制系统由 DCS 实现时，如图 4-1（b）所示，如果不认真设计人机接口的组态，上述特性就很可能被 DCS 所掩盖，使操作员感到不易使用。DCS 可以为我们提供大量的数据，这些数据到达人机接口之后，要通过人机接口的设计将数据转换成信息，并且以操作员习惯的方式按过程对操作员的需求的重要性顺序反映出来，这才能体现出 DCS 的优越性。因此，人机接口的设计在范围上要包括人机接口所能提供的全部功能，在性能上要考虑到即时性、规律性，同时要突出重点，给出帮助指导。

4.1 运行员操作站的结构

运行员操作站通常由计算机及其辅助系统组成。早期运行员操作站的计算机通常是由DCS的生产厂家自己设计的。而当前的运行员操作站往往由通用计算机生产厂生产的计算机配以DCS厂家的人机接口软件来组成。计算机硬件通常由显示器、主机（一般为工控机）、通信接口（一般冗余）、外设（打印机、鼠标、键盘等）等几部分组成。

不同的运行员操作站，在外设的数量、品种和与主机的连接方式上均有所不同。同时，随着计算机的发展，其主机的形式和功能和以往的运行员操作站也有很大的不同。今后的运行员操作站一定会有新的形式，其特点是它们与计算机的发展水平越来越接近。

4.1.1 运行员操作站与 DCS 的接口

运行员操作站通过与 DCS 基本控制单元的通信接口来维护一个实时数据库。实时数据库不断地获得数据，可以从运行员处，也可以从 DCS 基本控制单元处获得，其基本结构如图 4-2 所示。

DCS 基本控制单元可以通过通信接口将实时数据库中的数据信息送到 DCS 数据通道上去，或者从数据通道上把数据取下来通过通信接口送到实时数据库。运行员操作站的计算机则将实时数据库中的数据放到处理缓冲区（如显示过程变量，则放到显示缓冲区），或从处理缓冲区取到数据库中来（如将操作员输入的过程设定值放到数据库中来）。不同的运行员操作站，其内部数据交换通道的结构会有不同，有的是计算机数据总线的方式，有的是通信的方式。

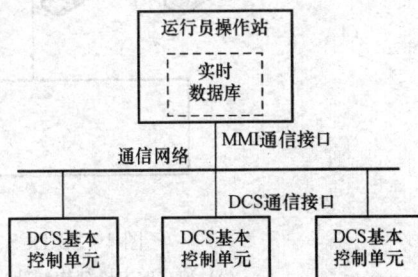

图 4-2　运行员操作站通信接口的组成

实时数据库的大小反映了运行员操作站容纳 DCS 中数据的能力。这个数据库不应简单地以内存的大小来衡量，而应以数据量来衡量。因为不同的 DCS 中存储数据的格式是不同的。

4.1.2 运行员操作站主机与外设

运行员操作站总是通过外设与操作员打交道，通过显示器给操作员显示信息，通过键盘接收操作员指令，通过打印机、报警板向操作员打印记录或提供报警。无论什么功能，几乎都是通过主机将外设与实时数据库联系起来。图 4-3 所示为 DCS 中运行员操作站的不同构成方式。

图 4-3（a）所示的结构是应用最早的运行员操作站结构，当时计算机的处理能力较低，在辅助设备、主机与数据通道之间，只能是一一对应的关系。

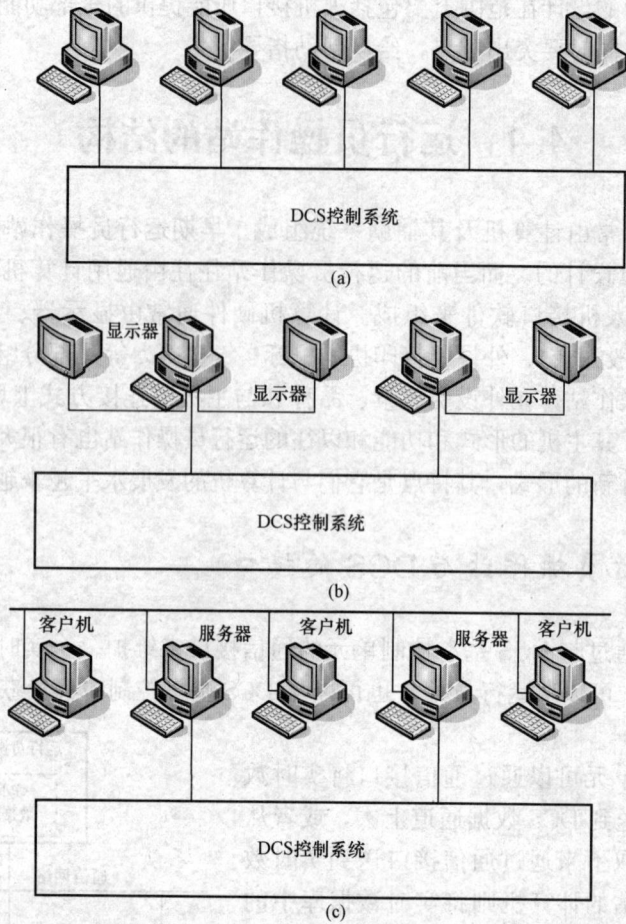

图 4-3 DCS 中运行员操作站的不同构成方式
(a) 独立的主机结构；(b) 一主机多显示器结构；(c) 客户机服务器结构

当计算机处理能力提高以后，出现了图 4-3 (b) 所示的结构，一台主机可以带多个显示器和外设，有时多到 8 台以上。但这时出现了当一台主机故障时，多个显示器同时失灵的现象，因此不符合 DCS 的分散控制原则。

当计算机的成本进一步降低后，图 4-3 (a) 所示的结构又流行了起来，这看起来似乎是一种倒退，但意义已有所不同，这时计算机的处理能力已有很大的提高。

在计算机联网通信的能力增强以后，出现了图 4-3 (c) 所示的形式。这里，主机、外设数据通道都是服务器与客户机的关系，当一台服务器有故障时，运行员只失去服务器本身的显示器，而其他显示器都可以作为另一台服务器的客户机而正常工作，使系统的资源得到充分利用。在网络可靠的前提下，把服务器、客户机、数据通信网络分开可以使我们能够以更加合理的方式配置运行员操作站的资源。

起监控作用的客户机的任务是建立操作员与系统之间的接口，它的数目是根据一个工艺过程中（如 1 台机组）最坏情况下要求有多少个运行员同时操作而决定的；而作为服务器的挂在数据通信网上的计算机，其任务是可靠地向所有客户机提供数据，它的数量取决于其容量和可靠性方面的要求，这样就可以根据应用的要求来分别选择所需要的设备的数目，而不

86

必受到计算机本身的限制，相当于把运行员操作站也分散了。这正是计算机通信技术的发展为我们带来的好处。例如，对某电厂来说，在最紧急的情况下需要有 4 名运行员同时操作，则应配置 4 套显示器、键盘等操作设备作为运行员操作站。为满足数据处理的要求，需要配置 1 台服务器，以提供对 4 套运行员操作站的信息服务；同时，为了使服务器可靠地工作，应将服务器作冗余配置。

4.1.3　运行员操作站的开放结构

从上面的介绍可以看到运行员操作站内部的网络给运行员操作站设备配置所带来的好处，而当这种运行员操作站内部结构中的纽带——数据通信网的协议是公共的协议时，这种结构就为我们带来了另外一种更为重要的特性——运行员操作站的开放。通信系统中的开放指的是不同通信设备之间通信的能力，当一个设备能与多种设备通信时，这个设备就是很开放的；当运行员操作站利用原属于自己内部的总线与其他的设备通信时，整个系统就更加灵活了。图 4-4 所示为 DCS 之间的两种通信结构。

图 4-4（a）中的接口的作用是将外部设备的数据以协议 B 转换到 DCS 所使用协议 A。在这个过程中，增加了系统的故障点。事实上，厂家 B 的系统中也往往需要将其内部协议 B 先转换到协议 C，使两个系统之间的通信变成两个接口之间的通信。其中的瓶颈问题、故障问题、设计的责任及调试问题等，都增加了整个系统的复杂性，降低了系统的可利用率。当有多个外部设备时，情况就更复杂。

图 4-4（b）所示的系统就要"干净"得多，在这样的系统中，从运行员操作站上看到外设的数据甚至画面，完全不需要特殊的设计，只是按照公共协议的要求定义所要看的外设的资源来源即可。这种开放式的系统结构显然带来了系统的很多新特点：真正意义上的分散控制、集中管理，一直分散到不同厂家的设备；系统扩充、改变结构非常方便；所有设备的信息都成了操作者的资源，而且由于网络的远距

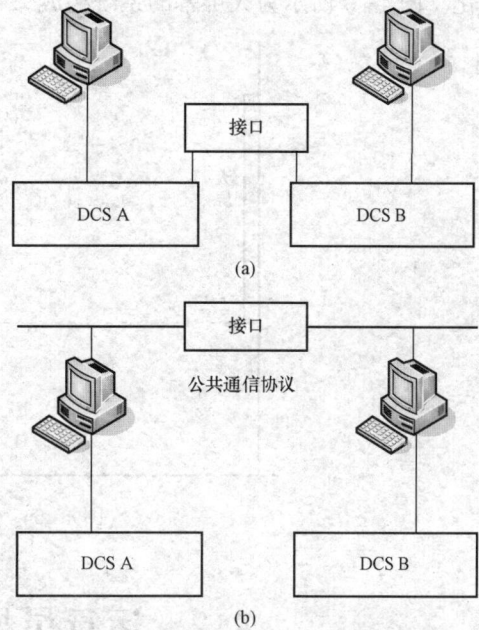

图 4-4　DCS 之间的两种通信结构
（a）硬件接口方式；（b）公共协议接口方式

离传输能力，使这些资源分散配置在整个企业内。这种结构的典型应用是 OPC（OLE for Process Control），它使 DCS 的运行员操作站可以方便地与辅控系统的 PLC 设备相联系。这样，PLC 的简单、快捷、现场安装的特性与 DCS 中的运行员操作站的全面、显示器监控等特性通过网络结合起来了。

OPC 是一个工业标准，用于过程控制和制造业自动化系统。在过去，为了存取现场设备的数据信息，每一个应用软件开发商都需要编写专用的接口函数。由于现场设备的种类繁多，且产品的不断升级，往往给用户和软件开发商带来了巨大的工作负担。通常这样也不能

满足工作的实际需要，系统集成商和开发商急切需要一种具有高效性、可靠性、开放性、可互操作性的即插即用的设备驱动程序。在这种情况下，OPC 标准应运而生。OPC 标准以微软公司的 OLE 技术为基础，它的制定是通过提供一套标准的 OLE/COM 接口完成的。通过 OPC 标准，可以创建一个开放的、可互操作的控制系统软件。

OPC 采用客户机/服务器模式，把开发访问接口的任务放在硬件生产厂家或第三方厂家，以 OPC 服务器的形式提供给用户，解决了软、硬件厂商的矛盾，完成了系统的集成，提高了系统的开放性和可互操作性。OPC 现已成为工业界系统互联的缺省方案，为工业监控编程带来了便利，用户不用为通信协议的难题而苦恼。任何一家自动化软件解决方案的提供者，如果它不能全方位地支持 OPC，则必将被淘汰。

运行员操作站开放结构的另一种表现是大屏幕的应用。尽管大屏幕的使用与通信网络没有必然联系，但由于大屏幕上的信息可以使多名操作员、管理人员、维护人员同时看到系统与过程参数和状态，从而建立他们之间的交流，因此通常把这一特性也放到开放的人机接口结构中来。它使运行员操作站结构中的显示器有了两种形式：一种是常规的供一名操作员使用的人机接口，另一种是供多名人员共同使用的大屏幕的人机接口，从而也带来了设计上的变化。图 4-5 所示为大屏幕的系统构成。

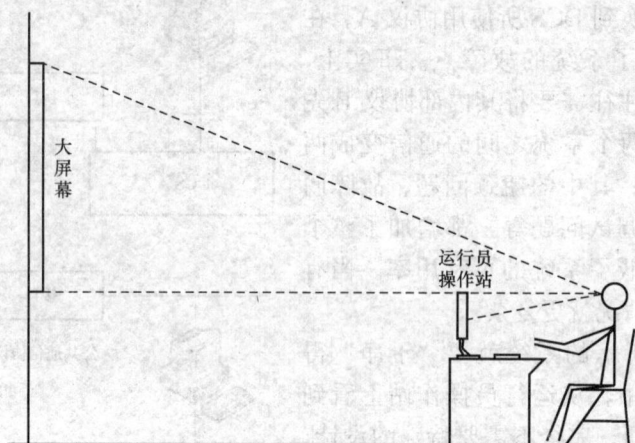

图 4-5 大屏幕的系统构成

4.2 运行员操作站的基本功能

运行员操作站的基本功能从不同的角度考虑，可包括以下几个方面：

（1）操作员通过运行员操作站监视、控制工业过程，因此，运行员操作站要能够显示过程信息，传递操作员的指令，显示处理各种报警。

（2）操作员通过运行员操作站监视 DCS 的状态，因此运行员操作站要能够监视 DCS 中所有设备的状态，包括运行员操作站本身及其外设的状态。显然，所有系统故障诊断的结果，应能使维护人员能通过运行员操作站确诊到某一个过程通道的故障。

（3）操作员通过运行员操作站管理运行过程，因此运行员操作站要能记录各种过程与系统的事件，存储、打印记录的结果，生成各种报表。

（4）操作员通过运行员操作站维护、调整生产过程与DCS，因此运行员操作站要提供对过程控制参数甚至结构的调整手段，同时调整运行员操作站内的各种软硬配置，提供过程与系统各类帮助指导。

如果把运行员操作站的工作进一步抽象化，可以看出，全部过程控制的任务是一个信息处理任务，一个调节器的任务是按某种规律（如PID规律）去处理与某个过程相关的输入（过程变量与阀位反馈）与输出（阀位指令）信息。这样，运行员操作站也是一个信息管理系统，它是操作员这一级的信息管理系统，是介于企业的经营性管理与过程实时控制管理之间的管理。从这个意义上说，信息管理系统所应具备的很多功能，都应体现在运行员操作站上。例如，开放的信息通信结构、冗余的信息资源配置等。

实际的运行管理常分为两层：①厂级实时运行管理（值长级），管理各机组的DCS及其以外的公共自动控制系统，如输煤系统、灰处理系统、水处理系统、燃油泵房和循环水泵房等；②机组级（运行员、大班长级），管理本机组DCS范围内的系统。

4.2.1 运行员操作站对过程的监控

运行员通过运行员操作站对过程与系统实现监控，运行员工作中几乎全部时间是用眼睛看着画面，手控制着键盘或鼠标，耳朵听着报警。因此，这些功能及相关的设计是运行员操作站设计的重要部分，也是非常灵活的部分，各个DCS在这方面都有自己特有的方法，现在运行员操作站中的计算机通用化，计算机所带来的图形处理功能使这部分设计更加多样化。在没有DCS之前，运行员对过程的了解是实地观察所得到的直观图像，加上表盘上所显示的数据；有了DCS之后，运行员是通过显示器上的画面来了解过程的，虽然他们也有对过程的实际印象，但长期看着显示器上的图像，也使他们反过来按照图像去理解过程。这样就产生了一个问题，各种画面的本来目的是把过程的实质抽象出来，简化运行员的负担，使其注意力集中到重要的过程上去，这时却容易使运行员认为画面就是过程的全部，从而产生对过程的误解。因此，在运行员操作站的画面设计过程中要平衡这个矛盾，最大限度地反映过程的全貌，同时又提取过程的关键信息。另外，画面的图像对人所产生的反应是有规律的，如红色是比较刺激的颜色，而绿色则比较柔和，这些因素都要在画面设计过程中考虑到。

4.2.2 过程画面的类型与结构

1. 运行员操作站画面的类型

从画面设计的角度考虑，运行员操作站的画面可以分成各种类型，一幅平常的过程监视画面往往是多种典型画面或符号的组合。从设计上讲，如果设计者有多种画面元素可以选择，就可以使画面的设计具有更高的质量。这样的典型画面有大有小、灵活多样，不可能一一列出，下面只选择一些典型的画面和图样来说明这些元素的重要性与设计方法。

（1）工艺流程画面。这是运行员平时调用次数最多的一类画面。通过工艺流程画面，运行员可以看到工艺管道上各过程变量值和有关设备的状态。正是因为这一点，设计者对工艺流程画面的设计要十分注意。

第一，工艺流程画面应分布得当，既不要在一张图上挤满很多流程，也不要把流程画面画得很稀松。应使总貌图、局部工艺详图、设备本体图形按一定的结构安排好，使运行员按这样的顺序就可以找到自己所关心的画面。

第二，画面的颜色、布局要统一。对同一类介质的管道，在每幅画面上尽量采用一样的颜色。这样，运行员不仅可以从管道的连接关系或文字上看出管道中的介质类型，而且可以很直观地从颜色上看出介质的类型。

第三，尽管现在有很多动画制作软件可以使画面富有动感，但应注意不要画得太乱，只要将主要设备的动作状态表示出来即可，不要使运行员分不清主次、眼花缭乱。

第四，每幅画面上各种像素的布置也应引起注意。一定类型的弹出窗口应在固定的位置，一种类型的帮助指导也应在一定的位置，以便于运行员追踪自己的操作。

（2）单独的I/O点的显示。单独的I/O点如果是模拟量，通常显示在其过程工艺图画面的相应位置上。如果是数字量，则常常表示某种状态，通常不以0、1的形式表示，而是用这个信号来驱动某个符号，把符号的颜色与设备的状态联系起来。这样的显示方式比较利于显示直接来自现场的信号，而对于那些经过系统处理以后的中间变量或导出结果就不那么方便了，因为这时没有具体的物理设备或过程与这些量相对应。例如，要显示某个设备的效率，这个量就不便于直接显示在设备边上；显示手动/自动的方式，也不便于用它来改变符号的颜色。因此，需要有一种显示一个过程变量全部过程信息的符号，这样的显示方式与上面提到的在工艺图边上显示的方式结合起来，就可以更灵活地表示各种过程变量。这种符号应显示多少信息呢？我们先把与一个I/O点相关的信息分类再来分析。与一个过程变量相联系的信息可以分成以下几类：

1）过程类：包括变量的值和相应的工程单位、报警状态和报警限、变量统计上的特征，如一段时间以来的最大值、最小值、平均值，I/O点的质量，I/O点的工艺方面的属性，如属于哪个区、哪个组、哪台设备或子系统等。这类信息的特点是：它们都直接反映了过程变量当前或一段时间以来的状态，是运行员实时监视的过程中所急需的，应在单点的显示符号中首先显示出来。

2）指导与处理类：包括变量报警时的报警说明、操作指导，以及变量对过程的重要意义的说明；当变量出故障时，查找故障源的方法，查找相关物理位置或设备的方法，运行员设定变量值的输入方法，对变量的仿真方法，将这个变量传递给网上别的运行人员或记下当前的值等。这类信息的意义是帮助运行员在必要时进一步了解变量或控制这个变量，不一定直接在画面中显示出来，而通常在操作的调用请求下显示出来。

3）设计组态类：包括这个过程变量在运行员操作站数据库中的存放方式，在计算机的数据系统中如何定义、描述这个点的详细信息。这些信息是在设计时或修改设计时使用的。对这些信息的存取调用应有一定的限制：一方面不能随意修改；另一方面，不能使修改影响过程的其他变量，甚至运行员操作站的运行。

为了在一个简单的画面中表示上面的信息，通常采用以下方法：

直接以方框或数据行的形式显示过程类（a类）信息。应注意显示的颜色与提示符的标准化，颜色要直观，要与系统中其他颜色的用法一致。提示字符只有很小的空间，因此文字要缩略得当、简单明了。画面的尺寸要合适，使一幅画面正好能放下若干个符号。用按键控制的方法使操作员调出指导与处理类（b类）信息。（b）类信息通常是大量的文字描述，因此要注意文字的简洁与明确。在（b）类信息的画面上留有控制键，使操作人员可以读取设计组态类（c类）信息，但这时要求有一定的限制条件，如输入口令或重新登录等，以避免造成运行员的误操作。应设计记录手段，使这种修改被记录下来。

（3）控制设备的显示。包括过程中的独立操作的设备、控制回路、顺序控制功能组等状态的显示。与单点显示的区别是，这里要显示的信号不是一个点，而是多个相关的点的组合。例如，一个调节回路的点中至少应包括这个回路的设定值、过程变量和控制输出、阀位反馈，有时还应包括前馈量、偏置量等。一个开关设备的点中应包括控制指令、设备反馈、操作的允许信号等，每一个量中都有前面提到的（a）、（b）、（c）三类信息。因此，这类典型画面所占用的幅面一般比较大，设计这类画面应注意以下问题：画面的形式要与运行员平时使用的其他手操器的面板形式有类似的结构，画面要将不同的信息以对比的形式表示出来，使运行员不必看数字就能直观地判断设备的状态。例如，将设定点与过程变量对比着画出来，将控制输出与阀位反馈对比着画出来，将开关指令与开关反馈对比着画出来。区别对待计算机对运行员操作的响应与设备反馈对操作指令的响应，使运行员既了解自己的操作是否被计算机接受，又了解设备是否响应了操作指令。这类画面的指导类信息显然要多一些，应包括对设备的操作指导。完善的系统应包括对设备管理方向的更详细的指导。

（4）趋势画面。这是很典型的一类画面，它的很多方面与单点型画面一样，只不过这里通常是多点显示的，不再赘述。趋势画面最大的特点是它在分析方面的特性，运行员什么时候才调用趋势画面呢？是发现设备有故障要紧急处理的时候吗？显然不是，通常是在两种情况下调用趋势画面：一是事故后对相关信息的回溯，这时事故已发生或处理完毕，调用趋势画面是为了分析发生事故过程中各变量的变化关系；二是在系统平稳运行时，为进一步提高控制水平而进行的控制回路参数调整，或观察相关设备参数之间变化关系时要调用趋势画面。总之，趋势画面的调用往往与分析过程或参数调整有关，因此，趋势画面的设计除了要注意到上面提到的各点以外，还应注意提供分析曲线的工具。例如，曲线在显示窗口中的一段数据的均值、方差、上下限值；两条或多条曲线的比较，比较它们的相关性；曲线的变化对时间的敏感性，如上升或下降速度、开始变化的时间等。通过这些工具使运行员或系统工程师可以刻画一条曲线，描述一条曲线。分析工具中还应包括将曲线与系统中发生的事件相比较的工具。这个事件往往不是设计时候已知的，而是在事故发生之后才发现的，通过比较可以使运行员了解到变量与事件的关系。趋势画面与过程工艺图结合起来显示也是很重要的，有的系统中趋势画面是单独设计的，不能作为一个元素在工艺画面中表示出来，运行员必须单独调用一下才能显示，不很方便。

（5）帮助指导画面。帮助指导画面可以按不同的方法分成很多类。例如，对过程操作的帮助、对系统的帮助、即时的操作帮助、性能分析方面的帮助、在线的与过程相结合的帮助、离线的一般性的帮助等。其特点是文字量大，文件的各部分与过程联系密切；当运行员需要某种帮助时，要调用整个帮助文件的特定部分，而文件与过程实时数据常没有直接的联系。这类文件在设计时要注意针对性，从过程的操作出发编写帮助文件，为每一部分定义调用的切入点，使之与过程联系起来。现在运行员操作站已越来越"计算机化"了。因此，通常的计算机系统对文字的处理调用功能都可以用在帮助文件的设计过程中。不同类型的帮助应以不同的方式显示出来，而且在适当的画面里"主动"显示出来，以"吸引"运行员使用帮助指导。在这方面，我们平常使用的办公软件已提供了很好的例子。

（6）其他类型。利用运行员操作站提供的画图功能还可以做出很多其他类型的典型画面，如柱状图、指针表等。设计原则基本上是一样或类似的，这里不再详述。

从对运行员操作站的监控画面进行组态的角度考虑，画面的类型可以分为自定义图形显示画面和系统标准图形显示画面两类。

自定义图形显示画面，如工艺流程画面的设计，需要根据不同的工艺流程特点制作不同的画面，先完成静态底图的绘制，然后再插入需要动态显示的元素，如动态标签、不同状态的显示等。

系统标准图形显示画面可能会包括以下内容：

1）总貌图显示。通过总貌图可以以紧凑的方式显示整个工程的过程信息。它使用多列多行的图标表示每个单元，单元可以是组、定制图形、SFC、Web、时间调度和趋势图，通过鼠标点击某一个单元可以直接进入相应的画面。

2）面板。面板用于操作和观察数据标签，显示了相关过程值的当前状态，在屏幕的最上层显示。标准面板是系统预定义的，可通过修改相应数据标签使用，不需额外编程。当然，用户可以根据需要自定义面板。

3）组显示。组是几个面板的组合，可以在一副画面里操作多个相关联的功能。选中某一个面板，则可以操作某一个功能。包含了相关标签的详细信息，可以进行各种功能操作，如 PID 闭环控制、实时监控及开环控制等。

4）顺序功能图（SFC）显示。在 SFC 显示中，用户可以看到实际的过程状态，通过不同的颜色来识别当前步和已完成的步。对于未完全实现的过程或超时的状态，将在特定的窗口中通过改变颜色来标识。

5）时间调度显示。时间调度模块可以定义一个随时间变化的模拟量作为控制器的给定值，即控制器当前的给定值由时间调度模块形成的时间变量曲线决定。

6）趋势显示。趋势显示可以显示开关量和模拟量根据时间变化的曲线。每个趋势画面都可以提供多个过程变量值的曲线。趋势曲线可以缩放、移除、互换，趋势文件可以输出也可以转换格式，如 EXCEL 格式。

7）Web 显示。Web 显示可以显示运行员操作站上 Web 页面，例如，可以通过嵌入式 Web 服务器观察炉膛火焰的实时照片。

8）消息列表和运行员提示列表。消息列表提供所有挂起消息的一览，如故障、开关和系统的报警消息等。这些消息是按时间顺序排列的，根据配置不同，最新的消息会放在列表的开始或者最后。不同等级的消息使用颜色区分，消息确认可以整块确认或整页确认。用户可以过滤某一等级或某一区域的消息。

运行员提示可以是报警或事件，用于通知运行员消息产生的原因或消除报警需要采用的程序。如果必要，提示还提供更进一步的用户帮助信息。

9）记录（Logs）。记录以文档形式记录过程的时间、状态和发生序列。记录文件可以显示、打印和存储。记录类型有信号序列记录、运行记录和干扰过程记录。

信号序列记录用于记录过程和系统消息、开关消息和提示等事件，甚至运行员的干预也会被详细地记录名字和时间邮戳。

运行记录在某些特定条件下发生，记录过程变量的当前值和状态，可以循环运行，也可以通过人工或事件启动和停止。

干扰过程记录用于检查干扰发生的整个过程。干扰发生前后的过程值会以极高的时间分辨率被记录。

10）系统诊断显示。用于显示 DCS 硬件和软件的当前状态。

2. 画面的结构与调用关系

以往有两种形式的运行员操作站画面结构：固定关系的与非固定关系的。

固定关系的画面结构是指在运行员操作站中规定了画面的类型与结构。如图 4-6 所示，把画面按其表示的范围不同而定义成总貌级画面、子组级画面、点画面。不同级之间有隶属关系，画面调用时，如果顺级调用很方便，跨级调用也可以，但要稍多一个选择步骤。这种画面的特点是设计方便，设计任务简单地说就是根据系统的规模把各级画面填好，使运行员操作站数据库中所有点都至少出现在某一幅画面上，结构性强。当运行员也

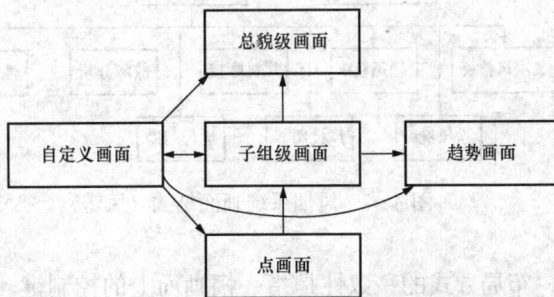

图 4-6 过程画画的结构

用这种结构化的形式来分析看待自己所控制的对象时，他可以很方便地找到他所关心的信息。这类画面的缺点是组织得不够灵活，因此不一定所有画面都只符合一种结构。有很多画面当把它们按照工艺过程的大小划分时，它们具有一种隶属关系；而按照启停操作顺序划分时，可能具有另一种隶属关系；按调试运行的过程考虑时，关系又不一样，这样可能会造成一些不便。再者，有些画面不易套用在某一级中，可能介于两级之间或跨在几个组之间。

非固定关系的画面结构在这类画面中，画面之间的关系完全是由画面上所设计的控制键来决定的，可以设计各种调用关系。设计人员可以根据运行员在运行、调试、启停中会遇到的各种情况，来规定当前画面与别的画面的关系，从而使其调用非常方便，是面向工艺过程的设计，不受固定结构的限制。这种设计的特点首先是灵活，不受任何限制，实际上这意味着设计者可以为各种情况而自己定义一种结构；其次是扩充画面非常方便，特别是对那些具有综合性质的画面。这类画面的缺点是设计工作量大、不容易设计好，因为实际可能出现的情况太多。而当一幅画面中的调用控制键多于 12 个时，运行员就会感到选择上的困难。此外，它要求设计者要充分了解运行员操作站使用者的操作过程，而这往往是很难的。同样是运行人员，不同的人也会有不同的操作方法和看问题的角度，因此很难设计出大家都满意的画面结构。常用的方法是在每幅画面中使运行员都能回到列表画面去，从那里再选择要看的画面。

显然，如果能够把两种结构的画面结合起来，那是最理想的。设计时按照工艺的过程分类方法，用隶属关系确定大部分有固定结构的画面，然后根据特殊的过程设计特殊的画面，并建立它们的特殊调用方法，这样可以满足各方面的要求。图 4-7 所示是为电厂风烟系统设计的一个画面结构。

过程画面设计的一致性前面已经提到，由于过程画面的显示对实际的控制不产生直接的影响，而只是影响运行员操作的方便程度，因此没有严格意义上的对与错，这为设计者提供

了很大的灵活性。但是，这种灵活性如果使用得不好，会造成画面的混乱，使运行员误解而发生事故。从这一点上说，保持画面设计中严格的一致性是画面设计的重要方面。

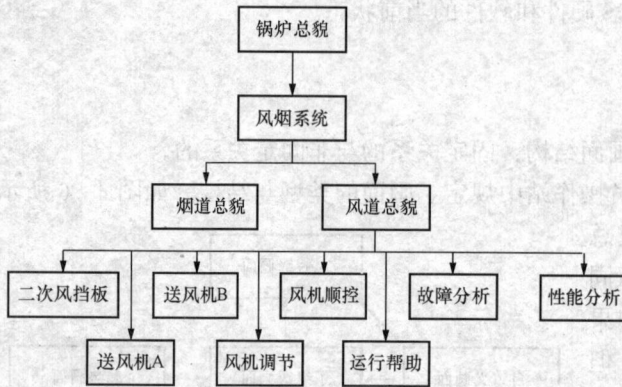

图 4-7　风烟系统画面结构（风道）

一致性包括画面颜色的一致性、布局方式的一致性和风格的一致性。一致性本身也包括两个方面：一是自成一体，二是与国家、国际或行业通用的标准相一致。

画面颜色的一致性是容易理解的，如果用红色表示阀门开，则应在整个项目中都用红色表示阀门开，而不要有的用红色，有的用绿色。如果用浅灰的背景表示调试类型的画面，则最好所有调试型画面都以浅灰色为背景。

布局方式的一致性是指一幅画面上的控制键、公共信息、弹出窗口等都放在同样或相近的位置上。运行员调某幅画面时，往往是为了看某一特定的参数。当画面布局格式一致时，他可以在调画面的过程中期待地看着特定的位置而马上找到自己要的信息，加快调用与处理过程，而不要让运行员到画面上去找信息；特别是运行员调用不熟悉的画面时，布局方式的一致性会使他们很方便地发现要看的信息。

风格的一致性是指画面设计的样式要尽量一致，包括使用的符号文字字体、变量位数、详略程度等方面。这样使运行员看画面时感到舒适，而不分散他的注意力。

画面设计的一致性越强，越能够使运行员在调用画面时集中注意他所关心的信息，而不是等待画面出现之后再去找信息；特别是对新运行员，或紧急情况下处理问题的运行员来说，一致性可以减少他们的操作失误。

画面设计的高质量是通过对画面设计过程的控制来实现的。从一定的意义上说，画面设计的随意性越大，其设计控制的重要性也越大。本节不是从一般意义上讲述画面设计的质量控制方法，因为它与设计组织的具体情况有很大关系，这里介绍的只是一个设计简单过程。

总体与初步设计阶段应以文件加图例的方式规定一些设计过程中的原则。例如，一致性方面，规定颜色、布局、风格方面的一致性要求，覆盖面和画面深度，根据使用运行员操作站人员的工作性质决定画面的范围、种类和细致程度，确定画面的结构和相互调用方式，通过分析工艺图纸和使用要求来确定画面的内容，使设计人员在初步设计之后明确地认识到自己下一步的工作内容应遵守的规范和可以使用的资源。当多个设计人员或不同单位的人员共同工作时，这一点就更重要。

详细设计与检查阶段，是在初步设计规定的原则基础上，逐步完成每一幅画面的设计。初步设计越完善，详细设计过程中的重复劳动就越少。在检查过程中，使用检查表的方法很方便。画面设计是运行员操作站设计的一部分，不是孤立存在的，它与数据库设计、报警设计等任务有密切的联系。在画面设计过程中，要充分考虑到运行员操作站其他功能的设计，因为很多功能的使用是通过画面来实现的。

3. 过程画面设计的一致性约定实例

下面是国内某电厂运行员操作站的画面元素约定，符合一致性设计：

过程设备及仪表在显示画面中的图标将依照 ISA 规定的标准图标绘制，如涉及 ISA 标准未规定的图标，将制定符合人体工程学方面，且直观明了的图标；设备及仪表的着色也按这一原则绘制。背景色为黑色，大的静态设备需要填充，使用灰色。

（1）静态管线颜色定义，见表 4-1。

表 4-1　　　　　　　　　　　　静态管线颜色定义

管　道			
序号	管　道　名　称	线型（粗 2、细 1）	颜色
1	主蒸汽、再热蒸汽管道	粗	红
2	抽汽、背压、过热管道	粗	浅红
3	其他蒸汽管道	细	浅红
4	凝结水、主给水管道	粗	绿
5	除盐水、补给水、循环水、射水、工业水管道	细	绿
6	疏、放水管道	细	绿
7	油管道	粗	黄
8	EH 油管道	主管道粗、支管道细	黄
9	风管道	粗	蓝
10	烟道	粗	浅灰
11	煤粉管道	粗	灰
12	氢气、氮气、二氧化碳管道	细	雪青
13	消防水管道	主管道粗，支管道细	深红

电　气　线　路			
序号	名　　称	线型（主接线 3、分支 2）	颜色
1	直流		褐
2	交流 220V		深灰
3	交流 380V		黄褐
4	交流 3kV		深绿
5	交流 6kV		降红
6	交流 20kV		梨黄
7	交流 220kV		紫
8	交流 500kV		淡黄
9	接地		白
10	交流 100V		浅灰

（2）模拟量、数字量显示：

1）模拟量：正常为绿色平光，报警为黄色闪光，恢复正常为绿色闪光，坏质量为紫色，运行员输入为青色。

2）数字量：为0或为1是根据要求显示颜色。坏质量为紫色。

（3）电动门的显示：

1）电动门全开为红色平光。

2）电动门正在开过程为红色闪光。

3）电动门全关为绿色平光。

4）电动门正在关过程为绿色闪光。

5）坏质量：紫色。

6）报警：黄色。

7）检修：蓝色，同时加上白色的外边框或出现"检修"字样。

8）阀头：手动显示灰色，自动显示红色。

（4）电动机的显示：

1）电动机运行为红色。

2）电动机停运为绿色。

3）报警为黄色。

4）坏质量为紫色。

5）检修为蓝色，同时加上白色的外边框或出现"检修"字样。

6）调试位显示"调试"字样。

7）跳闸时，电机绿色闪动。

电机调试位：一次风机、送风机、引风机、电动给水泵、磨煤机、凝结水泵、前置泵、循环水泵、开式循环水泵。

电机可用（表示就地远方）用小字母F表示。就地或者控制电源消失时，红色F出现在电机附近；远方正常时，F消失。

（5）电气开关的显示：

1）开关合闸为红色。

2）开关断开为绿色。

3）开过程为红色闪光。

4）关过程为绿色闪光。

5）检修为蓝色，同时加上白色的外边框或出现"检修"字样。

6）报警为黄色。

7）坏质量为紫色。

（6）调节门：按DCS系统提供的标准面板设计。

（7）手动门：颜色以暗灰色，颜色以能看见、不醒目为准。

4.3 运行员操作站的报警管理

本章开头在谈到运行员操作站与常规系统的区别时，提到了报警方面的区别，使用运行员操作站之后，如果不认真设计报警系统，可能会使运行员感到运行员操作站还不如直观的报警光字牌好用。运行员操作站报警记录、打印等方面的功能显然优于常规系统，但在报警的直观性、快速性、唯一性方面都需要认真设计才能超过常规报警系统，这是为什么很多使用运行员操作站之后的系统仍保留常规报警系统的原因之一。在 DCS 出现以前，一块报警光字牌要占地方、花成本，因此人们通过仔细分析报警系统功能来优化报警过程；而 DCS 出现以后，对一个过程变量的报警处理变得非常容易，不需要增加任何成本，这使得设计人员反而不认真地去分析一个报警系统了。

4.3.1 报警的主要内容

所谓报警管理上，就是按一定的规律去处理报警信息。计算机的广泛使用使我们可以有很灵活的方法去处理报警，这时我们要注意的是不要舍本求末，也就是不要忘记报警管理的根本目的：通过管理使运行员能够及时发现问题，快速、正确地处理问题，可靠记录处理的全过程。以下介绍报警的分类。

分类的目的是使运行员快速地识别报警，并马上能够回答出什么量发生了报警、在什么地方出现报警、其重要程度如何等问题。

报警可以按重要程度分成很多级别，如 16 级，每一级都有特殊的表示方式，如不同的级别描述、不同的颜色定义、不同的声音提示等。其中，颜色和声音很重要，它使运行员不必看文字或仔细分析画面上的信息，就可以马上判断所出现的报警是哪一级的报警，从而引起警觉。

报警可以按其所在的地点分成多个报警级或区域，也可以用特殊的方法标识出来，使运行员发现哪儿出现了报警。

报警可以按性质分成过程报警与系统报警。前者指过程变量出现异常情况，后者指 DCS 设备出现故障。

报警还可以按时间先后、报警变量的标签名称等特征来分类或排序，使运行员能方便地注意到具有某些特征的报警。

一般的运行员操作站都提供了报警按类过滤显示的功能，使其只显示一些具有一定特征的报警量。因为一个运行员在一定时间内能够响应的报警量是有限的，过多的报警同时呈现给运行员就会使其抓不住重点，因此，应通过分类与过滤之类的手段使运行员总在处理最重要的报警。

4.3.2 报警信息的显示

所有报警应总是 DCS 首先发现，然后向运行员报告。设想您就是 DCS，您发现了一个报警，您要告诉运行员的事情首先是什么？您会把最重要的事情首先告诉他，然后再解释您的想法。假设运行员当时不在监视那幅画面，您会指着画面的固定位置说："以后凡有报警，我就在这里通知你"。这就是我们设计报警显示信息的思路。运行员在发现了报警显示信息之后，他首先关心的是"什么量报警了"，然后是"我该怎么办"。这意味着我们应向运行员提供以下信息：

（1）变量优先级——让运行员反应出是什么类型的报警发生了。

（2）变量的位置——让运行员了解这个报警是否发生在关键部位。

（3）变量名称——这时运行员再细看是什么变量出现了报警。

（4）报警性质——如高报警、低报警等，让运行员知道发生了什么报警。

以上四个信息是最重要的第一类信息。有经验的运行员这时基本上已经知道该怎样处理了。所以，在显示这些信息时要明确、简单、一致性强，尽量利用颜色的变化而避免大量的文字描述。当运行员需要提供关于报警的进一步信息时，DCS 应提供详细的信息。在画面空间允许的情况下，这些信息也可以和第一类信息同时显示出来，但应注意不要分散运行员的注意力。将最终的报警原则、报警方案及实施结果与运行人员交流或培训运行人员，即通过设计与管理的方法使报警系统发挥真正的作用。

4.3.3　报警提示

提示运行员一些通常情况下的操作和应考虑的问题、报警时间以及是否进行报警确认等。对报警的浏览与归档都不是针对当前的报警进行处理，而是对报警进行一般性的分析与记录，应按前面提到的对报警的分类方法，提供各种分类、查找、索引、存取盘的方法，便于运行员查阅。

4.3.4　报警设计的一些注意事项

报警设计的关键是让运行员抓住要点，总是看到最重要而且最紧迫的报警。为达到这个目的，有人专门设计了用于报警的专家系统。其实，只要在设计的过程中明确目的，认真分析每一个报警点，用常规的 DCS 报警也能起到很好的作用。设计过程中要注意以下问题：

（1）明确报警的目的，建立系统的概念，而不是简单地将一个过程变量与报警限相比较，输出报警信号。

（2）使每一个报警都与一种操作相联系。用这个要求来衡量时，可以帮助我们删去不必要的报警。

（3）用重要的报警屏蔽掉不重要的报警，把设备的运行状态与报警结合起来。例如，某个设备出口介质温度低时的报警，实际上是与该设备的运行联系在一起的，不应仅根据温度低于报警限就报警。

（4）采用统一的设计方法，设计检查表逐一评审报警点。

4.4　记录与报表

记录与报表是将信息归档的两种形式。记录是针对事件而言的，当 DCS 或工艺过程中发生某事件时，记录下该事件，供今后查找故障的原因或总结控制经验用，如某个阀门的开关、某个调节参数的调整等。报表是按照某种规律，通常是以时间的某种规律，从 DCS 历史数据库中取出数据来，放到一起，或起分析作用，或起统计作用。这类信息的特点是：它们都不是紧迫的事情，不是马上非处理不可的事情，而是人们用来分析过程运行的工具。因此，它们应做得清晰、整洁，能说明问题。

4.4.1 记录的形式与设计

记录一般分为随时记录与事件触发记录。

随时记录是要记录下一般性的问题或操作，像"流水账"一样供事后分析。因此，这类事件的范围往往很全面。某个变量的报警，运行员在运行员操作站上进行的所有操作，DCS内的所有故障，对 DCS 进行的有关设计上的修改，如下载组态、切换模件状态等，都是记录的对象。组态时，运行员操作站会提示出所有可以记录的事件的清单，由设计者挑选。

事件触发记录是根据某个事件的发生才被激活的记录。最典型的事件触发记录，如当发生由于负压低造成的 MFT 时，记录炉膛压力的值，要求在 MFT 之前以每两秒一点的速度记 20s，在 MFT 之后以每秒一点的速度记 1min。这样，这个记录在平时是不启动的，DCS只是递推地记录炉膛负压的值。当发生了由负压引起的 MFT 时，记录被启动。这时，MFT之前已记录的数据被冻结，同时开始按要求记录 MFT 之后的负压值；1min 后，记录完成，存盘或打印出来。设计这类记录要注意：不要滥用 DCS 的资源，事件发生前后数据记录的密度应与过程变量的时间常数相对应，而不应盲目求密，更不应不加分析地统一采用一样的记录频率，这里实际上涉及一个设计的质量问题。

评价任何一种设计时，总有一个指标是它使用了多少资源。如果我们设计一个发动机的外壳，把它的内外壁统一设计成一样的粗糙度与加工精度，要求一样的表面处理，显然是不合适的。与计算机有关的设计中，很多资源是无形的，很容易造成浪费。有人认为，计算机有足够的容量，不必费精力去分析某个记录占用多少资源。其实不然，占用计算机的内存、光盘、时间等都是资源，我们今后处理这些信息也要花时间，花人力、物力；更重要的是，不恰当地分析过程而采用统一的记录标准，会使我们失去对设计意义的理解。

4.4.2 报表的形式与设计

报表与记录有着类似的设计方法与问题，这里只简单叙述。通常的报表是按一定的时间间隔，如每小时、每班、每天、每周、每月，统计出一些关键变量的值，打印出来用于分析、统计、考评，报表中的数据常来于历史数据库，而不是实时数据库。设计报表与设计记录类似，通常应注意以下问题：

(1) 报表应尽量提供信息，而不只是数据。把数据从历史数据库中提取出来，打印下来很方便，但这仅仅是数据，这些数据说明了什么，对下一阶段的运行有什么指导，对前一阶段的运行能提供什么结论，这些都是应从报表中得到的信息。因此，报表应把原始数据进行简单的处理，连成曲线，统计规律，计算运行的指标等。

(2) 合理使用计算机的资源。

(3) 不应追求与 DCS 以前的手抄表的格式一致，DCS 应给我们带来更计算机化的表。

(4) 报表与 MIS 常常联系在一起。

4.5　历史数据库检索及处理

历史数据库是 DCS 与过程运行状态最完整的数据存储中心，随着时间的流逝，系统运行之后给我们留下的只有历史数据库，应保存尽可能完整的历史数据，这里应把历史数据的处理与存储分开，尽可能多地以密集的方式存储原始数据，而不加入任何处理信息，使计算机的资源得到充分的利用。历史数据的回溯、处理是今后离线进行的工作，不应当占用 DCS 在线的资源。历史数据在提取出来之后，可以利用各种计算机软件进行分析处理，这里不再叙述。

4.6　人机接口的发展

运行员操作站的发展与计算机及其系统的发展关系密切，因为它的基础是完整的计算机系统。近几年来，这方面的发展表现在网络通信技术的成熟，使操作站之间的联网能力大大加强。DCS 的可靠性增加，使单元控制室逐渐取消主盘而代之以大屏幕；多媒体技术广泛用于报警、操作指导；网络技术的成熟使远程诊断及运行员操作站与 MIS 的联网更方便；操作系统开放化，可以使用大量通用的软件用于运行与分析。

4.6.1　大屏幕的使用

电厂采用 DCS 实现机组的控制，特别是在全面采用以显示器为主要的监控手段以后，单元控制室的布置形式发生了很大的变化。由于计算机技术的发展和 DCS 本身可靠性及可用率的提高，加上运行员操作站功能的完善，能够将大量的重要信息完整地、有条理地整理在一起。虽然多窗口技术可以同时打开多个画面，但普通的屏幕面积毕竟有限，因此它显示给操作人员的只是过程的一小部分信息，而且只能供一两个人使用。运行人员必须频繁地调出各个变量的显示画面来观察过程的每个部分，因此当画面显示不完善或运行人员稍有疏忽时，便可能引起误判。

20 世纪 90 年代以来，很多行业大量采用大屏幕显示计算机图像。除了会议、培训和商业演示使用大屏幕外，航天、航空、铁路、气象等领域都大量使用大屏幕对系统作长期的监视和调控。大屏幕的性能和质量也在不断地提高。从显示器的液晶板到大屏幕，从单一的显示方式到各种实用的显示方式，而且大屏幕的寿命也不断提高，这些都表明了大屏幕技术的发展和进步。

技术的发展、人们逐步的熟悉与习惯，使得大屏幕技术在电力行业的应用越来越广泛。很多电厂在这方面都做了尝试，提出了各种使用方案，使大屏幕的应用越来越成熟。大屏幕的使用改变了通常的运行方式，这主要体现在几个方面：大屏幕可以有变化地显示运行员所关心的公共信息。用这样的手段，可以把过程信息分成公共信息和局部信息。而以往我们在设计运行员操作站时是按照工艺过程的覆盖面来划分画面的，分成总貌画面、区域画面和设备画面等。总貌画面与公共信息之间是有区别的。公共信息包括替代原来的光字牌的画面，外部系统对机组的负荷需求的画面，反映机组负荷特征状态的参数，当前机组中最不稳定的部分、效率最低的部分或限制机组负荷变化的"瓶颈"点，控制系统中的关键状态等。这样的参数或状态除了其重要性以外，还具有分散性、变化性等特点。而通常所设计的总貌画面只不过是其所覆盖的工艺过程的面比较大罢了，并没有反映机组状态的实质性信息。另一方面，这些更加反映关系全局的实质性信息的画面如果只是一两个运行员看到，不能够使运行员有效地针对问题采取措施。因为这里所反映的问题需要由运行员相互配合来解决，而且在解决问题的过程中，最好能始终显示这些状态信息。大屏幕的显示方式正好具备这样的特点。因此，有了大屏幕之后，画面设计的模式应当有所调整，以充分利用大屏幕所带来的好处。

大屏幕的应用过程中还有很多设计方面的问题，如屏幕的布置方式、屏幕周围的墙的设计、灯光的设计、屏幕与运行员的距离的考虑等。这些内容涉及人机工程学和大屏幕本身的很多专业知识，比通常的显示器操作台的设计要复杂得多、灵活得多。

有了大屏幕显示公共信息以后，如何处理控制室里其他原来用于指示公共信息的设备也是一个问题。以往的设计思路常常是期望系统有很高的可靠性，为了在计算机控制的情况下保持这种可靠性，在控制室内设计各种备用的操作设备，以期望在计算机故障的情况下通过备用手段运行系统或实现人工停机。如果用这样的想法为大屏幕配备很多备用的指示设备，就会使控制室显得不伦不类。要具体分析 DCS 的控制范围与功能，分析大屏幕在具体的应用过程中所起到的实际作用来决定对其他设备的取舍。现在常用的做法是，如果采用大屏幕，则取消常规设备和 BTG 盘，但对于大屏幕在这种配置下的特殊作用所带来的特殊的设计问题尚未引起足够的重视。

4.6.2　多媒体技术

当运行员操作站可以使用语音、摄像、动画等资源时，设计者可以为运行员提供大量的后备支持手段协助运行。语音可以用于报警提示或指导；摄像功能可以使运行员操作站切入工业电视摄到的镜头，使运行员看到现场；动画和位图的使用可以使运行员形象地理解或说明现场发生的情况。这些功能并不是故弄玄虚，而是能够切实地提高运行与故障处理的质量。

4.6.3　通信系统的应用

网络化的运行员操作站提高了系统可利用率。运行员操作站的通信完善起来以后，可以与管理信息系统（MIS）使用同样的网络，而使 DCS 与 MIS 更好地结合起来，减少人为的接口，同时使 MIS 可以得到更广泛的数据甚至画面。远程上网功能使 DCS 的设计者在自己的公司就可以监视用户在现场的运行，发现、诊断系统故障，给出纠正措施，可以对运行员操作站软件进行远程升级、更新，监视运行员操作站资源的使用情况。一旦这样的体系完备起来，就可以使 DCS 始终处在厂家的监控之下，使系统运行的可靠性、合理性得到提高。

4.6.4 过程信息管理系统接口

将信息管理系统与 DCS 相结合，形成全厂乃至全企业一体化的信息网络，已是目前 DCS 和信息管理系统的发展潮流。计算机网络系统的成熟发展、DCS 的不断开放，为这种一体化的信息网络提供了可靠的基础。与信息管理系统接口的要求使 DCS 越来越开放化，这种要求有以下几个方面：

（1）采用网络化的形式。DCS 与信息管理系统的通信是网络对网络的通信，而不是网络对点的通信，更不是点对点的通信，因此，接口方案应是网络化的方案。

（2）采用标准化的通信协议。网络通信的重要特点之一是标准化，只有标准化之后才能开放。标准化包括物理层接口、协议和应用方式，标准化不仅使当前的网络能够完成任务，而且为今后的发展、扩充打下了基础。

（3）满足工业通信的要求。DCS 是应用于工业过程的控制系统，与信息管理系统接口是为了传递实时过程数据，因此要求所提供的解决方案能够设有数据、状态范围上的限制，通信速度能够满足管理方面的要求，同时具备抗干扰的能力，并能满足工业环境所提出的各种要求。

过程信息管理系统本身是一个完整的系统，有很多值得讨论的地方，这里不再叙述。

习　　题

1. 通过过程控制盘对过程对象进行监控的仪表系统的特点是什么？
2. 简述运行员操作站的构成。
3. 运行员操作站如何实现与基本控制单元的数据交换？
4. 图形说明运行员操作站与 DCS 系统的几种联系方式。
5. 什么是 OPC（OLE for Process Control）？
6. 运行员操作站的基本功能有哪些？
7. 进行工艺流程画面设计时应注意的问题是什么？
8. 画面设计的一致性包括哪几个方面？

5 工程师工作站与组态软件

工程师工作站（Engineering Work Station，EWS）是 DCS 中用于系统设计的工作站，其他主要功能是为系统设计工程师提供各种设计工具，使工程师利用它们来组合、调用 DCS 的各种资源。这种设计过程与建筑设计、工艺设计、软件设计或产品设计都有很大区别，它是利用工作站来组合 DCS 中所提供的控制算法或画面符号，而不是编制具体的计算机程序或软件，也不是用来描绘制造或安装用的图纸，所以习惯上把这种设计过程称做组态或组态设计。这也就是 DCS 的工程师工作站与其他工程设计工作站的区别。同时，由于工程师工作站的设计对象是 DCS，因此它与特定厂家的 DCS 有密切的关系。

5.1 工程师工作站的作用与构成

5.1.1 工程师工作站的作用

DCS 与其他的工业产品不同，不是安装之后就可以直接使用。DCS 提供了各种控制、监视过程的设备，或者说能力。EWS 的作用是通过设计将这些设备组织起来，联系起来，使所有的功能都发挥出来。因此，EWS 是针对 DCS 的应用工程师而设计的。通常 EWS 是用来为 DCS 赋予实际工作任务的工作站。一般来说，EWS 在功能、运行环境、使用方法等方面都充分考虑了工程设计工作的特点，使它相当于 DCS 中的一个设计中心。在学习、理解和评价 EWS 的能力时，应把握这一点，不要把系统设计的作用与运行监视的作用、实时控制的作用混为一谈。EWS 的作用是以能否充分反映、调用 DCS 中的全部资源，能否以工程设计的方式组织这些资源，实施设计结果来衡量的。

1. 用 EWS 做系统组态设计

系统组态设计的主要任务是利用 DCS 提供的所有控制、监视功能来设计实际的过程控制系统。组态设计包括很多方面。

（1）系统硬件构成的总体设计。DCS 中使用的所有硬件设备，它们之间的电气、通信上的联系，逻辑上的关系等设计，都可以在 EWS 上完成。设计者在 EWS 上可以很方便地把它们调用出来，组成系统。

所谓组成系统，就是画出它们之间的联系图、接线图。用 EWS 设计这些系统，应该像搭积木一样方便，而不必借助其他画图软件，如 AutoCAD。因为 EWS 是在组合现成的设备。通过这样的设计结果，使 DCS 的使用者能够一目了然地了解 DCS 的总体布置情况。图 5-1 所示为 DCS 总貌图。

（2）系统的硬件设计。硬件设计的结果是安装、接线和组装所用工程图纸。这通常包括过程控制单元中的模件布置、电源分配、现场 I/O 的连接方法、屏蔽与接地等方面的设计，使用

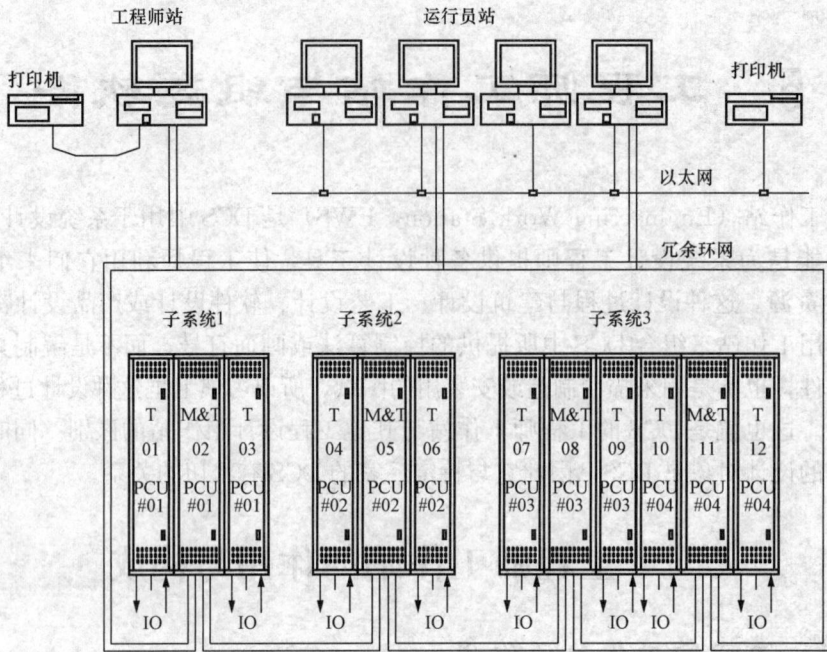

图 5-1　DCS 总貌图

EWS 应可以很方便地根据 DCS 的设计规范和过程控制的具体要求设计出这些接线图、配置图。

（3）控制逻辑设计。控制逻辑的设计过程是根据 DCS 中给出的控制元件（算法，或称功能块）组成控制方案的过程。简单说来，它包括采集现场信号的设计，控制运算、决策的设计，控制输出的设计，通信与传递信号的设计，系统诊断与处理方面的设计等。

（4）运行员站组态设计。运行员站组态设计是根据运行、维护等日常由运行员完成的任务，通过 DCS 的运行员站所提供的功能，设计并组成一个监控系统的过程，大体包括画面设计、报警设计、数据库设计、记录设计、帮助指导设计等。与过程控制的组态不同的是，运行员站的组态的逻辑性不那么强，某幅画面中的设备画得大一些、小一些并不影响过程的安全，因此这部分设计常常得不到习惯于逻辑思维的控制工程师的重视。然而，事实上这部分设计是不能忽视的，从信息的组织方法这个意义上说，运行员站系统设计得好坏，体现了设计者是否了解自己的 DCS，是否了解过程。

（5）文件组态。文件组态指的是为使 DCS 正常运行而编制的各种说明指导性文件。DCS 应是自我完善的，DCS 的安装、使用、应用方法，故障处理方法都应该在 DCS 中提供；根据问题性质的不同，或者在人机接口站上提供，或者在工程师工作站上提供，而不应让使用者再"离线"查阅资料。

（6）系统运行之后的维护管理基本方法。用户在使用 DCS 的过程中会发现很多问题，有些是 DCS 的问题报告，有些是对 DCS 改进的设想，有些是对设计更改的要求，这些问题都是围绕 DCS 发生的，应通过 DCS 本身提供的手段来记录维护这些信息的方法，而不是把这些信息"入另册"。因此，DCS 的组态任务中应包括设计一套管理这些信息的系统，虽然在 DCS 的设计过程中这些问题可能尚未发生，但如果有了这样一种信息结构，对运行过程中的维护是很有用的，有些 DCS 系统已能够自动产生一些硬件方面的问题报告。

2. 系统调试与设计更改

由于 EWS 的设计中心的地位，所以在 DCS 的系统调试与设计更改过程中，EWS 发挥了最重要的作用。调试过程中，可通过 EWS 来确认控制组态是否执行得正确，这需要在线运行 EWS，以实时监视过程中的动态数据，发现问题后，修改组态。这些工作不是在其他人机接口上可以完成的，而要在 EWS 上完成。虽然在运行员站上可以看到一些问题，但是，对组态的调整应在一个点进行，在工程师站上完成。在下载了运行员站的组态之后，如果有问题，也要在 EWS 上修改。所以，调试过程中 EWS 显得最"忙"，这时尤其要注意的是 EWS 上的文件的管理。

3. 运行记录

EWS 的另一项作用是在调试结束之后，系统进入正常运行时，对某些特殊的过程参数做记录。这些特殊的参数包括：一些运行员并不关心而对系统的控制效果很重要的参数，尤其是一些控制回路之间相交联的变量的耦合程度；系统运行过程中 DCS 的负荷参数、通信负荷率、运算负荷率等。这些参数一方面对控制系统的整定很有必要，同时，它们又不是在较短期的调试过程中可以看得出来的，需要用相对长一些的时间来观察，所以在 EWS 上监视这些参数很有必要。在运行员人机接口上监视当然也可以，但是，作为系统的设计者，要注意把这些用于控制或系统分析的信息与运行员日常处理的信息分开，以避免这两种不同类型的工作相互干扰。同时，由于这些参数往往是不易确定的、灵活的，因此，在 EWS 上由工程师来监视比在运行员操作站上监视要方便得多。再有，EWS 上对数据作分析的软件比运行员接口站的软件要丰富一些，用这些软件对控制系统作分析会更有效。

4. 文件整理

EWS 既然作为设计中心而存在，那么，EWS 上的文件对于 DCS 来说就非常重要了。同时，按照前面提到的 DCS 应"自我完善"的概念，EWS 也应作为向用户提供 DCS 全部设计文件与系统说明文件的中心。实际上，如果 EWS 管理得好，利用得有效，它还应提供系统调试、运行、管理过程中相关的全部文件，使得与 DCS 相关的文件都可以在 EWS 上找到。这样会促使我们把有关的问题与 DCS 的设计、应用联系起来，也便于获得解决问题的信息。目前很多人把这些工作放到 EWS 之外，也就是 DCS 之外去解决，使问题的解决过程与问题本身在两套系统上进行，这不是一种高效率的方法。

EWS 的作用如图 5-2 所示。

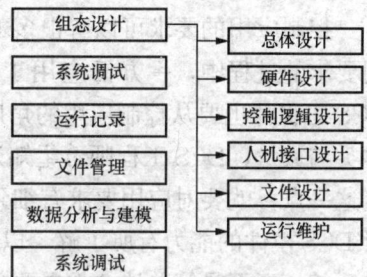

图 5-2 EWS 的作用

5.1.2 工程师站的组成

简单地说，工程师站由以下几部分组成：

（1）PC 机硬件及操作系统。一台完整的 PC 机是工程师站的基本设备，有的工程师站是用"工作站"式的 PC，有的工程师站采用服务器—客户机结构，这显然是一种趋势，因为它更适合于多个设计者共享一个项目的资源。

（2）工程设计软件。各 DCS 都有自己进行工程组态的软件，它们只适用于自己的系统。

（3）其他辅助性通用软件，如办公软件、数据库软件等。

5.1.3 工程师站在 DCS 中所处的地位

DCS 的特点是分散控制，而且从可靠性的角度考虑，在 DCS 的网络中往往不设计成某节点的重要性高于其他节点，只是不同类型的节点完成不同类型的工作。因此，从硬件上或者从通信的逻辑关系上，EWS 并不比其他节点高级。而 EWS 的任务是系统设计，且系统运行时并不要求 EWS 必须在线，似乎 EWS 对运行不很重要。但是，从设计上看，过程控制站和人机接口上的控制与运行方案都来自 EWS，在实时控制过程中，一般不能规定 EWS 有更高的控制优先级，因为设计工程师的任务是设计，而运行员的责任是运行整个过程，设计人员没有权力越过运行人员去操作现场的设备。一些控制工程师常常出于调整系统的愿望与责任感，在 EWS 上作修改，甚至越过运行员，在 EWS 上操作设备，这是非常不可取的。并不是因为他们的想法有错，而是因为他们忽视了统一指挥对象的重要性。就像控制回路中的切换扰动一样，从不同的地方控制一个过程常常会带来对过程的扰动。

5.2 系统组态的一般概念

5.2.1 系统配置的设计

系统配置设计的任务是根据应用方面的要求，确定 DCS 的规模和具体组成方法。

1. 根据控制应用的要求提出对 DCS 的要求

控制应用的要求可以有很多方面，有些与 DCS 有关，有些与 DCS 关系不大，在提出控制要求的过程中，一方面应用工程师要善于用 DCS 的表达方式来描述问题；另一方面，DCS 工程师也要从控制应用的角度出发去思考问题。例如，为了确定 DCS 中的 I/O 模件的种类与数量，DCS 工程师希望知道每一个控制柜里所包含的 I/O 点的种类与数量，而要确定这一点，就要对应用要求有细致的分析；而反过来，为了能提出这个要求，应用工程师要对 DCS 模件的能力有所了解，以决定系统如何划分才更合理，要把这个过程当做设计过程来看待，而不是简单地"你提要求，我配置"。由于本节介绍的不是 DCS 的设计过程，而是 EWS 的应用，因此这里不展开讨论这一确定硬件要求的过程。这些要求主要包括以下几个方面：

（1）工艺过程的划分。根据工艺过程的物理位置，确定 DCS 控制站的分布。

（2）I/O 点的要求。根据每个子系统的 I/O 种类与数量，以及裕量要求和今后可能进行的扩充，确定每个子系统所需要的 I/O 数量与类型。

（3）控制处理器的要求。提出每个子系统的控制方面的大致要求。在这个阶段，这些要求不应以 DCS 的控制处理器的数量来表达，而应以控制回路数、重要程度、设备数量、其他控制任务数量的形式来表达，因为选择多少处理器、什么样的处理对于各种 DCS 来说是不一样的。

（4）人机接口数量的要求。根据工艺过程覆盖面的大小、运行的要求确定运行员的数目，进而确定运行员站的数目。

（5）其他方面的要求。如工程师站的数量、打印机、SOE 设备、远程 I/O 等。

2. 根据对 DCS 的要求选择 DCS 的设备

选择什么样的 DCS 设备去完成应用的要求不仅仅是一个技术问题，还要考虑商业方面的问题。无论是 DCS 供货商还是用户，都要寻求一种最理想的配置方案，只是在追求这个最佳方案时，双方采取的准则不尽相同。同样，本节不详细讨论这些问题，留待其他章节去讨论。这里想说的是，这个过程同样应看做是一个设计过程，EWS 应在其中发挥作用，有些 DCS 中配有这样的软件，可以自动地从应用要求中产生 DCS 的设备清单，然后由人工根据某种原则作适当调整。

3. 根据 DCS 的设备进行系统组成的设计

所谓系统组成的设计，是指对系统硬件连接的设计，它不是设计控制逻辑，而是画出系统的配置或硬接线图。由于系统中采用的绝大部分设备都是 DCS 的设备，因此它们之间的联系图应由 EWS 来生成。这时系统组态的概念是指硬件配置，目前很多 DCS 的这部分工作不是通过 EWS 本身的软件完成，而是通过另外的绘图软件完成的。这里的组态任务包括以下方面。

（1）系统中各主要设备的通信网络图，要表明设备的物理位置、逻辑地址、名称、连线方式等信息。

（2）DCS 设备的组装图，要表明设备的安装、组装方法。

（3）电气电缆、信号的处理，接地、屏蔽、配电的处理。

（4）特殊接线或外部设备的组装方法。

上述组态图纸的详细程度应能够使系统组装、安装人员根据图纸将 DCS 组装起来，这是硬件配置的根本任务。工程师站应借助 DCS 的组态软件完成这些设计。

5.2.2　过程控制的组态

过程控制组态是根据控制要求将 DCS 中的控制算法组合起来，形成完整的控制方案的过程。通常，设计人员在了解了控制要求之后，在 EWS 上将 DCS 中的功能块逐一调出来，连好线或填好数据表格，以明确它们之间的关系，就组成了一个个可以在 DCS 中执行的控制方案，下一节将较详细地描述这一问题。

5.2.3　运行员站功能的设计

运行员站功能的设计是指对运行员站上的全部功能组合应用的设计。例如，在运行员站上建立数据库以采集过程控制站中的变量数据；设计运行员站上的画面和画面之间的关系，从哪幅画面可以调用哪幅画面；怎样管理所有报警；怎样产生记录等工作。这些设计的结果通常不是图纸，而是一幅幅工业画面或各种形式的数据库。这些数据库表明了运行员站处理过程变量时的方式，后面一节将有详细的介绍。

5.2.4　系统组态与其他设计方法的区别

DCS 的组态是一个设计过程，因此它具有设计过程的一般特点，如一致性、完整性、完备性等。但它与通常的机械设计、电气设计、工艺设计相比，又有其特殊的地方，如画图的要求不高、计算的要求不高等。归纳起来，DCS 的设计具有以下特点。

1. DCS 的组态是组合 DCS 中的元素

完善的 DCS 组态软件应提供 DCS 本身设计的全部元素。例如，各种算法的表示方法、设备图纸，甚至是大量的典型工艺设备的图形与符号。这样，设计人员的主要任务是把这些元素组织起来，无论是控制方面的设计还是画面方面的设计。这意味着 DCS 的设计资源是相对有限、针对性很强的。不像其他的设计那样有很大的灵活性与通用性。当然，DCS 提供了开发、设计新的元素的能力，这样的功能越完善，就越能使设计工程将精力集中在设计方法上，而不是画具体的图形上。这种组合不仅包括控制逻辑方面，而且应包括 DCS 硬件设计。

2. DCS 组态的逻辑性

DCS 组态中有很强的逻辑性，这是 DCS 设计的突出特点。机械设计与工艺设计过程中也有逻辑性，但它们是以尺寸的配合和介质变化的配合来表现的，而 DCS 中的逻辑性表现在控制不同事件的时间与配合关系上，这里的控制既包括针对过程的控制，也包括对运行员接口处理过程事件的控制。同样一个事件，在过程的不同阶段发生时，处理方法是不一样的，而且事件表现出来的形式也可能不一样。例如，在控制锅炉引风机挡板时，一般情况下是根据炉膛压力控制该挡板的开度，但当发生全炉膛灭火时，炉膛压力会产生突然的下降，这时就应不管压力如何而迅速快关挡板，然后再按一定规律全开挡板，以形成通风条件；但如果全炉膛灭火不是在高负荷下发生的，这时炉膛温度不会有很快的突降，因此也就没有很大的负压，也就没有必要快关引风机挡板。那么，如何判断发生灭火时的炉膛热负荷呢？有没有必要去根据不同热负荷来改变挡板的控制方式呢？这就是控制工程师经常要判断、决策的问题。可以看出，这种决策不一定是通过计算工艺参数来进行的，也不同于尺寸检验的工作。控制工程师经常要通过组态，用逻辑的方法来区分工艺过程的不同状态，以采取不同的控制策略。工艺计算的方法在 DCS 的组态过程中也是经常用到的，而且随着 DCS 的发展、信息的完善，这种方法会应用得越来越多，而构成 DCS 控制设计的一个特点。

3. DCS 组态的多样性

DCS 组态所涉及的方法的多样性是其另一特点。DCS 的设计包括：

（1）硬件设计。主要是画连线图，要求准确、清晰、全面，使别人可以据此组装系统，而不涉及控制逻辑本身。

（2）控制逻辑设计。要求了解工艺过程，了解控制的一般原理，有逻辑设计的能力，在画图方面几乎没有要求。

（3）画面设计。要求深入了解工艺过程，要决定什么样的工艺过程画到画面上，什么不画，如何画；要了解画面设计的一般规律，如颜色对人的影响，人们判断事物重要性的习惯等。

（4）数据库相关的设计。要求了解计算机处理数据的特点、方法，使用类似数据库管理的软件。

（5）文件管理。一定程度上熟悉计算机的文件管理方法，组织文件。

要求设计工程师全面掌握这些知识，有些属于技巧，是不容易熟练的，而只有完全掌握了这些内容，才能充分发挥 DCS 的作用。

5.3　控制系统的组态

我们暂且把 DCS 的组态分成两类：针对过程控制站的组态和针对运行员站的组态。

5.3.1　控制系统组态的范围

针对过程控制站的组态主要包括以下内容：

（1）系统配置的组态

（2）系统硬件的组态。

（3）控制算法的组态。

（4）控制与通信接口方面的组态。

通过这些组态设计，首先确定了 DCS 中所用到的具体的系统硬件，并定义了它们之间的连线，即在硬件方面全面定义了控制系统；其次确定了系统与外部的联系方式，无论是通信的还是硬接线的，使进出系统的信号有了明确的意义；再次是确定了控制逻辑、控制方案，按照这样的设计，使用者就可以把过程控制站中以产品形式表示的模件组成一个完成指定功能的系统。

5.3.2　EWS 上的基本元素

要完成过程控制组态范围中的任务，EWS 通常提供很多标准的表示 DCS 中设备与算法的符号。所谓组态，就是把它们按一定规律连接起来。这些符号通常包括以下几类：

（1）表示硬件的符号。

（2）表示算法的符号。

（3）表示组态约定的符号。

这些就是提供给设计者使用的 DCS 功能方面的资源，如图 5-3 所示。

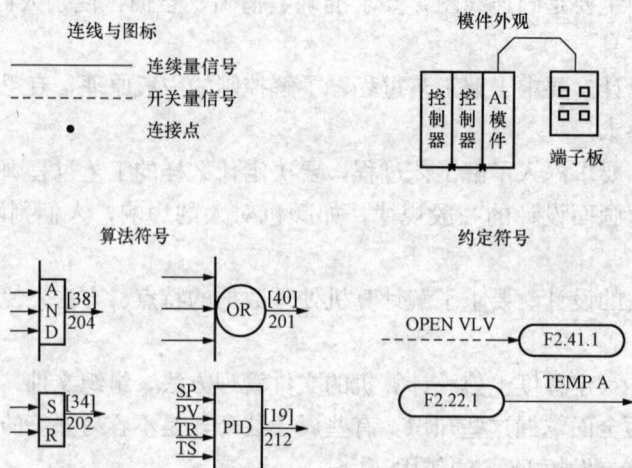

图 5 - 3 组态符号

1. 表示模件外观的符号

表示出模件的形状、主要元件的位置，特别是模件上需要设置的开关的位置、编号；开关跳接线处于不同位置时的定义。这样，对设计者来说，所谓"设置一个模件"，就是调出这个符号来，根据使用上的要求画好或选择好这些设置即可。

2. 表示模件接线的符号与图纸

为模件在各种情况下的应用都做出标准的图纸，也可以理解为较复杂的符号。在这张图上，应表示出模件的安装位置；模件的逻辑地址；模件对外的接线定义，如用什么电缆，插在哪个插座上，模件在 DCS 内部的连线，怎样挂在系统内部的网络上，I/O 信号引到系统中之后放到了什么地方，对 I/O 信号的处理要求等。这张图表示了模件在 I/O 与系统之间的位置，使 I/O 信号通过模件而进入系统。类似地，要表示出所有硬件信息。

3. 表示控制算法的符号

指把 DCS 中的运算子程序或者功能块用符号表示出来，每一种算法符号一般包括：

（1）算法表示符号。这类符号与国际标准的表示符号（如 SAMA、ISA）一般都大同小异，用一个符号来表示一种运算。

（2）输入信号。表示这个算法的完成所需要的输入信号。

（3）输出信号。表示这个算法所产生的输出信号。

（4）参数。表示算法在执行过程中使用的内部参数。

这样，所谓应用控制的组态，就是根据应用要求选择所用的算法，把表示算法的符号放到图上，为算法选择输入信号，决定输出信号的去向，为算法选择运算时的参数的完整过程。

110

4. 表示组态约定的符号

指为了使图纸易读而设计的很多符号，如图纸边框、信号联系等。这些表示 DCS 资源的符号的形式，表明了 DCS 的组态工具是否方便、好用，同时也反映了 DCS 资源是否丰富。例如，就表示控制逻辑运算的功能码而言，可以有很多值得讨论的地方。

系统设计工程师要十分熟悉这些符号的使用，特别是如何以最优的方式使用它们。同样一种功能，往往有多种组态方法，它们占用的内存、执行的时间、表示方法的简洁程度、中间变量的可利用性、组态的适用性，可能都不一样。这反映了设计者对 DCS 的了解程度，这里充分体现了系统组态过程就是合理利用 DCS 资源的过程。

5.3.3 EWS 提供的组态手段

EWS 作为组态的工具为设计者提供了丰富的组态手段，概况来说包括项目管理、工程画图、资源使用、在线调试、帮助指导几个方面。

EWS 提供类似视窗软件中的文件管理器的方法来组织所有文件，但是，EWS 的任务不是简单地从文本的角度（如类型、大小、名称等信息）去管理文件，那样就真成文件管理器了。EWS 从项目的角度，从 DCS 设备的角度去管理文件，使设计者感到不是在管理文件，而是组织 DCS 的资源。例如，在视窗软件中，往往说"建立一个子目录"或"建立一个文件夹"，而在 EWS 中，通常用"在机柜中加一个模件"来表示有关的全部图纸与资料，类似的操作都是如此。设计者告诉计算机建立什么样的目录，起什么名字，只要告诉 EWS 当前进行什么样的设计工作就可以了，EWS 会自动进行相应的计算机操作，如：

（1）建立一个新项目，为项目确定基本的信息、用户名称、项目编号等。

（2）选择项目中用到的机柜、机柜类型、机柜名称。

（3）在机柜中插入一个模件，选择模件类型，输入模件功能的基本描述。

（4）为模件画一张组态图，选择边框。

因此，这里的文件管理实际上就是设备组态管理。图 5-4 所示为一种 EWS 的组态环境。

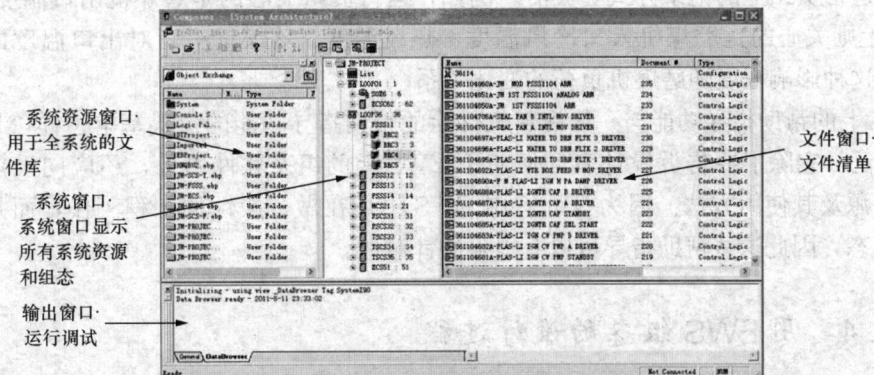

图 5-4　一种 EWS 的组态环境

工程画图能力是很重要而且有特色的一个方面。以控制系统的组态图为例，虽然是画图，但图纸所表示的信息不是机械、电气类型的信息，因此这里提供的工具不像 AutoCAD 那样有很强的"作图"功能，组态图所表示的是信号的流向及在这个流向上所进行的运算。例如，从一个过程变量的输入信号到针对其执行机构的控制输出信号，其间要经过控制算法、M/A 站、信号变换等运算，因此，EWS 能很方便地列出相应的功能码，由设计者选择。设计者所画的连线，并不是真的表示从这个功能码的输出端要连一根线过去，而是表示要把信号从这里送到那里。所以，EWS 不一定关心连线的画法，而只关心连线的起点与终点。这样，在 EWS 中画的一根信号线，当其一端的功能移动时会自动地移动它的起点或终点。类似的例子还有很多，如交叉点的定义、线形的定义等。

用 EWS 上提供的作图功能去画机械图，显然是会感到远远不够用，但用它来表示控制组态就会觉得很适用，而机械绘图软件却表示不了这些功能。资源的使用是设计过程中最常碰到的，EWS 往往把 DCS 中的资源分类存在系统中，无论设计者是要使用硬件符号还是控制算法，都可以灵活地调出。除此以外，EWS 上还可以调出典型的控制组态，如典型的双泵控制系统、典型的马达控制组态等。使用这样的组态一方面节省了工作量，另一方面也保证了设计的质量，因为这些典型组态是实践证明了的正确组态。

工具箱是为修改调整组态而设计的各种实用工具，如组态的下载与上载、调整、校验等。

EWS 的作用决定了 EWS 一定有在线调试的功能。EWS 的在线调试功能具有以下两个特点：

（1）调试的目的往往不是为了调整工艺过程，而是为了验证组态的正确性，或者说验证组态是否能正确地控制工艺过程。因此，在线监视的参数一定要以与组态图相对应的形式表现出来，这样设计者便可以方便地发现组态图中的问题。很多 DCS 的调试功能中，包括可以把一幅组态图中的过程变量直接显示在图纸中的相应位置上，这样，发现哪里的参数不正常，检查哪里的组态即可。

（2）调试过程中要看的参数有很强的灵活性，可能要看最终结果，可能要看中间变量，也可能要看现场输入。因此，在线监视功能应给设计者足够的手段来选择要监视的过程参数，而不必事先组态这些监视组。同时，监视的数据往往要记录下来供分析，所以记录的方式也应比运行员站上的记录方式更灵活。例如，运行员站关心的是磨煤机出口温度的曲线，而 EWS 上则关心的是磨煤机入口冷风温度、热风温度、落煤量三者对出口温度的影响程度，以及这种影响程度随磨煤机负荷的变化关系。

EWS 上的帮助指导功能与一般视窗软件上的帮助指导功能的形式基本一样，只不过范围更加广泛。它除了要告诉设计者如何使用 EWS 上的组态软件以外，还应向设计者介绍 DCS 的资源及其使用方法。因为设计者用 EWS 不是在做一般性的工程工作，而是在进行 DCS 的组态，因此这些帮助指导可以有很强的针对性。

5.3.4　用 EWS 组态的设计过程

这里介绍的过程是一般性的，实际的应用要根据 DCS 的要求和特点进行组态。

（1）要确定 EWS 资源的使用原则，当多个工程师针对一个项目甚至多个项目同时进行组态设计时更是如此。现在供设计用的计算机不论是否为 EWS，几乎都是联网的。因此，

112

项目中哪台机器作为服务器、哪些作为客户机要定义清楚，同时要规定大家的使用权限，不同的资源类型有不同的使用方法。例如，项目中的通用符号是由专门的人员生成，放在固定的目录下的，其他人员只可读取而不能修改。关于资源的使用，要在项目开始时明确，因为每个设计工程师都可能有自己另外的设计资源、自己的经验、自己曾经做过的项目的组态、自己向专家请教的结果等，这些可能都是正确的，但并不一定适用于当前工程，要在项目开始实施前把公共的资源明确下来。

（2）根据应用要求确定系统的组成，并设计主要的硬件图纸。把硬件划分到每个子系统级，每个工程师知道自己的责任是哪部分，或哪个目录下的文件，然后进行各自的硬件设计。因为硬件设计与组装配电、现场设计都有关系，所以先进行硬件设计有助于和其他部门及用户协调；同时，硬件设计对控制组态的设计范围也是一种很好的界定。从画图的意义上来说，控制组态就是把硬件的输入和输出信号之间用控制组态图连起来的过程。

（3）控制功能的组态。控制功能组态的输入条件是 I/O 点所规定的工艺范围及硬件设计规定的硬件设备。控制逻辑功能组态的最终结果是设计出包含所有输入、输出的控制逻辑组态图，以及定义通过通信向人机接口传输的过程变量。控制功能的组态是整个组态任务中的主要部分。

（4）组态的编译修改。使组态变成可以在模件中执行的文件或数据，通常要经过编译过程。编译过程可以发现组态中的"语法"错误，特别是从编译之后形成的运行组态上，可以看出组态在运行方面的特性，如负荷率、通信量、占内存的容量等。通过对编译之后的组态的调整，可以确定最终的可以执行的组态。

（5）在线调试。在线调试实际上分成几个过程，即设计过程中的调试、出厂之前的联合调试、在现场的实际运行调试。它们分别解决控制功能的组态实现问题、子系统之间的配合问题，特别是与人机接口的配合问题和组态满足实际运行要求的问题。这一步骤中要特别注意的是调试过程的一贯性，每一级调试都是在上一级的基础上进行的，而实际的调试过程却有可能是由不同的人员完成的，因此要保证高效的工作，就应充分利用 EWS 的功能记录整理调试结果，使下一阶段的工作可以利用当前的成果。这方面的错误最容易在调试过程中出现，因为在线调试的人员往往有除了调试以外的别的方面的工作压力。

5.3.5　组态过程的管理

组态过程的管理是一个设计管理问题，这里讨论的是 EWS 在其中所提供的手段与起到的作用。除了组态的正确性以外，组态图的一致性是管理的重要内容之一。在 EWS 中要规定一般性资源的来源，如来自哪个目录、由谁负责更新等。有些 EWS 提供了一些一致性的检查工具，如标签形式的一致性、图框的一致性、传递信号的一致性等。在这种情况下，应该在设计步骤中明确使用这种一致性检查之后的标识，就像机械图纸中的标题栏中部有"标准化"一栏一样。通过了一致性检查，组态才算编译成功，才可以下载。为了使一致性得到贯彻，应尽量使用 EWS 中自动化的组态工具，如自动赋标签、自动填写图纸之间传递的信号标识等。这种功能的使用要尽量在整个项目的范围内进行，而不是只分别在子系统内进行。尽管从完成控制运算的角度上说，组态形式的不一致并不一定是组态错误，但是，有些不一致所造成的以后在时间和精力上的浪费都是不能容忍的。

过程管理的另一方面是组态图的维护问题，这里主要是指组态图的版本控制。EWS 提供了标识、控制版本的工具，如编译时可以选择针对哪个版本进行编译。由于设计是由多个人员进行的，因此，统一的版本控制原则对最终使用图纸的用户来说很重要。图纸的版本不是以图纸文件存盘的时间来表示的，要充分利用 EWS 提供的功能去控制版本，使使用户随时都了解当前使用的图纸状态。

5.3.6　工程师站为控制回路组态提供的工具

这类工具往往包括组态过程的控制、典型的组态设计、调试的统一工具等。组态过程工具是为了加快组态设计而提供的，通常是编辑方面的工具，如复制、剪切、粘贴、移动等。典型的设计则根据系统的不同而有很大差异，一个功能码或控制算法就是一个典型的设计，如果能够把各种控制方案都组织起来，使设计工程师能够根据应用要求而随意调用，就可以大大提高设计的质量。这类典型组态所包括的范围、深度，使用的方便程度都反映了 DCS 的完善程度。调试工具是根据在线调试的要求设计的，把通常的调试操作以批处理的形式组成，用一个命令就可以完成很多任务。

在做控制回路的组态与调整工作的过程中，经常要使用便携式的组态设备。尽管工程师站有很强的组态功能，但用便携式的组态装置往往能使设计与修改更加灵活，在调试与维修过程中有些对系统模件的操作是在机柜前进行的，如校验、临时改变模件状态等，这时可用手提式的简易组态装置完成。手提式组态装置通常包括以下功能：

（1）设置模件状态，或特殊操作。

（2）修改、调整组态。

（3）模件故障诊断。

（4）模件负荷分析。

5.4　运行员操作站的组态

运行员操作站的组态概括来说包括两个方面：一方面是在 EWS 上如何进行组态的操作，如怎样做画面等；另一方面是如何进行运行员站的设计。本节只讨论第一个问题，即怎样在 EWS 上做出运行员站的画面和其他设计。

5.4.1　运行员站的设计范围

运行员站的形式不同，其设计范围也各异，但总的说来包括以下几个方面：

（1）运行员站硬件设计。设计运行员站的布置形式，固定方式、电源连线，与外部系统的通信线的连接，键盘、鼠标、打印机等所有外部设备的连接，用户可以完全按图纸组装成运行员站，而不会产生差错。由于这部分设计方式与运行员站的其他部分设计截然不同，因此被错误地忽略。

（2）运行员站系统参数设计。系统参数是指为了使运行员站运行在适当的方式或模式下应设置的参数。与其说设计，不如说选择这些参数。为了使运行员站的资源得到充分的使用，根据应用情况配置这些资源是十分必要的，否则会使运行员站过载或空载运行。虽然这是很重要的方面，但它因机器形式的不同而有很大差别，应根据说明书，特别是应用实例具体分析。

（3）运行员站数据库。运行员站在过程与人之间的接口工作是通过数据库的传递、转换、缓存实现的。过程数据放到数据库中，运行员站上显示的信息来自数据库。因此，数据库的完善程度在一定意义上反映了运行员站能力的大小。这里所说的数据库是一般意义上的数据库，并不一定是 MS Access、Excel，或 Orical 之类的数据库，尽管在输入数据时，数据可能以这些通用的形式表现出来。因为运行员站是专用的，而不是通用的数据处理计算机，所以它的数据库的结构要与 DCS 的信息表达方式密切相连，这样才能有最高的实时效率。

（4）运行员站应用设计。如画面设计、报警设计、记录设计等，这部分设计任务很容易理解，不再赘述。

理想的 EWS 应是上述设计的工具，借助 EWS，设计者应可以完成上面各种设计任务，形成图纸或数据文件，做成运行员站的设计包，用于以后的下载、归档、维护等工作。但是，目前 DCS 中的绝大部分 EWS，只看重运行员站后两项任务，即数据库设计与应用设计，而将前两项工作留在运行员站上完成。

5.4.2　组态的手段

从手段上讲，数据库的设计主要是填表格，其中通常可以使用类似数据库操作的很多指令或手段，如自动填数据、排序、查找、复制、移动、粘贴等。画面设计是做图及动态项调用设计。

5.4.3　组态设计的过程

运行员站的设计非常灵活，很多情况下，不同的设计结果对过程的运行并不产生影响。正是由于这一点，很多人对运行员站的设计不重视，或者认为很容易。其实，把过程的实质通过运行员站充分表现出来，使人们不是以数字的方式，而是以形象的方式去认识过程、体味过程，这是一件很困难的事。要做到这一点，包括几个方面的因素，其中重要的一个方面就是有一个定义清楚的设计过程。通过这个过程，可以使我们有规律地处理过程数据的方方面面，最终实现一个完美的设计。

1. 运行环境的定义

运行员是在运行员站提供的画面环境下与 DCS 交换信息的接口，画面颜色、形式布局、调用方式都应在设计之前定义清楚。在整个运行员站中，这部分的一致性越强，运行员使用就越方便，越不易出错。这些方面设计的不一致会导致很多潜在的错误，颜色上的不一致则会出更大的问题。因此，在开始设计之前定义好所有系统环境参数、形式是设计的第一步。

2. 数据库定义

数据库规定了运行员站处理的所有信息的来源与去向。例如，画面上的动态项的变化取决于数据库中相应变量的数值，运行员的指令也是通过数据库传到现场的。数据库的设计常常放在应用设计之前，完成了数据库的设计，就好像告诉系统："我的所有可用的信息都在这里了，你可以根据需要使用。"

3. 应用组态设计

应用组态设计是指针对运行员站的具体功能所做的设计。因此，它因运行员站类型的不同而不同。以下仅列出通常要设计的一些内容：

（1）系统参数定义。

（2）工艺流程图。

（3）控制系统画面。

（4）报警系统。

（5）记录、报告系统。

（6）DCS 诊断。

（7）操作指导。

（8）对外接口系统。

（9）运行员级别的定义。

5.5　组态的在线调整

EWS 用于在线调试时，实际上是设计过程的继续，而不是脱离设计的另一项工作，这点是非常重要的。调试人员常把用于调试的 EWS 当做一台普通 PC 机，而不注意它在设计过程中的地位，从而使调试与设计脱节。这样既没有完成设计的全部任务，又没有让调试过程充分发挥作用。

5.5.1　组态调试的意义

一个设计好的组态应经过调试才能运行。然而，设计过程中，由于信息不完善，通常会遗留下一些问题，使系统不能真正起到控制过程的作用，需要通过调试过程来获取未知的信息，使设计过程彻底完成，这是调试的重要任务。要验证设计的正确性，往往要监视运行中的内部参数，这些参数往往不在运行员站上供运行员看，因此，要通过 EWS 来监视，这也是调试的任务。这两点都是把调试看做是设计的完善与验证，是设计过程的一部分。然而，由于现场的调试与实验室设计过程的工作方式不同，常常使调试人员和设计人员都忽视了这一点。设计人员没有为调试预留接口，调试人员只考虑系统运行，而不考虑开始的设计目标，把调试的目的变成了"保证系统能运行"。这样便降低了对调试的要求，降低了设计的质量，而 EWS 是设计与调试过程中都要使用的工具，用 EWS 把两者结合起来是不困难的，这也是 EWS 对调试工作的意义。调试前的设计工作给调试留下的任务应在 EWS 上以一定的方式表示出来，调试后所完成的设计也应放在 EWS 中作为最终的设计，很多 EWS 并未就这样的工作提供专门的工具。

5.5.2 EWS 的调试功能

EWS 的调试功能包括：

(1) 监视与控制 DCS 的运行，下载组态。EWS 能控制 DCS 中各种模件的运行，使其在线或离线监视模件运行的状态。

(2) 监视过程参数，修改组态。EWS 能够从设计的角度去监视过程变量和模件内的参数值，如过程变量的变化、中间变量的变化、系统时间利用率、负荷率等。同时，可以根据监视的结果修改、调整模件中的组态，这个过程一般要求能够在线完成。

(3) 组态的校核。将修改后的组态与模件中的组态做一致性校核，上载修改过的参数，使 EWS 中的组态与在线运行的组态保持一致。

通过组态设计，EWS 还能完成一些系统仿真的功能。

5.6　EWS 在系统运行过程中的应用

在系统调试结束后，EWS 应始终起到系统设计运行的管理中心的作用，使用 EWS 的监视功能监视 DCS 的重要参数，使用 EWS 的计算机方面的功能去维护各种设计文件与调试记录问题报告。EWS 是 DCS 的一部分，但同时是一台 PC 机，充分利用其 PC 机的功能把与设计有关的文件组织起来，可以使 EWS 发挥更大的作用，这些设计文件包括：

(1) DCS 组态图、组态画面、数据库等 DCS 本身的文件。要控制好这些文件的版本，使它们随时都可以下载使用。

(2) 设计过程中的文件，如设计说明书、调试报告、设计变更文件等。所有设计变更文件应在 EWS 上留有记录。经常发生这样的情况，因为某个具体的困难发现某些逻辑不合理，希望修改，但如果不全面地思考，很可能把以前修改过的组态又修改回去。设计变更所描述的是一种经验，在每次修改之前要检查所要进行的修改是否合理，这就要借助以往的设计文件，才能使设计保持一致性。

(3) 运行过程中的故障记录、问题报告。EWS 或系统运行过程中的问题报告应有条理地放在 EWS 中，作为今后进一步开发 DCS 的功能、扩充控制范围的基础。

习　　题

1. 工程师站的主要功能有哪些？
2. 简述工程师站的构成。
3. 什么是组态？组态有哪两类？
4. 系统组态与其他设计方法的区别是什么？
5. 什么是组态调试？其意义是什么？

6 分散控制系统的可靠性

分散控制系统的主要作用是对生产过程进行控制、监视、管理和决策，因此要求它必须具有很高的可靠性，这样才能保证工厂的安全、经济运行。为了实现这一点，在分散控制系统中采用了许多提高可靠性的措施。本章将介绍可靠性的一般概念、可靠性分析方法、分散控制系统中采用的可靠性措施以及软件的可靠性问题。

可靠性的研究工作是从第二次世界大战时开始的，当时的研究目的是解决雷达系统的可靠性问题。到了 20 世纪 50 年代初，可靠性研究进入了系统化阶段，美国国防部组成了研究电子设备可靠性的专门机构。到 50 年代末已经逐渐形成了一整套关于可靠性方面的测试方法、技术标准和技术规范，这些内容至今仍然具有一定的指导意义。近年来，随着大规模计算机系统和国际性计算机通信网络的不断发展，可靠性已经成为一个十分重要的问题，可靠性理论也在这种形势下不断地发展和完善，逐渐形成了一门独立的学科。

可靠性技术的研究内容大致分为可靠性设计、可靠性分析、可靠性试验、可靠性管理四个方面。

可靠性设计旨在按照一定的技术要求，设计和制造出可靠性高、不易损坏的产品；可靠性分析则是通过对有关数据的收集、分析和计算，得出一些关于可靠性问题的评价和结论；可靠性试验是验证系统可靠性是否达到规定指标的手段，它能暴露系统设计中可能存在的问题；可靠性管理则着眼于从管理方面提高整个系统的可靠性，如制定合理的检修周期，配备合适的备品备件，安排适量的检修人员等。

6.1 可 靠 性 指 标

要从理论上定量地分析一个系统的可靠性，就必须引进表征该系统可靠性的技术指标。这些指标主要有：可靠度、失效率、平均失效前时间、平均失效间隔时间、平均失效修复时间、维修率和可用率等。

1. 可靠度

可靠性用概率表示时称为"可靠度"。可靠度的定义是，"产品在规定的时间内，在规定的使用条件下，完成规定功能的概率"。换句话说，可靠度是表示零件、设备或系统的可靠程度的。对于可靠度，要明确以下几点：

(1) 可靠度所指的对象是什么，如一个模件、一个设备，还是一个系统。

(2) 所谓规定功能指的是什么，如对于一个运行员站，画面有轻度扭曲不会影响操作，因此可以不算失效。

(3) 时间范围是如何定义的，与可靠性关系最密切的是关于时间的规定。由于可靠度是时间的函数，对时间性的要求规定要十分明确。另外，可靠度既然是概率，那么从理论上

118

讲，只有通过无数次随机试验才能够确定，但实际上只能通过有限的随机抽样试验来确定。当然，抽样次数越多，可靠度指标就越精确。

可靠度一般用 $R(t)$ 来表示，它是时间的函数，其值域为 $[0,1]$。设 T 为产品寿命的随机变量，则

$$R(t) = P(T > t) \tag{6-1}$$

式（6-1）表示产品寿命 T 超过规定时间 t 的概率，也就是产品的可靠度。

2. 不可靠度

与可靠度相对应的是不可靠度，即在规定的时间内，在规定的使用条件下发生失效的概率。不可靠度用 $F(t)$ 表示，显然

$$F(t) = P(T \leqslant t) = 1 - P(T > t) = 1 - R(t) \tag{6-2}$$

3. 失效密度函数

失效密度函数是不可靠度对时间的变化率，记作 $f(t)$，它表示产品在单位时间内失效的概率。其表达式为

$$f(t) = \frac{\mathrm{d}F(t)}{\mathrm{d}t} = -\frac{\mathrm{d}R(t)}{\mathrm{d}t} \tag{6-3}$$

4. 失效率

失效率是工作到某时刻尚未失效的产品，在该时刻后单位时间内发生失效的概率，记为 $\lambda(t)$。按照上述定义，失效率是在时刻 t 尚未失效的产品在 $t + \Delta t$ 的时间里，单位时间内发生失效的条件概率，即

$$\lambda(t) = \lim_{t \to 0} \frac{P(t < T \leqslant t + \Delta t \,|\, T > t)}{\Delta t}$$

由条件概率

$$P(t < T < t + \Delta t \,|\, T > t) = \frac{P(t < T < t + \Delta t)}{P(T > t)}$$

故有

$$\lambda(t) = \lim_{\Delta t \to 0} \frac{P(t < T < t + \Delta t)}{\Delta t P(T > t)} = \lim_{\Delta t \to 0} \frac{F(t + \Delta t) - F(t)}{\Delta t P(T > t)} = \frac{\mathrm{d}F(t)}{\mathrm{d}t} \frac{1}{R(t)} = -\frac{\mathrm{d}R(t)}{\mathrm{d}t} \frac{1}{R(t)} \tag{6-4}$$

由大量元器件构成的设备，其典型的失效率曲线如图 6-1 所示，该曲线的形状酷似浴盆，故又称浴盆曲线。曲线分为三段，第一段叫做早期失效区。在这一阶段，由于设备中元器件的质量不良和生产工艺欠佳等原因，失效率较高。随着工作时间的增加，失效率逐渐下降，进入了偶然失效区。在这一阶段，设备

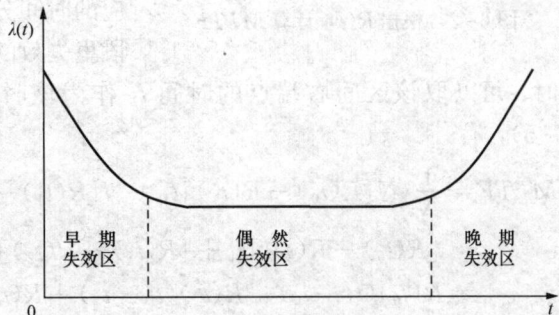

图 6-1 失效率曲线

119

的工作基本上稳定下来，故障的发生是随机的，故称为偶然失效区。随着工作时间的进一步增加，设备中的元器件逐渐老化，特性参数改变，寿命接近衰竭，因此失效率再度上升。这一阶段称为晚期失效区。

在出厂前，大多数计算机控制系统的元器件均进行了严格的老化筛选和出厂检验，所以可以认为其失效率已经越过了早期失效区。如果保证在设备失效率进入晚期故障区之前及时更换新的备件，则可以认为失效率在整个设备工作期间为常数，即

$$\lambda(t) = \lambda$$

制造厂经过大量试验得出了每一种设备的失效率。表 6-1 给出了常用设备的失效率，可供参考。失效率的单位是时间的倒数，如 $1/h$，常用的单位是 $10^{-6}/h$，又称"菲特"。

表 6-1　　　　　　　　　　　　　常用设备的失效率

设备名	失效率 $\lambda(10^{-6}/h)$	设备名	失效率 $\lambda(10^{-6}/h)$
小型机主机	125～200	电器传感器	50～100
微型机主机	50～200	测量变换器	100～200
行式打印机	1000～2000	电动执行机构	40～100
磁盘机	200～400	电动调节器	40～200
磁带机	400～1200	数字显示仪表	100～400

5. 平均失效前时间

平均失效前时间（Mean Time To Failure，MTTF）的定义如下：

设有 N 个不可修复的产品在同样的条件下进行试验，测得能够正常工作的时间，即产品的寿命分别为 t_1、t_2、$\cdots$、t_N，则其平均失效前时间

$$MTTF = \frac{1}{N}\sum_{i=1}^{N} t_i \qquad (6-5)$$

平均失效前时间与可靠度之间的关系如下：

假设有 N 个相同的、可靠度为 $R(t)$ 的产品，由 $t_0 = 0$ 时刻开始进行试验，产品的可靠度随着时间的流逝在不断地下降，如图 6-2 所示。

将时间坐标分割成长度为 Δt 的小段，各点所对应的时间分别为 t_1、t_2、$\cdots$、t_i。显然，在第一个时间段里失效的产品数为 $N[R(t_0) - R(t_1)]$；当 Δt 足够

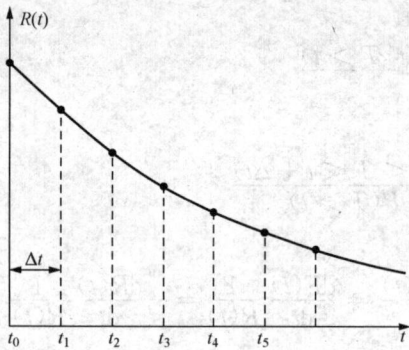

图 6-2　根据 $R(t)$ 计算 $MTTF$

小时，可以取该区间右端点的时间 t_1 作为该时间段里失效产品的寿命。因此，参照式（6-5），有

$$MTTF = \frac{1}{N}\{N[R(t_0) - R(t_1)]t_1 + N[R(t_1) - R(t_2)]t_2 + N[R(t_2) - R(t_3)]t_3 + \cdots\}$$

$$= [R(t_0) - R(t_1)]t_1 + [R(t_1) - R(t_2)]t_2 + [R(t_2) - R(t_3)]t_3 + \cdots$$

$$= R(t_0)(t_1 - t_0) + R(t_1)(t_2 - t_1) + R(t_2)(t_3 - t_2) + \cdots$$

$$= R(t_0)\Delta t + R(t_1)\Delta t + R(t_2)\Delta t + \cdots$$

$$= \sum_{i=0}^{\infty} R(t_i)\Delta t \tag{6-6}$$

将式（6-6）取极限，得

$$MTTF = \lim_{\Delta t \to 0} \sum_{i=0}^{\infty} R(t_i)\Delta t = \int_0^{\infty} R(t)\mathrm{d}t \tag{6-7}$$

6. 平均失效间隔时间

对于可维修的产品，可引入平均失效间隔时间的概念。平均失效间隔时间 $MTBF$ 是一个概率统计指标，代表两次失效之间的统计平均时间间隔，其表达式为

$$MTBF = \frac{1}{N}\sum_{i=1}^{N} t_i \tag{6-8}$$

式中：N 为该可维修的产品的工作次数；t_i 为每次工作之后能够正常工作的时间。

从形式上看，式（6-8）与式（6-5）完全相同。若假定维修是完备的，则一个可维修的产品，在发生失效并经过维修之后，其可靠度会达到与新产品同样的可靠性水平。这样，我们可以将工作了 N 次的可维修的产品，看作是 N 个同时开始工作的新品。在这种情况下，$MTBF$ 就与 $MTTF$ 等价。因此，平均失效间隔时间与可靠度之间的关系为

$$MTBF = \int_0^{\infty} R(t)\mathrm{d}t \tag{6-9}$$

由式（6-4）可知，$-\mathrm{d}R(t)/R(t) = \lambda(t)\mathrm{d}t$，对式（6-9）两端积分可得

$$R(t) = \mathrm{e}^{-\int_0^t \lambda(t)\mathrm{d}t} \tag{6-10}$$

因此

$$MTBF = \int_0^{\infty} R(t)\mathrm{d}t = \int_0^{\infty} \mathrm{e}^{-\int_0^t \lambda(t)\mathrm{d}t}\mathrm{d}t \tag{6-11}$$

当 $\lambda(t) = \lambda$ 时

$$MTBF = \frac{1}{\lambda} \tag{6-12}$$

大多数分散控制系统的 $MTBF$ 都可以达到 50000h 以上。

7. 平均故障修复时间

平均故障修复时间（Mean Time To Repair，MTTR）是排除故障所需要的统计平均时间，它是系统运行以后总维修时间与总维修次数之比，即

$$MTTR = \frac{1}{N}\sum_{i=1}^{N} t_i \tag{6-13}$$

式中：t_i 为第 i 次维修所用的时间；N 为总维修次数。

8. 维修率

维修率 μ 是平均故障修复时间的倒数，即

$$\mu = \frac{1}{MTTR} \tag{6-14}$$

9. 可用率

可用率 A 又称有效率，它是可靠度与维修度的综合指标，反映了系统的运行效率。可用率的计算公式如下

$$A = \frac{MTBF}{MTBF + MTTR} \tag{6-15}$$

由式（6-15）可知，为了提高可用率，应设法增大 $MTBF$，减小 $MTTR$。

6.2 可靠性分析

根据系统中每个设备的可靠性指标求出整个系统的可靠性指标，就是系统可靠性分析。要对一个由若干设备组成的系统进行可靠性分析，首先就要建立系统的可靠性分析模型。

6.2.1 可靠性分析模型

常用的可靠性分析模型有串联模型、并联模型和关系矩阵模型三类，其中最基本的是串联模型和并联模型。

1. 串联模型

在构成系统的多个设备中，只要有一个发生故障，系统就会丧失预定功能，这种系统称为串联系统，其可靠性分析模型即为串联模型。串联模型框图见图 6-3（a），图中 R_1、R_2、$\cdots$、R_n 分别表示各设备的可靠度。根据概率乘法定理，系统的可靠度 R_S 为

$$R_S = R_1 R_2 \cdots R_n \tag{6-16}$$

由于可靠度是时间的函数，各设备都具有完全相同的连续工作时间，因此式（6-16）又可以写成

$$R_S(t) = R_1(t) R_2(t) \cdots R_n(t) \tag{6-17}$$

根据式（6-10），得系统的可靠度为

$$R_S(t) = e^{-\int_0^t [\lambda_1(t) + \lambda_2(t) + \cdots + \lambda_n(t)] dt} \tag{6-18}$$

若设系统的失效率为 $\lambda_S(t)$，则

$$\lambda_S(t) = \lambda_1(t) + \lambda_2(t) + \cdots + \lambda_n(t) \tag{6-19}$$

代入式（6-18），系统的可靠度可以表示为

$$R_S(t) = e^{-\int_0^t \lambda_S(t) dt} \tag{6-20}$$

若系统处于正常运行阶段（在偶然失效区），则可以认为 $\lambda_1(t) = \lambda_1$，$\lambda_2(t) = \lambda_2$，$\cdots$，$\lambda_n(t) = \lambda_n$，这时系统的失效率为

$$\lambda_S(t) = \sum_{i=1}^{n} \lambda_i = \lambda_S \tag{6-21}$$

考虑式（6-20）及式（6-21），系统的平均故障间隔时间 $MTBF_S$ 为

$$MTBF_S = \int_0^\infty R_S(t)\mathrm{d}t = \frac{1}{\lambda_S} \tag{6-22}$$

如果已知设备的平均故障间隔时间分别为 $MTBF_1$、$MTBF_2$、$\cdots$、$MTBF_n$，则系统平均故障间隔时间与各设备平均故障间隔时间的关系为

$$MTBF_S = \frac{1}{\dfrac{1}{MTBF_1} + \dfrac{1}{MTBF_2} + \cdots + \dfrac{1}{MTBF_n}} \tag{6-23}$$

2. 并联模型

在构成系统的多个设备中，只有当它们全部发生故障时，系统才会丧失预定功能，这种系统称为并联系统，其可靠性分析模型即为并联模型，框图见图 6-3（b）。

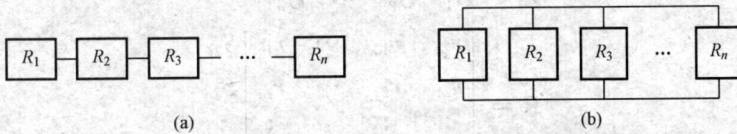

图 6-3　串联和并联可靠性分析模型框图
(a) 串联模型；(b) 并联模型

设系统中各设备的可靠度分别为 R_1、R_2、$\cdots$、R_n，则系统的可靠度 R_S 可以表示为

$$R_S = 1 - (1-R_1)(1-R_2)\cdots(1-R_n) \tag{6-24}$$

式中：$(1-R_1)$、$(1-R_2)$、$\cdots$、$(1-R_n)$ 为各设备的不可靠度，其乘积则表示所有部件都发生故障的概率。

当 $R_1 = R_2 = \cdots = R_n = R$ 时

$$R_S = 1 - (1-R)^n \tag{6-25}$$

按照前面的讨论，考虑到单个设备的可靠度

$$R = R(t) = \mathrm{e}^{-\int_0^t \lambda(t)\mathrm{d}t}$$

系统的平均故障间隔时间 $MTBF_S$ 为

$$MTBF_S = \int_0^\infty R_S(t)\mathrm{d}t = \int_0^\infty \left[1 - (1 - \mathrm{e}^{-\int_0^t \lambda(t)\mathrm{d}t})^n\right]\mathrm{d}t \tag{6-26}$$

同上所述，在系统正常运行期间，设备的失效率 $\lambda(t) = \lambda$，对式（6-20）积分，可得

$$MTBF_S = \frac{1}{\lambda}\left(1 + \frac{1}{2} + \frac{1}{3} + \cdots + \frac{1}{n}\right) \tag{6-27}$$

设设备的平均故障间隔时间为 $MTBF$，则

$$MTBF = \frac{1}{\lambda}$$

上式可以写成

$$MTBF_S = MTBF\left(1 + \frac{1}{2} + \frac{1}{3} + \cdots + \frac{1}{n}\right) \tag{6-28}$$

由式（6-28）可见，采用并联设备组成的系统，其平均故障间隔时间大于单个设备的平均故障间隔时间，并联的设备越多，可靠性就越高。当 $n=2$ 时，$MTBF_S$ 提高了 50%。在这个基础上每增加一个部件，$MTBF_S$ 就增加 $1/n$，所以当 $n>3$ 时，再增加设备对提高系

统可靠性的作用就不大了。在实际应用中，常取 $n=2$ 或 $n=3$，也就是前面讨论过的二重冗余或三重冗余系统。

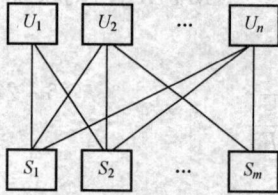
图 6-4 关系矩阵模型

3. 关系矩阵模型

设一个生产过程由 m 个子系统 S_1、S_2、$\cdots$、S_m 组成，采用 n 个基本控制单元 U_1、U_2、$\cdots$、U_n 进行控制，这 n 个基本控制单元都可能与各个子系统发生联系，构成一个复杂的网状系统，如图 6-4 所示。

为了全面地描述这个复杂系统的可靠性，首先要描述系统各部分之间的连接关系，为此使用以下的连接矩阵

$$
R = \begin{array}{c} \begin{array}{cccc} U_1 & U_2 & \cdots & U_n \end{array} \\ \begin{bmatrix} r_{11} & r_{12} & \cdots & r_{1n} \\ r_{21} & r_{22} & \cdots & r_{2n} \\ \vdots & \vdots & & \vdots \\ r_{m1} & r_{m2} & \cdots & r_{mn} \end{bmatrix} \begin{array}{c} S_1 \\ S_2 \\ \vdots \\ S_m \end{array} \end{array} \tag{6-29}
$$

矩阵的每一行对应一个子系统 S_i，每一列对应一个基本控制单元 U_j。矩阵 R 为布尔型矩阵，它的各元素取值方法是

$$
r_{ij} = \begin{cases} 1, & \text{当子系统 } S_i \text{ 与控制单元 } U_j \text{ 相连时} \\ 0, & \text{当子系统 } S_i \text{ 与控制单元 } U_j \text{ 不相连时} \end{cases}
$$

假定被控过程本身的可靠性比基本控制单元的可靠性高得多，研究可靠度时就可以只考虑基本控制单元本身和基本控制单元与被控生产过程之间的过程通道的失效率。如果用 λ_{O_1}、λ_{O_2}、$\cdots$、λ_{O_m} 表示各子系统过程通道设备的失效率，用 λ_{U_1}、λ_{U_2}、$\cdots$、λ_{U_n} 表示各基本控制单元的失效率，并假定它们全是常数，引用以下向量

$$
\boldsymbol{\Lambda}_O = \begin{bmatrix} \lambda_{O_1} \\ \lambda_{O_2} \\ \vdots \\ \lambda_{O_m} \end{bmatrix} \tag{6-30}
$$

$$
\boldsymbol{\Lambda}_U = \begin{bmatrix} \lambda_{U_1} \\ \lambda_{U_2} \\ \vdots \\ \lambda_{U_n} \end{bmatrix} \tag{6-31}
$$

从可靠性角度来看，过程通道与基本控制单元是串联模型，所以整个系统的失效率可以用式（6-32）表示，即

$$
\boldsymbol{\Lambda}_S = \boldsymbol{\Lambda}_O + R\boldsymbol{\Lambda}_U = \begin{bmatrix} \lambda_{O_1} + r_{11}\lambda_{U_1} + r_{12}\lambda_{U_2} + \cdots + r_{1n}\lambda_{U_n} \\ \lambda_{O_2} + r_{21}\lambda_{U_1} + r_{22}\lambda_{U_2} + \cdots + r_{2n}\lambda_{U_n} \\ \vdots \\ \lambda_{O_m} + r_{m1}\lambda_{U_1} + r_{m2}\lambda_{U_2} + \cdots + r_{mn}\lambda_{U_n} \end{bmatrix} \tag{6-32}
$$

式（6-32）中每一行所表示的是一个子系统和与它连接的基本控制单元构成的失效率。因此，$\boldsymbol{\Lambda}_S$ 全面地描述了系统各部分的失效率。$\boldsymbol{\Lambda}_S$ 称为系统失效率矩阵。

6.2.2 系统的可靠性分析

下面将在可靠性模型的基础上分析几种控制方案的可靠性。

1. 子系统与控制单元之间的互联方案

（1）一对一方案。这种系统结构如图 6-5（a）所示，每一个基本控制单元控制着一个子系统。由于不存在交叉连接，因此系统的连接矩阵 $\boldsymbol{R}$ 为一单位矩阵。因此，系统的失效率矩阵为

$$\boldsymbol{\Lambda}_S = \boldsymbol{\Lambda}_O + \boldsymbol{R}\boldsymbol{\Lambda}_U$$

$$= \begin{bmatrix} \lambda_{O_1} + \lambda_{U_1} \\ \lambda_{O_2} + \lambda_{U_2} \\ \vdots \quad \vdots \\ \lambda_{O_m} + \lambda_{U_n} \end{bmatrix} \qquad (6-33)$$

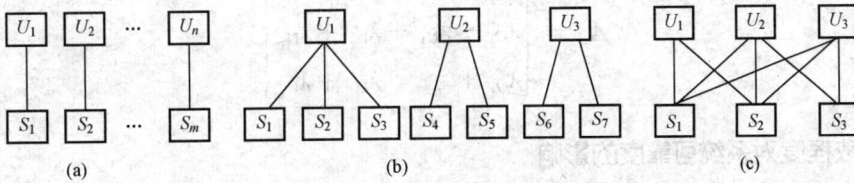

图 6-5　系统可靠性分析模型

(a) 一对一连接；(b) 一对多连接；(c) 多对多连接

（2）一对多方案。这种系统结构如图 6-5（b）所示，一个基本控制单元对应多个子系统，但每一个子系统仅对应唯一的一个基本控制单元。图中，S_1、S_2、S_3 三个子系统由 U_1 控制，S_4、S_5 由 U_2 控制，S_6、S_7 由 U_3 控制。系统的连接矩阵为

$$\boldsymbol{R} = \begin{array}{c} \begin{matrix} U_1 & U_2 & U_3 \end{matrix} \\ \begin{bmatrix} 1 & 0 & 0 \\ 1 & 0 & 0 \\ 1 & 0 & 0 \\ 0 & 1 & 0 \\ 0 & 1 & 0 \\ 0 & 0 & 1 \\ 0 & 0 & 1 \end{bmatrix} \begin{matrix} S_1 \\ S_2 \\ S_3 \\ S_4 \\ S_5 \\ S_6 \\ S_7 \end{matrix} \end{array}$$

根据式（6-32），系统的失效率矩阵为

$$\boldsymbol{\Lambda}_S = \begin{bmatrix} \lambda_{O_1} + \lambda_{U_1} \\ \lambda_{O_2} + \lambda_{U_1} \\ \lambda_{O_3} + \lambda_{U_1} \\ \lambda_{O_4} + \lambda_{U_2} \\ \lambda_{O_5} + \lambda_{U_2} \\ \lambda_{O_6} + \lambda_{U_3} \\ \lambda_{O_7} + \lambda_{U_3} \end{bmatrix} \qquad (6-34)$$

（3）多对多方案。这种系统结构如图6-5（c）所示。在这种结构中，一个基本控制单元控制着几个子系统，一个子系统同时与几个基本控制单元相关联。子系统与控制单元之间交叉互联，以图6-4为例，系统的连接矩阵为

$$\begin{matrix} & U_1\ U_2\ U_3 & \\ \boldsymbol{R} = & \begin{bmatrix} 1 & 1 & 1 \\ 1 & 1 & 1 \\ 0 & 1 & 1 \end{bmatrix} & \begin{matrix} S_1 \\ S_2 \\ S_3 \end{matrix} \end{matrix}$$

同样，根据式（6-32），系统的失效率矩阵为

$$\boldsymbol{\Lambda}_S = \begin{bmatrix} \lambda_{O_1} + \lambda_{U_1} + \lambda_{U_2} + \lambda_{U_3} \\ \lambda_{O_2} + \lambda_{U_1} + \lambda_{U_2} + \lambda_{U_3} \\ \lambda_{O_3} + \quad\quad\ \lambda_{U_2} + \lambda_{U_3} \end{bmatrix} \qquad (6-35)$$

2. 分散程度对系统可靠度的影响

当采用分散控制系统来控制一个生产过程时，是把整个生产过程中所需要进行控制的若干个控制回路，分配给不同的基本控制单元去实现。随着分散程度的不同，每个基本控制单元所控制的回路数，可以从一个回路到整个生产过程之中的全部回路。每个基本控制单元只控制一个回路，称为完全分散控制。每个基本控制单元控制所有的回路就称为集中控制，而介于这两者之间的控制方式则称分组分散控制。

分散程度的不同会直接影响到系统的可靠度。同时，系统的可靠度又与被控生产过程中的各个控制回路在可靠性意义上是否相互关联有关。下面分三种不同的系统来讨论分散程度对系统可靠度的影响。首先假定三种情况下系统总的控制回路数均为 m。

第一种情况是整个被控生产过程由 m 个子系统所组成，每个子系统只有一个控制回路，这些子系统在可靠性意义上是完全独立的。也就是说，一个子系统的失效率不会影响其他子系统的正常工作。

第二种情况是整个被控生产过程由 m 个子系统所组成，每个子系统中有 p 在可靠性意义上相关的控制回路。在这 p 个控制回路中只要有一个回路失效，该子系统即失效。

第三种情况是整个被控生产过程是一个包含 m 个完全相关的控制回路的大系统。在所有 m 个控制回路中，只要有一个控制回路失效，整个系统就失效。

对于以上三种情况，分别称其为互不相关系统、部分相关系统和完全相关系统。

（1）互不相关系统。对于互不相关系统，如采用图6-6（a）所示的完全分散控制，则

126

每个子系统的失效率为

$$\lambda_i = \lambda_{O_i} + \lambda_{U_i} \quad (i = 1 \sim m)$$

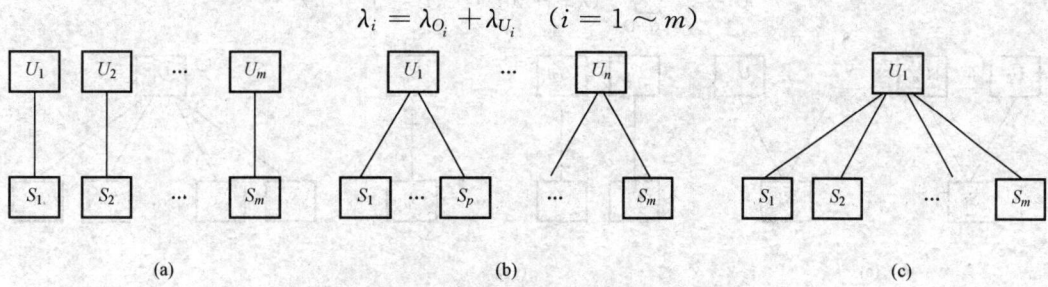

图 6-6 互不相关的子系统

(a) 完全分散；(b) 分组分散；(c) 集中

若采用图 6-6 (b) 所示的分组分散控制，共使用 n 个基本控制单元，每个基本控制单元控制着 $p=m/n$ 个子系统（或回路），则每一个子系统的失效率为

$$\lambda'_i = \lambda_{O_i} + \lambda_{U_j} \quad (i = 1 \sim m, \, j = 1 \sim n)$$

若采用图 6-6 (c) 所示的集中控制，系统中只有一个基本控制单元，它控制着 m 个子系统（或回路），则每个子系统的失效率为

$$\lambda''_i = \lambda_{O_i} + \lambda_{U_1} \quad (i = 1 \sim m)$$

一般情况下，一个基本控制单元所控制的回路越多，其结构就越复杂，元器件就越多，可靠性就越差。考虑到这些因素，基本控制单元的失效率可用下式表示

$$\lambda_U = \alpha + \beta k \tag{6-36}$$

式中：α 为与控制回路数无关的失效率，又称基础失效率；β 为与控制回路数有关的失效率；k 为回路数。

这样，对于上述三种情况，有

$$\lambda_{U_i} = \alpha + \beta \quad (k = 1)$$

$$\lambda_{U_j} = \alpha + \frac{m}{n}\beta \quad \left(k = p = \frac{m}{n}\right)$$

$$\lambda_{U_1} = \alpha + m\beta \quad (k = m)$$

因此

$$\lambda_i = \lambda_{O_i} + \alpha + \beta$$

$$\lambda'_i = \lambda_{O_i} + \alpha + \frac{m}{n}\beta$$

$$\lambda'' = \lambda_{O_i} + \alpha + m\beta$$

所以

$$\lambda_i < \lambda'_i < \lambda''_i$$

由此可见，在这种情况下，采用完全分散控制的可靠性最高。

（2）部分相关系统。对于部分相关的系统，每个子系统有 p 个相互关联的控制回路，只要有一个或一个以上控制回路故障，该子系统即失效。这时，如果采用图 6-7 (a) 所示的完全分散控制，每个基本控制单元控制着一个回路，系统共有 m 个控制回路，需要 m 个基本控制单元，每个子系统需要 p 个基本控制单元，一共有 $n=m/p$ 个子系统，则每个子系统的失效率为

$$\lambda_i = \sum_{j=p(i-1)+1}^{pi} (\lambda_{O_j} + \lambda_{U_j}) \quad (i = 1 \sim n)$$

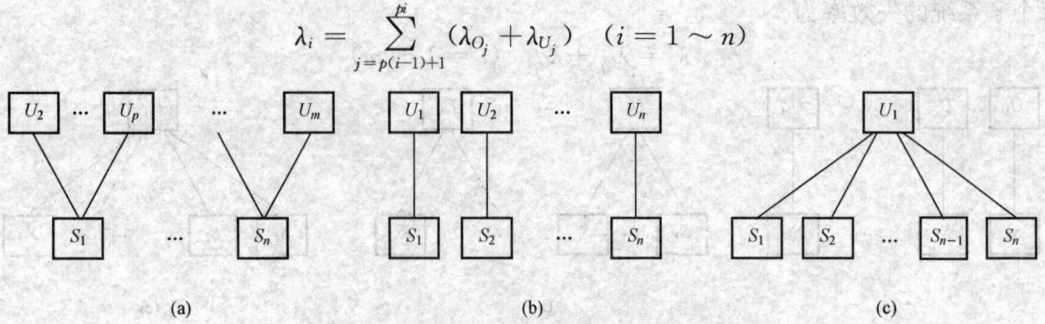

图 6-7 部分相关的子系统

(a) 完全分散；(b) 分组分散；(c) 集中

为简单起见，设 $\lambda_{O_1} = \lambda_{O_2} = \cdots = \lambda_{O_m} = \lambda_O$，$\lambda_{U_1} = \lambda_{U_2} = \cdots = \lambda_{U_m} = \lambda_U$，则上式可简化为

$$\lambda_i = p\lambda_O + p\lambda_U$$

如果采用图 6-7 (b) 所示的分组分散控制，每个子系统只对应一个基本控制单元，整个系统共需要 n 个基本控制单元，则每个子系统的失效率为

$$\lambda_i' = \Big(\sum_{j=p(i-1)+1}^{pi} \lambda_{O_j} \Big) + \lambda_{U_i} \quad (i = 1 \sim n)$$

同样设 $\lambda_{O_1} = \lambda_{O_2} = \cdots = \lambda_{O_m} = \lambda_O$，则上式可以简化为

$$\lambda_i' = p\lambda_O + \lambda_{U_i}$$

如果采用图 6-7 (c) 所示的集中控制，m 个子系统全部由一个基本控制单元控制，则每个子系统的失效率为

$$\lambda_i'' = \Big(\sum_{j=p(i-1)+1}^{pi} \lambda_{O_j} \Big) + \lambda_{U_1} \quad (i = 1 \sim n)$$

仿照上述方法，上式可以简化为

$$\lambda_i'' = p\lambda_O + \lambda_{U_1}$$

根据以上三种情况，由式（6-36）可得

$$\lambda_U = \alpha + \beta \quad (k = 1)$$
$$\lambda_{U_i} = \alpha + p\beta \quad (k = p)$$
$$\lambda_{U_1} = \alpha + pn\beta \quad (k = pn)$$

在这三种情况下，子系统的失效率可分别表示为

$$\lambda_i = p\lambda_O + p\alpha + p\beta$$
$$\lambda_i' = p\lambda_O + \alpha + p\beta$$
$$\lambda_i'' = p\lambda_O + \alpha + pn\beta$$

当 $\alpha \neq 0$ 时，$\lambda_i' < \lambda_i$ 且 $\lambda_i' < \lambda_i''$。因此，分组分散控制的可靠性最高，而完全分散控制的可靠性反而下降。这是因为完全分散控制时，每个子系统所用的基本控制单元数量太多，其中的任何一个故障，都会使该系统失效。只有在基本控制单元的基础失效率 $\alpha = 0$ 时，前两种方案才有同样的可靠性。

（3）完全相关系统。对于完全相关的系统，m 个控制回路在可靠性上完全相关，形成一个不可分割的大系统，任何一个控制系统发生故障，系统都会失效。现在分析完全相关系统

128

的三种控制方案的可靠性。

若采用图 6 - 8（a）所示的完全分散控制，每个控制回路采用一个基本控制单元，一共需要 m 个基本控制单元，则系统的失效率为

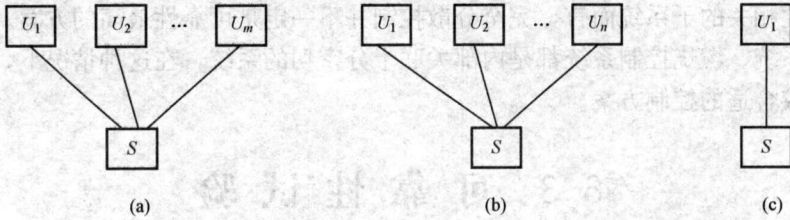

图 6 - 8　完全相关的系统
(a) 完全分散；(b) 分组分散；(c) 集中

$$\lambda = m\lambda_O + \sum_{i=1}^{m} \lambda_{U_i}$$

设 $\lambda_{U_1} = \lambda_{U_2} = \cdots = \lambda_{U_i}$，上式可简化为

$$\lambda = m\lambda_O + m\lambda_{U_i}$$

若采用图 6 - 8（b）所示的分组分散控制，p 个控制回路共用一个基本控制单元，共需要 $n = \dfrac{m}{p}$ 个基本控制单元，则系统的失效率为

$$\lambda' = m\lambda_O + \sum_{j=1}^{n} \lambda_{U_j}$$

设 $\lambda_{U_1} = \lambda_{U_2} = \cdots = \lambda_{U_j}$，上式可简化为

$$\lambda' = m\lambda_O + n\lambda_{U_j}$$

若采用图 6 - 8（c）所示的集中控制，用一个基本控制单元控制所有回路，则系统的失效率为

$$\lambda'' = m\lambda_O + \lambda_{U_1}$$

根据式（6 - 36），在上述三种情况下，基本控制单元的失效率分别是

$$\lambda_{U_i} = \alpha + \beta \quad (k = 1)$$
$$\lambda_{U_j} = \alpha + \frac{m}{n}\beta \quad \left(k = \frac{m}{n}\right)$$
$$\lambda_{U_1} = \alpha + m\beta \quad (k = m)$$

系统的失效率分别是

$$\lambda = m\lambda_O + m\alpha + m\beta$$
$$\lambda' = m\lambda_O + n\alpha + m\beta$$
$$\lambda'' = m\lambda_O + \alpha + m\beta$$

当 $\alpha \neq 0$ 时，$\lambda'' < \lambda' < \lambda$。由上式可见，在完全相关的系统中，集中控制的可靠性反而更高。这是因为，在上述系统中，任何一个控制回路发生故障，整个系统就会失效。尽管完全分散控制中每个基本控制单元的失效率较低，但基本控制单元的数量太多，只要有一个基本控制单元故障，就会导致系统失效，所以其可靠性并不高。只有当基本控制单元的基础失效率 $\alpha = 0$ 时，三种控制方案的可靠性才会相同。

综上所述，整个控制系统的可靠度是由被控对象本身的关联程度，以及被控对象与控制

器之间的连接方式决定的。为了提高系统的可靠度，应该尽量使每一个基本控制单元对应一个在可靠性意义上独立的子系统，并且尽量减少控制器与子系统之间的交叉连接。这样，对于在可靠性上互不关联、彼此独立的子系统而言，完全分散的控制方案可靠性最高。对于在可靠性上彼此相关的子系统而言，完全分散控制并不一定是可靠性最高的方案。例如，电厂的协调控制系统、燃烧控制系统都是内部关联十分密切的系统，在这种情况下，分组分散控制常常是比较合适的控制方案。

6.3 可靠性试验

一个计算机控制系统在设计、安装、调试之后即可投入运行，但这个系统是否达到了预定的可靠性指标，常常是人们所关心的问题。这一节将讨论可靠性试验，特别是可靠性验收试验方面的有关问题。

6.3.1 可靠性试验分类

可靠性试验按其试验目的，可分为可靠性增长试验、可靠性验证试验、元器件筛选试验、质量验收试验等；按试验性质，又可分为环境试验、性能试验和寿命试验等。

（1）可靠性增长试验。可靠性增长试验的目的是暴露产品在设计、工艺、元器件等方面的缺陷，发现薄弱环节并加以改进，以便提高产品的可靠性，同时也使产品的可靠性进入比较稳定的阶段，失效率进入偶然失效区。

（2）可靠性验证试验。可靠性验证试验的目的是检验系统设计和制造是否达到了预期的可靠性指标，试验的对象一般是厂家最初研制出来的产品。

（3）元器件筛选试验。元器件筛选试验的目的是通过各种方法，将不符合规范要求的元器件或产品剔除出去，常用的试验方法有振动、加速度、机械冲击、温度循环、热冲击等。这些试验都是在生产厂家进行。

（4）质量验收试验。质量验收试验实际上也是一种验证试验，其目的是检验产品的可靠性是否符合规定的要求。质量验收试验包括在厂家进行的产品验收试验，以及系统在现场投运以后的现场验收试验。前几种可靠性试验一般都是在厂家进行，与实际应用过程关系不大，这里主要讨论现场验收试验。

6.3.2 试验方法

计算机控制系统主要由电子设备构成，其平均故障间隔时间 $MTBF$ 和可用率 A 是反映系统可靠性的两个重要指标。由于系统的使用寿命很长（一般为几年、十几年或几十年），不可能等到被试系统完全报废才作结论，因此总是在一个相对比较短，但又能充分说明问题的时间内作出试验结论。这种试验在可靠性理论中称为截尾试验。

按照截尾方式的不同，截尾试验分为定数截尾试验和定时截尾试验。做定数截尾试验时，在试验到预定的故障次数之后就停止试验，故障次数是确定的，而停止试验的时间是随机的。做定时截尾试验时，试验到预定的时间之后就停止试验，停止试验的时间是固定的，而试验中发生的故障次数则是随机的。在试验中，某一部件发生故障，应立即换上一个好的备件，使系统的部件总数保持不变，这称为有替换试验，否则称为无替换试验。在计算机控制系统中，经常采用的是有替换定时截尾试验。

6.3.3 可靠性指标的工程计算

有替换定时截尾试验法要求预先选定一个截尾时间，这个时间一般是由制造厂提出，并经用户认可的。目前，在计算机控制系统中，大多选用 180d（4320h）作为截尾时间。从系统试验开始，一直到截尾时间到达为止，系统是连续运行的。在此期间，系统的某些部件可能会发生故障，这些故障轻则会使系统暂时丧失某些功能，重则会使整个系统瘫痪。不管故障的性质如何，都要求及时更换有故障的部件，使系统恢复正常。假设在试验期间一共发生 n 次设备故障，这 n 次故障维修所用的时间分别为 $T_{ri}(i=1\sim n)$。除去系统维修时间之外，就是系统正常工作的时间 $T_i(i=1\sim n+1)$，如图 6-9 所示。

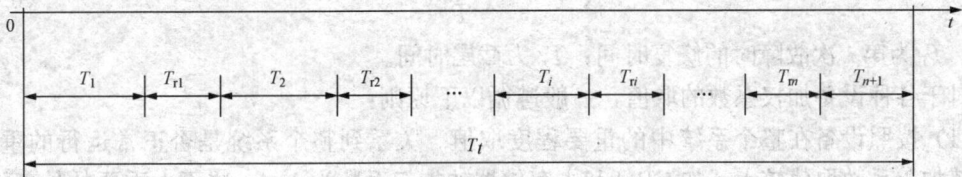

图 6-9 可靠性试验过程

整个控制系统的平均故障间隔时间 $MTBF$ 的计算公式如下

$$MTBF = \frac{\sum_{i=1}^{n+1} T_i}{\sum_{i=1}^{n} W_i} \tag{6-37}$$

式中：T_i 为第 $i-1$ 次故障修复后到第 i 次故障发生时系统连续正常工作的时间；W_i 为第 i 次故障时故障设备的加权系数，详见表 6-2。

表 6-2 可靠性计算加权系数

序号	设 备 名 称	加权系数 W_i
1	中央处理器	1
2	主存储器	1
3	大容量存储器：	
	硬盘	0.7
	磁带机	0.3
4	过程输入/输出设备（N—发生故障的点数；m—系统的输入/输出总点数）	N/m
5	外部设备：	
	电传打印机	0.15
	打印机	0.15
	CRT	0.15
	工程师接口设备	0.15
	通信系统	0.5

序号	设 备 名 称	加权系数 W_i
6	软件（仅限于可用率的计算）： 　基本操作系统 　基本应用软件包 应用软件包： 　输入处理 　报警显示和打印 　其他 　实用程序	 1 0.2 0.2 0.2 0.2 0.2

整个控制系统的可用率 A 的计算公式如下

$$A = \frac{T_t - \sum_{i=1}^{n} W_i T_{ri}}{T_t} \qquad (6-38)$$

式中：T_{ri} 为第 i 次故障时的修复时间；T_t 为截尾时间。

对于各种设备加权系数的取值，一般遵循以下原则：

（1）按照设备在整个系统中的重要程度取值。关系到整个系统是否正常运行的重要设备，其加权系数取值较大，如 CPU 和主存储器的加权系数为 1；一些不太重要的外部设备，其加权系数的取值较小。

（2）按照设备在整个系统中的比重来取值。例如，对于过程通道，常常以它所处理的模拟量或开关量点数占整个系统总点数的百分比作为加权系数。应该指出，加权系数的选取在某种程度上含有一定的主观因素。因此，不同厂家的产品，其加权系数和计算方法有所不同，但上述取值原则是普遍适用的。

在进行系统可靠性试验和验收时，应注意以下几个问题：

（1）试验前应做好充分的准备，试验一旦开始，就不允许在故障修复后，重新确定系统试验的起始时间。也就是说，试验要连续进行，不能随意向后推延，否则会影响试验的准确性。

（2）被考核系统之外的其他设备或被控设备发生故障，以及预防性维修或用户进行的其他试验不记为故障时间。

（3）有些分散控制系统可以自动记录故障发生时间和修复时间，为系统的可靠性分析提供依据。如果系统不具备上述功能，应该事先做好试验记录，以便分析试验结果。

表 6-2 给出了某分散控制系统可靠性计算所采用的加权系数，可供参考。

6.4　分散控制系统中的可靠性措施

无论是发电厂还是其他工业生产过程，都要求计算机控制系统具有很高的可靠性。因此，在分散控制系统中，采用了许多提高可靠性的技术措施。这些技术措施是建立在以下四种基本思想上的：一是要使系统本身不易发生故障，即所谓的故障预防；二是在系统发生故障时尽可能减小故障所造成的影响，即所谓的故障保安和故障弱化；三是当系统发生故障时，能够让系统继续运行，即所谓的故障容许；四是当系统发生故障时，可以在不停止系统运行的情况下进行维修，即所谓的在线维修。基于这四种基本思想，分散控制系统中出现了各种各样的可靠性措施。

6.4.1　严格进行质量管理和提高系统硬件水平

硬件是系统正常工作的物质基础，也是影响系统可靠性的关键所在。因此，提高硬件的平均故障间隔时间 $MTBF$ 是提高系统可靠性的重要措施。为了实现这一点，分散控制系统的制造厂家采取了许多措施。

1. 对元器件进行严格的筛选和老化

所谓筛选，就是将不符合使用条件的元器件，通过适当的方法予以剔除。所谓老化，就是在元器件投入使用之前，将其置于一定的工作条件下，使有可能发生参数漂移的元器件逐步稳定。

目前，分散控制系统中应用比较普遍的、比较有效的筛选方法是温度循环法。图 6 - 10 所示为温度循环法的温度变化曲线。这种温度变化是循环进行的，一般要重复 8～10 次。另外，对于温度变化的速度也有一定的要求，一般为 5～20℃/min。温度循环可以使元器件产生较大的热应力，使有缺陷的元器件迅速失效，以便将其淘汰。

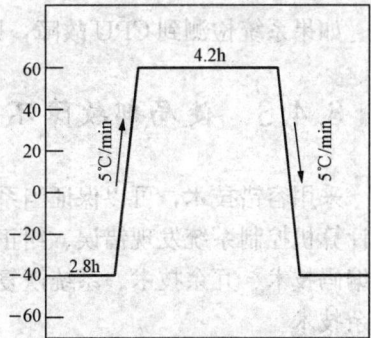

图 6 - 10　温度循环法的温度变化曲线

2. 元器件的降额使用

电子元器件都有一定的使用条件，这些使用条件是以元器件的某些额定参数值来表示的。实践证明，当元器件的工作条件低于额定值时，其工作比较稳定，发生故障的机会也比较少。所以，为了提高可靠性，往往将元器件降额使用。降额的幅度要从可靠性和经济性两方面综合考虑，因为元器件的额定参数越高，价格也越高。

3. 充分考虑到参数变化的影响

在电路设计上充分考虑到元器件在使用过程中受参数变化造成的影响，使之在各种不利情况下均能正常工作。

4. 采用低功耗元件

低功耗元件的发热量较少，它们的失效率相对来说较低。另外，普遍采用低功耗元件可以大大地减轻电源的负担，提高电源的可靠性。

5. 采用噪声抑制技术

在工业控制现场，各种各样的干扰脉冲常常是造成控制系统硬件故障的原因。因此，采用噪声抑制技术是提高系统可靠性的一种行之有效的办法。

6. 耐环境设计

在系统硬件的设计上，充分考虑各种环境因素的影响，采用适当的冷却、抗震、防尘、防爆、防腐等技术措施，以提高系统抵御外部环境侵袭的能力。

6.4.2 使发生故障时系统处于安全状态

1. 限制故障范围

系统在工作中不断地进行在线故障检测，一旦发现故障，就将故障设备与系统隔离，使其不致影响其他设备的正常运行。

2. "冻结" CPU 输出

如果系统检测到 CPU 故障，则立即"冻结"控制系统的输出信息，以免造成输出混乱。

6.4.3 使局部故障不影响系统的运行

采用容错技术，可以保证当系统某一局部发生故障时，不影响系统的运行。容错技术是指计算机控制系统发现错误、纠正错误并使其继续运行的技术。它包括检错和纠错所用的各种编码技术、冗余技术、系统恢复技术、备件切换技术、系统重构技术等。在此，重点讨论冗余技术。

如果一个设备或系统的可靠性达不到设计要求，可以用两个或两个以上的设备或系统并行工作，只要其中一个设备或系统能够正常地运行，整个系统就可以正常工作。这种技术是以增加多余的资源来换取系统的高可靠性的，因此称为冗余技术。

要抵消故障所产生的后果，除了完成基本功能所需要的资源外，还要外加资源。外加资源的冗余技术是多种多样的，如硬件冗余（增加元器件、自检电路、后备部件等）、信息冗余（附加检错校验码等）、时间冗余（重复执行某些指令或程序段）及软件冗余（诊断软件、冗余编程）等。冗余方法可分为以下三类：

（1）静态冗余。只利用冗余的资源把故障的后果屏蔽掉，一般用于电路或部件。

（2）动态冗余。在发现故障后，把有故障的部件或系统进行切换或重构，使其恢复正常工作。这种方法多用于系统。

（3）混合冗余。以上两种冗余方法的组合。

1. 静态冗余

考虑一个锅炉汽包水位保护系统，当汽包水位高至一定程度时，要求打开事故放水门。如果代表水位高的继电器接点不能在汽包水位高时正确闭合，水位保护就会失灵，造成锅炉满水事故。为了提高可靠性，可以把两组继电器接点并联起来。这样，只要有一组继电器接点正常工作，就可以使保护系统正确动作。

又如，在分散控制系统中，电源是一个十分重要的部件，为了提高电源的可靠性，常常采用两组电源并联工作。如图 6-11 所示，只要有一组电源能够正常工作，就可以保证向负载供电。发生故障的电源由于有二极管的隔离作用，因此不会对另一组电源产生任何影响。

2. 动态冗余

动态冗余又称储备冗余，一般有冷储备、温储备和热储备之分。下面分析这几种冗余方式的可靠性。

（1）冷储备。冷储备系统一般由 $n+1$ 个单元和一个具有高可靠性的切换开关 SW 组成，如图 6-12 所示。在某一时刻，只有一个单元在工作，其余几个单元作储备。当工作单元失效时，切换开关切换到另一位置，把故障单元断开，并接入一个储备单元，系统继续维持工作。假设不对故障单元进行维修，系统可以连续工作的时间，即平均故障间隔时间为

$$MTBF_S = \sum_{i=1}^{n+1} MTBF_i \tag{6-39}$$

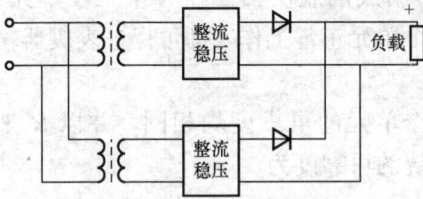

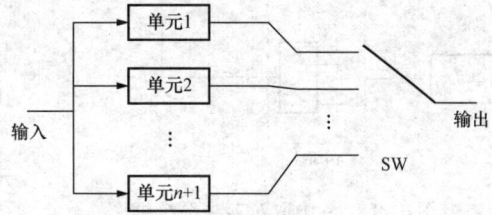

图 6-11　电源的冗余　　　　　　图 6-12　冷储备系统示意图

在以上分析中，假定切换开关是绝对可靠的。也就是说，其可靠度 $R_{SW}=1$，但事实上，切换开关本身也有发生故障的可能。因此，在一般情况下，如果切换开关的可靠度为常数，一个二重冗余的冷储备系统，其平均故障间隔时间为

$$MTBF_S = MTBF_1 + R_{SW}MTBF_2 \tag{6-40}$$

（2）温储备。温储备与冷储备的主要区别在于温储备的储备单元处于通电工作状态，但它不带负载或仅带部分负载。因此，在计算可靠性时必须考虑储备单元的储备失效率。现以二重冗余的温储备系统为例，讨论温储备系统的可靠性。

设工作单元的失效率为 λ_1，储备单元的储备失效率为 η_2，工作失效率为 λ_2。当切换开关完全可靠时，系统的可靠度为

$$R_S(t) = e^{-\lambda_1 t} + \frac{1}{\lambda_1 + \eta_2 - \lambda_2}[e^{-\lambda_2 t} - e^{-(\lambda_1 + \eta_2)t}] \tag{6-41}$$

系统的平均故障间隔时间为

$$MTBF_S = \int_0^\infty R_S(t)dt = \frac{1}{\lambda_1} + \frac{1}{\lambda_2}\frac{\lambda_1}{\lambda_1 + \eta_2} \tag{6-42}$$

如果考虑切换开关的失效率，并假设其可靠度为常数，系统的平均故障间隔时间为

$$MTBF_S = \frac{1}{\lambda_1} + R_{SW}\frac{\lambda_1}{\lambda_2(\lambda_1 + \eta_2)} \tag{6-43}$$

（3）热储备。热储备也称工作冗余，在热储备情况下，备用单元与工作单元处于完全相同的工作条件下，包括并进行系统和表决系统。

并行系统中，所有单元均同时工作，仅当所有单元都失效时，冗余系统才失效。因此，只要令 $\lambda_1 = \eta_2$，并代入式（6-42），即可得到并行方式时系统的平均故障间隔时间为

$$MTBF_S = \frac{1}{\lambda_1} + \frac{1}{\lambda_2}\frac{\lambda_1}{\lambda_1 + \lambda_2} \tag{6-44}$$

同样，在考虑切换开关失效率的情况下，系统的平均故障间隔时间为

$$MTBF_S = \frac{1}{\lambda_1} + R_{SW}\frac{\lambda_1}{\lambda_2(\lambda_1 + \lambda_2)} \tag{6-45}$$

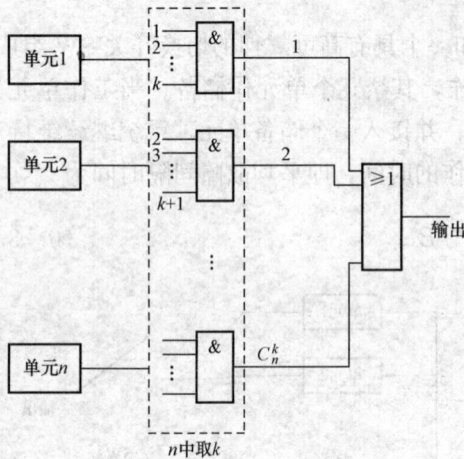

图 6-13　n 中取 k 表决系统框图

在某些特别重要的自动控制系统，如电厂的热工保护系统中，常常要求很高的可靠性，而且还要防止其误动作。在这种情况下，往往采用所谓的表决系统。在此分析表决系统的可靠性问题。

图 6-13 所示为 n 中取 k 表决系统框图。系统中共有 n 个工作单元，C_n^k 个"与"门和一个"或"门所组成的表决器。在 n 个工作单元中，只要有 k 个单元正常工作，即可保证表决器输出正确结果。

设 n 个单元的可靠度均相同，并以 R 来表示，则系统的可靠度为

$$R_S(t) = \sum_{i=k}^{n} C_n^i R^i (1-R)^{n-i} \tag{6-46}$$

在式（6-46）中，由 $i=k$ 到 $i=n$ 共有（$n-k+1$）项，分别表示 n 个单元中有 k、$k+1$、…一直到 n 个单元正常工作的概率。C_n^i 为 n 中取 i 的组合数。

设可靠度呈指数分布，即 $R(t) = \mathrm{e}^{-\lambda t}$，则式（6-46）可以写成

$$R(t) = \sum_{i=k}^{n} C_n^i \mathrm{e}^{-\lambda t}(1-\mathrm{e}^{-\lambda t})^{n-i} \tag{6-47}$$

系统的平均故障间隔时间为

$$MTBF_S = \int_0^\infty R_S(t)\mathrm{d}t = \sum_{i=k}^{n}\frac{1}{i\lambda} \tag{6-48}$$

例如，在锅炉炉膛安全保护系统 FSSS 中，经常采用"三中取二"的表决方式，这时有

$$R_S(t) = 3\mathrm{e}^{-2\lambda t} - 2\mathrm{e}^{-3\lambda t} \tag{6-49}$$

$$MTBF_S = \frac{5}{6}\frac{1}{\lambda} = \frac{5}{6}MTBF \tag{6-50}$$

由式（6-50）可见，三取二表决系统的平均故障间隔时间反而比普通系统的平均故障间隔时间少 1/6。那么采用三取二表决系统的目的何在呢？下面比较一下三取二系统的可靠度 $R_S(t)$ 和普通系统的可靠度 $R(t)$。

图 6-14 所示为三取二系统与普通系统的可

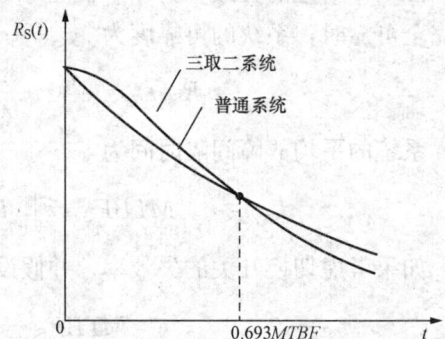

图 6-14　三取二系统与普通系统的
可靠度曲线

靠度曲线。由曲线看出，当时间 t 少于 $0.693MTBF$ 时，三取二系统的可靠度高于普通系统的可靠度。在实际应用中，系统的工作时间一般远远少于平均故障间隔时间。所以，大多数情况下三取二系统的可靠性要高于普通系统。另外，三取二系统也可以显著地减少系统在随机干扰下误动作的可能性。所以，在某些保护系统中，三取二表决是一种十分重要的方法。

6.4.4 可提高系统的可维修性

提高系统的可维修性也是提高分散控制系统可靠性的一种重要措施，其主要包括以下几个方面。

1. 自诊断

在分散控制系统中，几乎所有包含微处理机的智能单元都可以实现在线自诊断功能。它们可以在不中断控制任务的情况下，对各种故障的类型和位置作出判断。目前，大多数分散控制系统的故障诊断定位准确度达到插件级。也就是说，诊断系统可以向运行维护人员说明哪一个机柜中哪一个基本控制单元的哪一块插件发生了故障，因此大大缩短了平均故障维修时间，提高了系统的可用率。

2. 自恢复

在计算机控制系统中，经常发生随机干扰造成的程序"飞掉"或出现"死循环"的现象。为此，在分散控制系统中普遍采用了程序自恢复技术。比较常见的方法是设置一个监视计时器，并通过软件定期使其复位。一旦程序"飞掉"，监视计时器就不能获得复位信号，最后导致计时器溢出，产生一个硬件中断信号，使系统复位，程序重新开始执行。另一种方法称为指令复执技术。这种技术要求对那些重要的输出指令和控制指令进行反馈检查，看一看这些指令是否正确执行了。如果没有正确执行，则重新执行若干次，直至执行成功。如果执行到规定的次数之后仍未成功，则判定系统存在不可恢复的故障，这时发出报警信息或使系统复位。

3. 提供完善的诊断信息

在分散控制系统中，高层人机接口可以提供各种诊断画面，其中包括通信系统状态、基本控制单元状态、过程接口状态、外部设备状态等。它使各种设备的工作状况一目了然，显著缩短了维修时间。

4. 插件在线维修

分散控制系统中的插件一般都可以带电拔插，因此在更换插件的过程中，不需要中断其他插件的正常运行，显著地提高了系统的可用率。

5. 提供预防性维修信息

某些比较先进的分散控制系统可以自行记录某些偶然性故障的发生次数，并据此提供一些预防性维修信息，使某些失效率较高的插件在没有发生永久性故障之前就能够及时得到更换。

6. 提供远程维修服务信息

随着计算机网络技术的不断发展，分散控制系统已经不是一个孤立的过程控制计算网络了。它可以通过网间连接器（Gate Way）与更高一级的计算机网络连接起来，甚至可以与国家级或国际性计算机网络相连。目前，已有一些分散控制系统可以通过远程计算机网络获得维修服务信息。如果分散控制系统中出现了某些现场维修人员无法处理的疑难问题，他们就可以通过远程计算机网络向处于几千公里之外的，甚至是其他国家的分散控制系统专家提出请求，让他们来协助检查和处理故障。专家不仅可以通过远程计算机网络检查分散控制系统的工作情况，还可以把新的控制方案传送到分散控制系统中。

6.5 软件的可靠性

以上所讨论的是硬件的可靠性，下面将简要介绍软件可靠性的一般概念。软件可靠性方面的研究工作起步较晚，但近年来逐渐引起人们的重视。其主要原因是，软件的可靠性不高不仅会影响系统的工作，甚至会导致系统瘫痪，造成不可挽回的损失。例如，在 1963 年，一个隐藏的软件错误曾经使美国飞往火星的火箭发生爆炸，造成 1000 万美元的损失。软件可靠性的研究目前还不太成熟，但掌握一些基本概念，对于更好地认识软件可靠性问题是有所裨益的。

6.5.1 软件的可靠性

软件的可靠性最初仅仅被认为是软件的准确性。如果软件能够准确无误地完成所要求的功能，人们就认为软件是可靠的。然而，该要求常常不能得到满足。有人做过统计，初次编出的软件，平均每 100～4000 条指令就会出现一个错误。这些错误需要在调试、联调、试运，甚至到运行时才能陆续被发现和改正。

近年来，人们对软件可靠性赋以了更广泛的含义，便于使用和扩展。如果一个软件不便于使用，不便于扩展，就认为这个软件存在缺陷。软件的质量主要由以下六个方面的因素决定：

（1）时间因素。与硬件一样，软件也有 $MTBF$、$MTTR$ 等指标。除此之外，还有系统平均不工作间隔时间 $MTBD$（Mean Time Between System Downs）和平均停机时间 MDT（Mean Down Time）等时间指标。

（2）缺陷频数。包括软件缺陷数、文件缺陷数、用户提出的补充要求数。

（3）与软件可靠性有关的百分率。除了与硬件相似的可靠性、可用性、可维修性、失效率等百分率之外，还有以下几种百分率：

1）不合格率：不能算故障但应进行改进的事件称为不合格事件，它的出现率称为不合格率。

2）延迟率：一项要求在规定时间 T_0 内完成的任务，由于软件不可靠，实际完成时间为 T_1，则定义 $D=T_1-T_0$ 为延迟时间，D/T_0 称为延迟率。

3）误操作率：与操作者的操作水平有关，但在一定程度上反映了软件说明书是否清楚，以及软件是否适用于操作。

4）原因不明率：出现了软件故障但查不出原因，从而无法纠正的失效率称为原因不明率，它反映了软件的可维修性。

5）同故障事件率：第一次出现的故障在采取措施纠正后仍重复出现的再现率称为同故障事件率，它反映了纠正措施不彻底。

6）可靠性经费率：为软件可靠性及维修住所付出的费用与总软件费用之比称为可靠性经费率。

（4）软件投入。包括开发软件所消耗的工日数或工时数、对软件检查的项目数、对用户提出的要求采取对策的费用等。

（5）软件特性。包括首次开发的还是基本套用的、复杂程度、标准化程度、结构及规模大小、软件的寿命周期等。

（6）使用方面特性。软件使用方面的特性（如在线系统、实时系统等）、计算机的特点、所用的体制、质量标准等。

6.5.2 软件的质量标准

在此仅介绍以下几种常用的软件质量指标：

（1）MTBD。设 T_V 为软件正常工作总时间，d 为系统由于软件故障而停止工作的次数，则有

$$MTBD = T_V/(d+1)$$

（2）系统不工作次数（在一定时间内）。由于软件故障停止工作，必须由操作者去介入再启动才能继续工作的次数。

（3）MTTR。它反映了出现软件缺陷后采取对策的效率。对于在线系统而言，一般要求 $MTTR<2$ 天，普通系统的 $M'TTR<7$ 天。

（4）MDT。由于软件故障，系统停止工作时间的均值。对于在线系统而言，要求 $MDT<10min$，普通系统的 $MDT<30min$。

（5）可用性 A。设 T_V 为软件正常工作时间，T_D 为软件故障使系统不工作的时间，则定义

$$A = T_V/(T_V + T_D)$$

上式也可以表示为

$$A = MTBD/(MTBD + MDT)$$

（6）初期失效率。一般以软件交付使用方的 3 个月为初期失效率期。初期失效率以每 100h 的故障数为单位。它用来评价软件交付使用时的质量，并且预测何时软件可靠性基本稳定。一般要求初期失效率不超过 1，即每 100h 不到一个故障。

（7）偶然失效率。一般以软件交付给使用方后的 4 个月为偶然故障期，偶然失效率一般以每 1000h 的故障数为单位，它反映了软件处于稳定状态下的质量。一般要求偶然失效率不

超过 1，即每 1000h 不到一个故障，亦即 MTBF 超过 1000h。

（8）使用方误用率。使用方不按照软件说明书等文件进行使用所造成的错误叫做使用方误用。在总使用次数中，使用方误用次数所占的百分率叫做使用方误用率。

（9）用户提出补充要求数。如果用户对软件提出了补充要求，则反映了软件的功能尚不能充分满足用户的需要。如果这种情况在软件应用了一段时间以后频繁出现，则说明软件已经进入老化期，应该开发新的软件来取代它。一般在偶然故障期，用户每月提出的要求数不应超过 1。如果平均数已超过 1，则认为软件已进入老化期。

（10）处理能力。处理能力有各种指标。例如，可以用每秒钟处理多少过程输入变量、更换每一幅画面需要几秒钟等来表示。

以上介绍了分散控制系统可靠性方面的一些基本概念。这些概念对于正确理解和合理应用分散控制系统都是很重要的。分散控制系统在工程上的应用还涉及其他许多方面的问题，这些内容将在下一章中介绍。

习　　题

1. 什么是 MTBF、MTTR 和可用率？影响可用率的因素有哪些？

2. 串联模型和并联模型的可靠度 R_S 及 $MTBF_S$ 是怎样的？

3. 某冗余系统为一个三取二系统，其三个部件的可靠度分别为 R_1、R_2、R_3，故障率为 λ_1、λ_2、λ_3。画出可靠性框图，并证明系统的平均故障间隔时间 MTBF 为

$$MTBF = \frac{1}{\lambda_1 + \lambda_2} + \frac{1}{\lambda_2 + \lambda_3} + \frac{1}{\lambda_1 + \lambda_3} - \frac{2}{\lambda_1 + \lambda_2 + \lambda_3}$$

4. 某冗余系统由 4 个部件组成，其可靠度分别为 R_1、R_2、R_3、R_4，其可靠性框图如图 6-15 所示。其中，图（a）所示的方案为先并联后串联，图（b）所示的方案为先串联后并联。试证明图（a）所示方案的可靠性优于图（b）所示的方案。为简化问题，可设 $R_1 = R_2 = R_3 = R_4 = R$。

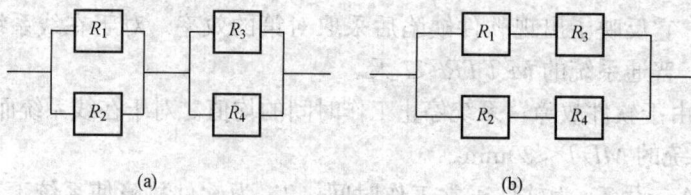

图 6-15　习题 4 图

5. 互不相关系统、部分相关系统和完全相关系统在分别采用完全分散、分组分散和集中方案时，其可靠性是怎样的？

6. 什么是静态冗余、动态冗余和混合冗余？

7. 三取二表决系统与普通系统的 MTBF 的关系是怎样的？为什么要采用三取二系统？

7　分散控制系统的评价与选择

中国引进国外的分散控制系统已有 30 多年历史了，国内自主研发的 DCS 也已逐步发展起来，并且在 600MW 和 1000MW 的大型火力发电机组中得到应用。我们对 DCS 的评价、选择与使用的方法正逐步走向成熟。从开始时的基本接受和试用到现在有组织地评选，从相对被动转变为比较主动。因此，有必要总结其中的评价与选择方法，一方面使用户得到满足其过程要求的系统；另一方面，评选过程作为一种市场活动，也会对 DCS 的发展起到推动作用。

任何工程项目都要由其负责人作出最终的选择决定，在 DCS 的选型过程中也是这样。但是，不能因此就得出结论，认为对项目中的 DCS 的选择实际上没有评比过程，或评比过程都是"走形式"。DCS 的选型不是个人行为，个人作最终决定的依据还是集体评选所得出的意见。因此，评选过程应该是在组织之下的一系列活动。从决策的角度看，这个过程包括目标的设定、适用的准则、信息的收集与分析、对特征做加权和作出最终决定等几个方面。我国在大型工程项目的投标程序方面有很多规定，本章仅从 DCS 的技术指标与生产厂家的应用能力方面介绍一些应注意的问题。

7.1　分散控制系统的评价

分散控制系统是综合性很强的系统，因此其评价方法也比较复杂，涉及很多因素，而且各种因素之间有密切的联系。为了解决同一个问题，几个厂家会有不同的方法。而之所以这样，往往并不是因为技术的先进或落后，而是因为他们的系统分别采取了不同的方法。这样，从局部看，可能会认为 A 比 B 好、B 比 C 好，可是联系到其他因素之后，可能就会认为 C 比 A 好、A 比 B 好。从技术应用的角度看，DCS 应用的技术有计算机技术、电子技术、软件工程、通信技术、自动控制技术等。从 DCS 使用的功能角度看，可分成过程控制站部分、运行员操作站部分、工程师工作站部分、通信系统部分、接口部分等。在工程项目使用 DCS 的过程中，可分成设计方面、调试方面、使用方面、维护方面、更新方面等。为了选择合适的 DCS，就要综合、全面地进行分析。下面介绍的评价过程是从使用的角度来分析的。

7.1.1　过程控制站

过程控制站是完成实时控制的单元，对它的要求主要有可靠性、分散性、控制对象的适应性、抗干扰能力等几个方面。过程控制站通常又包括控制器、I/O 模件、电源、机柜等几大部分。

1. 控制器

对控制器的要求有以下几个方面：

（1）硬件方面。控制器的硬件包括很多方面，如处理器的运算能力、运算速度、内存的大小、处理器与内存的关系、对外接口的方式等。要注意的是，不一定是处理器功能越强、速度越高越好。因为，为了做到这些，可能会带来别的成本。处理器的功能太强，也可能带来不易分散化的问题。处理机和内存的关系是指它们是否有一样的可靠性。还有，我们通常接触的是商用机、PC 机的处理器，而工业控制方面很少用这样的 CPU，原因是功能要求不一样。商用机可能有很强的图形处理能力，而实时控制并不需要；在耗电与发热方面，商用机也没有什么限制。因此，一般不能用商用机的指标来衡量控制器中的微处理机。

（2）软件方面。包括软件的功能、软件功能所覆盖的范围、软件的运行方式、软件的灵活性等。由于控制器是用于工业控制的，因此其算法要尽可能覆盖各种工业控制要求。例如，除常规的 PID 运算外，还应对典型的工业设备有控制功能，如最典型的 ON/OFF 设备的控制。灵活性使系统的设计者可以实现各种特殊的控制要求。

（3）对内接口方面。控制器以什么样的方式与上、下、平级的模件通信。对上，以什么方式同更高级的通信网络或设备通信；对下，看控制器怎样与 I/O 模件交换信息或控制 I/O 模件，与 I/O 模件的关系是否为主从式；对其他控制器，看控制器之间的信息交换是主从式还是平等的通信方式。由于我们通常都希望控制器是独立的，因此要求它对上、对平级应该是平等的通信方式，而对它所控制的 I/O 模件则是主从式的。

（4）对外接口方面。对外接口是指控制器与其他系统的接口能力，主要体现在：通信协议的适应性；通信的容量大小；设备是否可以方便地使用来自被接口设备的各种数据或者信息；接口的"透明"程度；在实现接口的过程中，是否要在本项目中为接口编制专用的软件。特别要注意的是，使用者是在什么样的级别上与接口数据打交道，如果必须在程序、数组级接口，则比较复杂，要求使用者把通过接口的信息写成程序中的数组，带到程序中；如果是在数据库级或更高级上工作则方便得多，这时，设计者只要把要通信的信息填到数据库或表格中，然后下载表格即可，不必了解协议的细节和程序的执行情况。接口的可靠性也是评价的重要标准，但是，一般来说对可靠性的要求是与接口在系统中的作用密切相关的。接口所通过的、用于保护和控制的信息越多，对接口的可靠性的要求就越高。也正是由于这样的要求，一般才希望减少系统之间的接口。

图 7-1 所示为对过程控制器评价的几个方面。

2. I/O 模件

对 I/O 模件的要求主要是看它对工业过程的适用性，是否满足工业过程的各种电气特性、实时、可靠方面的要求，以及它同控制处理器之间的关系。

（1）电气特性。应适应各种变送器、传感器、仪表的信号、供电方式、接地方式、屏蔽方式。

（2）安装方面。应适应各种安装、接线方法，尽可能提供现成的端子、插座，减少转接、

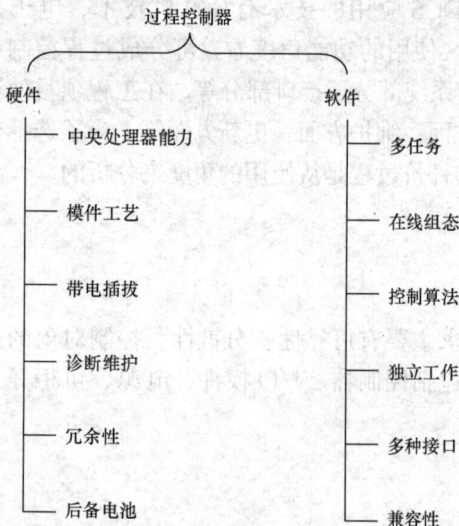

过程控制器

硬件 —— 中央处理器能力 / 模件工艺 / 带电插拔 / 诊断维护 / 冗余性 / 后备电池

软件 —— 多任务 / 在线组态 / 控制算法 / 独立工作 / 多种接口 / 兼容性

图 7-1 对过程控制器评价的几个方面

配线。

（3）对环境的要求。应能够最大限度地适应现场环境的要求。在这方面应特别注意的是，要提出具体的标准。所有 DCS 厂家在设计过程中都是依据标准来设计模件的环境要求的，而使用者往往关心的是现实中具体应用的环境，如灰尘大、潮气重、温度高、有震动等，应善于用相应的环境标准来提出要求。

（4）I/O 模件与控制器的关系。这是目前一般都比较重视的。I/O 模件与控制器之间的联系方式很大程度上决定了系统的实时性和分散性。一般要求控制器与 I/O 模件之间通过确定性总线通信，而不是通过竞争性总线通信，因为现场信号应在确定的时间内被采样、处理。

现场总线的出现和智能设备驱动模件的设计给我们提出了一个问题：I/O 模件对控制器的依赖关系是否会由于 I/O 模件的智能化程度越来越高而越来越弱？甚至把控制任务放到 I/O 模件上去完成？这是很多智能仪表、智能执行机构的功能。一般来讲，控制算法与 I/O 模件的基本处理是应该分开的。所谓分开，是指不在一台智能变送器或执行机构上完成控制算法。尽管从智能仪表的能力上说，它可以完成这些功能，但这种控制功能仅仅相当于一台单回路调节器。而一般来说，DCS 的功能绝非大量的单回路调节器的堆砌，DCS 的重要特征是充分利用过程信息于控制。如果过程受到多个变量的干扰，而在 DCS 中又包含了这些变量，那么这些变量就应该用到控制器的设计上。这是一个非常重要而又常常被忽视的概念。以往简单的反馈调节在这里应被理解为不得已而为之的做法。有了信息而不用，就是没有充分发挥 DCS 的作用。因此，I/O 模件的智能化或功能化的作用，首先应是提供更多的信息，而不是使控制下移到其中。这些信息不仅用于局部的过程控制，而且用于更大范围的管理、维护和控制。一般来说，驱动现场总线或者与现场总线实现接口是控制器的能力范围，而不是 I/O 模件的功能。

3. 电源及安装系统

有了控制器与 I/O 模件之后，为它们创造、维持一个良好的工作环境是电源、机柜与安装系统的任务。考察电源时，既要从设备本身不出故障的可靠性的角度考虑，也要从冗余的方式分析电源系统的可利用率、供电能力、容量、抗电源波动的能力等。在分析供电方式时，模件化的电源显然灵活得多，特别是其可维护性大大提高，从而提高系统的可用率。安装系统也很重要，可以想象，模件的环境越"舒适"，其可靠性越高。

7.1.2　运行员站

运行员站是 DCS 中发展变化最快的系统，它与计算机、软件的关系最为密切。这里仅讨论一些大的原则。

1. 计算机硬件

计算机的处理能力是很重要的，但一般也是比较容易评价的。运算速度、内存、外设等都是比较具体的指标。但是，对这些资源的使用方式却与软件有密切的关系。此外，硬件能力的变化很快，不能指望系统总是当时及今后最先进的，而要看其与功能的适应性。再者，不要被定义不清的词汇所迷惑。计算机的发展很快，这些功能经常用专用的术语来表示，而这些术语从英文翻译过来时，常常缺乏标准化或推敲过程，使得我们从字面上看不出其具体的功能或作用。这时要切实搞清楚它的具体含义，而不要以为功能描述中的生词、缩写越多越好。例如，"计算机工作站"的确切定义是什么？工作站特有的功能对人机接口有什么帮助？如果某工作站的特点在于设计作图，那对实时操作有什么意义？有的工作站则配置了实时运行方面的设备，显然就好多了。

2. 操作系统和软件

软件方面最重要的就是可靠性。对软件的评价方法是可靠性科学中的一个很重要的方面，限于篇幅，这里不作详细论述，但从运行员站的角度上讲，应注意以下几个方面：

（1）开放性。这里的开放性主要是针对通信系统而言，而不是针对各种软件而言。一般不希望在运行员的平台上运行各类软件，对软件的开放性往往是对工程师站和上位管理机的要求。通信上的开放性使运行员可以获得更多的信息，以了解、控制过程，同时使运行员操作站可以送出更多的数据用于更高级的管理。

（2）数据处理能力。以什么样的方式向运行员显示过程信息是运行员站的重要特性，运行员对过程的控制、监视方式越来越向办公化方向发展，常规的柱状图、趋势曲线已不能满足要求，需要有更直观、更能深入反映过程动态特性的方式来显示分析的结果。这方面的能力很难用定量的方法描述，应请厂家通过实例说明自己的处理方式与能力。

（3）软件维护、更新的能力。这种能力有的属于软件本身，有的属于供货厂家的工程服务能力。软件如果能够不断地更新、升级、消除缺陷，显然对保护用户的投资有很大好处。

（4）防病毒问题。一般来说，这不是过程控制软件厂家应解决的问题。病毒的种类与作用方式在不断变化，计算机的维护工作中应包括这部分内容，使运行员站时刻由最新的防毒软件保护着。

运行员站与工程师工作站共用一个平台的做法一般来说是不好的，除非在一些较小或特殊的工程上。一般应该把两者分开，因为工程设计与过程监控是两类不同性质的工作，有不同的管理方法。目前很大的问题是对设计及修改维护的工作管理不严、不科学，造成系统的作用不能充分发挥。把设计与运行合并在一个操作台上，会加剧这种功能分配的不合理。

7.1.3 工程师站

工程师站的主要工作是组态设计，因此对它的要求主要体现在以下几个方面。

1. 触及 DCS 资源的深度

考察 EWS 可以在多大程度上控制、监视 DCS。最基本的功能显然是用 EWS 做组态设计，然后将设计结果下载到模件中执行。但是，还有很多功能都可以在 EWS 上完成。如果把 EWS 看做 DCS 的设计、管理中心，那么它应能完成以下功能：

（1）监视 DCS 设备的状态。反映控制系统中所有设备的状态：①静态状态，如模件是运行、停止，还是故障状态；②动态状态，如反映模件运行到什么程度了，负荷怎样，有无故障的趋势，发生了什么故障等。

（2）监视过程变量的动态变化值。反应系统中非控制设备的状态，如运行员站、通信系统，对外的接口，特别是对这些设备的运行状态作出评价，如数据库利用率、通信负荷、对外接口的忙闲程度等；另一方面就是对这些设备的故障诊断，这种诊断应高于运行员站上的由运行员作出的诊断，因为一般用户的责任划分是由运行员发现故障，而且主要是与过程相关的故障，由工程师找出内部的深层原因，而这时的工具应是 EWS。

（3）对所有 DCS 的设备做组态设计。设计可以分成"硬"的设计和"软"的设计。"硬"的设计是指设置地址开关之类的设计，"软"的设计是指控制功能的组态。可以设想，如果 DCS 的所有设备的设计都可以用"软"的方法实现，那"硬"工作就只有安装设备，连好电缆就行了。所有的开关、跳线选择、操作系统都由 EWS 用"软"方法来实现，那就会使我们的工作性质发生重大的变化。这里不展开讨论这种变化对我们的影响。目前的 DCS 发展水平这样的水平还有一些距离，因此，EWS 设计的全面性和深入性就是评价它的一个重要指标。

2. EWS 的开放性

谈及运行员站的开放性时，强调的是通信，而这里更强调 EWS 作为多种软件的公共平台意义上的开放性。DCS 组态是 DCS 工程中的一部分工作，如果 EWS 只能做 DCS 本身设备的组态，则它就是 DCS-EWS，而不是工程 EWS。用户自然希望工程师站是工厂里工程项目的工程师站，希望 EWS 至少具有下面的两种能力：

（1）运行第三方软件，如公共的办公软件、数据库软件、工程设计软件，甚至管理软件。

（2）使 DCS 文件与其他软件能相互调用。这样用户的其他工程文件就可以方便地引用 DCS 的设计结果，反之亦然。这样的开放能使 EWS 发挥更大的作用，不仅可用来干其他工作，而且可将针对 DCS 的设计结果扩充到别的方面，与工程上的其他设计融为一体。

3. EWS 的管理能力

开放性的好处之一是让 EWS 运行一些非 DCS 的软件，以达到工程上的其他目的，其中之一就是工程管理。但是，这里所说的管理能力是 EWS 本身的软件对 DCS 工程设计的管理能力，这取决于 EWS 本身的软件能力的强弱。这些管理功能使工程师能够在 EWS 上更好地控制 DCS 的设计过程，如图纸的版本管理；资料、符号库、典型设计的共享管理；多设计人员针对同一工程设计时，文件内容的一致性管理；DCS 资源的登录、等级、软件版本方面的管理等。这些管理将减少设计过程及维护过程的大量时间，而后者是用户非常关心的。

4. EWS 提供的工具的灵活性

前面都是从较高的角度来看待 EWS，而另一方面，EWS 应成为 DCS 的一个手册大全。这就要求 EWS 提供大量方便的解决实际问题的工具。首先是画图、组态的工具，这是设计人员最常用的工具，所有组态过程一定要方便、灵活、好学。为了维护的需要，EWS 应提供对各种可能碰到的问题的解答，提供各种维护经验、窍门、注意事项等工具。

综上所述，EWS 的核心是其软件上的能力。尽管任何软件都是运行在硬件平台上的，从这个角度讲，硬件基础很重要。但是，硬件方面的能力并不是 EWS 的特征，而是计算机的特征。通常出现的现象是过于重视 EWS 的硬件，同时认为 EWS 提供的设计软件主要用于设计，而用户不参与设计，因此不够重视 EWS 软件的作用，这是在评价 EWS 时应该注意的问题。

7.1.4 通信系统

DCS 与其出现以前的过程控制系统的最主要差别不在于 DCS 采用了计算机控制，而在于信息传递方式的不同。以前的信息传递是直接的，而在 DCS 中，过程信息从现场到 DCS 的传递是间接的。仅从这一点上看，DCS 是"落后"于以往的系统的。DCS 中通信技术的发展，使通信速度不断提高，可靠性不断提高，都是在设法弥补 DCS 与以往系统相比所存在的缺陷。尽管这样的说法过于偏激，但反映了通信系统中要克服的关键问题，因而对这些问题的解决方法自然也就成为评价 DCS 通信系统的重要方面。

通信系统与计算机系统不同。在技术方面，通信系统与过程控制的关系比计算机与过程控制的关系更远，离通常工作中所处理问题的技术方面也远。因此，对通信系统的评价不像对 EWS 或过程控制单元的评价那样容易深入。特别是，DCS 从一般意义上说不是一种在日常工作中常接触的通用的系统，而是针对过程控制的。因此，DCS 厂家所使用的通信方法是针对过程控制的有效方法。在通用性与实时效率的权衡上，厂家无疑都更注重后者。因为通用性的能力可以通过通用的接口来实现，没必要把内部网络本身设计得让别人可以随意直接接入。因此，DCS 内部的通信协议往往是不公开的，这无疑又加大了评价通信系统的难度。有人将这种现象理解为是商业上的考虑，其实未必如此。这个事实导致我们在评价通信系统时应更注重外部效果，而不是其内部机制。有一种倾向是去探究 DCS 的通信机理，然后进行分析比较，这是应该非常慎重的。对通信机制的评价涉及很深入的通信理论、数学理论，而且往往是在 X 特性方面，A 系统比 B 系统好；而在 Y 特性方面，B 系统比 A 系统好。而什么情况下应使用 X 特性，什么情况下应使用 Y 特性，取决于各自系统另外一些特性和被控制的生产。这样就把问题搞得很复杂，离我们实际关心的评价问题越来越远。

通信系统的评价应考虑以下几个问题：

（1）可靠性。信息检验的可靠性、通信硬件的可靠性，工作方式对可靠性的影响。

（2）恢复能力。发现故障后如何处理，故障信息是否被传递，故障本身会不会蔓延甚至致命。

（3）速度与容量。速度与容量在一定意义上说是一回事。速度不应只看传输速度，还应看包括处理速度在内的最终效果，这是硬指标。容量是指网络容纳的标签量、节点的数量等。

（4）效率。效率也是速度与容量的另一个方面，是否为不同级别的信息提供不同的通信方式，以提高系统的效率。

（5）分散性、对等性。通信是否是双向的，节点之间是否是对等的，会不会由于某个节点的故障而造成别的节点的故障或系统统的故障。

(6) 开放性。指其他系统与 DCS 交换信息的能力，这些能力包括以下几个方面：

1）通信协议是否标准。

2）通信速度与方向性。

3）软件协议是否通用。

4）接口对 DCS 本身的影响。

5）信息的覆盖面。

6）信息的深入程度是否可以读到各种变量、数据、状态。

7）外部诊断能力。对通信系统负荷状态的指示、故障的识别能力、故障趋势的报警及消除故障的帮助等。

7.2 分散控制系统的选择依据

由于 DCS 是以系统的方式提供的，因此，其采购过程就不像一般产品的采购过程那样，一次性地结束了，而是一个比较长的过程。在这个过程中，供货商与用户要进行反复的交涉，使系统能满足用户的要求。这个阶段的开始就是这里讨论的选择过程，它应充分体现购买一个系统的特点。在选型过程中，除了系统本身的性能指标以外，更主要的是要考虑供贷方使用系统的功能来达到用户要求的能力。这些能力包括以下几个方面：

(1) 工程设计的能力。将 DCS 提供的标准、通用的功能应用到本工程中，作出满足过程要求的设计。

(2) 系统组装与生产的能力。

(3) 系统调试的能力。

(4) 组织工程项目的能力。

这些能力的很多方面都超过了通常的售后服务产品三包的概念，对这些能力的定量衡量是很复杂的事。本节的目的不是提出一种标准，而是指出这些方面是重要的、应该考虑的。

7.2.1 工程设计能力

这里的工程设计是指公司利用 DCS 的全部功能来提供一种设计，这种设计的实现能够使 DCS 满足工艺过程的要求。从这个简化的定义来看，工程设计的能力包括以下几个方面：

(1) 理解、掌握 DCS 功能的能力。要能理解 DCS 的功能及其这些功能的设计初衷。例如，一个 I/O 模件上有 16 个 DI 点，这些 DI 点是什么类型的，为什么只包括这些类型，如何根据实际类型来选择 I/O 模件或进行软件的设置，以满足要求。这个例子是极简单的例子，但道理是普遍适用的。

(2) 表述系统与设计结果的能力。将系统的能力以工程语言表述出来，使用户能够从工程的角度理解很多指标与设计方案。一些方案当用计算机语言表达时，会令工程技术人员不知所云。能够用工程图纸、工程计算数据单这种工程形式来说明系统的能力、指标是很重要的。例如，同样说明控制器的运算速度，一种说法是，控制器采用先进的 32 位处理器、25MHz 主频时钟；另一种说法是，控制器能够以 0.25s 的控制周期做 1000 个单回路控制器，而且使 CPU 的时间负荷有 30％的裕量。工程中一般采用后一种说法，而且可以检验。如果所有设计结果都以这种类似的方式描述，就使系统是一个具有确定性的系统，这对于工程项目是很重要的。表述方式也包括图纸的出图方式，如果一个公司用 PowerPoint 来出工程图纸，显然有悖于工程公司的称谓。

（3）应用系统功能的能力。将 DCS 的功能应用到项目上时，会遇到特殊的问题。这时不能直接套用通常的标准功能，而要在其基础上提出特殊的解决方案。这时，有没有能力解决各种特殊问题就是判断厂家能力的重要标准。从这些特殊方案的表述方式是否能与一般方案的表述方式一致，也可以看出厂家的设计能力。

（4）对工艺过程的了解。设计实现的结果要满足工艺过程的要求，在设计开始之前就要首先了解工艺过程。了解工艺过程并不是非要成为该行业的专家，而是要具备这样的能力，能够理解工艺专家的要求，不需要用户专门为 DCS 的设计提出特殊说明。例如，要根据工艺要求控制一个开关式的阀门，DCS 的设计者应能根据工艺图纸、工艺描述、阀门的控制回路接线及操作要求得出控制方案、I/O 连接方案，而不必由用户单独制作用于组态的逻辑图。

7.2.2　系统组装、集成的能力

在现场运行的 DCS 是由模块组装而成的，而且组装的过程与系统设计的过程有很大的不同，这就提出了另一类要求，如组装过程的规范化，包括工作程序、工具、组装状态的表示等，都应有明确的要求。这样才能使 DCS 的组装过程不产生对系统的损坏或造成潜在的损坏。举个具体的例子：用压线钳压接线头。这种工序属于不易直接检验的工序，压接得是否牢固不能靠把接线头拽下来检验，而应靠正确的操作过程来保证。因此，每一种接线头都有与之相应的专用的压接工具，靠压接以后的压线强度来保证压线的可靠性。在这种压线操作中，压得过松或过紧都会造成压接的不牢固。因此，不是靠用力的大小来控制，而是靠工具来保证。同时，露出的线头长度、剥线皮的长度都应有要求。压线工具的压接次数应有记录，磨损到一定程度的工具应废弃，而磨损不是靠测量来判断，而是靠压接次数来判断的。一个规范的组装过程应对这些工作程序有明确的要求，同时切实执行。

7.2.3　调试能力

调试能力作为 DCS 厂家的工程能力是很容易理解的。但是，在考察调试能力时，往往只注意调试的结果而忽视过程。作为 DCS 厂家，很少有不能调试的，但调试过程是否受控、是否可追溯、是否给后续的运行维护提供指导，就是更高的要求了。调试的目的不仅仅是让系统运转起来，达到控制目的，而且应包括为后续的运行、维护工作提供第一次运行的实验记录与程序供今后使用。特别是当调试工作是在明确的目标下有组织地实现时，可以少走很多弯路。在电力行业中，很多工程的工艺设计、DCS 设计、电厂运行都与调试单位不在一个组织机构下。因此，DCS 的设计者理解调试的目的、过程、方法就非常重要。只有这样，调试工作才能顺利进行而且达到目的。如果把调试理解为只靠专家的经验，则是只看到了调试过程中解决问题的一面，而没有看到它是系统性的活动的另一面。

7.2.4 项目管理能力

项目管理是一个很大的课题。DCS 的项目执行过程区别于产品供货的重要方面之一就是项目管理。在一般产品的交货过程中，产品的设计、制造过程是与销售过程独立进行的。而 DCS 的工程项目中，设计、制造是在项目管理的范围内进行的。这就使项目管理对合同是否能成功完成起到重要的作用。本节不是在描述项目管理的性质，而是讨论在考察项目管理的能力时应注意的几个方面：

（1）项目管理的组织机构，即人员的组成形式。有的公司采用小组承包的方式，有的公司采用职能部门在项目经理的管理下配合工作的方式，有的公司采用向外分包协作的方式等。不同的方式影响到责任的分配，信息（特别是经验）的使用方法、工程的传递性等方面的因素。双方应把握住其中的关键点。

（2）项目经理在工程中的作用。在采用项目经理负责方式的公司，要分析项目经理在工程中的决策作用，对公司内部、对用户的关系，以及他们对项目的进程及相关问题的处理能力，包括技术、商务、公共关系等方面的问题。

（3）项目经理的工作方式。指项目经理在工程中的负责方式。是一人从头至尾负责，还是分段负责，分工作类型负责，以及他们与公司最高管理者的关系，与各职能部门的关系。

（4）项目经理的工程经验。指项目经理是否能理解工程中的各种问题，是否理解用户的项目管理模式，并能够做出相应的配合。

7.2.5 质量保证体系

笼统地说，质量保证体系反映的是公司系统化地满足用户要求的能力。具体到 DCS 的工程应用上来说，就是看一个公司有没有能力把自己向用户所承诺的各项要求系统地、有组织地实现，看这种能力有没有可靠的保证。厂家的质量保证体系与其 DCS 产品的质量是两个概念。产品的质量是产品满足用户要求的能力。而质量体系是公司的一种运作机制，使项目的所有活动都在受控的方式下进行，而这种控制的目的是使项目的方方面面都满足用户要求。一个具有工程设计能力的公司的质量保证体系应包括什么样的内容、达到什么样的要求是有国际标准的。ISO 9001 就是被广泛采用的标准之一。由于很多因素的影响，使许多公司的质量体系停留在表面上。这一方面是生产厂家对质量体系的理解不够深入；另一方面，是用户对质量体系的要求不够强烈。在以市场盈利为主要目标的经营环境下，没有市场方面的压力，很难把这件事真正推向深入。

在考察质量体系时，人们最关心的是供货厂家是否通过了 ISO 9001 质量体系的认证。其实，这个考察过程完全可以再深入一步，具体分析供货商对 ISO 9001 中某些要素的实现方法及实际效果，以确保厂家对质量体系的理解及执行方式是适用于本工程的。

对厂家的 DCS 工程能力的评价很难给出具体的指标，因此这里只列出了几个要点。但是，当针对某个具体工程时，还是可以也应该将这些要求具体化，这反映了使用者对项目管理的能力。不应把对厂家的了解只停留在人数、职称，甚至业绩上。

7.3 技术规范书

由于 DCS 工程的针对性很强，因此我们不是在为一种标准的应用选择不同的产品，而是在为一个特殊的应用选择不同的供货商。因此，充分描述应用要求有很重要的作用。描述得越清楚，厂家的供货才越准确，用户的投资才能使用得越合理。同时，应按照要求来评价系统，作出决策。描述技术要求的最重要的文件就是技术规范书。

1. 技术规范书的作用

一般来说，技术规范书是用户对 DCS 提出技术要求的文件。因此，技术规范书应包括项目中各方面的技术要求。而这里要强调的是，技术规范书在 DCS 的设计组态过程中，起到了总体设计的作用，这一点常常被忽视。DCS 厂家没有参与工程的前期工作，不了解工程的背景及在这些过程中对各种方案的讨论。他们是以分包商的形式参与工程的，因此他们在技术上只对规范书负责，项目中 DCS 的设计都是在规范书的基础上展开的。规范书的这种作用超出了一般的技术要求。

2. 技术规范书的针对性

技术规范书应是针对工程项目的，而不是针对一般化的 DCS 的。技术规范书是对工程项目技术上的要求，而不是进行 DCS 评比的通用标准，因此它应明确、具体地提出要求。通过技术规范书，向供货商描述一个具体的控制系统和工艺过程。在这方面，制定规范书的人应把根据规范书做系统配置的人当做自己的用户一样看待，使技术规范书中的要求容易让人理解。有人可能会说，作为用户，不了解 DCS 的最新发展和各厂家的具体功能，怎么能把要求提得具体呢？其实，这里所说的提出具体要求，是指对系统的外部应用要求提得具体，而不是把系统的内部指标提具体。例如，规定控制器处理器的时钟频率，就不如规定系统的扫描速度和动态数据响应速度好；规定 I/O 数据的处理能力，就不如提出 I/O 点的外部要求与可靠性好。

3. 技术规范书的标准和依据

作为技术规范书，应尽可能引用工业标准来描述系统中的一般要求，如对环境的要求、抗干扰的要求、接地的要求等。因为工业标准是经过评定的技术要求，考虑得比较全面。

4. 技术规范书的可检查性

作为控制要求的技术规范书应具有可检查性。当规范书与商务要求联系起来时更应这样。规范书应在项目执行过程中始终作为技术要求的文件，应用具体的、可测量或检验的方法定义其中的条款。

总之，技术规范书是对项目的要求，应在各方面反映项目的特点，而不应该是千篇一律的。同时，技术规范书应对供方与用方都作出规定才能使其可以真正执行起来。工程技术是科学的实际应用，它应该是客观的、严肃的。在项目开始时，就应从全局角度认真制定规范书，提出对项目的总体要求，在这里的任何忽视或放松都会引起后续过程中付出更大的代价。

本章讨论问题的角度多是从技术方面考虑的，而 DCS 的评价常常是系统采购过程的一部分，因此，在实际评价过程中还会碰到很多其他方面的问题，既有工程方面的，也有经济方面的。目前，在工程招标中对分散控制系统的评价尚没有完整的方法，直观地看，大致包括以下几个方面：

（1）硬件能力和数量，如基本控制单元的数量及其功能分配策略。基本控制单元能力强，则其数量可少些；而能力强、数量又多，并且能按工艺系统分开设置则更好。

（2）人机接口，其数量应符合工程要求，其功能和指标应满足或者超过技术规范书的技术要求。大多数厂家采用的是比技术规范书中速度更快、容量更大的计算机。

（3）系统通信的开放性和响应速度，与其他系统的接口能力。

（4）模件的损坏率。

（5）CPU 负荷率。

（6）可靠性指标、可用率。

习　　题

1. 从哪几个方面可以对 DCS 进行评价？
2. 从技术应用的角度看有哪些方面可用于评价？
3. 从 DCS 使用的功能角度看有哪些方面可用于评价？
4. 在工程项目使用 DCS 的过程中有哪些方面可用于评价？
5. 从使用角度看，对过程控制站的要求有哪些？
6. 从使用角度看，对运行员操作站的要求有哪些？
7. 从使用角度看，对工程师站的要求有哪些？
8. 在进行分散控制系统选择时对供货商的要求有哪些？

8 分散控制系统的工程设计与实际应用

与通常的产品不同，DCS 是一个系统，它包括各种类型的产品及其相应的特殊技术。在计算机方面，它包括计算机的多种应用，有办公计算机的应用，有工业控制计算机的应用，有通信计算机的应用；在通信方面，DCS 涉及串行、并行、网络等多种通信方式和协议；在电子技术应用方面，DCS 中的各种模件与电子电路，用到了抗干扰、隔离、供电等很多技术，这些还仅仅是就 DCS 本身而言的。在 DCS 的应用方面，由于它不是固定的产品，因此其应用领域非常广泛，每个领域都有自己的特点，有自己的要求。所有这些，都使 DCS 的应用变得复杂，远不是安装以后看看说明书，送上电就可以工作了。DCS 的应用过程包含大量工程设计问题，应用得好坏直接关系到工程设计的质量，因此，有必要用专门的章节来讨论 DCS 的工程设计问题。

工程设计包括很多方面，设计是系统与过程之间在应用上的纽带，既有设计本身的理论又有 DCS 的应用特点。设计过程要充分发挥设计人员的智慧，同时要使这种智慧有系统性地发挥，要用一系列的方法把设计过程组织起来，使之受到控制，从而保证设计结果达到开始时制订的设计目标。本章讨论了设计方法上的问题。

DCS 是综合性很强的系统，在用 DCS 解决一个应用上的问题，如控制一个过程变量，或用 DCS 管理一个工业过程时，可能用到 DCS 的很多功能，其设计的目的就是要充分利用 DCS 的全部功能去解决问题。当我们要解决一个问题时，往往心里有一个解决问题的目标，而这个目标很可能用到 DCS 的一两个功能就可以实现。这就是说，如果我们不在设计过程中深入分析问题，同时掌握 DCS 的功能，就很可能是在用 DCS 的局部功能去解决问题的某个方面，而设计管理就是要从方法上，系统地利用 DCS 的功能去全面地解决应用上的问题。

8.1 系统功能的划分

DCS 是分散的控制系统，它所面对的过程通常也是分散的生产过程，而不是仅仅控制个别设备。这样，对 DCS 的划分，也就是怎样分配 DCS 的资源来控制过程就成了 DCS 应用中的特殊问题。在有些行业，传统的做法对今天的控制方式仍有很强的影响；在使用 DCS 时，划分得不合理会严重影响 DCS 发挥作用。

8.1.1 按控制方式划分系统

以往我们在控制一个过程时，采用的是来自不同厂家的控制设备，分别完成某一个方面的控制任务。设备的启停过程往往采用继电器控制柜来控制，包括按键、指示灯、操作盘，用继电器组成的逻辑关系去实现启动、停止、打开或关闭设备上的电动机或电动门。一些连续过程变量也转换成各种开关量接在继电器的逻辑中作为连锁条件或触发条件，这种继电器的控制方式常被后来的 PLC 取代，其特点是用开关量的方式解决控制问题。设备上的模拟调节回路用调节器来控制，一台调节器采集过程变量与阀位反馈，产生控制输出，由运行员在调节器的面板上设定控制回路的设定值，切换控制方式，发出控制输出指令。同时，在面板上有这些相关量的模拟或状态指示，其特点是单独地针对某个回路进行控制；有的调节器虽然也可以引入一些相关的模拟或数字量作为调节回路参考变量，但这些量是很有限的。为了使运行员监视有关的过程变量，还要安装一些模拟指示仪表来显示那些非直接参与调节的过程变量等。这样一些供监视的过程变量，后来逐步由计算机数据采集系统来监视。这基本上就是使用 DCS 之前的过程控制方式。

在 DCS 出现以后，这些任务自然由 DCS 去完成了。但是，在应用 DCS 的过程中，一种方法是用 DCS 去机械地替代原有的系统。也就是说，不改变控制方式，原来用继电器控制的任务，现在用 DCS 去实现。在这部分系统中，只使用 DCS 的开关量控制功能；原来用调节器实现的功能，现在用 DCS 的模拟量控制功能来实现。虽然一个 DCS 的控制模件可以控制多个回路，取代了多个单回路调节器，但任务仍仅限于模拟控制而不涉及开关量；原来的数据采集系统在用 DCS 取代之后，也是仅用 DCS 做数据采集而不涉及控制。在这样的系统划分方式下，同一个过程中不同类型的过程变量被送到了 DCS 的不同部分。当生产过程的规模较大时，DCS 也被分成开关量控制的 DCS、模拟量控制的 DCS 和数据采集的 DCS，分别组成各自的 DCS 控制柜，这样一种对过程的割裂显然没有充分利用 DCS 的功能。早期的 DCS 也可以同时实现模拟量与开关量控制和数据采集，完全可以做到面向过程的控制，而不是面向控制类型。特别是当这种工程的设计任务由不同的人员来完成时，使每一个设计者都不是在考虑过程的全部，而只是一类变量，使最终的控制效果、使用效果受到影响。因此，在使用 DCS 时，应充分利用 DCS 提供的综合控制与处理功能，合理地面向过程来划分控制系统。

8.1.2　系统划分的原则

系统划分的过程是将 DCS 的资源分配到工艺系统中去的过程，这时要考虑到 DCS 的特性、生产过程的特性和使用与维护上的要求，这里介绍其中的几个原则。

1. 可靠性原则

可靠性原则是指，在确定了 DCS 所使用的资源的前提下，系统划分的结果应使整个控制过程的 DCS 具有最大的可靠性。这是一个很重要的原则。提高系统的可靠性可以有很多方法，如冗余设计、手动后备，甚至人员培训等，但这里强调的是通过对 DCS 资源的划分来提高系统的可靠性。

首先要分清工艺过程中各部分的重要性，哪些是确保过程能够正常启停的，哪些是保持系统运行稳定的，哪些是使系统达到优化的，哪些是保证在危险情况下停机的，将这些情况分出等级，制订可靠性要求；然后根据每部分的工作量选择 DCS 的资源，也就是选择 DCS 中的模件、电源、通信节点及其他设备。在选择的同时，配置相应的冗余设备，最后确定不同系统之间的联系方式与内容。在这个过程中，有以下几点应该注意：

（1）在分析过程的可靠性要求时，对要求的描述要明确，只有明确的描述才能够为下面的 DCS 资源配置提供指导。例如，我们认为锅炉保护系统是最重要的，这是一般性的描述，应把它转化成具体的描述，其中之一是：在系统正常工作时，不能因为任何单一的系统部件故障而使系统产生误跳闸指令，一旦这种要求不能达到时，应向运行员提供报警，这就要求我们为锅炉保护系统做冗余设计。这种冗余应在所有涉及锅炉的系统中都有所考虑，包括每根电缆端子、模件和人机接口，同时分析各种工况，以确保在任何情况下这个目标都能达到。

（2）对工艺系统的划分应与 DCS 的资源规模相对应。DCS 中不同的模件有不同的控制范围，如果把工艺过程的可靠性要求分得比模件的控制范围还细，则由于这些内容是在一个模件上实现控制的，因此，在硬件可靠性级别上也一样。当然，DCS 的组态设计也要根据对工艺的可靠性级别要求来进行。

（3）系统之间的接口对可靠性设计原则有影响。所谓希望最高可靠性级别的系统是独立设计的系统，就是让这个系统的运行不依赖于其他系统；如果有系统之间的信息交换，则要考虑信息传递的可靠性，同时要考虑这种传递所带来的电气上的干扰，如多点接地、信号隔离等方面的问题。

2. 信息量原则

信息量原则要求在最终的系统中，各子系统之间的信息交换量应达到最小，其目的是减少通信系统的负荷，实现快速的响应，降低对通信系统的依赖。这个原则是 DCS 的特点。

DCS 与以往的系统不同，是靠通信系统使整个系统联系起来。通信系统传递的信息可以分成为实现集中控制而向人机接口传递的信息、为进行协调控制和连锁而在各子系统之间传递的信息、与外部系统之间交换的信息等几类。子系统之间的信息交换量与子系统的划分方法密切相关。例如，为了达到同样的控制与管理效果，按控制类型划分的系统的信息交换量（如模拟控制系统、顺序控制系统、数据采集系统）就比按工艺过程划分的系统（风烟系统、燃烧系统、汽水系统等）大得多。举例来说，在按控制类型划分的系统中，DAS 系统基本上是一个纯数据采集的系统，很多信号在进入 DCS 之后，经过标度变换，报警判断送到人机接口上去显示即可。在这种情况下，与其他系统的通信量不大。但是，如果要求将这些反映设备状态或工艺过程的变量都以一定形式参与控制和连锁，则这些信号就要从数据采集系统传送到模拟量控制系统。这样，按控制类型划分系统的方式就会要求大量的通信信号，因为这时绝大部分信号都是对控制有用的。反过来，如果系统本身就是按工艺过程划分的，则通信量就会小得多。

DCS 控制器的发展经历了几个过程，今后，控制器的规模还会不断变化。当控制器的规模大、能力强时，信息量原则会容易应用，因为这时很多通信工作都在模件内部完成；反之，就要合理地组织信息流，使控制器之间的信息交换尽量平衡。因此，信息量原则既要与工艺过程相适应，又要与 DCS 控制器的规模相适应。

3. 均匀性原则

均匀性原则是指系统中各部分的负荷要尽可能均匀，而不要有的部分任务很重，有的部分任务很轻，因为很多控制过程是以某种串联的形式完成的。如果一个部分的工作由于负荷过重而不顺利完成，就会影响到其他的部分，而负荷轻的部分又会造成资源的浪费。所以，均匀性原则要求全面分析系统，合理分配资源。控制负荷是由几个方面表征的：

（1）控制任务量的大小，承担的调节回路数目、控制的设备数、处理的报警量、协调计算量等，都是控制方面的负荷。

（2）通信量的大小。信息量原则是指系统对通信信息的依赖性，而通信量大小是指通信的传输量。在一个子系统内部，当它有不同级别的通信层次时，要注意各层之间的通信量和通信的实现方式，使通信系统中各层次之间、各节点之间的通信负荷尽可能均衡。

8.2 控制室设计及接口

在实现分散控制的同时实现集中管理是 DCS 的重要目标，也是 DCS 区别于早期的全分散控制及后来的全集中控制的重要方面。集中控制带来的问题有两个：一个是如何把电厂的全部控制系统，不论是直接属于 DCS 的还是不直接属于 DCS 的系统，归结到 DCS 的集中监视与控制之下；另一个是在设计集中监控系统时应注意什么问题。本章不是全面介绍集中监控的设计方法与接口方法，而是针对其中常出现的问题作一些讨论。集中监控设计所要解决的问题主要有以下几个方面。

1. 硬件方面

（1）配置什么样的运行员站，以满足全部工况下的运行监视要求。

（2）运行员站的资源如何分配才合理，如显示器、内存、打印机、可读写光盘等。

（3）运行员站采用什么样的形式与运行员接口，如什么情况下用光字牌、如何使用大屏幕等问题。

2. 设计方面

（1）要使运行员站的硬件功能充分发挥出来，在设计上应注意哪些问题。

（2）当运行员在具有显示器的运行员站上操作时，应如何设计显示器上的画面以吸引运行员，并且在故障状态下满足操作要求。

（3）当全厂工艺过程都集中起来而控制系统并没有一体化时，DCS 的显示器起到什么样的作用。

（4）以显示器、鼠标为主要监视操作手段的中控室在设计、布置上应有什么特点。

从上述问题可以看出，运行员站的硬件指标确定之后，其功能设计与布置应与运行要求密切结合起来，才能更好地发挥作用，运行要求对运行员站设计的影响主要体现在系统的自动化水平、人员配置情况和中控室的任务范围上。在运行员站一章中已讲到运行员站的数目是由同时在接口站上操作的人数目所决定的，而后者又是由系统的自动化程度来决定的。一个高度自动化的工厂，可能在最坏情况下最多只要求 3 个运行员同时操作，这样，只需配置 3 副操作键盘、3 个分别操作的显示站，加其他辅助显示设备，如大屏幕监视器即可。若自动化水平没有那么高，或不必要那么高，在最坏情况下需要 5 个运行员同时操作，则至少设置 5 台运行员操作站。在这两种情况下，操作站的配置可能是不同的，自动化程度高时，操作站要显示、存储大量的信息，从多方面表现工艺过程，而且要简单、清晰，这是要求比较高的，因为运行员人数少，不能很仔细地分析画面的信息。而在运行员较多的情况下，他们承担的责任相对减轻，特别是分析决策方面的责任，这样画面及信息表示就可以直接一些，只反映过程中发生的情况而不做过多的分析与处理。从系统的可靠性考虑，运行员操作站应配有冗余的服务器，甚至多重服务器，以保证在任何情况下都可以安全地控制全厂的运行。

人机接口的资源包括打印机等辅助设备，这些设备应该是越网络化越好，使它们尽可能属于整个人机接口系统，而不是仅属于某台运行员操作站。这样的要求适用于所有辅助设备，包括磁带机等。有的系统设有数据存储站，一方面应使存储站具有与人机接口站同样的冗余性，另一方面应把它放到系统网络上，而不是仅属于某台运行员操作站。人机接口系统中不仅包括具有显示器式的操作台，还可能包括各种其他的接口设备，如常规仪表屏也能作为这个系统的一部分，这里是把中控室的各种设备统一考虑的。与显示器的操作相比，表盘式操作的重要特点是可靠性高和操作监视方式固定，因为没有复杂的电子设备，所以其可靠性高，而这两点对于危险工况下的紧急处理是非常重要的，在紧急情况下，要求操作员根据最简单的信息完成最固定的操作。因此，尽管显示器的使用越来越普遍，我们还是常常在盘上保留紧急操作按钮。从这里也可以看出，是否取消仪表盘与自动化水平和系统的功能分配有关，而不应笼统地认为，技术发展了就一定要取消仪表盘。此外，在取消仪表盘的同时，应确实让显示器担负起仪表盘的功能，而不只是使显示器具有显示多少幅画面的能力，这就是下面要谈到的设计方面的问题。在系统的监控越来越集中以后，人机接口的功能的充分使用就越来越重要。

8.3　分散控制系统的工程设计方法

DCS 的综合性很强，其本身应用了复杂的计算机技术、各种类型的通信技术、电子与电气技术、控制系统技术等。DCS 所控制的对象也往往都是大范围的对象，包括各种类型的控制、监视和保护功能。另外，DCS 的应用过程中有各种技术人员和管理人员参与，这要求设计的结果要有很强的规范性，才能使系统便于使用和维护。这些都对 DCS 的应用设计提出了很高的要求。同时，DCS 的另一个重要特点是它不是一般性的设计，而是针对某一个工艺系统的设计。要充分发挥该系统的功能，就要对 DCS 本身有深入的了解。所有DCS 厂家都在尽量使自己的系统易于掌握、易于使用和设计。但是，会使用 DCS 进行组态并不等于会用 DCS 做工程设计。本章试图从工作程序的角度说明这些问题。通常把 DCS 的工程设计分成总体设计、初步设计、详细设计三个阶段。

8.3.1　总体设计

在设计的开始阶段，要对 DCS 所应完成的基本任务作出设计提出对 DCS 工作的要求。这些工作通常是由业主完成。

1. DCS 的控制范围

DCS 是通过对各主要设备的控制来控制工艺过程。设备的形式、作用、复杂程度，决定了该设备是否适合于用 DCS 去控制。有些设备，如运料车，就不能由 DCS 控制，DCS 只能监视料库的料位；而另一些设备，如送风机，就可由 DCS 完全控制其启动、停止、改变负荷。那么，在全厂的设备中，哪些由 DCS 控制，哪些不由 DCS 控制，要在总体设计中提出要求。考虑的原则有很多方面，如资金、人员、重要性等，从控制上讲，以下设备宜采用 DCS 控制：

(1) 工作规律性强的设备。

(2) 重复性大的设备。

(3) 在主生产线上的设备。

(4) 属于机组工艺系统中的设备，包括公用系统。

DCS 通过对这些设备的控制实现对工艺过程的总体控制。除此以外，工艺线上的很多独立的阀门、电动机等设备也往往是 DCS 的控制对象。

2. DCS 的控制深度

几乎任何一台主要设备都不是要么全由 DCS 控制，要么不由 DCS 控制，而是部分地由 DCS 控制。DCS 有时可以控制这些设备的启停和运行过程中的调节，但不能控制一些间歇性的辅助操作，如有些刮板门等。而对有的设备，DCS 只能监视其运行状态，不能控制，这些就是 DCS 的控制深度问题。DCS 的控制深度越深，就要求设备的机械与电气化程度越高，从而设备的造价越高。在总体设计中，要决定 DCS 控制与监视的深度，使后续设计是可实现的。

3. DCS 的控制方式

这里的控制方式是指运行 DCS 的方式，要确定以下内容：

(1) 运行员站的数量，根据工艺过程的复杂程度和自动化水平决定运行员站的数量。

(2) 辅助设备的数量，工程师站、打印机等。

(3) DCS 的分散程度，它对今后 DCS 的选择具有重要意义。

同上所述，这些内容的确定都与 DCS 本身的特点及工程建设的造价有关。DCS 的总体设计不是在新产品开发过程中的总体设计，这里我们所面对的不是全新的未知的内容，而是有大量可以参考的资料。这种情况会带来两个问题：一是认为总体设计意义不大，可以"照方抓药"，因此忽视总体设计的完整性和规范性。总体设计是后续设计的基础，决定了后续设计的范围、水平。在后续设计中，很多有根本意义的问题都归结到总体设计上来，这时，总体设计的结果就是答案。只有充分考虑到工程的具体要求，全面分析，才能作出具有指导意义的总体设计。二是由于有了参考方案，使设计人员在这个阶段就试图在某个局部向下继续工作，从而超过总体设计的要求得出过于具体的结论。这样做的缺点在于，在这个阶段，对于相关问题没有深入分析，如果对某一部分考虑得过多，则会使今后的设计产生不一致或其他问题，使后面的设计方案不是最优。

总体设计过程中还应考虑很多其他问题，如各工段的一致性问题，使整个工艺过程的自动化水平基本一致；其目的是使各个关键部分能采用同一个等级的控制设备，而不要因为某一部分的水平达不到要求而影响整个生产过程的质量，使其他部分的 DCS 不能充分发挥作用。

  设计的过程经常要权衡性能与价格两方面的因素，设计的级别越高，需要权衡的问题就越多。从经济方面来说，总体设计的意义重大也在于此。要注意的是，这里的价格不仅仅是工艺设备与 DCS 设备的价格，还包括今后运行、维护、培训等一系列费用，特别是要考虑到生产的产品质量和系统可靠性方面的影响，提出科学、全面的解决方案。

  本节所论述的仅是一些总体设计过程中应考虑的基本原则，在实际过程中使用这些原则是很复杂的。例如，怎样才算是恰如其外地规定了设计的深度，怎样表述设计的结果才能使后续设计人员感到总体设计文件是他们可依据的文件。对这些只能定性描述的问题处理得全面与否，正是设计经验与水平的体现。

8.3.2 初步设计

  初步设计是介于总体设计与详细设计之间的设计，其基本任务是在总体设计的基础之上，为 DCS 的每一个部分作出典型的设计；此外，为 DCS 所控制的每一个工艺环节提出基本的控制方案。因此，通俗地讲，初步设计是开始有 DCS 特点的设计，它与 DCS 本身的特性有许多联系，尽管这些联系是一般性的。举例来说，总体设计中规定磨煤机的启停及运行过程应由 DCS 控制，控制的是磨煤机的所有风门、挡板及磨煤机本身的电动机，控制水平应使磨煤机在具备运行条件的前提下，实现自动或手动的启停。初步设计要解决的问题是启、停顺序，逻辑框图，运行期间的调节框图，各种方式的切换原则，以及运行员站上的画面分配等。这样，在初步设计完成后，工程师可以根据这些要求在 DCS 上进行具体组态设计。从这时起，大部分工作应由 DCS 厂家完成了。

1. 初步设计的主要内容

  我们暂且按硬件、软件、人机接口的顺序来描述初步设计的内容，而实际上还可以有其他各种分类方法。

  （1）硬件初步设计的内容。硬件初步设计的结果应可以基本确定工程对 DCS 硬件的要求，以及 DCS 对相关接口的要求，主要是对现场接口和通信接口。

  1）确定系统 I/O 点。根据控制范围及控制对象决定 I/O 点的数量、类型和分布。

  2）确定 DCS 硬件。这里的硬件主要是指 DCS 对外部接口的硬件，根据 I/O 点的要求决定 DCS 的 I/O 卡；根据控制任务确定 DCS 控制器数量与等级；根据工艺过程的分布确定 DCS 控制柜的数量与分布，同时确定 DCS 的网络系统；根据运行方式的要求，确定运行员站设备、工程师站及辅助设备；根据与其他设备的接口要求，确定 DCS 与其他设备的通信接口的数量与形式。

  （2）软件初步设计的内容。软件初步设计的结果使工程师可以在此基础上设计组态图，因此，一方面这些设计结果应具有一定的深度，使其对组态图的设计有指导意义；另一方面，它又不应具有实际组态图的深度，而使组态图只是"翻译"初步设计的结果。

  1）根据顺序控制要求设计逻辑框图或写出控制说明，这些要求用于组态的指导。

  2）根据调节系统要求设计调节系统框图。当这些框图以 SAMA 标准描述时，常称为 SAMA 图，它描述的是控制回路的调节量、被调量、扰动量及连锁原则等信息。

3）根据工艺要求提出连锁保护的要求。

4）针对应控制的设备提出控制要求，如启、停、开、关的条件与注意事项。

5）做出典型的组态用于说明通用功能的实现方式，如单回路调节、多选一的选择逻辑、设备驱动控制、顺序控制等，这些逻辑与方案规定了今后详细设计的基本模式。

6）规定报警、归档等方面的原则。

（3）运行员站设计的内容。运行员站的初步设计决定了今后设计的风格，这一点在运行员站设计方面表现得非常明显，如颜色的约定、字体的形式、报警的原则等。良好的初步设计能保持今后详细设计的一致性，这对于系统今后的使用是非常重要的。人机接口的初步设计内容与 DCS 的运行员站形式有关，这里所指出的只是一些最基本的内容。

1）画面的类型与结构。这些画面包括工艺流程画面、过程控制画面（如趋势图、面板图等）、系统监控画面等，结构是指它们的范围和它们之间的调用关系，确定针对每个功能需要有多少幅画面，要用什么类型的画面完成控制与监视任务。

2）画面形式的约定。约定画面的颜色、字体、布局等方面的内容。

3）报警、记录、归档等功能的设计原则，定义典型的设计方法。

4）运行员站其他功能的初步设计。由于运行员站的设计与接口设备的功能有关，在初步设计中应覆盖运行员站的全部功能通常所说的充分发挥运行员站的作用就与其初步设计有很大关系，因为初步设计中未说明的设计原则与范围在详细设计中常容易被忽略。

2. 初步设计过程中应注意的问题

初步设计是总体设计之后的第一步，在 DCS 的设计过程中，不仅在内容上而且在时间上都占有很大的比重。初步设计进行得完善，后面的详细设计就有了一个清晰的轮廓、脉络与样板。然而，初步设计并不完全是为了详细设计做准备而安排的。初步设计过程中，更多地考虑的是如何使设计满足工艺方面的要求，如何实现总体设计提出的目的。因此，系统硬件的组成方式，控制方案的确定，运行员站的设计原则，内容、形式等设计问题都是在初步设计阶段确定的，对这些方案的完善、修改，都是在初步设计阶段完成的。

初步设计是在总体设计的原则下进行而不是对总体设计的修改。初步设计过程中会发现一些困难、一些不好实现的功能或相互矛盾的要求，这时人们自然的想法是认为总体设计没有考虑到这一情况，而去局部地修改总体设计，这种做法是危险的。设计过程中有一个重要的原则，要进行一种设计或决策，必须掌握与之相应的信息，而且要有与之相应的目的、方法。总体设计时的信息、方法、目的是有总体设计的特点的，在初步设计中遇到的困难常常是局部的，如果在这时修改总体设计中对这一局部功能的要求，就会形成总体上的不一致或接口上的困难，实际工作中也有可能是相反的情况，即为了追求局部的最优而牺牲了总体上的最优，但这些都是应该极力避免的。

初步设计以说明问题为目标，所有初步设计的结果以统一的形式表示当然很好，但由于设计对象类型的不同，做到这一点往往是不可能或者是没有必要的。通常，连续控制部分用 SAMA 图表示，顺序控制部分用顺序框图表示，连锁保护或典型控制用逻辑框图和文字说明表示，过程监视和运行员站设计用表格的形式表示，而一般要求和各部分之间的联系则用文字的形式说明。

8.3.3 详细设计

粗略地说，详细设计是初步设计在 DCS 系统上的具体实现。这样的定义带来了两个特点：一是它与 DCS 的形式有密切的关系，二是设计人员常常只注意到具体实现的结果本身，而忽视了对这种实现的说明。这两个问题在前面的总体与初步设计中都不易出现，总体与初步设计相对来说只针对工艺过程的要求，不针对 DCS；设计的结果本身往往就是说明文件，无所谓设计结果与说明文件分离的问题。从详细设计的性质来看，详细设计具有以下特点。

（1）详细设计更针对 DCS，而不是工艺过程。在已经完成了初步设计的前提下，详细设计要考虑如何在 DCS 上实现这些功能。这时设计受到的约束主要是 DCS 的限制，不同的 DCS 有不同的功能，或同一功能有不同的实现方法。例如，顺序控制设计有梯形图法、逻辑图法、用顺序框图定义的方法、顺序语言法等，这些方法都可以实现初步设计的要求。要使控制方案以最优的方式实现，就要求设计人员充分了解 DCS 的全部功能。这一点往往被很多人所忽视，DCS 工程设计的系统性正反映在这里。就某一具体的 DCS 来说，实现一种功能的方法可能是多种多样的，要使设计达到最优，一定要深入了解 DCS 的内部功能。DCS 厂家为了使其系统得到推广，总是尽可能把系统做得很便于使用和设计。但是，这些看起来简单的设计实际上要达到最优的功能是要下一番工夫的，我们必须对 DCS 有全面的了解，仅仅会组态，会画画面，会使用数据库是远远不够的。

（2）详细设计与初步设计是相互联系的。在很多情况下，由于 DCS 的组态本身相对成熟，这时初步设计就可以相对宽松一些，只要指出对象甚至工艺的类型就可以了。在这种情况下，详细设计就要更多地考虑工艺的要求，这样的情况并不是不需要初步设计，而是工作方式发生了一些变化。这是由于详细设计的完善所造成的，越是有成熟的 DCS 设计经验的厂家，就会越多地参与初步设计，从而在初步设计阶段就考虑到系统的优化问题，这样就更能够充分发挥 DCS 的优势。在很多设计中，设计过程与验证过程交织在一起，在 DCS 的详细设计阶段这一点体现得更多。从这一点上说，组态的设计也是一种实现过程，而与通常所理解的设计就是画图的概念有所区别，在 DCS 的组态过程中，包括过程控制的组态、运行员站的组态，常常要进行试验。

（3）在总体与初步设计过程中，设计的分工往往是随工艺过程而定的，在 DCS 的详细设计阶段，设计常常是因 DCS 的设备而定的，如过程控制的组态、运行员站的组态、接口系统的组态或编程等。因为这些设备的组态要用到不同的知识与方法，所以要认真安排设计过程，定义设计之间的接口活动，使整个设计对于工艺过程来说是对应的、一体化的。详细设计的特点已使设计者着重于 DCS，这种设计的分工更容易使设计者脱离工艺过程。因此，设计的组织者要充分考虑到由此带来的问题，分工是要使设计做得精细，充分发挥 DCS 的作用，而其最终目的是要实现对过程的控制。

（4）与其他的设计不同，DCS 详细设计的结果有两个：一是设计的组态结果，二是对设计的说明，而后者往往容易被忽视。DCS 厂家的图纸已越来越脱离计算机程序，从而使设计人员认为没有必要写文字描述设计。其实，设计说明的目的不是用另一种方式去描述设计，而是使阅读者通过说明了解 DCS 的组态分配、设计要点、联络关系等信息，以帮助看图纸。特别地，设计说明要使读者了解到组态图或其他设计结果与前面总体和初步设计的关系，让使用者有清晰的脉络。如果把组态过程看做是一个生产过程，则设计的组态图相当于产品，设计说明则相当于产品说明书。显然，产品说明书对于人们理解产品的结构、功能和使用方法是十分重要的。这里不去罗列应提供什么样的说明书，因为这与组态的性质和DCS 系统的特点有很大关系。

习　　题

1. 简要说明分散控制系统划分的几个原则。

2. 从工作程序角度看，DCS 的工程设计一般分为哪几个阶段？每个阶段的具体内容是什么？

3. 试用 DCS 系统构建一个三冲量给水控制系统，列出所需要的 DCS 设备，并画出每个设备的连接关系和控制方案的 SAMA 图。

9 现场总线控制系统

控制技术（Control）、计算机技术（Computer）和通信技术（Communication）的飞速发展，使得数字化从工业生产过程中的决策层、管理层、监控层和控制层一直渗透到现场设备。现场总线（Fieldbus）的出现，使数字化通信技术迅速占领工业过程控制系统中模拟量信号的最后一块领地。建立在现场总线基础上的现场总线控制系统代表了工业自动化领域中一个新纪元的开始，正在逐步取代传统的直接数字控制系统和分散控制系统，对该领域的发展产生了深远的影响。

9.1 现场总线概述

9.1.1 现场总线基本概念

现场总线是用于工业自动化中的，实现智能化现场设备（如变送器、执行器、控制器）与高层设备（如主机、网关、人机接口设备）之间互连的，全数字、串行、双向的通信系统。通过它可以实现跨网络的分布式控制。按照国际电工委员 IEC（International Electro-technical Commission）标准的定义：现场总线是连接智能现场设备和自动化系统的数字式、双向传输、多分支结构的通信网络。

现场总线的本质表现在以下几个方面：

（1）现场通信网络。现场总线作为一种数字式通信网络一直延伸到生产现场中的现场设备，使过去采用点到点式的模拟量信号传输或开关量信号的单点并行传输，变为多点一线的双向串行数字传输。

（2）现场设备互连。现场设备是指位于生产现场的传感器、变送器和执行器等。这些现场设备可以通过现场总线直接在现场实现互连，相互交换信息。而在 DCS 系统中，现场设备之间是不能直接交换信息的。

（3）互操作性。现场设备种类繁多，一个制造商可能不能提供一个工业生产过程所需的全部设备。另外，用户也不希望受制于某一个制造商。这样，就有可能在一个现场总线控制系统中，连接多个制造商生产的设备。所谓互操作性，是指来自不同厂家的设备可以互相通信，并且可以在多厂家的环境中完成功能的能力。它体现在：用户可以自由地选择设备，而这种选择独立于制造商、控制系统和通信协议；制造商具有增加新的、有用的功能的能力；不需要专用协议和特殊定制驱动软件和升级软件。

（4）分散功能块。现场总线控制系统把功能块分散到现场仪表中执行，因此可以取消传统 DCS 系统的过程控制站。例如，现场总线变送器除了具有一般变送器的功能之外，还可以运行 PID 控制功能块。类似地，现场总线执行器除了具有一般执行器的功能之外，还可以运行 PID 控制功能块和输出特性补偿块，甚至还可以实现阀门特性自校验和阀门故障自诊断功能。

（5）现场总线供电。现场总线除了传输信息之外，还可以完成为现场设备供电的功能。总线供电不仅简化了系统的安装布线，而且还可以通过配套的安全栅实现本质安全系统，为现场总线控制系统在易燃易爆环境中应用奠定了基础。

（6）开放式互联网络。现场总线为开放式互联网络，既可与同层网络互联，也可与不同层网络互联。现场总线协议是一个完全开放的协议，它不像 DCS 那样采用封闭的、专用的通信协议，而是采用公开化、标准化、规范化的通信协议。这就意味着来自不同厂家的现场总线设备，只要符合现场总线协议，就可以通过现场总线网络连接成系统，实现综合自动化。

9.1.2　现场总线的产生

现场总线原指现场设备之间公用的信号传输线，后来被定义为应用在生产现场，在测量控制设备之间实现双向串行多节点数字通信的技术。现场总线技术是在 20 世纪 80 年代中期发展起来的，是一项以数字通信、计算机网络、自动控制为主要内容的综合技术。现场总线控制系统（FCS）是继基地式气动仪表控制系统（PCS）、电动单元组合式模拟仪表控制系统（ACS）、集中式数字控制系统（CCS）、分散控制系统（DCS）/可编程逻辑控制系统（PLC）后的新一代控制系统。过程控制系统的发展历程是由模拟控制系统逐渐发展到半数字控制系统，进而发展到全数字控制系统。

在分散控制系统的形成过程中，各厂家的产品自成系统，不同厂家的设备不能互连，难于互换和互操作。20 世纪 80 年代中期以后发展起来的现场总线系统克服了分散控制系统中采用专用网络所造成的缺陷，把基于封闭、专用的解决方案变成了基于公开化、标准化的解决方案，可以将来自不同厂商遵守统一规范的设备通过现场总线网络互连在一起，实现系统的综合自动化。

现场总线系统是全数字系统，现场设备在不同程度上都具有数字计算和数字通信能力。这一方面提高了信号的测量、控制和传输精度，另一方面也为提供丰富的控制信息和实现远程传送创造了条件。

9.1.3　DCS、RI/O 和 FCS

DCS 的处理器模件与 I/O 模件之间不仅可以通过厂家专用的通信协议进行数据交互，还可以通过某种现场总线协议进行数据交互。另外，在 DCS 系统中，为了与距离电子设备间较远的某个子系统进行数据交互，还使用了远程 I/O 设备（即 RI/O），通过某种协议的数据总线将远程 I/O 中的多个 I/O 数据与电子设备间的处理器模件进行数据交互。现场总线控制系统通过现场总线技术，将现场的智能设备串联在一起组成控制系统。为了更好地理解现场总线，可以根据处理器模件、I/O 模件、控制策略所处的位置，以及 I/O 模件是否具有微处理机等来区分以上几个比较容易混淆的概念，如图 9-1 所示。

对于 DCS 系统，处理器模件和 I/O 模件都存在于电子设备间中，且一般位于同一个机柜中。控制策略存在于处理器模件中，I/O 模件只进行数据读写，一般不具有微处理机。数据总线可以是厂家专用协议，也可以是某种现场总线协议（如 CAN、PROFIBUS 等）。

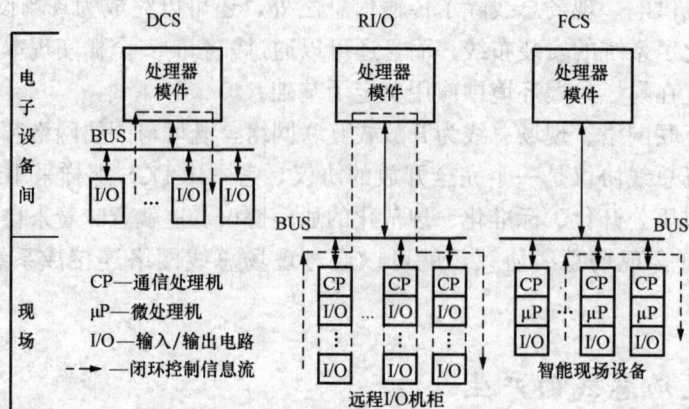

图 9-1 DCS、RI/O 和 FCS 比较

对于远程 I/O（RI/O），处理器模件存在于电子设备间中，I/O 模件存在于现场；I/O 模件通过通信处理模件，以及数据总线与处理器模件进行数据交互；数据总线协议可以是厂家专用协议，也可以是某种现场总线协议。控制策略存在于处理器模件中，I/O 模件只进行数据读写，一般不具有微处理机。

对于现场总线控制系统（FCS），处理器模件（或者是智能网关）存在于电子设备间中，I/O 存在于现场智能仪表中，多个现场智能仪表通过某种现场总线进行互连。控制策略分散在现场智能仪表中，现场仪表都具有微处理机。

具体对应关系如表 9-1 所示。

表 9-1　　　　　　　　　　DCS、RI/O 和 FCS 比较

系统	处理器模件位置	I/O 位置	控制策略的执行设备
DCS	电子设备间	电子设备间	处理器模件
RI/O	电子设备间	现场	处理器模件
FCS	电子设备间	现场	智能仪表中的 μP

9.1.4　现场总线通信系统

现场总线通信系统由数据发送设备、接收设备、传输介质、传输报文和通信协议等几部分组成。根据传输通信帧的长短，可将数据总线分为传感器总线、设备总线和现场总线。帧长度为几个或几十个数据位的总线为传感器总线，属于位级总线，如 ASI（Actuator Sensor Interface）总线。帧长度为几个到几十个字节的总线为设备总线，属于字节级总线，如 CAN（Control Area Network）总线。帧长度可达几百个字节的数据块级总线为现场总线，其与控制直接相关的数据帧长度一般只有几个或几十个字节，如基金会现场总线（Foundation Fieldbus，FF）、PROFIBUS 等。在许多应用场合，人们还是习惯于把传感器总线、设备总线等统称为现场总线。

9.1.5 现场总线技术的现状及发展

近年来，欧洲、北美、亚洲的许多国家都投入巨额资金与人力，研究开发现场总线技术，出现了百花齐放、兴盛发展的态势。据不完全统计，世界上已出现各式各样的现场总线100多种，其中宣称为开放型总线的就有40多种。有些已经在特定的应用领域显示了各自的特点和优势，表现出较强的生命力。出现了各种以推广现场总线技术为目的的组织，如现场总线基金会（Fieldbus Foundation）、PROFIBUS协会、LonMark协会、工业以太网协会IEA（Industrial Ethernet Association）、工业自动化开放网络联盟IAONA（Industrial Automation Open Network Alliance）等，并形成了各式各样的企业、国家、地区及国际现场总线标准。这种多标准现状本身就违背了标准化的初衷，形形色色的现场总线使数据通信和网络连接的一致性不得不面临许多问题。

国际标准化组织ISO、IEC也加入现场总线标准的制定工作。最早成为国际标准的是CAN，它属于ISO 11898标准。但IEC/TC 65主持的制定现场总线标准的工作经历了20多年的坎坷。它于1984年就开始着手总线标准的制定，初衷是致力于推出世界上单一的现场总线标准。作为一项数据通信技术，单从应用需要与技术特点的角度，统一通信标准应该是首选，但由于行业、地域发展历史和商业利益的驱使，以及种种经济、社会的复杂原因，总线标准的制定工作并非一帆风顺。在经历了波及全球的现场总线标准大战之后，最终依然是多种现场总线并存的局面。IEC于2000年初宣布：由原有的IEC 61158（基金会现场总线）、ControlNet、PROFIBUS、P-Net、High Speed EtherNet、Newcomer SwiftNet、WorldFIP、Interbus-S 8种现场总线标准共同构成IEC现场总线国际标准子集。近年来进行的实时以太网的标准化进程又重蹈覆辙，有11个基于实时以太网PAS文件进入IEC 61784-2，它们分别是EtherNet/IP、PROFINET、P-Net、Interbus、VNET/IP、TCnet、EtherCAT、EtherNet Powerlink、EPA、Modbus-RTPS、SERCOS-Ⅲ。多种总线并存依然是今后相当长一段时间内不得不面对的现实。

比较而言，IEC/17B的工作要顺利得多，它负责制定低压开关装置与控制设备的控制装置接口标准，即IEC 62026国际标准已经通过。该标准包括第2部分ASI、第3部分DeviceNet、第4部分智能分布式系统SDS（Smart Distributed System）、第5部分Seriplex。

新版IEC 61158 Ed.4标准已于2007年年中出版，有效期至2012年。IEC 61158第四版是由多部分组成的，它包括：

（1）IEC/TR 61158-1 总论与导则。

（2）IEC 61158-2 物理层服务定义与协议规范。

（3）IEC 61158-300 数据链路层服务定义。

（4）IEC 61158-400 数据链路层协议规范。

（5）IEC 61158-500 应用层服务定义。

（6）IEC 61158-600 应用层协议规范。

从整个标准的构成来看，该系列标准是经过长期技术争论而逐步走向合作的产物，标准采纳了经过市场考验的20种主要类型的现场总线、工业以太网和实时以太网，具体类型如表9-2所示。

表 9 - 2

IEC 61158 Ed. 4 现场总线类型

类 型	名 称	类 型	名 称
Type1	TS61158 现场总线	Type11	TCnet 实时以太网
Type2	CIP 现场总线	Type12	EtherCAT 实时以太网
Type3	PROFIBUS 现场总线	Type13	EtherNet Powerlink 实时以太网
Type4	P-NET 现场总线	Type14	EPA 实时以太网
Type5	FFHSE 高速以太网	Type15	Modbus-RTPS 实时以太网
Type6	SwiftNet 被撤销	Type16	SERCOS Ⅰ、Ⅱ 现场总线
Type7	WorldFIP 现场总线	Type17	VNET/IP 实时以太网
Type8	Interbus 现场总线	Type18	CC-Link 现场总线
Type9	FF H1 现场总线	Type19	SERCOS Ⅲ 实时以太网
Type10	PROFINET 实时以太网	Type20	HART 现场总线

表 9 - 2 中的 Type1 是原 IEC 61158 第一版技术规范的内容，由于该总线主要依据 FF 现场总线和部分吸收 WorldFIP 现场总线技术制定，因此经常被理解为 FF 现场总线。Type2 CIP（Common Industry Protocol）包括 DeviceNet、ControlNet 现场总线和 EtherNet/IP 实时以太网。Type6 SwiftNet 现场总线由于市场推广应用很不理想，在第四版标准中被撤销。

9.2　几种典型的现场总线

从 9.1 节可知，现场总线的类型繁多，已成为国际标准的现场总线类型也不在少数。每种类型的现场总线都具有自己的特点，并在特定的领域有着广泛的应用。下面就几种比较典型的现场总线进行介绍。

9.2.1　CAN

CAN 是控制局域网络（Control Area Network）的缩写，它是由德国 Bosch 公司推出，最早用于汽车内部监测部件与控制部件的数据通信网络。现在已经逐步发展应用于其他控制领域。CAN 规范现已被国际标准化组织采纳，成为 ISO 11898 标准。CAN 已成为工业数据通信的主流技术之一。

CAN 协议也是建立在 ISO/OSI 模型基础上的，它采用了 OSI 底层的物理层、数据链路层和高层的应用层，其信号传输介质为双绞线、同轴电缆或光纤，选择灵活。最高通信速率为 1Mbit/s（通信距离 40m），最远通信距离可达 10km（通信速率为 5kbit/s），节点总数可达 110 个。

CAN 的信号传输采用短帧结构，每一帧的有效字节数为 8 个，因而传输的时间短、受干扰的概率低，每帧信息均有 CRC 校验和其他检错措施，通信误码率极低。CAN 节点在错误严重的情况下具有自动关闭总线的功能，这时故障节点与总线脱离，使其他节点的通信不受影响。CAN 设备可被置于无任何内部活动的睡眠方式，以降低系统功耗，其睡眠状态可通过总线激活或系统内部条件被唤醒。

CAN 总线上任一节点均可在任意时刻主动地向其他节点发起通信，节点不分主从，通信方式灵活。CAN 总线上的节点信息可按实时性要求分成不同的优先级。

CAN 采用载波监听多路访问、逐位仲裁的非破坏性总线仲裁技术：一是先听再讲；二是当多个节点同时向总线发送报文引起冲突时，优先级低的节点主动退出发送，最高优先级的节点不受影响地继续传输数据，极大节省了总线仲裁时间。

CAN 只需通过报文过滤就可实现点对点、一点对多点和全局广播等几种数据交互方式，无需专门调度。

9.2.2 PROFIBUS

PROFIBUS 是过程现场总线（Process Field Bus）的缩写，是 IEC 61158 规定的现场总线国际标准之一。它也是德国国家标准 DIN 19245、欧洲标准 EN 50170，以及中国国家标准（GB/T 20540.1—2006～ GB/T 20540.6—2006）规定的现场总线标准。它主要面向工厂自动化和流程自动化。到 2007 年底，在全球安装的 PROFIBUS 节点已突破 2330 万个，仅 2007 年一年，就增加了 450 万个。其中，PROFIBUS PA 设备安装总节点为 400 万个。

PROFIBUS 由三个兼容部分组成，即 PROFIBUS-DP、PROFIBUS-PA 和 PROFIBUS-FMS，以满足工厂网络中的多种应用需求。

PROFIBUS-DP 是一种高速低成本通信系统，它按照 ISO/OSI 参考模型定义了物理层、数据链路层和用户接口，专为自动控制系统与设备级分散 I/O 之间的通信而设计，用于高速数据传输，可以建成单主站或多主站系统。到目前为止，DP 的应用占整个 PROFIBUS 应用的 80％，代表了 PROFIBUS 的技术精华和特点，有时也把 PROFIBUS-DP 泛指为 PROFIBUS。DP 具有 V0、V1、V2 三个版本。V0 规定了周期性数据交换所需的基本通信功能，提供了对 PROFIBUS 的数据链路层的基本技术描述、站点诊断、模块诊断及特定通道诊断功能。V1 包括依据过程自动化的需求而增加的功能，如用于参数赋值、操作、智能现场设备的可视化和报警处理等非周期的数据通信及更复杂类型的数据通信。V2 包括有根据驱动技术的需求而增加的其他功能，如同步从站模式、实现运动控制中时钟同步的数据传输、从站对从站通信、驱动器设定值的标准化配置等。

PROFIBUS-PA 专为过程自动化设计，物理层采用 IEC 1158-2 标准，能支持现场总线供电，具有本质安全的特点，通信速率固定为 31.25kbit/s，可使变送器与执行器连接在一根总线上。PROFIBUS-PA 采用扩展的 PROFIBUS-DP 协议，另外还有现场设备描述的 PA 行规。

PROFIBUS-FMS 根据 ISO/OSI 参考模型定义了物理层、链路层和应用层，其中应用层包含了现场总线消息规范 FMS（Fieldbus Message Specification）和低层接口 LLI（Lower Layer Interface），适用于承担车间级通用性数据通信，可提供信息量大的相关服务，完成中等传输速率的周期性和非周期性通信任务，用于主站和主站之间的通信任务。不过，FMS 目前的市场份额非常小，近年来已经逐渐被基于以太网的产品所替代。

PROFIBUS-DP 和 FMS 均采用 RS-485 作为物理层的连接接口。连接简单，总线允许增加和减少节点，分步投入不会影响其他节点的操作。

PROFIBUS-DP 和 FMS 传输速率可在 9.6kbit/s 至 12Mbit/s 内选择，但挂接在同一网

段上的所有设备需要选用同一传输速度。信号传输距离的最大长度取决于传输速度。如选用最高速率 12Mbit/s 时，最大通信距离不超过 100m；选用 9.6kbit/s 时，最大通信距离为 1200m。如果采用中继器，可延长至 10km。传输介质可以是双绞线或光缆。每个网络可挂 32 个节点，如带中继器，最多可挂 127 个节点。

PROFIBUS 采用定长或可变长帧结构，定长帧一般为 8 字节，可变长帧每帧的有效字节数为 1～244 个。近年来，多家公司联合开发 PROFIBUS 通信系统的专用集成电路芯片，目前已经能将 PROFIBUS-DP 协议全部集成在一块芯片之中，如被称为 PROFIBUS 控制器的 SPC3 芯片、主站控制器 PBM 芯片、从站控制器 PBS01 芯片等。

随着以太网技术由企业网络的上层向下层渗透，为方便实现信息集成，PROFIBUS 国际组织又发展了建立在交互式以太网和 TCP/IP 协议基础上的 PROFINET 标准，使用了大量 PROFIBUS 固有的用户界面规范，且充分考虑了与原有 PROFIBUS 产品的兼容和互联，并成为 IEC 61158 规定的实时以太网的国际标准之一，也是中国国家标准（GB/Z 20541.1—2006、GB/Z 20541.2—2006）规定的现场总线标准。

9.2.3　WorldFIP

WorldFIP 意为世界工厂仪表协议（World Factory Instrument Protocol），最初由 Cegelec 等几家法国公司在原有通信技术的基础上根据用户的要求所制定，随后即成为法国标准，后来又采纳了 IEC 物理层国际标准（IEC 61158-2），并命名为 WorldFIP。WorldFIP 是欧洲现场总线标准 EN50170-3。WorldFIP 组织成立于 1987 年，目前包括有 ALSTOM、Schneider、Honeywell 等世界著名大公司在内的 100 多个成员。WorldFIP 协议按照 ISO/OSI 参考模型定义了物理层、数据链路层和应用层。WorldFIP 采用有调度的总线访问控制。采用屏蔽双绞线时，通信速率为 31.35k、1M、2.5Mbit/s，对应的最大通信距离分别为 5000、1000、500m。如果采用光纤，通信速率为 5Mbit/s，在高速网段为 25Mbit/s，其最大通信距离可达 40km。每段现场总线的最大节点数为 32 个，使用分线盒可连接 256 个节点。整个网络最多可以使用 3 个中继器，连接 4 个网段。

WorldFIP 采用可变长帧结构，每帧的最大字节数为 256 个，适于包括 TCP/IP 在内的各种类型的协议数据单元。WorldFIP 有周期和非周期两种数据传输，变量寻址和报文寻址两种寻址方式，由应用层提供变量和消息两种访问服务，具有完备的网络和系统管理。

WorldFIP 可以提供各种专用通信芯片，如具有总线仲裁器功能的 FULLFIP2、具有总线仲裁器功能并且支持双处理器结构的 FIPIU2，以及无总线仲裁器功能的 MICROFIP 等。

9.2.4　HART

HART 是可寻址远程传感器数据通路（Highway Addressable Remote Transducer）的缩写，最早由 Rosemount 公司开发，得到了 80 多家仪表公司的支持，并于 1993 年成立了 HART 通信基金会。HART 协议参考了 ISO/OSI 参考模型的物理层、数据链路层和应用层，其主要特点是采用基于 Bell 202 通信标准的频移键控 FSK 技术。在现有的 4～20mA 模拟信号上叠加 FSK 数字信号，以 1200Hz 的信号表示逻辑 1，以 2200Hz 的信号表示逻辑 0，通信速率为 1200bit/s，单台设备的最大通信距离为 3000m，多台设备互连的最大通信距离为 1500m，通信介质为双绞线，最大节点数为 15 个。

HART 采用可变长帧结构，每帧最长为 25 个字节，寻址范围为 0～15。当地址为 0 时，处于 4～20mA 与数字通信兼容状态；而当地址为 1～15 时，则处于全数字状态。HART 协议的应用层规定了三类命令：第一类是通用命令，适用于遵循 HART 协议的所有产品；第二类称为普通命令，适用于遵循 HART 协议的大多数产品；第三类称为特殊命令，适用于遵循 HART 协议的特殊设备。另外，HART 还为用户提供了设备描述语言 DDL（Device Description Language）。

HART 通信协议允许两种通信模式：一种是"问答式"，即主设备向从设备发出命令，从设备予以回答，每秒可交换两次数据；另一种是"成组模式"，即无需主设备发出请求，从设备自动连续发出数据，速率每秒提高到 3.7 次，只适用于点对点连接方式，不适用于多站连接方式。

HART 是一种模拟向数字过渡的通信方式，由于目前使用 4～20mA 标准的现场仪表大量存在，因此 HART 仍会应用较长时间。HART 既具有常规模拟仪表性能，又具有数字通信性能，用户可将智能化仪表与现有模拟系统一起使用，逐步实现仪表的数字化。

9.2.5 ControlNet

ControlNet 主要用于 PLC 与计算机之间的通信网络，也可在逻辑控制或过程控制系统中用于连接串行、并行的 I/O 设备、人机接口等。数据传输速率为 5Mbit/s，可寻址节点数为 99。在一般应用场合，物理介质采用 RG-6/U 电视电缆和标准连接器，传输距离为 1000m，在野外、危险场合及高电磁干扰场合，可采用光纤，距离可达 25km。

EtherNet-ControlNet-DeviceNet 的网络结构是 ControlNet 的典型应用形式，采用并行时间域多路存取 CTDMA（Concurrent Time Domain Multiple Access）通信方式，为生产者与消费者通信模式。产生发送报文的节点为生产者，接受数据的节点为消费者。发送的报文按内容进行标识，当节点接受数据时，仅需识别报文的特定标识符，数据包不需要目的地址。数据源只需将数据发送一次，多个需要该数据的节点通过标识符来获取报文数据，同时从网络中获取同一数据源的数据。这种传输模式的优点是提高了网络带宽的有效使用率，数据一旦发送到网络上，多个节点能同时接收，当更多设备加载到网络时，也不会增加网络的通信量。由于数据同时到达各节点，因此可实现各节点的精确同步化。

ControlNet 针对网络传输数据的，设计了通信调度的时间分片方法，即可以满足对时间有严格要求的控制数据的传输，又可满足信息量大、对时间没有苛求的数据与程序传输等。此方法根据网络应用情况将网络运行时间划分为一系列等间隔的时间片，每个时间片被划分为三部分：预留带宽部分、非预留带宽部分和维护带宽部分。预留带宽部分用于保证每个需要发送有严格时间要求数据的节点有机会发送报文，所有对时间有严格要求的报文都必须在这段时间发送出去。非预留带宽部分用于传输没有严格时间要求的数据，所有节点按排队顺序发送报文。维护带宽部分用于发送维护报文，以进行节点时钟同步，以及发布一些重要的网络链路参数。

ControlNet 的数据传输具有确定性和可重复性，适于传输实时报文。在信息吞吐量大的场合，对时间有严格要求的数据传输总比其他数据传输有更高的优先权。

9.2.6 DeviceNet

DeviceNet 是一种基于 CAN 技术的开放型通信网络，主要用于构建底层控制网络，其网络节点由嵌入了 CAN 通信控制器芯片的设备组成。该项技术最初由 Allen-Bradley 公司设计开发，在离散控制、低压电器等领域得到迅速发展。后来成立了旨在发展 DeviceNet 技术和产品的国际化组织 ODVA，以进一步开发、管理、推广 DeviceNet 技术规范。DeviceNet 是 IEC 62026 国际标准的第 3 部分，也是欧洲标准 EN50325。

可作为 DeviceNet 节点的设备包括开关型 I/O 设备、模拟量输入/输出现场设备、温度调节器、条形码阅读器、机器人、伺服电动机、变频器等，具有产品系列丰富的特点。一些国家的汽车行业、半导体行业、低压电器行业都采用该技术推进行业的标准化。

DeviceNet 上的节点不分主从，网络上任一节点均可在任意时刻主动向网络上其他节点发起通信。各网络节点嵌入 CAN 通信控制器芯片，网络通信物理信令和介质访问控制遵循 CAN 协议。采用 CAN 的非破坏性总线逐位仲裁技术。在 CAN 技术的基础上增加了面向对象、基于连接的通信技术，提供了请求—应答和快速 I/O 数据通信两种通信方式，可容纳 64 个节点地址，支持 125k、250kbit/s 和 500kbit/s 等三种通信速率。采用短帧格式，传输时间短，抗干扰能力强。每帧都有 CRC 校验及其他校验措施。支持设备热插拔，支持总线供电和单独供电。

9.2.7 ASI

ASI（执行器或传感器接口）是一种用在控制器（主站）和传感器/执行器（从站）之间双向交换信息的总线网络，属于底层自控设备的工业数据通信网络。ASI 总线系统的开发是由 11 个公司联合赞助和规划的，它得到德国科技工业部的支持，诸多科研机构和 ASI 协会也加入到该队伍中，由此形成了一个世界性的组织——ASI 国际协会，该组织对任何公司和企业都是开放的。ASI 是 IEC 62026 国际标准的第 2 部分。

一个 ASI 总线系统通过它主站中的网关可以和多种现场总线（如 FF、PROFIBUS、CAN）相连接。ASI 主站可以作为上层现场总线的一个节点服务器，在它的下面又可以挂接一批 ASI 从站。ASI 总线主要运用于具有开关量特征的传感器和执行器系统。传感器可以是各种原理的位置接近开关，以及温度、压力、流量、液位开关等。执行器可以是各种开关阀门，电/气转换器以及声、光报警器，也可以是继电器、接触器、按钮等低压开关电器。当然，ASI 总线也可以连接模拟量设备，只是模拟信号的传输要占据多个传输周期。必须注意的是，在连接主站和从站的两芯电缆上，除传输信号外，同时还提供工作电源。

ASI 总线是在分析了传统的 I/O 并行和树形结构的优缺点，以及开关量技术特点后发展起来的。它省去了各种 I/O 卡、分配器的控制柜，节约了大量的连接电缆。因采用了两芯扁平电缆和特殊的穿刺安装技术，故能很方便地将传感器/执行器连接到 ASI 网络上。

ASI 总线是一个主从系统，主站和所有的从站可双向交换信息。当主站与上层现场总线进行通信时，主站担当了 ASI 和上层网络信息交换的出入口。每个网段只有一个主节点，最多可连接 31 个从节点，每个从节点最多可有 4 个开关量 I/O 口。典型传输速率为 167kbit/s。

因 ASI 主要传输的是开关量，所以它的数据结构比较简单，有效数据一般只有 4～5 位，用户仅需关心数据格式、传输速率和参数配置等。

ASI 总线在许多方面采取了抗干扰措施。在接收数据时进行错误检验，出现错误后信息可以重发。在系统部件出现故障时，主站会很快检测到故障信息，并自动与发生故障的从站切断通信联系，通知操作人员故障地址，以便及时进行维修。主站还具备网络运行监视功能，在任何时刻用户都能得到系统中所有从站当前运行状态的完整资料。

9.2.8 FF

FF 是现场总线基金会（Fieldbus Foundation）的缩写。现场总线基金会是国际公认的、唯一不附属于某企业的、非商业化的国际标准化组织，其宗旨是制定单一的国际现场总线标准。FF 协议的前身是以美国 Fisher-Rosemount 公司为首，联合 Foxboro、Yokogawa、ABB、Siemens 等 80 家公司制定的 ISP 协议，和以 Honeywell 公司为首，联合欧洲等地的 150 家公司制定的 WorldFIP 协议。迫于用户的压力，支持 ISP 和 WorldFIP 的两大集团于 1994 年 9 月联合成立了现场总线基金会（Fieldbus Foundation）。

FF 是为适应自动化系统，特别是过程自动化系统在功能、环境与技术上的需要而专门设计的。FF 适合在流程工业的生产现场工作，能适应本质安全防爆的要求，还可通过通信总线为现场设备提供工作电源。为适应离散过程和间歇过程控制的需要，还扩展了新的功能块。FF 为当今世界上具有较强影响力的现场总线技术之一。

FF 是一项完整的控制网络技术，除了像 CAN 那样的数据通信技术之外，还包括像标准化功能块那样的能集成控制应用功能的规范内容，即基于 FF 就可以构建执行自动化功能的控制网络。

FF 以 ISO/OSI 参考模型为基础，取其物理层、链路层和应用层为 FF 通信模型的相应层次，并在此基础上增加了用户层。基金会现场总线分为低速现场总线和高速现场总线两种通信速率。低速现场总线 H1 的传输速率为 31.25kbit/s，高速现场总线 HSE 的传输速率为 100Mbit/s，H1 支持总线供电和本质安全特性。最大通信距离为 1900m（如果加中继器，可延长至 9500m），最多可直接连接 32 个节点（非总线供电）、13 个节点（总线供电）、6 个节点（本质安全要求）。如果加中继器，最多可连接 240 个节点。通信介质为双绞线、光缆或无线电。

FF 采用可变长帧结构，每帧的有效字节数为 0～251 个。当前已经有 Smar、Fuji、National、Semiconductor、Siemens、Yokogawa、中科院沈阳自动化研究所等多家公司和机构可以提供 FF 的通信芯片。

截至目前，全世界已有 500 多个用户和制造商成为现场总线基金会的成员。基金会董事会囊括了世界上最主要的自动化设备供应商。基金会成员所生产的自动化设备占世界市场的 90% 以上。基金会强调中立与公正。所有成员均可以参加规范的制定和评估，所有技术成果由基金会拥有和控制。由中立的第三方负责产品的注册和测试等。因此，基金会现场总线具有一定的权威性、广泛性和公正性。

本书将重点讨论基金会现场总线控制系统。

9.3 现场总线控制系统的构成

现场总线控制系统是继 PCS、ACS、CCS、DCS 之后的新一代控制系统，目前还处在发展阶段，各种不同的现场总线控制系统层出不穷，其系统结构形态各异。有的是按照现场总线体系结构的概念设计的新型控制系统，有的是在现有的 DCS 系统上扩充了现场总线的功能。为了便于讨论，我们将重点放在监控级、控制级和现场级。监控级之上的管理级、决策级等不予考虑，因此可以把 FCS 分为三类：一类是由现场设备和人机接口组成的两层结构的 FCS，另一类是由现场设备、控制站/网关和人机接口组成的三层结构的 FCS，还有一类是由 DCS 扩充了现场总线接口模件所构成的 FCS。

9.3.1 具有两层结构的 FCS

具有两层结构的 FCS 如图 9-2 所示，它由现场设备和人机接口两部分组成。现场设备包括符合现场总线通信协议的各种智能仪表，如现场总线变送器、转换器、执行器和分析仪表等。由于系统中没有单独的控制器，系统的控制功能全部由现场设备完成。例如，常规的 PID 控制算法可以在现场总线变送器或执行器中实现。人机接口设备一般有运行员操作站或工程师工作站。运行员操作站或工程师工作站通过位于机内的现场总线接口卡和现场总线与现场设备交换信息。

图 9-2 具有两层结构的现场总线控制系统

这种现场总线控制系统结构适于控制规模相对较小、控制回路相对独立、不需要复杂协调控制功能的生产过程。在这种情况下，由现场设备所提供的控制功能即可满足要求。因此，在系统结构上取消了传统意义上的控制站，控制站的控制功能下放到现场，简化了系统结构。但带来的问题是不便于处理控制回路之间的协调问题，一种解决办法是将协调控制功能放在运行员操作站或者其他高层计算机上实现，另一种解决办法是在现场总线接口卡上实现部分协调控制功能。

9.3.2 具有三层结构的 FCS

具有三层结构的 FCS 如图 9-3 所示，它由现场设备、控制站/网关和人机接口三部分组成。其中，现场设备包括各种符合现场总线通信协议的智能传感器、变送器、执行器、转换器和分析仪表等；控制站/网关可以完成基本控制功能或协调控制功能，执行各种控制算法，也可只作为高速以太网和低速现场总线的网关进行信息交换；人机接口包括运行员操作站和工程师工作站，主要用于生产过程的监控，以及控制系统的组态、维护和检修。系统中其余各部分的功能同前所述，故不赘述。

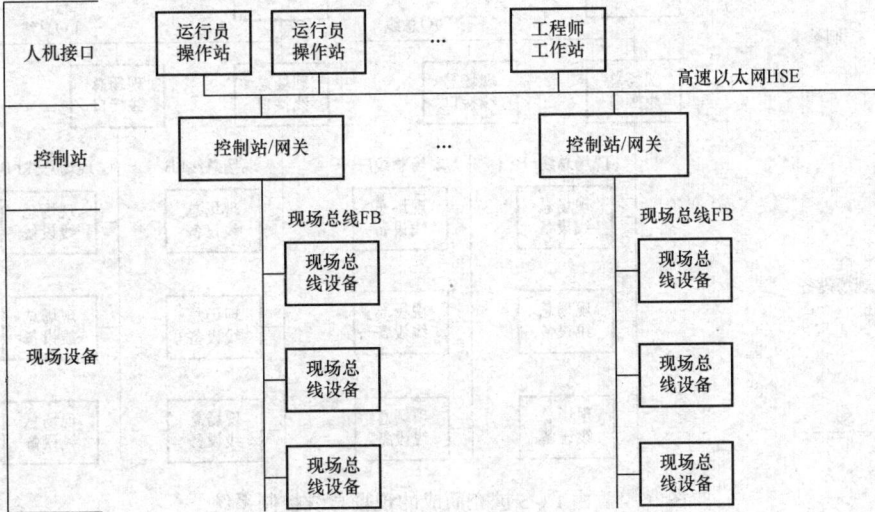

图 9-3　具有三层结构的现场总线控制系统

这种现场总线控制系统的结构虽然保留了控制站/网关，但控制站/网关所实现的功能与传统的 DCS 有很大区别。在传统的 DCS 中，所有控制功能，无论是基本控制回路的 PID 运算，还是控制回路之间的协调控制功能，均由控制站实现。但在 FCS 中，低层的基本控制功能一般是由现场设备实现的，控制站/网关仅完成协调控制或其他高级控制功能。当然，如有必要，控制站/网关本身是完全可以实现基本控制功能的，这样就可以让用户有更加灵活的选择。具有三层结构的 FCS 适用于比较复杂的工业生产过程，特别是那些控制回路之间关联密切、需要协调控制功能的生产过程，以及需要特殊控制功能的生产过程。

9.3.3　由 DCS 扩充而成的现场总线控制系统

现场总线作为一种先进的现场数据传输技术，正渗透到新兴产业中的各个领域。DCS 系统的制造商同样也在利用这一技术改进现有的 DCS 系统，他们在 DCS 系统的 I/O 总线上挂接现场总线接口模件，通过现场总线接口模件扩展出若干条现场总线，然后经现场总线与现场智能设备相连，如图 9-4 所示。

这种现场总线控制系统是由 DCS 演变而来的，因此不可避免地保留了 DCS 的某些特征。例如，I/O 总线和高层通信网络可能是 DCS 制造商的专有通信协议，系统开放性要差一些。现场总线装置的组态可能需要特殊的组态设备和组态软件，也就是说不能在 DCS 原有的工程师工作站上对现场设备进行组态等。这种类型的系统比较适于在用户已有的 DCS 系统中进一步扩展应用现场总线技术，或者改造现有 DCS 系统中的模拟量 I/O，提高系统的整体性能和现场设备的维护管理水平。

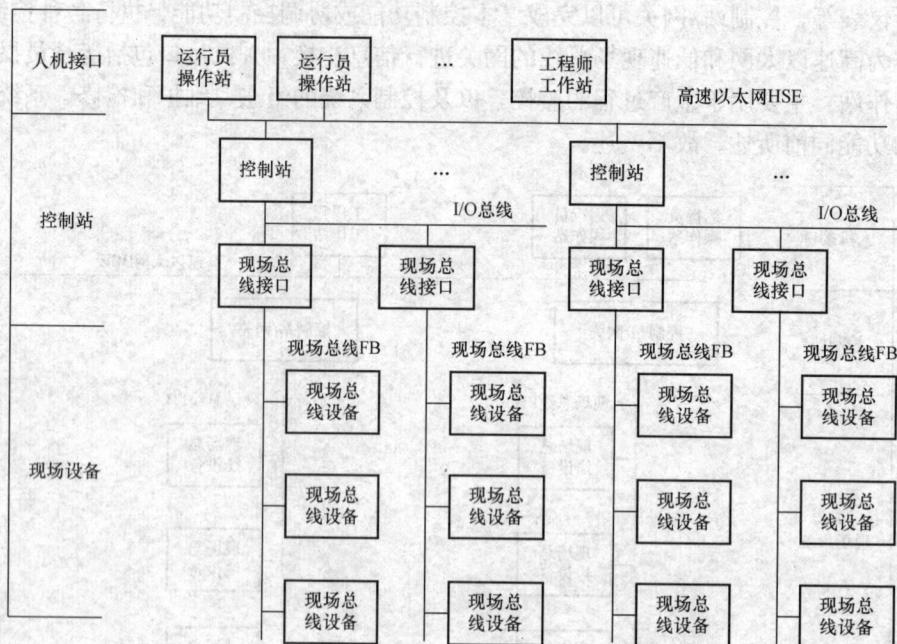

图 9-4　由 DCS 扩充而成的现场总线控制系统

这种结构还有一个特点，就是可以使用 DCS 组成混合系统。在 I/O 总线上可以挂接不同规范的现场总线接口卡，以及模拟量输入/输出卡件。例如，现场总线接口卡可以是符合 FF 总线协议的，可以是符合 PROFIBUS 总线协议的，也可以是符合 DeviceNet 总线协议的，这样就可以将不同类型的现场总线设备集成在 DCS 系统中，使 DCS 控制器可以完成对不同类型现场设备的访问和操作。

9.4　现场总线控制系统的特点

现场总线是现场仪表所采用的双向数字通信方式，是自动化仪表的最新技术成果，它将取代当今现场仪表广泛使用的 4～20mA 标准模拟通信方式。

现场总线具有以下特点：

（1）一根双绞线可连接多台设备，从而减少导线数量，降低配线成本。

（2）由于采用数字传输方式，从而可以实现高精度的信息处理，提高控制质量。

（3）由于实现了多重通信，因此除了可以传送过程变量 PV、控制变量 MV 值之外，还可以传送大量的现场设备管理信息。

（4）现场仪表之间可以通信，实现了现场仪表的自主分散控制。

（5）现场总线仪表具有互操作性，不同厂家的仪表可以自由组合，为用户提供了更广泛的选择余地。

（6）实现了测量仪表、电气仪表、分析仪表的综合化。

（7）在控制室就可以对现场仪表进行调试、校验、诊断和维护。

下面将详细讨论这些特点。

1. 通信方式先进

目前现场仪表有三种通信方式，即模拟通信方式、混合通信方式和现场总线通信方式。现场总线通信方式即数字通信方式，与模拟通信方式和混合通信方式比较，具有信息精度高、传送速度快、传送数据量大、可以实现双向通信等优点。

（1）模拟通信方式。模拟通信方式是用 $4\sim20$mA 直流模拟信号传送信息，其拓扑结构为一对一方式，即一对导线只能接一台现场仪表，信息只能单方向传输。因此，由现场设备接收信息的信号线和给现场设备发送控制信号的控制线是分开的。

（2）混合通信方式。混合通信方式是在 $4\sim20$mA 模拟信号上叠加数字信号的通信方式。其中，模拟信号用于传送过程变量或控制变量；数字信号用于传输现场仪表的调整信息、诊断信息和状态信息，以便进行现场仪表的远程设定和设备管理。

由于混合通信方式是厂家自主开发的，不同厂家的设备之间不能进行信息交换。虽然混合通信方式实现了数字通信，但仍然以 $4\sim20$mA 模拟通信为主体，因此混合通信方式的数据传输速度和传输容量仍比现场总线通信方式要低。

（3）现场总线通信方式。现场总线通信方式与模拟通信方式和混合通信方式不同，它是完全的数字通信方式。现场总线通信方式可以进行双向通信，因此与模拟通信方式和混合通信方式不同，它可以传送多种数据。在模拟通信方式中，一对配线只能接一台现场仪表，而现场总线通信方式没有这种限制，一根现场总线配线可以连接多台现场仪表。

现场总线通信方式推进了国际标准化，确保了互操作性。使用现场总线能够解决在混合通信方式中传送速度慢、互操作性差等问题。

各种通信方式的比较见表 9-3。

表 9-3　　　　　　　　　　　各种通信方式的比较

方　式	现场总线	混　合	模　拟
拓扑结构	多点	点对点	点对点
传输方式	数字传输	模拟加数字传输	模拟传输
传输方向	双向	单向（模拟）、双向（数字）	单向
信号种类	多重信号	部分多重信号	单信号
标准化	是	不是	是

2. 节省导线、电缆及其安装费用

采用现场总线技术，可以实现多仪表互连、多变量检测和多变量传送。

（1）多仪表互连。一根线上连接多台现场仪表就叫做多仪表互连。多仪表互连的最大优点是节省大量的导线、电缆及其安装费用。图 9-5 为多仪表互连的图示。

在模拟通信方式中，一对导线只能连接一台现场仪表。但现场总线通信方式中采用多仪表互连方式，一对导线可以连接多台现场仪表，并且还可以在配好线的线上补接现场仪表，而不必重新敷设电缆。这样，就为在工程中修改和扩充控制系统提供了极大的方便。

过去，现场仪表的连接需要大量的导线和电缆。若使用现场总线通信方式，因采用了多

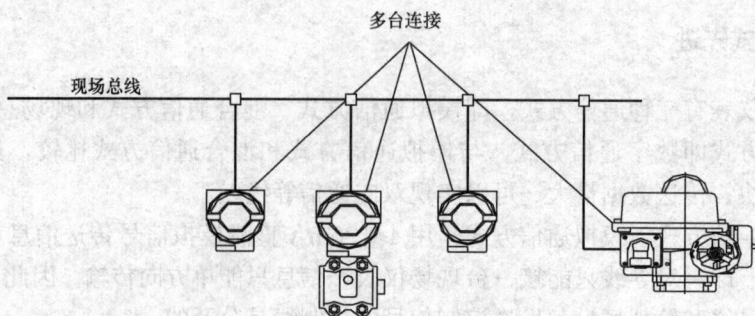

图 9-5 多仪表互连

仪表互连方式，导线和电缆的用量大大减少，其敷设成本也显著降低；许多现场仪表可以连接到一条现场总线上，控制系统的规模很容易扩大，装置的自动化水平也得到了提高。

（2）多变量检测。所谓多变量检测，是指一台现场仪表可以同时检测多个过程变量，也称为多变量测量。在过去的模拟通信方式中，测量一个变量就需要一对导线，因此，每台现场仪表只能测量一个过程变量；而采用了现场总线通信方式后，一台现场仪表就可以同时检测多个过程变量，如图 9-6 所示。

（3）多变量传送。现场总线可以实现多变量传送，因此一台测量多变量的现场仪表只要用一对导线，就可以把该现场仪表测量的变量全部传送出去，如图 9-6 所示。

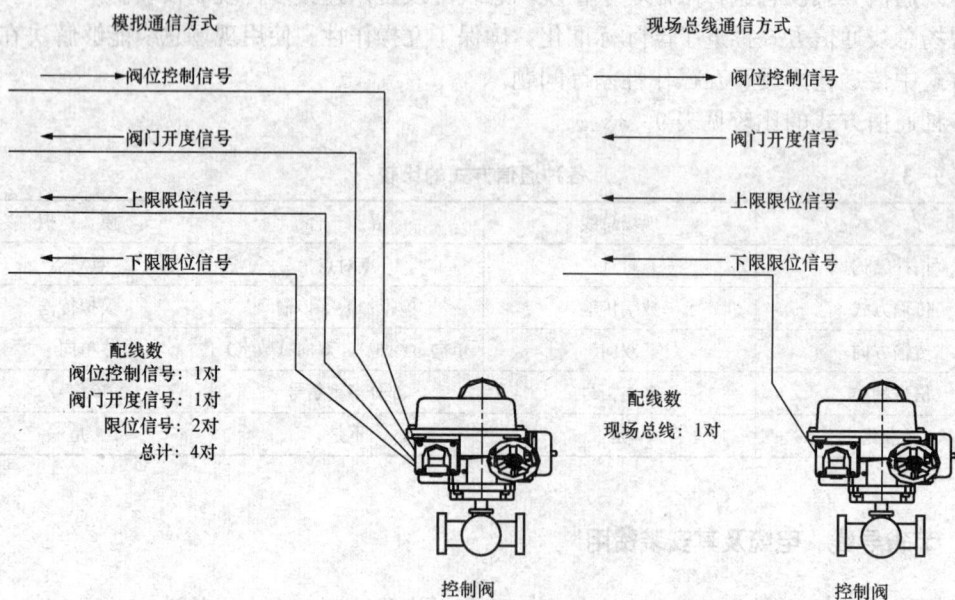

图 9-6 单变量检测传送和多变量检测传送

由图 9-6 可见，一个控制阀需要传送一个控制信号、一个开度信号和两个限位信号。如果采用传统的现场仪表，则需要四对导线；而采用现场总线仪表，则只需要一对导线即可。

另外，利用现场总线仪表的多变量检测和多变量传送特性还可以实现一些特殊的系统功能，如变送器周围环境温度的监测、变送器导压管堵塞的监测等。

3. 传输精度得到提高

引入现场总线可消除模拟通信方式中数据传输时产生的误差，提高传输精度。模拟通信方式中产生误差的原因有以下三个方面：

（1）现场仪表中 D/A 转换产生误差。

（2）模拟信号传输产生误差。

（3）系统仪表中 A/D 转换产生误差。

在模拟通信方式中，装有微处理器的现场仪表在传输数据时，数据进行 A/D、D/A 转换时会产生误差。同时，模拟信号传输过程中也会产生误差。使用现场总线，可以消除转换误差和传输误差。现场总线是用数字信号传输数据，数字信号传输与模拟信号传输的不同之处在于：前者不产生信号传输过程中所带来的误差。现场总线中的数据以数字状态传送，不需要 A/D、D/A 转换，因此也不会产生转换误差。引入现场总线，就消除了上述三个误差，提高了传送精度。

图 9-7 所示为模拟通信方式和现场总线通信方式的精度比较。

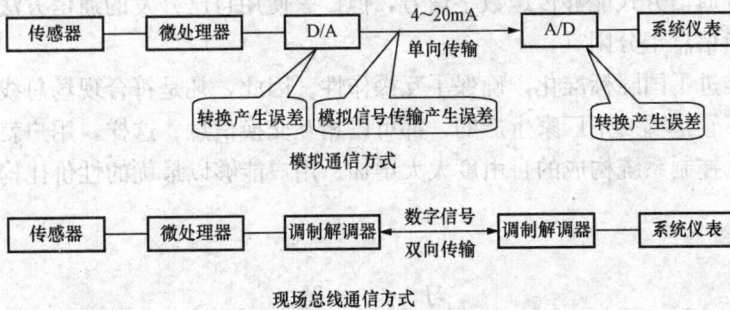

图 9-7　模拟通信方式和现场总线通信方式的精度比较

4. 多层次的信息传输

现场总线除了可以传输过程变量 PV 和控制变量 MV 之外，还可以传输其他各种信息。现场仪表之间也可以通过现场总线交换信息。由于现场总线实现了多种数据的双向传送，因此，与模拟通信方式相比，它具有更多的功能。

模拟通信方式只能传输 PV 值和 MV 值。混合通信虽然实现了多种数据的传输，但其传输速度慢，且系统仪表和现场仪表只能是一对一的通信。现场总线解决了混合通信存在的问题，其传输速度快，系统仪表和现场仪表之间可以实现多对多的通信；同时，它可以双向传递各种数据，实现底层现场仪表和高层系统仪表，以及底层现场仪表之间的、多层次的信息传输。

5. 系统控制功能的分散化

采用现场总线，实现了控制系统的综合管理和自主分散控制。

（1）现场仪表具有综合管理功能。使用现场总线不但可以传输 PV 值和 MV 值，而且可以传输很多用于设备管理的信息。所以，现场仪表能够实现更多的功能，如具有温度、压力校正的现场总线流量变送器，具有阀门流量特性补偿的现场总线阀门定位器等。

（2）系统控制功能的自主分散。现场仪表具有高层次功能，在某种程度上承担了系统仪表的控制功能。这样就有利于实现现场仪表控制功能的自主分散化，进一步提高整个系统的可靠性。

（3）系统控制功能的下移。随着现场仪表的高度功能化以及控制功能的分散化，今后系统仪表的部分控制功能会向下移动，进入现场总线仪表。例如，PID 控制功能既可以在现场仪表中实现，也可以在系统仪表中实现，根据不同的控制对象，用户可以自由选择。当控制回路之间的关联密切、需要协调时，可以将 PID 控制功能放在系统仪表中实现；相反，当控制回路之间的独立性较强时，可以将其放在现场仪表中实现。

6. 互操作性

现场总线通信方式正在向国际标准化推进，标准化确保了互操作性的实现。不同厂家的设备可以混合使用，控制系统的组成是自由的。

过去的混合通信方式能够传送数字信号，但厂家使用自己开发的通信方法，不同厂家的设备间相互交换信息十分困难。

现场总线推进了国际标准化，确保了互操作性。因此，凡是符合现场总线通信协议的现场总线设备，不管是哪一个厂家生产的，都可以相互交换信息。这样，用户就不必围绕一家公司选择设备，控制系统构成的自由度大大增加。用户能够以最优的性价比构成符合自己要求的控制系统。

$$习\qquad 题$$

1. 什么是现场总线？
2. 现场总线控制系统的特点有哪些？
3. 试从控制信息流的角度分析分散控制系统、远程 I/O 系统和现场总线控制系统的区别。
4. 现场总线控制系统的结构有哪几种？试用图形表示。

10　现场总线通信系统

现场总线是企业的底层数字通信网络，是控制领域的计算机局域网。数据通信技术则是现场总线控制系统中的核心技术。各种现场总线数据通信系统都有自己的通信协议，为了保证系统的开放性和互操作性，迫切需要制定现场总线通信协议的有关国际标准。然而，制定统一的现场总线通信协议，目前尚存在多方面的困难。国际电工委员会 IEC 制定的 IEC 61158 国际标准，其最新版（2007，第四版）已采纳了 20 种类型的现场总线、以太网标准，形成了多种现场总线并存的局面。本章主要介绍基金会现场总线 FF 的数据通信系统。

10.1　现场总线通信系统概述

10.1.1　现场总线通信系统和 ISO/OSI 参考模型的关系

ISO/OSI 参考模型定义了一个 7 层的开放系统通信结构。现场总线系统根据现场环境的要求对模型进行了优化，除去了实时性不强的中间层，并增加了用户层，从而构成了现场总线通信系统模型。基金会现场总线 FF 模型与 ISO/OSI 参考模型的对应关系如图 10 - 1 所示。

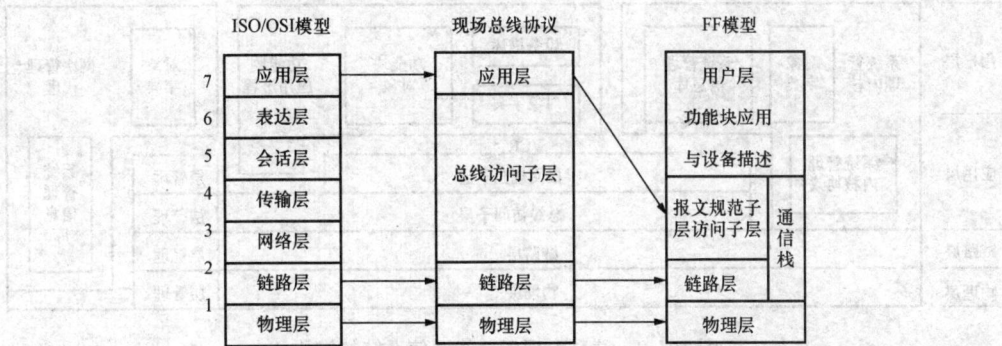

图 10 - 1　基金会现场总线 FF 模型与 ISO/OSI 参考模型之间的对应关系

典型的现场总线协议模型如图 10 - 1 的中间一列所示，它采用 ISO/OSI 参考模型中的三个对应层，即物理层、链路层和应用层。考虑到现场总线通信的特点，将 ISO/OSI 参考模型中的 3～6 层简化为一个现场总线访问子层。它是 ISO/OSI 参考模型的简化形式，既考虑了开放性系统的要求，又兼顾了测控系统的特点。

基金会现场总线 FF 模型如图 10 - 1 的右侧一列所示。它采用了 ISO/OSI 参考模型中的三层，即物理层、链路层和应用层，隐去了 3～6 层。其中，物理层、链路层采用了 IEC/ISA 标准。应用层分为两个子层，即现场总线访问子层 FAS（Fieldbus Access Subpayer）和现场总线报文规范子层 FMS（Fieldbus Message Specification）。FMS 为系统的用户层提供通信服务。FMS 提供不同类型的通信信道，称为虚拟通信关系 VCR（Virtual Communication Relationship）。VCR 表明了两个或多个应用进程之间的关联，是各应用之间的逻辑通信通道。FAS 把 VCR 映射到底层网络，从而把用户的应用进程同日新月异的网络技术的发展隔离开来。链路层、访问子层和报文规范子层的全部功能集成在一起称为通信栈（Communication Stack）。

基金会现场总线还在 ISO/OSI 参考模型的应用层之上增加了用户层，用于组成用户所需要的应用程序，如规定标准的功能块、定义设备描述、实现网络管理和系统管理等。

10.1.2 现场总线通信系统的主要组成部分

基金会现场总线通信系统的结构是简单、开放的。"简单"是指系统设计成简单的并且能够满足功能、环境和技术的要求。"开放"是指分散的控制系统可以由不同的供应商提供测量、控制设备。

基金会现场总线通信系统的结构如图 10 - 2 所示。由图可知，通信参考模型对应四个分层，即物理层、链路层、应用层、用户层。物理层具体说明信号是如何发送的，数据链路层具体说明网络共享及设备中的调度，应用层定义了应用间的命令、响应、数据和事件信息的交换信息格式，用户层用于组成用户所需要的应用程序。按各部分在物理设备中要完成的功能，分为通信实体、功能块应用进程、系统管理内核三大部分。各部分之间通过 VCR 来沟通信息，基金会现场总线通信系统结构共有三种类型的 VCR，即出版商/订阅者 VCR、报告分发 VCR 及客户机/服务器型 VCR。各部分的主要功能如下。

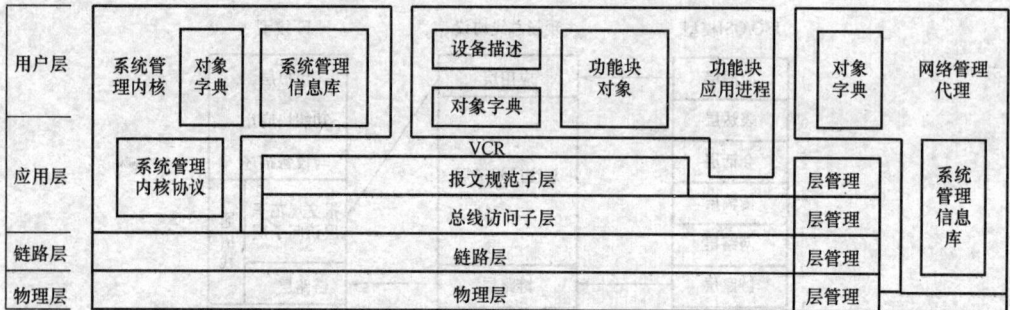

图 10 - 2 基金会现场总线通信系统的结构

1. 通信实体

通信实体贯穿从物理层到用户层的所有各层，由各层协议和网络管理代理共同组成。通信实体的任务是生成报文与提供报文传送服务，它是实现现场总线信号数字通信的核心部分。各层协议的基本目标是构成虚拟通信关系。

为了在设备中综合层 2 和层 7，并控制/监督它们的运行，基金会系统结构在每个设备中都有一个网络管理代理（NMA）。网络管理代理支持系统组态管理、运行管理和差错管理功能。这些组态、运行、差错的信息都存储于网络管理信息库（NMIB）中。当然，仍有大量的信息存在于通信栈中。系统管理信息库（NMIB）是由虚拟现场设备 VFD 描述的。

180

2. 功能块应用进程

功能块应用进程（Function Block Application Process，FBAP）位于应用层和用户层，主要用于实现用户所需要的各种功能，它包括功能块对象、设备描述和对象字典。其中，功能块把为实现某种应用功能或算法、按某种方式反复执行的函数模块化，提供一个通用结构来规定输入、输出、算法和控制参数，把输入参数通过这种模块化的函数转化为输出参数。用户可使用这些功能块构建用户程序，实现所需要的控制策略。对象字典（Object Dictionary，OD）和设备描述（Device Description，DD）是支持功能块的标准化工具，对网络可视对象进行定义和描述，促进设备的定义和理解的一致性。其中，DD 是 OD 的扩展，它可以描述很多对象，可以驱动人机接口的显示及同其他设备相互作用。

3. 系统管理内核

系统管理内核（System Management Kernel，SMK）位于应用层和用户层，主要负责与网络系统相关的管理任务，如确立本设备在网段中的位置，协调与网络上其他设备的动作和功能块执行时间。

基金会现场总线通信系统结构在每个设备中包含一个系统管理内核，它维护系统信息的同步与协调，为设备应用执行和互操作提供一个分散的平台。系统管理内核维护的信息被作为系统管理信息库（SMIB）、系统的基本信息组态到 SMIB 中。系统管理内核的作用还有分配物理标签和地址，定位设备、对象，系统应用时钟同步，功能块调度等。

10.1.3 现场总线网络拓扑结构

基金会现场总线的网络拓扑结构分为单链路拓扑和桥式拓扑两种结构。其中，单链路拓扑是典型的离线组态网络，包含一个组态设备和一个被组态设备。而桥式网络是由桥把不同速率、不同介质的链路连接成多链路。在所有基金会现场总线网络中，两个设备间只有一个数据链路，所以桥内的路由表要相互协调，组成生成树（Spanning Tree）。生成树表达了桥的组态，这样就保证了只有两个方向的数据流，或者流向树根，或者离开树根，没有任何回路和并行路径。也就是说，由每一条链路到树根有一个，且仅有一个桥。生成树中的每一个桥只有一个根端口、一个或多个下游端口。每一个桥端口都连接一条链路。根端口向上连接到根，下游端口向下引出根的分支。下游端口又称指定端口（Designated Ports）。当根端口由远方的链路接收到预定的信息时，桥就会根据内部的路由表来选择信息所要经过的下游端口；而当下游端口接收到信息时，桥就会指出上传到根和下传到其他下游端口的通信路径。

在现场总线网络中，桥完成的任务有：①转发；②重发；③分配数据链路时间；④分配应用进程时间。

每一条链路都要有一个，且只能有一个链路活动调度器（Link Active Scheduler，LAS）。LAS 在数据链路层中的作用是作为链路总线仲裁器，它完成以下功能：

（1）识别和添加链路中的新设备。

（2）删除链路中无响应的设备。

（3）分配数据链路时间和链路调度时间。

（4）在受调度传输时，轮询现场总线装置，看缓冲区中是否有要发送的数据。

（5）在两次受调度传输的中间，为现场总线装置分配令牌。

链路上的任何一个设备只要具备成为 LAS 的条件，都可以成为 LAS。能够成为 LAS 的设备称为链路主设备，其余设备称为基本设备。

当链路首次启动或者现有的 LAS 故障时，链路主设备开始竞争 LAS。竞争成功的链路主设备立即作为 LAS 开始工作。LAS 将未成为 LAS 的链路主设备视为基本设备。同时，未成为 LAS 的链路主设备又都成为 LAS 的后备，一旦现行的 LAS 发生故障，它们就会进入新一轮的 LAS 竞争。

有时，我们希望某一特定的链路主设备成为 LAS。在这种情况下，可以将其设置为主链路主设备。如果主链路主设备不能在竞争中取胜，它就会让获胜的链路主设备把 LAS 权利移交给它。链路的 LAS 一建立起来，链路的工作就会立即开始。

以上概述了基金会现场总线的基本结构。对于用户而言，物理层和用户层比较重要，因为前者关系到系统安装的有关规定，后者是关于组态的有关内容。在这种分层结构中，低层为上一层提供服务。

10.2 物　理　层

现场总线物理层由物理介质的有关规定和传输数据的信号协议所构成，主要用于实现现场物理设备与总线之间的连接，为现场设备与通信传输媒体的连接提供机械和电气接口，为现场设备对总线的发送或接收提供合乎规范的物理信号。物理层使数据链路层在发送、接收数据时与物理介质的类型无关。

物理层协议是有关于系统安装的一些规定。它规定了以下四个特性：机械特性、电气特性、功能特性和过程特性。

（1）机械特性：主要涉及连接器的规格以及连接器的安装。

（2）电气特性：规定传输线上数字信号电压高低、传输距离和传输速率等。

（3）功能特性：定义连接器内容插脚的功能。

（4）过程特性：规定了信号的时序关系，以便正确地发送、接收数据。

物理介质可以是 IEC 物理层技术规范中所规定的任何一种传输介质，如双绞线、光缆或射频。物理层又可以分成物理介质相关子层与物理介质独立子层。

10.2.1　物理介质相关子层

物理介质相关子层负责处理不同传输介质、不同传输速率的信号转换问题，有时也称为介质访问单元。

基金会现场总线采用已通过的国际标准 IEC 1158-2（ISA-S50.02—1992）的 31.25kbit/s 的低速现场总线的 H1 标准。同时，为满足制造工业快速过程的需要，基金会设计了 100Mbit/s 和 1Gbit/s 高速以太网现场总线 HSE，并被纳入 IEC 61158 标准。

HSE 使用标准的 IEEE 802.3 信号传输、标准的以太网接线和通信介质。设备与交换机之间的距离，使用双绞线的为 100m，使用光缆时可达 2km。HSE 使用连接设备 LD（Linking Device）连接 H1 子系统。LD 执行网桥功能，它容许就地连在 H1 网络的各现场设备上，以完成点对点的对等通信。HSE 支持冗余通信，网络上的任何设备都能作冗余配置。

对总线安装的主要规定如表 10-1 所示。

表 10-1　　　　　　　　　基金会现场总线的物理层技术规范

名　　称	规　　范
传输速率	31.25kbit/s
总线长度*	(1) 屏蔽双绞线：#18AWG、1900m； (2) 屏蔽多芯双绞线：#22AWG、1200m； (3) 无屏蔽单、多对双绞线：#26AWG、400m； (4) 无屏蔽多芯电缆：#16AWG、200m
拓扑结构	总线/树型
总线挂设备数	(1) 非本安、非总线供电：2～32 台； (2) 本安、总线供电：2～6 台； (3) 非本安、总线供电：2～12 台
电缆阻抗及终端	$Z=100\Omega$
信号方式	电压
信号幅值	发送：15～20mA（峰—峰值）；接收：0.75～1V（峰—峰值，$Z=50\Omega$）
总线供电	9～32V DC；电源阻抗：非本安不小于 3kΩ；本安不小于 400Ω
屏蔽及接地	(1) 屏蔽面积大于 90%，两总线对地电容小于或等于 2500pF； (2) 两总线不接地，但终端器中点可接地

* 可使用四次中继器。

在一条总线上的所有设备必须使用同一种传输介质，并具有相同的工作速度。但 H1 总线既可以使用总线供电的设备，也可以同时使用非总线供电的设备。

这里主要介绍 H1 型的现场总线，如果不特殊指明，以下论述仅涉及 H1 的物理层。H1 型现场总线对于设备供电和传输信号仅使用一对导线，同上所述，它并不排斥将非总线供电的装置连接到总线上。为了实现这一点，电源应保持总线上的电压和电流不变。当某装置传输信息时，通信信号叠加在这个电压或电流上。

在某一时刻，只能有一个装置占用线路，它可以接收或发送信息。信息是一位一位送出的，根据标准，信号是自同步的，采用 Manchester Ⅱ 型编码。

采用 Manchester Ⅱ 型编码的数据与一个周期为 T 的时钟相比较，上升沿代表逻辑"0"，而下降沿代表逻辑"1"，参见图 10-3。

实际的信号波形是梯形波，其目的是为了避免产生由谐波频率所造成的电磁干扰。当采用多芯电缆时，这种噪声可能会造成交叉干扰。图 10-4 所示为现场总线信号波形。

10.2.2　物理介质独立子层

物理介质独立子层是介质访问单元与数据链路层的接口，信号的编码、添加或删除前导

数据"0"　　　　　　　　　数据"1"

时钟　1

数据　0

Manchester II型
编码

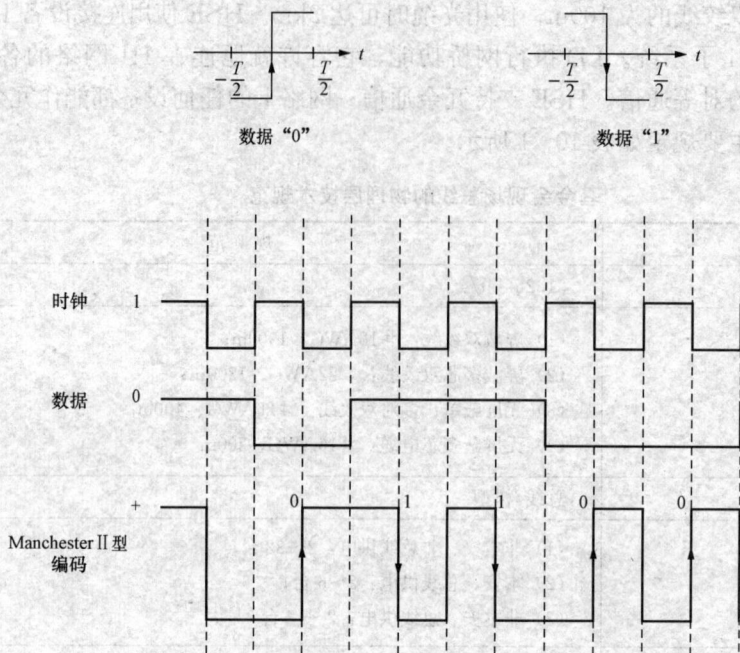

图 10 - 3　现场总线信号编码

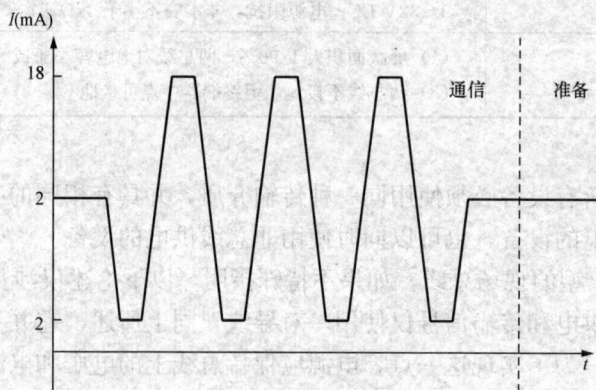

图 10 - 4　现场总线信号波形

码和分界符的工作均在该层完成。

当传输一个信号时，总线上所有可能的接收设备都必须做好准备。前导码将通知所有的设备某些信息即将到来。这个前导码是由一系列的"0"和"1"所组成的：10101010。一般情况下它是 8 位的（一个字节长度）。如果采用中继器，前导码可以多于一个字节。

信息的开始是由一个特定的起始分界符表示的，其长度为 8 个时钟周期，即一个 8 位字节。起始分界符是由特殊的 N＋码、N－码和正负跳变脉冲按规定的顺序组成。在 FF 总线的物理信号中，N＋码在整个时钟周期都保持高电平，N－码在整个时钟周期都保持低电平，即它们在时钟周期的中间不存在电平的跳变。

信息的结束是由结束分界符表示的，其长度也为 8 个时钟周期。同起始分界符类似，结

184

束分界符也是由特殊的 N＋码、N－码和正负跳变脉冲按规定的顺序组成，但其组合顺序不同于起始分界符。这些特定的信号以及信息的帧格式如图 10-5 所示。

前导码、起始分界符、结束分界符都是由物理层的硬件电路生成并加载到物理信号上的。物理层在要传输的信息中加入前导码和分界符，而当收到信息后再把它们除去。

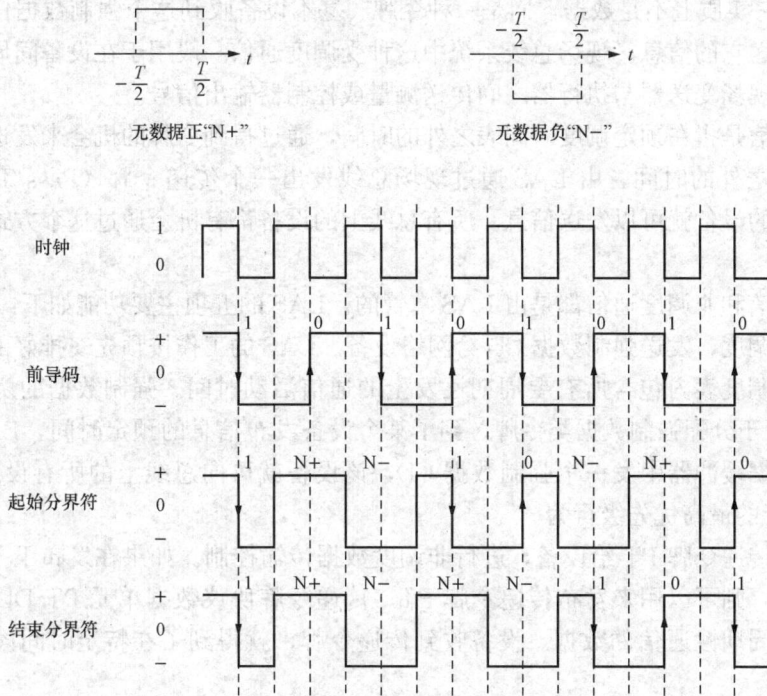

图 10-5　物理层的帧格式

10.3　数据链路层

现场总线数据链路层（Data Link Layer，DLL）位于物理层与总线访问子层之间，它为系统管理内核和总线访问子层访问物理层提供服务。为了对现场总线上的各类链路传输活动进行控制，需要在数据链路层上附加协议控制信息。现场总线通信中的链路活动调度、数据接收与发送、链路活动探测与响应、链路时间同步都是通过数据链路层实现的。通过链路活动调度器 LAS 可以对传输介质进行周期和非周期两种访问。

在功能上，DDL 可以分成两层，即访问总线和控制数据链路的数据传输。

10.3.1　数据链路层中的介质访问功能

DDL 充当令牌传递总线桥式网络的中心。每条总线均有一个介质访问控制的中心点——链路活动调度器（LAS），网络上的每一条总线叫做链路。

LAS 拥有总线上所有设备的清单，负责总线段上各设备对总线的操作。任何时刻每个总线段上都只有一个 LAS 处于工作状态，总线段上的设备只有得到 LAS 的许可，才能向总线上传输数据。

基金会现场总线的通信活动分为受调度通信与非调度通信两类。

受调度通信是由 LAS 按预定调度时间表周期性发起的通信活动。根据 LAS 内的预定调度时间表，若到了某个设备要发送的时间，LAS 会给这个设备发送一个强制数据（Compel Data，CD）。它实质上不是数据，而是一种令牌。基本设备收到这个强制数据信息后，就可以向总线上发送它的信息。现场总线系统中这种受调度通信一般用于在设备间周期性传送控制数据，如在现场变送器与执行器之间传送测量或控制器输出信号。

非调度通信是指在预定调度时间表之外的时间，通过得到令牌的机会来发送信息。在预定调度时间表之外的时间，由 LAS 通过现场总线发出一个传递令牌（Pass Token，PT），得到这个令牌的设备就可以发送信息。所有总线上的设备都有机会通过这个方式发送调度之外的信息。

受调度通信和非调度通信都是由 LAS 掌管的。LAS 的五项主要功能如下：

（1）维护调度，发送强制数据 CD 给网络设备。LAS 的工作按预先安排好的调度时间表来进行。预定调度表内包含所有要周期性发生的通信活动时间。强制数据的协议数据单元 CD DLPDU 用于分配强制数据类令牌。到了某个设备发布信息的预定时间，LAS 就向该设备中的特定数据缓冲器中发一个强制数据 CD，该设备就可向总线上的所有设备发布信息。这是 LAS 执行的最高优先级行为。

（2）发送传递令牌 PT 给设备，进行非调度数据传输控制。如果在发布下一个 CD 令牌之前还有时间，则可以用来发布传递令牌 PT。传递令牌协议数据单元 PT DLPDU 则用于为设备发送非周期性通信的数据。设备收到传递令牌，就得到了在特定时间段传送数据的权利。

（3）在链路上周期分配数据链路时间和链路调度时间。

（4）探查未使用地址，将其分配给新设备，并加到活动表上。LAS 周期性地对那些不在活动表内的地址发出节点探查信息，如果这个地址有设备存在，它会返回一个探查响应信息。LAS 就把这个设备列入活动表，并发给该设备一个节点活动信息，以确认把它增加到了活动表中。

（5）监视设备响应传递令牌，从活动表上删掉不能使用或不能返回令牌的设备。一个设备只要能响应 LAS 发出的传递令牌，它就会一直保持在活动表内。如果一个设备既不使用令牌，也不把令牌还给 LAS，经过三次试验，LAS 就把它从活动表中删掉。每当一个设备被增加到活动表，或从活动表中去掉时，LAS 就对活动表中所有设备广播这一变化，以便每个设备都能保持一个正确的活动表。

按照设备的通信能力，基金会现场总线把通信设备分为链路主设备、基本设备和网桥三类。

（1）链路主设备。链路主设备是那些能够成为 LAS 的设备，其中具有最低节点地址的成为 LAS，其余的作为备份。

（2）基本设备。基本设备是那些能够接收并响应令牌的设备。所有设备包括 LAS 和桥均具有基本设备的功能，均能接收并响应令牌。

具有令牌的设备可以在总线上发送数据，在某一时刻，只有一个设备持有令牌。LAS 提供给设备两种令牌：一种叫强制数据应答令牌，对所有的设备进行轮询，具有周期性；另一种叫传递令牌，是在特定的时间段内访问总线，具有非周期性。

（3）网桥。当网络中几个总线段进行扩展连接时，用于两个总线段之间的连接设备称为网桥。网桥属于链路主设备。由于它担负其下游的各总线段的系统管理时间的发布任务，因而它必须成为链路活动调度器 LAS。

10.3.2 数据链路层中的数据传输功能

现场总线基金会在数据链路层中提供了三种传输数据的机制，一种无连接数据传输，两种面向连接的数据传输，分别对应于现场总线访问子层 FAS 的三种 VCR 类型。

1. 无连接数据传输

无连接数据传输是在两个数据链路服务访问点之间的独立数据单元的排队传输。这类传输主要用于在总线上发送广播数据。通过组态可将多个地址编为一组，使其成为数据传输的目的地址，同时，也允许多个数据发布源把数据发送到一组相同的地址上。数据接收者不一定对数据来源进行辨认与定位。

无连接数据传输的特点是数据传输之前不需要单独为数据传输而发送创建连接的报文，也不要数据接收者的应答响应信息，即 DLL 不需要控制报文和应答信息，因而不需要数据缓冲器。每个传输的优先权也是分别规定的。

这种无连接数据传输用于 FAS 中的报告分发 VCR。

2. 面向连接的发布数据传输

这种传输是发布者的数据协议单元在缓冲器之间的传输。数据单元只有发布者地址，索取者知道所要接收的信息来自哪一个发布者，并根据该地址接受发布者发出的数据。

这种面向连接的数据传输可以是周期性调度的（由索取者应用进程启动）。

3. 面向连接的请求发送/响应交换的数据传输

这种传输是在用户和服务器间的协议数据单元的排队传输。用户的 VCR 端点作为初始端，发送建立连接的请求给服务器，由服务器决定是否建立连接。很明显，这种数据传输类型用于 FAS 中的客户机/服务器 VCR。

DLL 层的一个重要作用是组装信息帧。基金会现场总线共定义了 24 种帧，分别用于各种服务。DLL 的帧结构图如下：

帧控制	目的地址	源地址 1	源地址 2	参数	用户数据	帧检验

这里帧控制是用来区分各种帧类型及作用的。源地址 2 一般不使用，只有在一种建立连接的数据链路协议数据单元才出现。参数进一步说明帧的性质。最后是帧校验。基金会现场总线数据链路层所使用的是循环冗余校验。用户数据是从上层接收来的协议数据单元。

通过使用这些协议数据单元，DLL 为上层提供了很多服务，主要有：

（1）管理数据链路服务访问点 DLSAP 的地址、队列、缓冲器。从队列/缓冲器读取数据，写数据到缓冲器。

（2）面向连接的传输服务。建立一对一、多对一的连接，采用队列或缓冲器的数据传输方式，终止所建立的连接。

（3）无连接数据传输服务。在无须事先建立连接的条件下，按队列方式传输数据。

（4）时间同步服务。提供时间源同步和对系统管理之间的时间同步。

（5）为本地或远程的数据发布者——发布缓冲器提供强制发布服务。

数据链路层还支持一些子协议，如链路维护、LAS 传输、调度传输等。

10.4　现场总线访问子层

现场总线访问子层 FAS 是应用层中的一个子层，它与现场总线报文规范子层 FMS 一起构成应用层。

FAS 位于 FMS 与数据链路层 DLL 之间，把 FMS 与数据链路层 DLL 分隔开来，利用数据链路层 DLL 的调度和非调度服务来为现场总线报文规范子层（FMS）服务。FAS 与 FMS 虽同为应用层，但其作用不同，FMS 的主要作用是允许用户程序使用一套标准的报文规范通过现场总线相互之间发送信息。本节先介绍 FAS，FMS 在下一节中介绍。

本节所要讨论的内容有：AR 作用、FAS 协议机制、FAS 服务和 FAS-PDU 的结构。

10.4.1　概述

1. AR 作用

在分布式通信系统中，各应用进程之间要利用通信渠道传递信息，应用层中的 FAS 就提供这样的通信渠道，称为应用关系（Application Relationship，AR）。现场总线访问子层的主要活动，就是围绕与应用关系 AR 相关的服务进行的。通过连接两个以上的同种类型的 AR 端点，就可以建立一个 AR。应用关系 AR 的建立方式有三种：预先建立、预先组态、动态建立。

（1）预先建立。这种方法的特点是当应用过程被连接到网络上时，应用关系端点的内容就建立好了。任何应用关系都可以按这种方法事先设置。这样，当应用关系所包含的应用进程之间发生通信时，无须首先在网络上明确建立 AR。

（2）预先组态。这种方法的特点是每个端点都知道应用关系的特性，但定义好的内容要求采用 FAS 的相关服务来执行。

（3）动态建立。这种方法的特点是采用网络管理服务来远程创建应用关系端点，必须为应用关系中所包含的每个 AREP（Application Relationship End Point）创建其定义，然后按预先建立的方法来做。

AR 的特点、作用是由其 AR 端点 AREP 决定的，所以 AREP 的类型对通信有着非常重要的作用。在 AREP 间的通信，其方向有单向的，也有双向的。数据链路的启动策略有用户启动的，有网络启动的；在数据传输中，有以缓冲器传输为模型的，也有以队列传输为模型的。据此，AREP 被分成以下三类：

（1）队列传输、用户启动、单向的 AREP（QUU）。QUU（Queued User-triggered Undirection）类端点：此类型端点所提供的应用关系支持从一个应用进程 AP（Application Process）到零个或多个 AP，按要求排队的非确认服务。

（2）队列传输、用户启动、双向的 AREP（QUB）。QUB（Queued User-triggered Bidirection）类端点：此类型端点所提供的应用关系支持两个应用进程 AP 之间的确认服务。

（3）缓冲器传输、网络启动、单向的 AREP（BNU）。BNU（Buffered Network-scheduled Unidirectional）类端点：此类型端点所提供的应用关系支持对零个或多个应用进程 AP 的周期性、缓冲型、非确认的服务。

这里使用的数据链路层服务有面向连接的和无连接的数据传输服务。

2. FAS 协议机制

在 FAS 中，由三个综合的协议机制来共同描述 FAS 的行为，这三个协议机制分别是：FAS 服务协议机制（FAS Service Protocol Machine，FSPM）、应用关系协议机制（Application Relationship Protocol Machine，ARPM）、数据链路层映射协议机制（DLL Mapping Protocol Machine，DMPM）。其中，ARPM 根据 AREP 类型又分为 QUU、QUB、BNU 三种，其结构如图 10 - 6 所示。

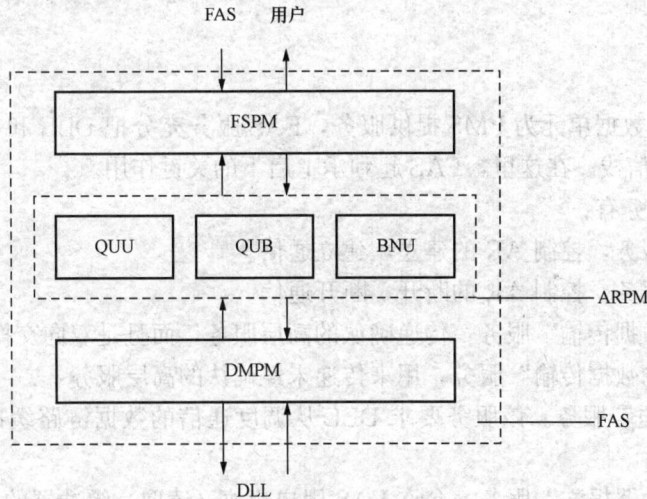

图 10 - 6　FAS 的协议分层

从上面的状态协议机器的结构中，我们可以清楚地看到 FAS 的三个协议之间的关系。

（1）FAS 服务协议机制 FSPM。FSPM 描述了 FAS 用户和一个 AREP 的服务接口。FAS 用户是指现场总线报文规范子层 FMS 和功能块应用进程。对于所有类型的应用关系端点 AREP，FSPM 都是相同的，没有任何改变。它主要负责以下活动：

1）接收 FAS 用户的服务原语，并转化成 FAS 内部原语。

2）根据 FAS 用户提供的 AREP 识别参数选择合适的 ARPM 状态机制，并把转换后的 FAS 内部原语发送给被选中的 ARPM 状态机制。

3）从 ARPM 接收 FAS 内部原语，并把它转化成 FAS 用户所使用的服务原语。

4）根据和原语相关的 AREP 识别参数，把 FAS 内部原语传递给 FAS 用户。

FSPM 最重要的作用就是选择应用关系端点，是对上层的接口。

（2）应用关系协议机制 ARPM。ARPM 描述了一个应用关系 AR 的建立、释放和远端 ARPM 交换 FAS-PDU。它主要负责以下活动：

1）从 FSPM 接收 FAS 内部原语，产生其他的内部原语，并发送给 FSPM 或 DMPM。

2）接收来自于 DMPM 的 FAS 内部原语，转换成另一种内部原语发送给 FSPM。

3）如果是"连接"或"放弃"服务，它将建立或断开 AR。

ARPM 的作用有：鉴定当前的 AREP、封装 PDU、破解 PDU、删除标识符、破解理由代码及附加细节。

（3）数据链路层映射协议机制 DMPM。DMPM 描述的是 DLL 和 FAS 之间的映射关系，对于所有类型的 AREP 均是相同的，是对下层（即数据链路层）的接口。它负责以下活动：

1）接收从 AREP 来的内部原语，转换成 DLL 服务原语，并发送到 DLL。

2）接收 DLL 的指示或确认原语，以 FAS 内部原语的形式发送给 ARPM。

DMPM 的作用有：选择本地端点属性，核对远端端点的存在性，定位、鉴别 DLL 的标识符。

这三层协议机制集成在一起，构成了现场总线访问子层的有机整体。

3. FAS 服务

FAS 利用协议数据单元为 FMS 提供服务，FAS 服务充分把 DLL 和 FMS 连接在一起，构成统一体——通信栈。在这里，FAS 起到承上启下的关键作用。

FAS 提供的服务有：

（1）"连接"服务，控制 AR 的建立，建立通信。

（2）"放弃"服务，控制 AR 的断开，断开通信。

（3）"确认的数据传输"服务，传递确认的高层服务，而且是双向交换的。

（4）"未确认的数据传输"服务，用来传递未经确认的高层服务。

（5）"FAS 强迫"服务。该服务要求 DLL 从调度通信的数据链路缓冲器中产生无调度通信的发送。

（6）"获得缓冲器报文"服务，允许 FAS 用户释放（读取）缓冲器的内容。

（7）"FAS 状态"服务。该服务可以把 DLL 的一些具体状态报告给 FAS 的用户。

FAS 的这些服务都是通过组织协议数据单元 FAS-PDU 来完成的。

10.4.2 现场总线访问子层协议数据单元 FAS-PDU

FAS 协议中一个重要的内容就是 FAS-PDU，所有 FAS 服务均是通过封装相应的 FAS-PDU 来实现的，通信双方共同遵守一定的原则。这样，通过封装 PDU、破解 PDU 来完成双方在 FAS 层的通信。

FAS-PDU 的类型有以下 7 种：

（1）确认的数据传输—请求 PDU。

（2）确认的数据传输—响应 PDU。

（3）未确认的数据传输—PDU。

（4）连接—请求 PDU。

（5）连接—响应 PDU。

（6）连接—错误 PDU。

（7）放弃—PDU。

以上 7 种 PDU 共同来完成 FAS 的主要服务，特别是有关于通信的服务。

现场总线访问子层协议数据单元 FAS-PDU 由多个 8 位的字节表示。它的一般结构是 FAS 标头加上用户数据，即

FAS 标头	用户数据

FAS 标头 8 位共一个字节，作用是区别 PDU 类型，也就是指 FAS 标头代表的是哪一种 PDU。用户数据是由高层 FAS 用户传递而来的，这样 FAS 封装好 PDU，并发送给 DLL；而接收方的 FAS 从它的 DLL 读取，解开标头，再送给 FAS 的用户。这样便完成了双方的通信。

FAS 标头的第一位若为"0"，则说明 FAS 用户是 FMS；若为"1"，则保留给非 FMS 的 FAS 用户。

从系统结构图可以看出，FAS 的用户可以是应用进程 AP，此时通信旁路 FMS 主要的服务有"FAS 强迫"服务、"读缓冲器"服务、"FAS 状态"服务。所使用 FAS 的 AREP 类型也以 BNU 为主。

10.4.3 FAS 所映射的 DLL 层活动

FAS 是利用 DLL 的调度通信和非调度通信来为 FMS 提供服务的，因此 FAS 在为 FMS 提供服务的同时，需要底层 DLL 提供服务支持。具体服务有：

（1）无连接数据传输服务。

（2）面向连接的两种数据传输服务。

（3）缓冲器传输服务。

（4）队列式传输服务。

（5）数据单元分割服务。

（6）数据链路时间分配服务。

这些就是 FAS 所映射的主要 DLL 层的活动。这样 FAS 就有机地同 DLL 联系起来，共同为 FMS 服务，形成基金会现场总线的通信栈。通信栈就是由 DLL、FAS、FMS 共同构成的通信渠道，用于用户层的应用进程之间的通信。当然，它不应该包括 SMK 和 DLL 的直接通过 SMKP 的通信，SMKP 所使用的并不是通信栈的三层通信原理。

10.5 现场总线报文规范子层

现场总线报文规范子层 FMS 是现场总线应用层的高层，它借助于 FAS 提供的服务来为

用户层应用进程之间的信息交换提供服务。

现场总线报文规范的作用是定义现场总线的命令、响应、数据和事件的信息，成为一套标准规范，用于用户程序通过现场总线相互间发送信息。这就要求 FMS 去访问 AP 对象及这些对象的 OD 描述。因此，FMS 要提供通信服务、报文规范和协议。

FMS 的通信服务主要是管理应用对象，包括虚拟现场设备（VFD）管理、对象字典（OD）管理、文本管理、域管理、程序调用管理、变量访问和事件管理。

10.5.1 报文规范子层所包含的服务

现场总线报文规范子层主要完成以下各类服务。

1. 虚拟现场设备

虚拟现场设备（Virtual Field Device，VFD）是描述自动系统数据和行为的一种抽象模型。这种模型建立在 VFD 对象及对象描述的基础上。它用于远距离查看对象字典中定义过的本地设备的数据，其基础是 VFD 对象。VFD 对象包含通信用户通过服务使用的所有对象及对象描述。对象描述存放在对象字典 OD 中，一个 VFD 有一个 OD。虚拟现场设备 VFD 可看作应用进程的网络可视对象和相应对象描述的体现。FMS 服务没有规定具体的执行接口，它们以一种可用函数的抽象格式出现。

一个设备可以有几个 VFD，至少应该有两个虚拟现场设备。其中一个用于管理 VFD，一个作为功能块应用。它用来描述系统管理数据库 SMIB 和网络管理数据库 NMIB。系统管理数据库 SMIB 的数据包括设备标签、地址信息和对功能块执行的调度。网络管理数据库 NMIB 包括虚拟通信关系、动态变量、统计。当该设备成为链路主设备时，它还负责链路活动调度器的调度工作。

VFD 对象的寻址由虚拟通信关系表中的 VCR 隐含定义。VFD 对象有几个属性，如厂商名、模型名、版本等，逻辑状态和物理状态属性说明了设备的通信状态及设备总状态。VFD 对象列表具体说明了它所包含的对象。

VFD 对象管理所包含的服务有状态、任意状态和识别三种。服务的目的是通知用户程序了解现场设备的情况。

（1）状态（Status）：读取设备/用户状态。

（2）任意状态（Unsolicited）：发送一个未经请求的状态。

（3）识别（Identify）：读取制造商、类型、版本。

2. 对象字典（OD）管理

对象字典（OD）是对象描述的集合。每一个对象描述包括索引号、对象码和对象属性，如果需要，还有名字与扩展名。对象字典由 OD 的对象描述、数据类型的静态列表、静态对象字典、变量表的动态列表和程序的调用动态列表构成。

（1）OD 的对象描述：描述了对象字典的概貌。数据类型的静态列表：包括数据类型和数据结构。其中，数据类型指出 OD 中的 AP 所采用的数据类型。数据类型不可远程定义，它们在静态类型字典（ST-OD）中有固定配置。数据类型结构对象说明记录的结构和大小，其元素的数据类型必须使用在 ST-OD 中已定义的数据类型。

（2）静态对象字典：静态定义的 AP 对象的内容。静态定义的 AP 对象是指那些在 AP 工作期间不可能被动态建立的对象。静态对象字典中包含简单变量、数组、记录、域、事件等对象的对象描述。

（3）变量表的动态列表：变量表的对象描述。动态变量表对象及对象描述是通过定义变量表服务动态建立的，也可以通过删除变量表服务删除它，还可对它赋予对象访问权。

（4）程序的调用动态列表：程序调用的对象描述。它包含程序调用对象的对象描述，通过创建程序调用服务动态建立，也可以通过删除程序调用服务删除它，还可对其赋予对象访问权。

OD 是功能块应用的标准化工具，也是系统实现互操作性的关键策略之一。FMS 的对象管理所包含的操作有读 OD 服务、写 OD 服务等。在 FMS 中，可以对 OD 进行访问。

3. 文本管理

文本是关于 VCR 的所有协定。VCR 就是虚拟通信关系，它是贯穿整个通信栈的通信渠道。VCR 包括静态部分和动态部分，每部分都是结构数据，其内容就是如何进行通信。对象双方在进行通信前，要进行文本的一致性检验，只有在一致的情况下才能进行通信。FMS 文本管理所包含的服务有初始化、放弃和拒绝三种服务。

4. 域管理

域是可以存储代码和数据的存储器。域所拥有的最大字节数是由其对象描述规定，包括上/下载，一般下载服务在任意时刻只允许一种服务对域进行操作。通过域下载，可以把用户的组态程序下载到现场设备中去，从而实现控制策略分散到现场。

5. 程序调用管理

把几个域连接起来，构成可以执行的程序。这是因为域中不但有数据，而且还存储有代码。当然，这个程序不仅可以执行，还可以对它进行其他的操作，如停止、删除。程序调用可以预定义，也可以在线创建。但当对象字典更新后，程序也就被删除。FMS 对程序调用管理所包含的服务是：程序创建、程序删除、停止执行、继续执行和复位。通过这些服务，FMS 对程序调用进行管理。

6. 变量访问

变量访问包括对简单变量、数组、记录、变量表、数据类型、域、程序调用、事件等进行访问。根据所访问对象的不同，其访问的方式也有所不同。一般情况下，是通过对象的索引号或名字逐级进行访问，直到最简单的变量的对象描述为止。

7. 事件管理

事件管理服务是从一个设备向另一个设备发送重要报文，由用户来负责检查引起事件的状态。这样便于运行员检查故障，维护设备。事件管理所包含的服务有：事件通告、应答事件通告、带类型的事件通告、报警事件条件监督。FMS 主要利用这些服务来通告用户报警信息。

10.5.2 FMS 报文规范

基金会现场总线报文规范采用抽象语法表示语言（ASN1）进行定义。抽象语法表示语言是由国际电报电话咨询委员会于 20 世纪 80 年代早期编制的。基金会现场总线主要使用 ASN1 来描述 PDU 的语义。PDU 的内容就是现场总线的命令、响应、数据和事件等信息构成 FMS 服务的原语，形成了一套标准的信息定义规范。

设备应用进程在进行通信时，必须建立通信双方的数据联系，以此来辨识通信的目的。基金会现场总线系统就是在 FMS 中使用户数据的前面增加一些识别信息。简单地说，就是使通信双方明白通信的内容而进行编码。它不同于物理层编码，物理层编码目的是使用户程序的信息便于通信双方的理解及传输。

基金会现场总线 FMS 最基本的编码原则是在用户数据前附加的信息尽可能短；另一方面，还要注意到经常出现的特殊信息，如读、写操作。FMS-PDU 的结构有两种：一种是用户数据前带有明确的识别信息，另一种是用户数据符合某种隐含的协定（如用户数据长度固定），如下所示：

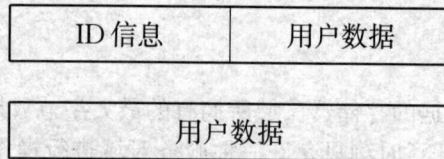

ID 信息	用户数据

用户数据

识别信息由 P/C 标志、标签和长度三部分组成。其中，P/C 标志占 1 位，标签占 3 位，长度占 4 位；不够用时，标签和长度可以向下一字节进行扩展。

P/C 标志识别代表简单的或结构化的原语；标签指明原语的语意（如读、写）；长度指原语占有的字数或结构化原语中原语的个数。

FMS、PDU 由两部分组成：一部分是长度为 3 个字节的固定部分，另一部分是长度可变的。

在固定的 3 个字节中是这样安排的：第一个字节是识别信息，即 FMS 所使用的服务；第二个字节是调用 ID；第三个字节是又一个 ID 信息，是对第一个 ID 的进一步描述。

10.6 通　信　栈

前面的章节已经详细地介绍了通信栈的三个层次以及它们之间的关系。三个层次之间的基本关系是虚拟通信关系（VCR）。VCR 就是通信栈中贯穿整个三层的通信渠道。

VCR 根据所使用的各层功能分为客户机/服务器型、报告分发型、出版商/订阅者型三种形式，分别对应于 FAS 的 AR 及 DLL 的三种数据传输方式（见表 10-2）。在网络管理信息库中，每个 VCR 都有详细的描述，而有关 VCR 的所有协定都由 FMS 的文本管理服务进行管理。

表 10 - 2　　　　　　　　　　　　　　　　　VCR 分类

VCR 类型	FMS 服务类型	FAS 的 AR 类型	DLL 服务类型
报告分发	未确认	QUU	无连接、队列、非调度
出版商/订阅者	未确认	BNU	连接、缓冲器、调度
客户机/服务器型	确认	QUB	连接、队列、非调度

　　每个 VCR 都是用于用户程序间传递信息，包括建立连接、数据传输和连接拆除三个过程。下面分别介绍三种类型的 VCR。

10.6.1　报告分发 VCR

　　报告分发 VCR 主要用于事件通知和趋势报告，它使用无连接 DLL 服务提供未确认的应用层之间的信息传递。

　　(1) 建立连接。AP 打开 QUU 型 VCR，FMS 的初始化服务使 FMS 发布连接请求给 FAS。如果 FAS 能够打开它的 VCR 部分，它就响应 FMS，FMS 完成打开 VCR 的行为。由于此类型 VCR 使用无连接的 DLL 服务，因此，建立连接过程就不经过 DLL。报告接收端的建立连接过程与之完全相同。

　　(2) 数据传输。当 AP 准备好分发的报告时，它发布一个 FMS 无确认服务请求，FMS 接到请求后，把报告数据合并成 FMS、PDU 并发送给 FAS；FAS 加装 FAS 标头后，使用 FAS 的非确认数据传输服务，并请求 DLL 使用无连接服务来发布报告。优先权和目的地址可以预先组态，也可以由 AP 动态提供。

　　报告接收方进行与此相反的服务，接收方的 DLL 把接收来的帧处理后传送给 FAS。FAS 去掉标头后传送给 FMS，FMS 去掉 ID 信息送给报告接收者的 AP。

　　(3) 连接拆除。报告发送完毕后，AP 可发送放弃请求来关闭 VCR，一直传递到 FAS 层。在发送过程中，如出现差错，FAS、FMS 均可发出放弃请求来终止 VCR。

10.6.2　出版商/订阅者 VCR

　　出版商/订阅者 VCR 一般用于设备把测量值传送给 PID 块和操作站的通信，它使用缓冲器式面向连接的 DLL 服务来提供非确认的应用层服务。

　　(1) 建立连接。出版商 AP 是从一个缓冲器周期性地发布数据，AP 打开一个 BNU、VCR，FMS 初始化服务请求 FAS。如果 FAS 能够打开它的 VCR 部分，它就要求 DLL 打开一个发布/索取的数据链路连接。DLL 组装，发送建立连接协议数据单元（EC-DLPDU），这种类型的数据链路连接不请求响应，随后 DLL 给 FAS 一个确认，数据链路已经打开，FAS 打开它的 VCR 部分，返回一个确认给 FMS。FMS 也是同样，只不过它的确认是返回给 AP。

　　订阅者的 VCR 连接过程同上述过程完全一样。这样，两个应用之间的 VCR 连接后，就可以进行通信了。

（2）数据传输。出版商准备好发送的数据后，发送请求给 FMS，其通过通信栈的过程同报告分发 VCR 的过程一样，所不同的是 FAS，FAS 把组装好的 PDU 用"数据链路写"服务写到 DLL 的缓冲器中去，当缓冲器被出版商的强迫数据 PDU 启动后，DLL 把缓冲器的内容组帧发送出去。订阅者的 AP 也可以使用"FAS 强迫"服务，启动出版商的缓冲器发送数据。

出版商的数据帧中有发布者的名字，订阅者在连接建立后，知道这个名字，于是订阅者接收所对应的出版商的数据，并把它放入其 DLL 的缓冲器中，然后发送给 FAS 一个缓冲器接收指示，FAS 利用"读缓冲器内容"服务把缓冲器内容读到 FAS，去掉标头后传递给 FMS。FMS 也同样，去掉 ID 信息后，把数据送到订阅者的 AP，订阅者不返回确认服务响应。

（3）连接拆除。出版商和订阅者均可从各自的 AP、FMS、FAS 部分关闭 VCR，并逐层向上传递，以拆除连接。它们之间不同的是在拆除 DLL 的数据链路连接（DLC）上，只有出版商的 DLL 可以发送一个拆除连接的协议数据单元（DC-DLPDU）。

10.6.3 客户机/服务器 VCR

（1）建立连接。AP 打开 QUB VCR，FMS 初始化请求服务要求 FAS 打开 VCR，FAS 在打开自己的 VCR 部分后请求 DLL 打开端对端的数据链路连接，这时 DLL 发送的 EC-PDU 请求服务器响应，这个 PDU 包含 FMS、FAS 的请求 PDU。服务器部分的 DLL 与客户部分协商数据传输特征和数据单元的长度，然后把请求传送给 FMS，FMS 核对端点是否匹配，再传给 FMS，FMS 也进行一定的协商活动后传送 AP，AP 回应客户一个响应，这样就建立了连接。

（2）数据传输。数据传输过程通过整个通信栈，并请求发回响应，数据传输请求沿着各层依次下传到数据链路层，在各层都要封装一定的鉴别信息，由对方辨认。与之连接的链路接到请求后，向上面的各层传递，FAS、FMS 层去掉标头及 ID 信息后传送给用户程序 AP，AP 给通信的另一方发送响应，这样完成了数据传输。这个数据传输过程应用于通信的双方。

（3）连接拆除。在客户机端或服务器端的任意层均可以发出放弃请求，放弃和拆除整个 VCR，并通知上、下各层完成连接拆除。

10.7 网 络 管 理

为了在设备的通信模型中将数据链路层到应用层的通信协议集成在一起，并监督其运行情况，基金会现场总线采用网络管理代理（Network Management Agent，NMA）和网络管理者（Network Manager，NMgr）工作模式。网络管理者实体在相应的网络管理代理的协同下，实现网络的通信管理。

10.7.1　网络管理者与网络管理代理

网络管理者 NMgr 负责维护网络运行，它监视每个设备中通信栈的状态，在系统运行需要或系统管理者指示时，执行某个动作。网络管理者通过处理由网络管理代理生成的报告来完成其任务，它指挥网络管理代理，通过 FMS 执行它所要求的任务。

网络管理者 NMgr 实体指导网络管理代理 NMA 运行，由 NMgr 向 NMA 发出指示，而 NMA 对它作出响应，NMA 也可在一些重要的事件或状态发生时通知 NMgr。每个现场总线网络至少有一个网络管理者。

网络管理代理（NMA）是基金会现场总线中很重要的一部分，它对整个系统的网络进行管理、协调。NMA 通过层管理实体（LME）来访问不同子层的管理信息，并且把整个通信栈作为一个整体进行维护。NMA 可以看作是 FMS 的 VFD，而 NMA 中的 NMIB 可以认为是许多关于通信栈的对象的集合。因此，可使用 FMS 服务，通过 FMS 和 NMA 之间的 VCR 来访问 NMIB 中的对象，这个 VCR 是 NMIB 中 VCR 列表的第一个，其类型属于 QUB。

层管理实体管理各层协议的功能，提供给 NMA 访问管理对象的内部接口。

NMA 提供网络管理器访问管理对象的 FMS 接口。

NMIB 是被管理对象的集合，包括组态、性能、差错等信息，通过 FMS 服务进行访问。

从上面基本概念的讨论，可以得到如图 10-7 所示的作用关系。

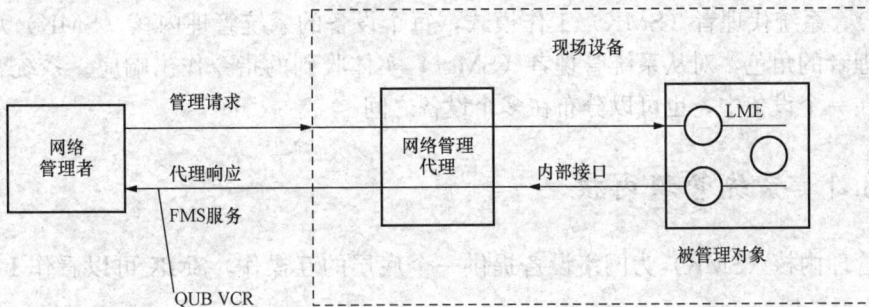

图 10-7　网络管理代理的作用

NMA 如何访问协议信息以及协议信息是如何知道 NMA 的组态参数是不透明的。也就是说，NMA 同协议实体 LME 之间存在一个内部接口。

NMIB 中是一些对象的集合，大致可以把这些对象分成以下五类：

（1）VCR 列表。

（2）链路活动表。

（3）系统组态管理。

（4）系统运行管理。

（5）系统差错管理。

10.7.2　网络管理代理的虚拟现场设备

网络管理代理的虚拟现场设备 NMA VFD 是网络上可以看到的网络管理代理，或者说是由 FMS 所看到的网络管理代理。NMA VFD 利用 FMS 所提供的服务，使 NMA 可以穿越网络进行访问。

NMA VFD 的属性有：制造商名称、模块名称、版本号、行规号、逻辑状态、物理状态及 VFD 专有对象表。

NMA VFD 像其他虚拟现场设备一样，具有它所包含的所有对象的对象描述，并形成对象字典。同其他对象字典一样，它把对象字典本身作为一个对象进行描述。NMA VFD 的对象描述内容有：标识号、存储属性（ROM/RAM）、名称长度、访问保护、OD 版本、本地地址 OD 静态条目长度、第一索引对象的目录号等。

网络管理代理索引对象是包含在 NMIB 中的一组逻辑对象。每个索引对象包含了访问 NMA 管理的对象所必需的信息。通信行规、设备行规、制造商都可以规定 NMA VFD 中所含有的网络可访问对象。这些附加对象存储在 OD 中，并且为它们加上索引，通过索引指向这些对象。

10.8 系 统 管 理

每个现场总线设备中都有系统管理实体。该实体由用户应用和系统管理内核（SMK）组成。系统管理内核可看作一种特殊的应用进程 AP，从它在通信模型中的位置可以看出，系统管理是通过集成多层协议的功能而完成的。

系统管理用以协调分布式现场总线系统中各设备的运行。基金会现场总线采用系统管理者（SMgr）/系统代理者（SMK）工作模式，每个设备的系统管理内核（SMK）承担着系统管理代理者的角色，对从系统管理者（SMgr）实体收到的指令作出响应。系统管理可以全部包含在一个设备中，也可以分布在多个设备之间。

10.8.1 系统管理内核

系统管理内核（SMK）为网络设备提供一个底层的互操作，SMK 可以看作 FMS 的管理 VFD。

SMK 的一个任务是在系统启动前把系统的基本信息利用组态设备组态到 NMIB 中，组态后，根据组态标签，分配给设备一个永久数据链路地址。这样，设备在不影响其他设备操作的情况下加入到网络上，这时 SMK 的作用是定位远程设备和功能块。为了完成互操作，设备的活动及其功能块必须和网络上其他设备进行同步。SMK 提供了两种机制：一种是网络上的设备使用一个共同的应用时钟，另一种是系统管理使用调度对象来控制功能块在什么时间执行。

SMK 使用两个应用层协议进行通信：FMS 协议和 SMK 协议。FMS 协议使用标准管理 VCR 来访问 SMIB。SMK 协议是用来支持 SMK 服务的，标准管理 VCR 就是 QUB、VCR。SMK 同 NMA 及 AP 之间的通信是不透明的，通过内部接口完成。

SMK 提供以下服务：

（1）访问 SMIB。系统管理操作信息被组织成对象存放在 SMIB 中。从网络的角度来看，SMIB 属于管理虚拟设备（Management Virtual Field Device，MVFD），这使得 SMIB 对象可通过 FMS 服务进行访问。

（2）设备的标签和地址分配。现场设备地址分配应保证现场总线网络上的每个设备对应唯一的一个节点地址。首先给未初始化设备离线分配一个物理设备位号，使其进入初始化状态。设备在初始化状态下并没有分配节点地址，但能附属于网络。一旦处于网络上，组态设备就会发现该新设备，并根据其物理设备位号给其分配节点地址。

（3）设备识别。设备识别是通过物理设备位号和设备 ID 来进行的。

（4）定位远程设备和对象。

（5）功能块调度。运用存储于 SMIB 的功能块调度，告知用户应该执行的功能块，或其他可调度的任务。

（6）时钟同步。SMK 提供网络应用时钟的同步机制。由时间发布者的 SMK 负责应用时钟时间与存在数据链路层中的链路调度时间之间的联系，以实现应用时钟同步。

SMIB 中所存储的对象信息也和上面的服务一致，所有对象都与上面的服务有关，如 VFD 列表、物理设备识别对象、调度对象、时间对象。

SMK 使用无连接数据链路服务来发送和接收 SMK-PDU。SMKP 直接对数据链路层进行操作，不经过 FMS 和 FAS，如图 10-8

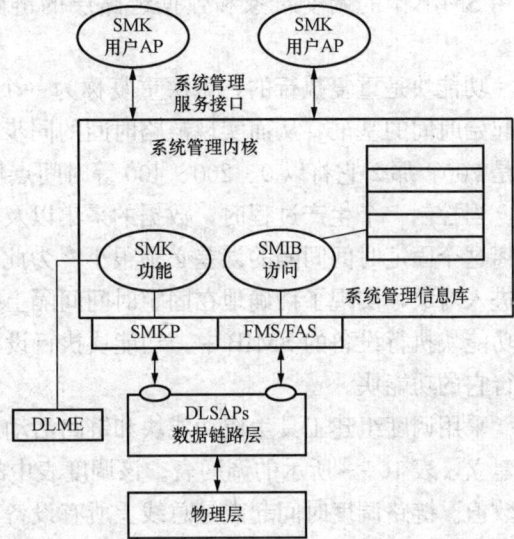

图 10-8　系统管理与其他部分的关系

所示。其中，DLME 为数据链路管理实体，DLSAP 为数据链路服务访问点。

SMKP-PDU 发送初始化可在任意一端进行，AP 可发布一个 SMK 服务请求，SMK 也可以决定发送请求的时间。然后，SMK 组织适当的 SMKP-PDU，再向 DLL 发送一个无连接数据传输请求，由 DLL 向现场总线上发送。被寻址到的 SMK 在数据链路层接收到信息后，经 SMKP 处理送到 SMK，这样就完成了 SMK 间的通信。

10.8.2　自动寻址机制

每个现场总线设备必须具有唯一的网络地址和物理设备位号，以便现场总线对它们进行操作。

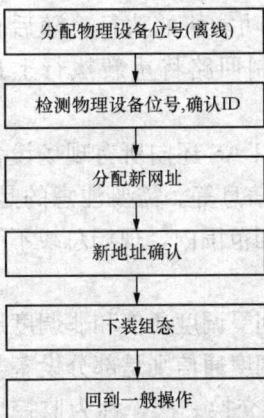

图 10-9　自动寻址过程

为了避免在现场总线设备中设置地址开关，可以通过系统管理自动实现网络地址分配。为一个新设备分配网址的步骤如下：

通过组态设备分配给新设备一个物理设备位号。这项工作一般离线进行，但也可以通过特殊的缺省网址在线实现。

系统管理采用缺省网址询问该设备的物理设备位号，并使用该物理设备位号在组态表中寻找新的网址。然后，系统管理给该设备发送一个特殊的地址设置信息，迫使该设备移至这个新的网址。

对进入网络的所有设备都按缺省地址重复上述步骤，参见图 10-9。

10.8.3 功能块调度

功能块调度用来控制用户应用进程中某个功能块或其他可执行任务的执行时间。SMK使用 SMIB 中的调度对象和数据链路层的链路调度时间来决定何时向用户应用进程发布命令。

功能块是重复执行的，每次重复称为一个宏周期（Macrocycle）。宏周期以零为链路调度起始时间的基准，从而实现链路时间的同步。也就是说，如果一个特定的宏周期的持续时间是 200，那么它将以 0、200、400 等时间点作为起始点。

当控制一个生产过程时，数据的采集以及输出的改变都必须按照固定的时间间隔进行。偏离这个固定时间间隔的误差必须很小。为此，功能块根据为每个设备组态的 SMIB FB 启动进入对象，实现了精确地在固定时间间隔上执行。功能块的调度策略与其宏周期必须下载到功能块执行设备的 SMIB 中。功能块执行设备利用这些对象和当前的 LS 时间来决定何时执行它的功能块。

采用调度组建工具生成功能块和链路活动调度器。假定调度组建工具已经为某个控制回路建立了表 10-3 所示的调度表。该调度表中的开始时间是指它偏离绝对链路调度时间起点的数值。链路调度时间起点是总线上所有设备都知道的。

表 10-3 控制回路调度表

受调度的功能块	与链路调度时间 起点的偏离值	受调度的功能块	与链路调度时间 起点的偏离值
受调度的 AI 功能块执行	0	受调度的 PID 功能块执行	30
受调度的 AI 功能块通信	20	受调度的 AO 功能块执行	50

图 10-10 所示为功能块的调度次序，以及调度时间与宏周期之间的关系。当链路调度开始时，偏移量为 0，现场总线变送器中的系统管理将启动 AI 功能块的执行。当偏移量为 20 时，链路活动调度器将向变送器内 AI 功能块的缓冲器发出一个强制数据 CD，缓冲器中的数据将发送到现场总线上。

当偏移量为 30 时，现场总线执行器中的系统管理将启动 PID 功能块的执行，随后在偏移量为 50 时执行 AO 功能块。当下一个调度周期开始时，控制回路将重新执行上述过程。

由图 10-10 可以看到，在功能块执行的间隙，链路活动调度器 LAS 还向所有现场设备发送令牌，以便让它们发送非调度信息，如报警信息、给定值变更信息等。需要注意的是：当 AI 功能块的数据正在总线上传输时，即在偏移量为 20～30 的时间范围内，现场总线不能传送非调度信息。

一条总线的扫描周期分为宏周期和监控周期。一个宏周期由周期受调度通信和非调度通信构成。周期受调度通信将所有功能块间的链接通信完成一次，非调度通信则是部分设备与操作站进行信息交换。若干个宏周期后所有设备与操作站信息全部交换一次，称为监控周期。宏周期时间由链接通信和功能块执行时间及背景通信构成，一般为几百毫秒，监控周期

链路调度的绝对开始时间

DL偏移量为0
AI开始执行

上一序列的重复

设备1
宏周期

AI

DL偏移量为20
AI开始通信

AI

LAS
宏周期

允许非
调度通信

DL偏移量为30
PID开始通信

DL偏移量为50
AO开始通信

设备2
宏周期

PID   AO

PID   AO

0 20 40 60 80 100 120   20 40 60 80 100 120

LAS调度持续时间

LAS调度持续时间

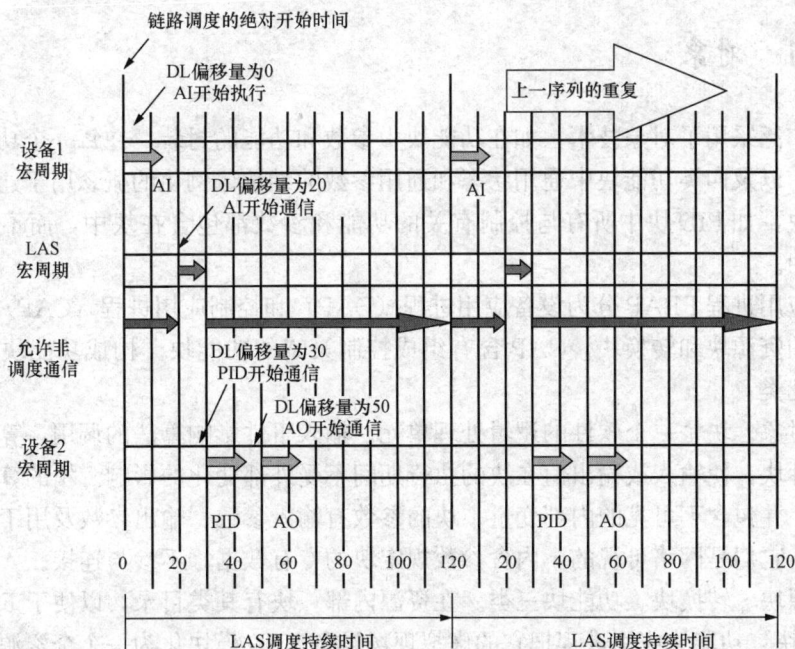

图 10-10 功能块的调度次序以及调度时间与宏周期之间的关系

则需 1~2s。

宏周期的估算公式如下

$$T = (30 \times NE + ND \times TR) \times 1.2$$

式中 T——宏周期，ms；

NE——总线上链接次数；

ND——设备个数；

TR——系数，$TR=30$ms（接口不冗余），$TR=60$ms（接口冗余）。

非调度通信时间可以调整。非调度通信时间长，将使宏周期加长，但可能使监控周期缩短，因为较少的宏周期就可以将总线上传到操作站的数据刷新一次。

10.9 用 户 层

用户层是在 ISO/OSI 参考模型的七层结构基础上添加的一层，它是设备或软件所完成的实际功能，是呈现在用户面前的变送器的测量值、阀门定位器的动作以及主机的接口。正是在用户层定义了数据格式和语义，从而使设备可以灵活而方便地解释和处理数据，实现了互操作性。

功能块应用进程是用户层的最重要组成部分，是由功能块所构成的应用进程，用于完成基金会现场总线中的自动化系统功能。对象是构成功能块应用的基本元素。

用户层是建立在分布在网络上的功能块之上的。在一个设备内部，功能块包含在 VFD 中的功能块应用进程（FBAP）中。

10.9.1 对象

用户层广泛采用了对象技术，如在功能块中参数和功能的封装，在每一个功能块中通用参数的继承，以及四类功能块中通用状态和通用参数的继承。例化的概念用于建立多个编号唯一的功能块，如 PID 块中所有与控制有关的功能和参数都包含在块中，而不是分散在设备的存储器中。

功能块应用进程 FBAP 分为设备应用进程（DAP）和控制应用进程（CAP）。DAP 含有设备组态用的资源块和转换块，CAP 含有组成控制策略的功能块。构成功能块应用进程的对象有以下几类：

（1）块对象。块是一个软件的逻辑处理单元。输入事件影响算法的调用，算法执行产生获取输出事件块，使输入或输出值在块的执行期间不受外部变化的影响。块的算法可以是外部不可见的，并包含不可见的内部变量。块的参数有输入参数、输出参数及用于控制块执行的内含参数，它们是网络可视的。内含参数规定块的专有数据，不参与连接。

块有资源块、转换块、功能块三类。在资源内部，块有其类目录，以便于 FMS 访问。

1）资源块：功能块应用进程把它的虚拟现场设备 VFD 模块化为一个个资源块。资源块负责整个设备的管理，如使设备运行或者离线、强制输出。它也包含一些标识信息和整个设备的诊断信息，如设备名、制造商、系列号等。资源块没有输入或输出参数。它将功能块与设备硬件特性隔离，可通过资源块在网络上访问与资源块相关设备的硬件特性。

2）转换块：转换块是功能块与传感器、执行器和显示器等硬件间的接口。它读取传感器硬件的数据，并写入到相应要接收此数据的硬件中。设备的标定正是在这里进行的。它也包含一些最新的标定信息和 I/O 诊断信息。

3）功能块：功能块表达了功能块应用所实现的基本自动化功能。每一个功能块都要根据特定的控制算法和一套控制参数对输入信号进行处理。同时，功能块的输出又可以为同一功能块应用或其他功能块应用中的其他功能块所使用。

（2）连接对象。一个功能块的输出可与另一个功能块的输入连接在一起，在功能块之间传递信息，形成所需要的控制策略。在连接对象中，保存着相同或不同设备中的功能块之间所定义的连接。

连接对象一般在总线组态时定义，在现场设备在线运行前或运行时传送给它，用于建立通信连接。

（3）报警对象。报警对象用于块的报警和事件报告。它将在功能块中检测到的报警和事件发送给主机。主机必须确认收到了报警。如果未收到报警，则需要重发。

（4）趋势对象。趋势对象采集功能块的参数，以实现历史趋势功能。趋势对象将采样值收集在一起，然后一起发送给主机。

（5）观测对象。观测对象预先定义了功能块参数的子集，使一组块参数的属性值可被一次性访问，这样就可以减少读块参数时所需的通信量。它主要用于获得运行、诊断、组态的信息。在观测对象中定义 4 类块参数如下：

1）VIEW_1：一般动态参数，用于面板操作。

2）VIEW_2：一般静态参数，用于面板操作。

3）VIEW＿3：全部动态参数。

4）VIEW＿4：在 VIEW＿2 中不包括的静态参数。

10.9.2　设备描述

设备描述（Device Descriptions，DD）是基金会现场总线为实现可互操作性而提供的一个重要工具。由于要求现场总线设备具备互操作性，因此必须使功能块参数与性能规定标准化，同时也为用户和制造商加入新的块或参数提供了条件。

DD 描述了设备中的所有数据。它使得主机能够解释设备中的复杂数据，以便使主机能够以可以理解的方式来显示这些数据。

设备制造商使用设备描述语言（DDL）来编写 DD。设备描述由两部分组成：一部分是由基金会提供的，它包括由 DDL 描述的一组标准块及参数定义；一部分由制造商提供，包括由 DDL 描述的设备功能的特殊部分。这两部分结合在一起，完整地描述了设备的特性。

（1）设备描述分层。基金会现场总线规定了设备参数的分层。分层规定如图 10 - 11 所示。

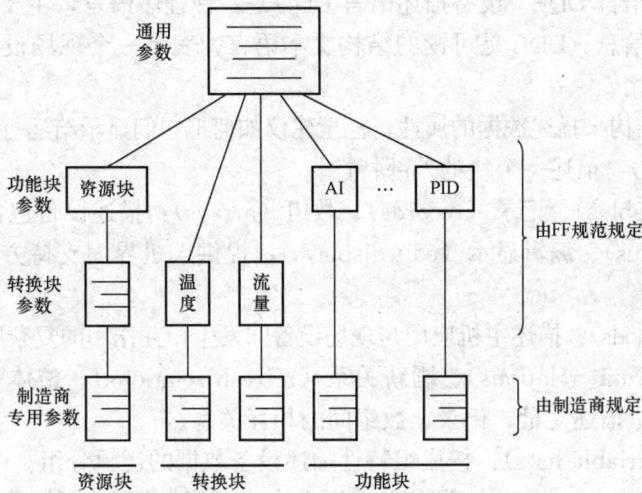

图 10 - 11　FF 设备参数分层

第一层是通用参数，即公共属性参数，如标签、版本、模式等，所有块都必须包含通用参数。

第二层是功能块参数。该层为标准功能块规定了参数，也为标准资源块规定了参数。

第三层是转换块参数。该层为标准转换块定义参数，在某些情况下，转换块规范也可能为标准资源块规定参数。基金会现场总线已经为前三层编写了设备描述，形成标准的基金会现场总线设备描述。

第四层是制造商专用参数。该层中，每个制造商都可以自由地为功能块和转换块增加他们自己的参数。这些新增的参数应该包含在附加 DD 中。

DD 描述了设备中的每一个对象。DD 与能力文件一同使用，能力文件用通用文件格式

（CFF）编写。

（2）设备描述的开发步骤。DD 的开发可分为以下 4 个步骤：

1）设备描述 DD 按设备描述语言 DDL 编写。开发者首先用 DDL 语言描述其设备，写成 DD 源文件。源文件描述标准的、用户组定义的以及设备专用的块及参数定义。DD 源文件包含所有设备可访问信息的应用说明。

2）采用 DD 源文件编译器 DD Tokenizer 进行编译，生成 DD 目标文件。编译器可对源文件进行差错检查，编译生成的二进制格式的目标文件可在网络上传送，为机器可读格式。

基金会现场总线为所有标准的功能块和转换块提供设备描述 DD。设备制造商一般要参照标准 DD，准备另一个附加 DD。在附加 DD 中可写入本产品的特殊作用与特性。

3）开发配置基金会现场总线设备的 DD 库。编译后的 DD 源文件应提交基金会进行可互操作性实验。通过后，由基金会进行设备注册，颁发 FF 标志，并将该设备的 DD 目标文件加入到 FF 的 DD 库中，分发给用户。

4）开发或配置设备描述服务 DDS。设备描述服务 DDS 提供了一种技术，只需采用一个版本的人机接口程序，便可使来自不同的制造商的设备能挂在同一段总线上协同工作。

在主机一侧，由设备描述 DDS 的库函数来读取设备描述。主机系统把 FF 提供的 DD Services 作为解释工具，对 DD 目标文件信息进行解释，实现设备的可互操作性。

（3）设备描述语言 DDL。设备描述语言 DDL 是一种程序语言，主要用来描述通过现场总线接口可访问的信息。DDL 是可读的结构文本语言，表示一个现场设备如何与主机及其他现场设备相互作用。

DDL 有 16 个结构来描述数据的属性，甚至建议如何把它们显示给运行人员，如下所示：

1）块（blocks）：描述一个块的外部特性。

2）变量（variables）、记录（records）、数组（arrays）：描述设备包含的数据。

3）菜单（menus）、编辑显示（edit displays）：提供人机界面支持方法，描述主机如何提供数据。

4）方法（methods）：描述主机应用与现场设备间发生相互作用的复杂序列的处理过程。

5）单元关系（unit relations）、刷新关系（refresh relations）、整体写入关系（write_as_one relations）：描述变量、记录、数组间的相互关系。

6）变量表（variable lists）：按成组特性描述设备数据的逻辑分组。

7）项目数组（item arrays）、数集（collections）：描述数据的逻辑分组。

8）程序（programs）：说明主机如何激活设备的可执行代码。

9）域（domains）：用于从现场设备上载或从现场设备下载大量的数据。

10）响应代码（response codes）：说明一个变量、记录、数组、变量表、程序或域的具体应用响应代码。

10.10 FF HSE 通信系统

FF HSE 的 1～4 层由现有的以太网、TCP/IP 和 IEEE 标准所定义。图 10-12 所示为 HSE 通信模型的分层结构，图 10-13 所示为各层的模块结构。它的物理层与数据链路层采用以太网规范，不过这里指的是 100Mbit/s 以太网；网络层采用 IP 协议；传输层采用

TCP/UDP 协议，而应用层是现场设备访问（Field Device Access，FDA）。按 H1 的惯例，HSE 把从数据链路层到应用层的相关软件功能集成为通信栈，称为 HSE Stack。HSE 和 H1 使用同样的用户层，现场总线信息规范（FMS）在 H1 中定义了服务接口，现场设备访问代理（FDA）为 HSE 提供接口。用户层规定功能模块、设备描述（DD）、功能文件（CF）及系统管理（SM）。

由 HSE 链接设备将 H1 网段信息传送到以太网的主干上，并进一步送到企业的 ERP 和管理系统。操作员在主控室可以直接使用网络浏览器查看现场运行情况。现场设备同样也可以从网络获得控制信息。

HSE 在第四层直接采用以太网＋TCP/IP，在应用层和用户层直接采用 FF H1 的应用层服务和功能块应用进程规范，并通过链接设备 LD 将 FF H1 网络连接到 HSE 网段上。HSE 链接设备同时也具有网桥和网关的功能，其网桥功能能够用来连接多个 H1 总线网段，使不同 H1 网段上的 H1 设备之间能够进行对等通信，而无须主机系统的干预。如图 10 - 14 所示，HSE 主机可以与所有的链接设备和链接设备上挂接的 H1 设备进行通信，使操作数据能传送到远程的现场设备，并接收来自现场设备的数据信息，实现监控和报表功能。监视和控制参数可直接映射到标准功能块或者"柔性功能块"（FFB）中。

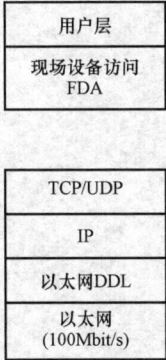

图 10 - 12　FF HSE 通信模型的分层结构　　图 10 - 13　FF HSE 通信系统

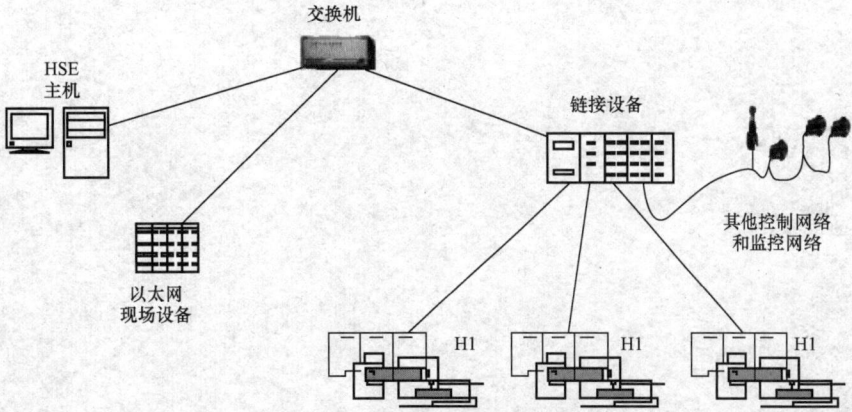

图 10 - 14　HSE 链接设备

习 题

1. FF 现场总线的简化通信模型是怎样的?

2. 某现场总线中的信号波形如图 10-15 所示,请在图中用竖线将前导码、起始定界符、结束定界符,以及假想的数据链路层协议单元 DLL PDU(占一字节)分隔开,标注出哪些是前导码、起始定界符、结束定界符和 DLL PDU,并写出它们的二进制表达式。

图 10-15 习题 2 图

3. FF 现场总线虚拟通信关系(VCR)中有哪三种形式? 各自的特点是什么?

4. 什么是宏周期? 其估算公式是什么?

11 现场总线设备

现场总线设备是指连接在现场总线上的各种仪表设备。这些设备按其功能可分为变送器类设备、执行器类设备、转换类设备、接口类设备、电源类设备和附件类设备。其中，变送器类设备包括各种差压变送器、压力变送器、温度变送器等，执行器类设备包括各种气动执行器、电动执行器和液动执行器，转换类设备包括各种现场总线/电流转换器、电流/现场总线转换器、现场总线/气压转换器，接口类设备主要是指各种计算机和控制器与现场总线之间的接口设备，电源类设备是指为现场总线设备提供电源的设备，附件类设备包括各种总线连接器、安全栅、终端器和中继器等。

11.1 现场总线差压变送器

11.1.1 概述

现场总线压力/差压变送器是连接在现场总线上，通过数字通信方式测量绝对压、表压、差压、液位和流量的一种智能化变送器。它的核心是高性能、高可靠性的电容式传感器、压阻式传感器，或其他类型的传感器。现场总线差压变送器中所采用的数字技术使用户可以选择各种各样的变送器功能，便于现场和控制室之间的连接，大幅降低安装、运行和维护成本。

现场总线压力/差压变送器有单变量和多变量之分。单变量的现场总线压力/差压变送器仅能测量一个压力/差压，而多变量压力/差压变送器设有多个传感器，可以同时测量静压、差压、介质温度、压力/差压传感器温度等多个变量。

现场总线压力/差压变送器不仅仅是一个变送器，它还可以实现基本的控制算法，与现场总线执行器相配合，实现完全基于现场设备的闭环控制。

双向数字通信具有许多优点：精度高、多变量访问、远方组态和诊断，在一条线路上连接多台设备。然而，有些通信协议并不传输控制信息，而仅仅是传送维修信息，因此它们的传输速率很低。

实现闭环控制需要更高的通信速率，而高速通信需要更多的电源消耗，这个要求就与本质安全产生了矛盾。现场总线解决了这些问题。它采用适当的通信速率，减少了系统的通信开销。它采用调度系统来控制变量的采样、算法的执行以及通信系统的优化，因此可以取得良好的闭环控制性能。

采用现场总线技术，可以把几个装置互连起来，形成非常大的控制规模。为了方便用户，特引进了功能块的概念。用户可以很容易地实现复杂的控制策略，并且监视这些控制策略的执行情况。另外，功能块的使用增加了灵活性，可以方便地修改控制策略，而不需要另外布线或者是改变硬件。

现场总线压力/差压变送器内通常有一个 PID 控制块和一个计算块，这样就不需要另设控制装置了。通信需求显著减少,因此减小了延迟时间,保证了控制的实时性,并且使成本进一步下降。现场总线控制系统中还有其他一些功能块,可以灵活地实现许多控制策略,详见第12章现场总线控制系统的组态。

考虑到小规模系统和大大规模系统采用现场总线时的需要,有些现场总线压力/差压变送器在网络中可以作为主站运行,可以采用磁性工具就地组态,这在许多应用场合中省去了组态器或工程师工作站。

现场总线差压变送器的通信和功能块连接有两种组态方式:一种是使用系统组态装置。在这种情况下,最繁重和最重要的任务实现了自动化,而且有效地防止了组态错误。在这种系统中,采用装置的物理地址标签来给一个装置分配地址。在一个新的装置接入网络之前,必须对它的标签进行组态。组态的步骤如下:

(1) 将组态器与一个未初始化的变送器连接在一起,线路上不要接任何其他设备。

(2) 首先将变送器初始化,这时它就可以连接到网络上。

(3) 系统将自动地为差压变送器分配一个站地址,并使其进入待机状态。

(4) 准备对差压变送器进行应用组态,然后使其进入工作状态。

第二种方法是采用就地调整功能对通信功能进行预组态。这种方法省去了系统组态器,但要求技术人员对现场总线的通信机制有更多的了解。对于小规模的系统而言,这是一种比较经济的方法,但对于一个大规模的系统来说,这种方法费时且容易出错。

11.1.2 工作原理

1. 传感器

现场总线差压变送器采用电容式传感器(电容膜盒)作为差压感受部件,其结构如图 11-1 所示。

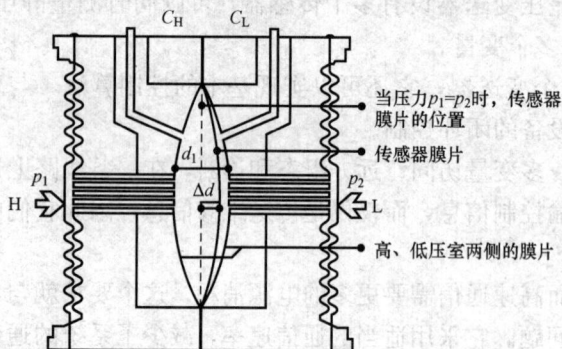

图 11-1 电容式传感器的结构

图 11-1 中,p_1 和 p_2 为压力,且 $p_1 \geqslant p_2$;C_H 为高压侧(p_1 侧)固定膜片与敏感膜片之间的电容;C_L 为低压侧(p_2 侧)固定膜片与敏感膜片之间的电容;d 为 C_H 和 C_L 膜片之间的距离;Δd 为在差压 $\Delta p = p_1 - p_2$ 作用下敏感膜片的偏移。

已知平板式电容器的容量可以表达为板面积 A 和板间距离 d 的函数,即

$$C = \frac{\varepsilon A}{d}$$

式中 ε——电容极板之间电解质的介电常数。

设 C_H 和 C_L 是平板电容的容量,那么

$$C_H = \frac{\varepsilon A}{d/2 + \Delta d}$$

$$C_L = \frac{\varepsilon A}{d/2 - \Delta d}$$

如果加到电容膜盒上的差压使膜片造成的位移不超过 $d/4$，就可以认为 Δd 和 Δp 成比例，即

$$\Delta p \propto \Delta d$$

经推导，$(C_H - C_L)/(C_H + C_L)$ 可以表示为

$$\frac{C_L - C_H}{C_L + C_H} = \frac{2\Delta d}{d}$$

由于固定膜片 C_H 与 C_L 之间的距离 d 为常数，因此 $(C_H - C_L)/(C_H + C_L)$ 与 Δd 成正比，也就是与待测的差压成正比。

因此，由两个电容组成的测量膜盒是一个差压传感器，其电容随着差压的变化而改变。

2. 电路工作原理

电路工作原理参见图 11-2，各部分的功能描述如下：

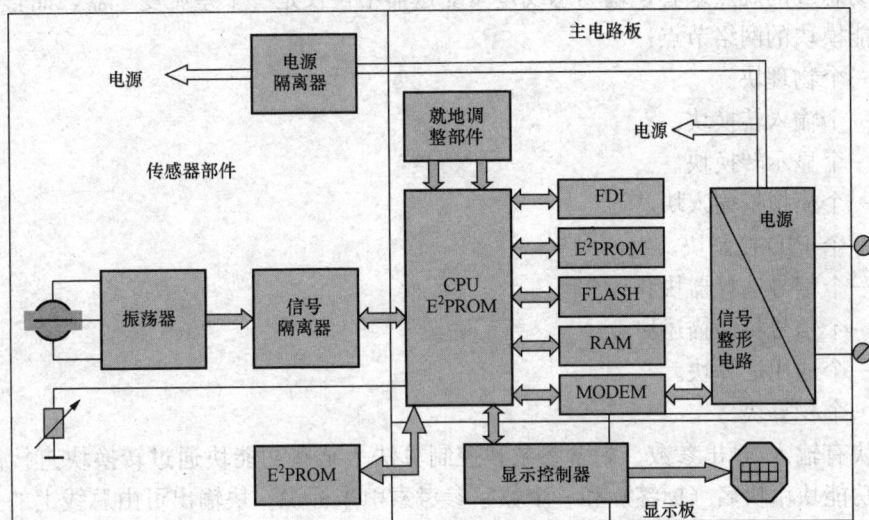

图 11-2　差压变送器电路原理方框图

（1）振荡器。振荡器产生一个频率随传感器电容而变化的振荡信号。

（2）信号隔离器。将来自 CPU 的控制信号和来自振荡器的信号相互隔离，以免共地干扰。

（3）CPU、RAM、FLASH 和 E^2PROM。CPU 是变送器的智能部件，负责完成测量工作、执行功能块、自诊断以及通信任务。FLASH 作为程序存储器，以便于升级，并且可以在掉电时保持数据。RAM 是中间数据暂存用的随机存储器。如果电源失去，RAM 中的数据就会丢失。但 CPU 还有一个内部非易失存储器 E^2PROM，那里保存着那些必须保留的数据，如调校、组态以及识别数据。

（4）固件下载接口 FDI。FDI 是主电路板上用于下载固件的接口，通常是由制造商使用

的。用户也可以利用它完成固件的升级。

（5）传感器 E^2PROM。在传感器部件中有另一个 E^2PROM，它保存着不同压力和温度下传感器的特性数据。每只传感器都在制造厂进行特性记录。主电路上的 E^2PROM 用来保存组态参数。

（6）MODEM。监测链路活动，调制和解调通信信号，插入和删除起始标志和结束标志。

（7）电源。由现场总线上获得电源，为变送器的电路供电。

（8）电源隔离器。与输入部分的信号隔离类似，送至输入部分的电源也必须隔离。

（9）显示控制器。接收来自 CPU 的数据，控制液晶显示器各段的显示。控制器还提供各种驱动控制信号。

（10）就地调整部件。就地调整部件有两个可用磁性工具调整的磁性开关，它没有机械和电气接触，可以有效地防止现场的灰尘和腐蚀性气体进入变送器。

11.1.3 应用介绍

由现场总线的观点来看，现场总线差压变送器不仅仅是一个差压变送器，而且是一个具有以下功能模块的网络节点：

（1）一个物理块。

（2）一个输入转换块。

（3）一个显示转换块。

（4）一个模拟量输入块。

（5）一个 PID 控制块。

（6）一个信号选择器块。

（7）一个信号特性描述块。

（8）一个通用运算块。

（9）一个积算块。

功能块有输入/输出参数、内含参数和控制算法。某些功能块通过转换块直接由硬件读写数据。功能块由块名（标签）和一个数字参考索引来标识。块输出可由总线上的其他设备读取，其他设备也可以把数据写到块的输入端。

1. 功能块

功能块是用户对装置的功能进行组态的模型。以前一个现场设备中仅能实现一种功能，现在一个现场设备中可以同时实现几个功能。

（1）PID 控制块。PID 块的设定值（PV）可由运行员调整，它是来自另一个块的变量，或者是来自计算机、DCS 或 PLC 的一个设定值。控制变量（MV）亦可由运行员调整，或者由上位机设定。PID 控制块的输出加入了前馈信号和偏置信号。PID 控制块具有限值、报警、偏差报警、设定值跟踪、安全输出、正反作用等功能。

（2）模拟量输入块。模拟量输入块接收来自转换块的一个变量，即实际测量值，并进行标度变换、滤波，然后输出为其他功能块所用。输出可以是输入的线性函数或者是平方根函数。该块可以报警并且换到手动，以便使输出成为一个可以人为调整的值。

（3）信号特性描述块。信号特性描述块有两个输出，它们是与两个模拟量输入信号有关的非线性函数。函数由表格所确定，它有 2 个坐标、20 个坐标点。输出采用插值法计算，两个输入产生两个独立的输出，使用同样的曲线。第二个输出可以是逆输出，即 Y_2 是输入，X_2 是输出。

（4）通用计算块。通用计算块的输出是 4 个输入的函数，其参数可调、算法可选。该块可提供各种算法，如气体流量的温度校正、液体流量的温度校正、平均值、信号的相加和相乘、四阶多项式、简单的 HTG 计算、明渠流量计算等。

（5）输入选择块。输入信号选择块有三个模拟量输入和一个模拟量输出。有一个可选参数，可以选择输出为最大值、最小值、中间值，或者用一个由开关量控制的开关来选择两个输入信号中的一个。该块支持三个反演算输出和一个反演算输入，以保证手动和自动的无扰切换。

（6）积算块。积算块可以对两个输入的差进行积分，或者是累加一个脉冲式计数器的数值。积分值再与跳变值相比较。积算值控制两个开关量输出：当积算值达到复位值时，一个开关量为 ON；当积分值到达预定值时，另一个开关量为 ON。该块通过分析输入信号的状态来通报计算值是否可靠。

2. 控制组态

在现场总线系统中，功能块提供了大多数控制系统所需要的功能。有些功能块差压变送器并不支持，但其他现场总线设备中支持这些功能块。例如，执行器含有模拟量输出功能块。

用户可以把这些功能块连接起来组成所需要的控制策略。在系统中，每一个块均由用户所分配的编号来标识。在现场总线系统中，这个编号必须是唯一的。

在功能块中，有以下三种类型的参数：

（1）输入参数。功能块接收到要处理的值。

（2）输出参数。可送给其他块、硬件或者使用者的处理结果。

（3）内含参数。用于块的组态、运行和诊断。

例如，在一个 PID 块中，过程变量是输入参数，控制变量是输出参数，整定参数是内含参数，一个功能块中的所有参数都有预先确定的名。

如果该变送器只完成测量功能，那么用户仅仅需要一个模拟量输入功能块，而要实现控制功能，就需要该变送器中或者其他设备中的 PID 功能块。

将功能块的输出与其他功能块的输入连接在一起就可以建立控制策略。当这种连接完成后，后一个功能块的输入就由前一个功能块的输出获得它的输入值。处于同一装置或不同装置的两个功能块之间均可连接。一个输出可以连接到多个输入，这种连接是纯软件的，对一条物理导线上可以传输多少连接基本上没有限制。需要注意的是，内含变量不能建立连接。

输出值总是伴随着一些状态信息，例如，来自传感器的数值（前向回路）是否适合于控制，或是输出信号（反馈回路）是否最终正确地驱动了执行器。这样，接收到状态信息的功能块就可以采用适当的动作。连接是由输出参数名以及它所来自的功能块编号唯一确定的。

3. 网络访问

差压变送器上有一个可选的显示器，它作为就地的人机接口，可以用于某些组态和运行。然而，所有组态、运行和诊断都可以用远方的组态器或运行员操作站来进行。组态基本上就是分配编号和选择功能块，把它们连接起来，调整内含参数形成控制策略的过程。

就地及远方的运行员接口还可以实现变量的监视和驱动。例如，过程变量和给定值，这些变量已经按用途编组，可以用一次通信来访问多个变量。

当报警和其他紧急事件发生时，功能块会自动地通知用户。因此，运行员接口不必通过定期询问的方法来确定是否存在报警状态。另外，功能块还有一个确认机制，以便使它知道运行人员是否已经知道了报警情况。

系统也自动地通知组态的变化。由于当改变组态时，它自己进行更新，因此不必连续地检查组态。

实时功能块输入和输出的依次传递称为工作传输。功能块的这一传输以及功能块的执行是由系统进行调度的。用最小的延迟时间以保证周期的精确性。所以，可以取得像模拟量控制系统一样的控制性能。由于有了组态和报警传输机制，通常称其为背景传输，大大减少了通信负荷，因此，系统能有更多的时间来进行工作传输，进一步改善了控制性能。组态之后，系统对编号和参数名进行分析，生成优化的通信格式。

变送器内部功能块的使用可以进一步提高速度。例如，采用 PID 块实现控制，与在另外一个装置中实现控制相比，就少一个通信变量，从而减少了回路的延迟时间。

11.1.4　显示器

显示器可以显示三个变量，这些变量是用户可以选择的。当选择两个变量时，显示器将每隔 3s 轮流显示这两个变量中的一个。

图 11-3 所示为显示器的显示区及状态显示。

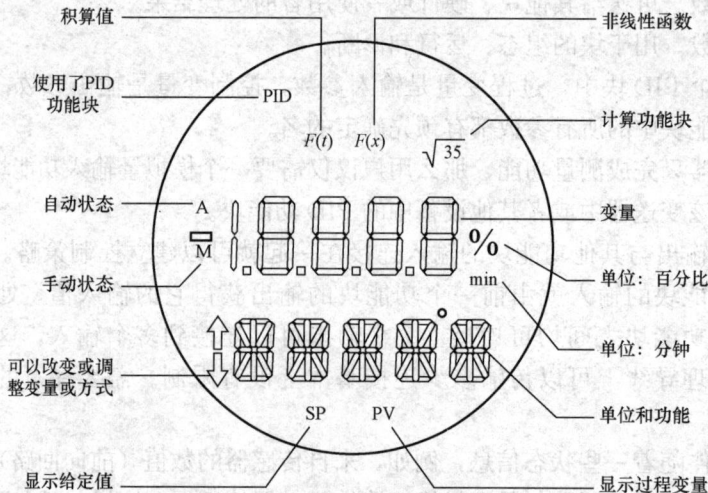

图 11-3　显示器的显示区及状态显示

（1）正常显示。在正常显示状态下，显示器轮流显示主、次和第三个变量，参见图 11 - 4。当被显示值超过±19999 时，以浮点方式显示阶码和尾数。

显示器还可以显示工程单位、数值和参数。当用户进行就地调整时，显示器将停止正常显示。

（2）异常显示。显示器也可以显示错误信息或其他信息，参见表 11 - 1。

表 11 - 1　　　　　　异常显示信息

显示	说　　明
INIT	电源上电后，显示装置型号和软件版本
BOUT	传感器开路或连接不当
FACT	变送器的存储器接收到了错误的组态

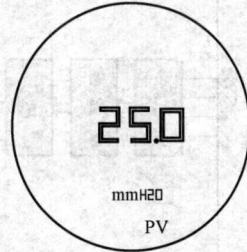

图 11 - 4　显示器的正常显示

11.2　现场总线温度变送器

11.2.1　概述

现场总线温度变送器与热电阻或热电偶配合使用，主要用于温度测量。但它也可以接收其他传感器输出的电阻和毫伏信号，如高温计、荷重传感器、电阻式位置指示器等。现场总线温度变送器采用数字技术，它可以同时测量两路温度信号或者两点的温差信号，接收各种类型的传感器信号，便于现场和控制室之间的连接，并且能够大幅降低安装、运行和维护成本。

11.2.2　工作原理

现场总线温度变送器接收来自热电偶的毫伏信号或热电阻传感器的电阻信号。变送器的输入信号必须在一定的范围之内。对于毫伏信号，其范围是 $-50\sim+500\text{mV}$；对于电阻信号，其范围是 $0\sim2000\Omega$。现场总线温度变送器的电路原理框图见图 11 - 5。图中各部分的功能叙述如下：

（1）多路器 MUX。多路器 MUX 用来切换若干路传感器的输入信号，将其分别送入信号调理部分，以便测量其电压。

（2）信号调理器。它的作用是对输入信号进行适当的放大，以便适应 A/D 转换器的要求。

（3）A/D 转换器。A/D 转换器将输入的模拟量信号转换为 CPU 所用的数字量信号。

（4）信号隔离器。它的作用是隔离输入与 CPU 之间的控制和数据信号。

（5）CPU、RAM、FLASH 和 E²PROM。CPU 是变送器的智能部件，它负责完成测量工作、执行功能块、自诊断以及通信任务。FLASH 作为程序存储器，以便于升级，并且可以在掉电时保持数据。RAM 是中间数据暂存用的随机存储器。如果电源失去，RAM 中的

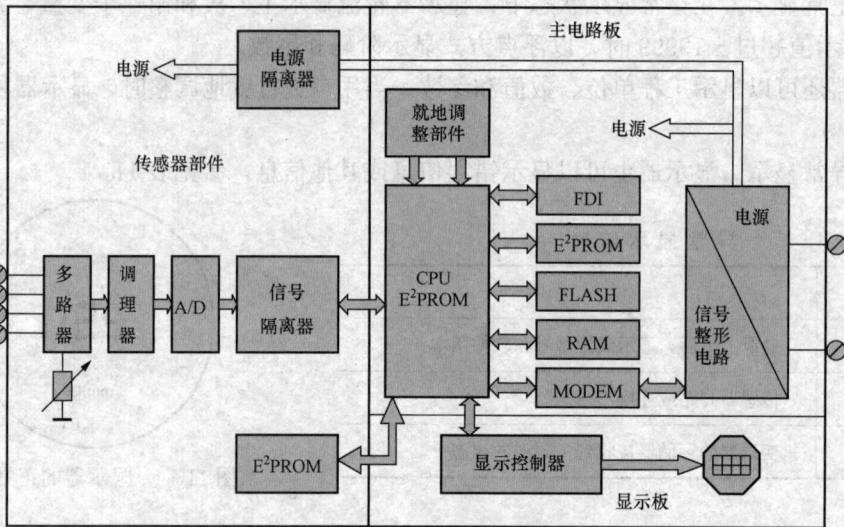

图 11-5　温度变送器的电路原理框图

数据就会丢失。但 CPU 还有一个内部非易失存储器 E^2PROM。在那里保存着那些必须要保留的数据，如调校、组态以及识别数据。

（6）固件下载接口 FDI。FDI 是主电路板上用于下载固件的接口，通常是由制造商使用的。用户也可以利用它完成固件的升级。

（7）通信控制器。通信控制器监视链路的活动。对信号进行调制和解调，插入和删除起始和结束定位符。

（8）电源。由现场总线上获得电源，为变送器的电路供电。

（9）电源隔离器。与输入部分的信号隔离类似，送至输入部分的电源也必须隔离。

（10）显示控制器。接收来自 CPU 的数据，控制液晶显示器各段的显示。控制器还提供各种驱动控制信号。

（11）就地调整部件。就地调整部件有两个可用磁性工具调整的磁性开关，它没有机械和电气接触，可以有效地防止现场的灰尘和腐蚀性气体进入变送器。

11.2.3　温度传感器

如前所述，现场总线温度变送器可以与各种类型的传感器配合使用，特别是用于热电偶或热电阻测温。

1. 热电偶

热电偶是由两种不同的金属或合金丝在一端连接在一起所组成的。连接的那一端称为测量端或热端。热电偶的另一端是开放的，并连接到温度变送器上，这一端称为参考端或冷端。测量端应安装在测量点上。

当金属丝的两端有温度差时，金属丝的两端就会产生一个小的电动势，这种现象被称为塞贝克效应。当两种不同的金属丝一端连接在一起而另一端开放时，由于不同金属丝产生的电动势不同，因而它们不能相互抵消。两端之间的温度差就会形成一个电压输出。通常必须注意以下两个问题：

（1）热电偶所产生的电压与测量端和冷端的温度差有关，因而为了得到被测温度，必须在计算中考虑参考端的温度。这称为冷端温度校正。现场总线温度变送器可以自动进行冷端温度校正，为此，在现场总线温度变送器的热电偶接线端子处设有一个温度传感器。

（2）如果热电偶与变送器端子之间的导线没有采用与热电偶相同的导线（如由传感器或接线盒到变送器端子间采用铜线），那么新的冷端就会产生塞贝克效应。由于冷端校正点不对，在许多情况下会影响测量结果，因此，由传感器到变送器之间的接线要使用热电偶线或合适的补偿导线。

标准热电偶的被测温度与产生的毫伏数之间的关系列入热电偶分度表中，参考点温度为0℃。分度表存储在现场总线温度变送器的存储器中，工业上使用的标准热电偶如下：

（1）NBS（B、E、J、K、N、R、S 和 T）。

（2）DIN（L 和 U）。

2. 热电阻

热电阻通常称为 RTD，其工作原理是金属的电阻会随着温度的升高而增加。

存储在现场总线温度变送器中的标准热电偶的分度号一般是：

（1）JIS［1604-81］（Pt50 和 Pt100）。

（2）IEX、DIN、JIS［1604-89］（Pt50、Pt100 和 Pt500）。

（3）GE（Cu10）。

（4）DIN（Ni120）。

要使热电阻能够正确地测量温度，必须消除传感器到测量电路之间的线路电阻所造成的影响。在某些情况下，导线可能有几百米长，特别是在环境温度变化剧烈的场所，消除线路电阻随着环境温度变化的影响是非常重要的。

现场总线温度变送器允许两线制连接，但这种连接方法可能会造成测量误差，误差的大小主要取决于接线的长度以及导线经过处的温度，见图 11-6。

采用两线制连接时，电压 U_2 与电阻 R_{TD} 和导线电阻 R 之和成正比，即

$$U_2 = (R_{TD} + 2R)I$$

由上式可见，导线电阻 R 的变化会影响测量结果。为了避免导线电阻的影响，推荐采用图 11-7 所示的三线制或图 11-8 所示的四线制连接。

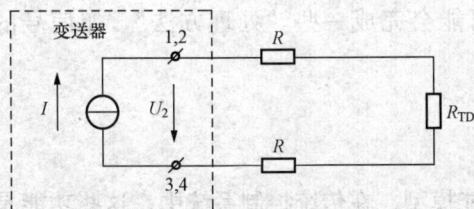

图 11-6　温度变送器的两线制连接

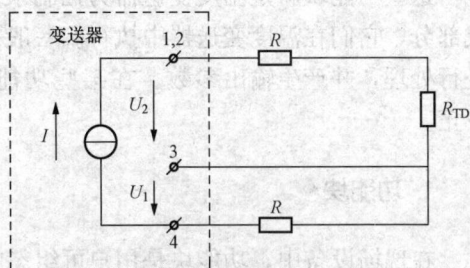

图 11-7　温度变送器的三线制连接

采用三线制接法，端子 3 是一个高阻抗输入端，没有电流通过第三条线，因此在它上面也无电压降。由于导线电阻上的压降被抵消掉了，因此 U_2-U_1 仅与 R_{TD} 的阻值有关，即

$$U_2 - U_1 = (R_{TD} + R)I - RI = R_{TD}I$$

如果采用四线制接法，端子 2 和 3 是高阻抗输入端，无电流流经此端，因此在线 2 和 3 上面不产生电压降。另外，两个线路电阻对测量没有影响，因为根本不测量上面的电压，测量电压 U_2 仅与 R_{TD} 的阻值有关。

图 11-9 所示的另一种差分或称双通道连接方式与两线制连接类似，因此也存在导线电阻的影响。由于导线电阻对线性化的影响彼此不同，因此，这种测量方法不能完全消除导线电阻造成的误差。

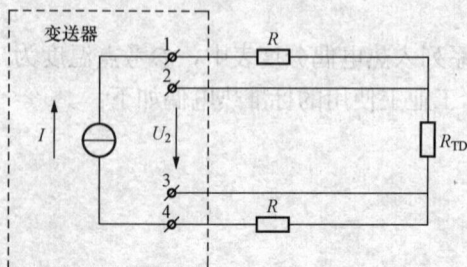

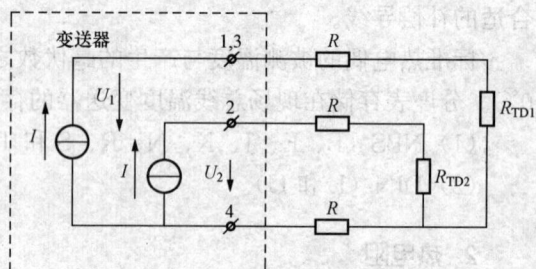

图 11-8 温度变送器的四线制连接　　　　图 11-9 温度变送器的差分连接

11.2.4 温度变送器的应用

由现场总线的观点来看，现场总线温度变送器不仅仅是一个由电子线路、外壳和传感器组成的温度变送器，它同时还是一个包含以下功能块的网络节点：

（1）1 个功能块。

（2）1 个显示转换块。

（3）2 个输入转换块。

（4）2 个模拟量输入块。

（5）1 个 PID 控制块。

（6）1 个信号选择块。

（7）1 个信号特征化块。

（8）1 个通用运算块。

这些功能块就是温度变送器为控制系统所提供的功能模型。功能块就是功能块应用的组成部分，它们在温度变送器中执行。一般来说，功能块就是用算法和内含参数来对输入参数进行处理，并产生输出参数。在某些功能块中，可能会完成一些"处理方法"，如信号的校正。

1. 功能块

在现场设备中，功能块是用户可组态的基本功能模型。在传统控制系统中，这些功能是在不同的设备中实现的。现在，仅仅在一台温度变送器中就可以实现这些功能。

模拟量输入块实现了一种变送器功能，它使温度测量值或其他测量值能够传送到现场总线系统中去，同时还可以起到阻尼和工程单位转换的作用。

PID 功能块实现 PID 控制器的作用，它使温度变送器可以完成现场控制器的作用，即控制它所测量的过程变量。

通用计算块提供一个标量输出，它可以由 5 个输入信号中选择 4 个输入信号，输出是 4 个输入的函数，具体的函数形式取决于所选择的算法。

输入信号选择块可以由 4 个输入信号中按照预先组态的逻辑选择其中的一个作为输出。

信号特征化块提供了一个特征化之后的输出，它是 X-Y 坐标系上的查表函数。

转换块的作用是功能块与温度变送器 I/O 硬件之间的接口。输入转换块实现传感器信号的处理，如导线电阻的校正、冷端温度补偿和调校等。

显示转换块负责显示和就地调整。

物理块负责设备的运行监视以及冷端温度的计算。另外，它还包含一些像产品流水号一类的设备信息。

2. 控制策略

在整个现场总线控制系统中，现场设备的控制功能都是通过功能块实现的。有一些功能块温度变送器不支持，但它可以在其他现场总线设备中实现。把所有这些功能块组合在一起，就可以实现绝大多数控制系统的功能要求。例如，温度变送器不支持模拟量输出功能块，但电动执行器中就包含了一个模拟量输出功能块。

用户可以将这些功能块连接在一起，来实现在实际应用中所需要的控制策略。系统中的每一个功能块都是通过用户所赋予的标签名来区分的，在现场总线系统中，标签必须是唯一的。

功能块有三类参数：①输入参数，功能块由它那里获得要处理的值；②输出参数，其他功能块、硬件或用户能够获得的处理结果；③内含参数，用于块的组态、运行和诊断。例如，在一个 PID 块中，过程变量是它的一个输入，控制变量是它的一个输出，而整定参数是它的内含参数。功能块中所有的参数均有预先确定的名称。

对于仅完成测量功能的温度变送器，它只需要模拟量输入功能块。为了完成控制功能，可以在温度变送器或在其他设备中使用 PID 功能块。如果要测量两个通道的信号，可以使用 2 个模拟量输入功能块。把功能块的输出与其他功能块的输入连接在一起，就可以组成所需要的控制策略。

当功能块连接在一起时，一个功能块的输入端就由另一个功能块的输出端获得一个数值，同一个设备中的两个功能块之间可以连接，不同设备中的两个功能块之间也可以连接。一个输出可以连接到多个输入上，这些连接是纯粹的软件连接。在一条物理线路上的连接数量基本上不受限制。内含参数是不可连接的。

功能块的输出值都是带有状态信息的，它可以反应来自传感器的值是否可以用于控制，以及输出值是否正常驱动了最终的控制部件。这样，接收该信息的功能块就可以采取适当的动作。连接是由输出参数名和它所在的功能块标签唯一确定的。

3. 网络访问

温度变送器有一个可选的就地运行员接口，它可以显示一些工作信息和组态信息。所有组态、运行和诊断均可在远方的组态装置或运行员操作台上进行。

组态的一般步骤是先分配标签，然后通过选择并且连接功能块来建立控制策略，调整内含参数，最终达到理想的工作状态。

就地或远方运行员接口还提供变量，如过程变量和给定值的监视和控制功能。这些变量均按其使用方法编组，并且可以通过通信成组访问这些变量。

设备本身可以完成趋势记录功能，这样就降低了对通信实时性的要求。一次通信可以访问一段时间里所收集的数据。

当报警或者其他紧急事件发生时，功能块会自动通知使用者，因此运行员接口装置不需要周期性的报警查询。另外，功能块还具有确认机制，以便知道运行员是否已经收到报警信息。

系统还可以自动地通知组态变化。因此，当组态改变时，仅需要自己更新，而不需要连续不断地检查。

功能块的实时输入/输出数据的串行传输称为运算传输。功能块的信息传输和执行是由系统调度的，因而能够保证实时性，获得与模拟量控制系统同样的闭环控制性能。

正是由于有了背景（后台）传输的组态传输、报警传输以及趋势数据传输等功能，大大地减少了传输时间，为运算传输留下了更多的时间，因而改善了控制性能。组态之后，系统将标签和参数名转换为一种能够使通信优化的信息格式。

使用现场总线温度变送器可以使控制系统更为紧凑，由于采用了内部的 PID 功能块，因此可以减少通信量，进而缩短控制回路的延迟时间。

温度变送器的数字显示器与差压变送器的数字显示器类似，故不赘述。

11.2.5　温度变送器的组态

现场总线的优点之一就在于装置与它所使用的组态工具是独立的。温度变送器可以用第三方终端或运行员操作站来组态。因而，此处不论述任何特定的组态器。

这里重点讨论温度变送器中的物理块和转换块的特性，在此基础上介绍温度变送器的某些特点。

1. 物理块

温度变送器（或任何其他现场总线设备）中只有一个物理块。物理块包含所有的转换块和其他功能块通用的参数。物理块中的算法用于装置的诊断。

检验参数 APPROVALS 列出了温度变送器的所有检验参数，这些参数是不可改变的。

为了防止组态参数意外改变，可以设置写保护 WRITE_LOCK 参数，保护组态。这个保护措施可以由设置写保护参数SET_W_LOCK设置，由清除写保护参数CLR_W_LOCK参数清除。

在温度变送器中所有功能块的状态都可以由功能块状态参数 FB_STATE 显示出来，这些状态是不可改变的。

温度变送器的特性参数，列于 FEATURES 参数之中，这些参数主要给组态工具使用，它们是不可改变的。

在安装参数 INSTALLED 中可以存储设备的安装日期，以备查看。

本地时间存储器在 LOCAL_TIME 参数之中。该参数用于功能块执行时间的同步以及通信的同步，当装置离线时可以设置该参数，但当装置接入网络时，该参数是由网络维持的。

报警报告参数 REPORTS，通知温度变送器自动发出的报警和事件。它是不可改变的。

温度变送器可以通过写复位参数 RESTART 来使其复位。

用户还可以写一些有关变送器工作情况、功能和应用方面的一些记录，把它们存在便笺 SCRATCH_PAD 参数中。该参数可以给维护人员提供一些提示性信息，如"拆装需要带梯子"、"拆除前打开旁路阀"等。

为了在物理块中支持远方串级或远方输出时控制方式的切换，可以组态切换超时参数，它们分别是 SHED_RCAS 和 SHED_ROUT。

在温度变送器的物理块中还有以下参数：①AMBIENT_TEMP_VALUE 随着现场设备电子线路的环境温度而变化，传感器位于设备的接线端子上；②AMBIENT_TEMP_UPR_SNSR_LIM 是环境温度的上限值；③AMBIENT_TEMP_LWR_SNSR_LIM 是环境温度的下限值；④AMBIENT_TEMP_UNITS 是环境温度的工程单位。可以选择摄氏温度、华氏温度、绝对华氏温度或绝对温度。通过系统组态软件可以观察一些信息和物理参数，但这些参数不是全部都可以改变的。

2. 显示转换块

在温度变送器中只有一个显示转换块。显示器可以轮流显示两个或三个变量，最后两个可以组态为"NONE"，这时只显示一个读数，这个读数是连续显示而不间断的。显示器还可以显示就地调整信息，通过树形菜单系统进行就地编程。

通过系统组态软件可以对显示项目进行组态。

3. 输入转换块

在温度变送器中最多可以有 2 个转换块。如果采用双通道测量，那么就需要使用 2 个转换块。如果仅用 1 个通道，那么就需要使用 1 个转换块。

现场总线温度变送器是一个非常灵活的装置，尽管它的主要用途是测量温度，但也可以用于测力传感器或者是电阻式位移传感器，因而采用更一般化的术语——输入信号，而不称为输入温度。

根据所测量的信号是温度还是线性输入（电阻或者电压），块所作的处理略有区别。来自传感器的被测信号，毫伏信号或欧姆信号，首先经过 A/D 转换器，然后进行预处理。如果是温度测量，则按标准数据进行线性化，使输出成为温度信号；如果采用热电偶测温，还需要进行冷端温度补偿；如果测量的是电阻或电压，就不需要进行线性化。第三种选择是用户可以输入一个自定义的线性化表。例如，它可以用于非标准的热电阻，或者超出标准化范围的热电阻。当进行温度测量时，其单位由转换块所连接的 AI 块来设置。对于电阻和电压测量，单位是固定的，所获得的测量值通过硬件通道 CHANNEL 传送到与该转换块相连的模拟量输入块中。

在某些情况下，显示器所显示的读数和转换块的读数可能与所加的输入信号不同，原因是：

（1）用户的电阻或电压标准与厂商的标准不同。

（2）变送器由于过电压或者长时间的漂移而偏离原始的特性曲线。

（3）量程调整 TRIM 可以使读数与所加输入信号相匹配。

下面是温度变送器转换块的一组参数：

（1）传感器方式代码 SENSOR_MODE_CODE：所接传感器的方式编号。

（2）传感器系列号 SENSOR_SERIAL_NUMBER：所接传感器的系列号。

（3）传感器类型号 SENSOR_TYPE：接线端子上所连接的传感器的类型。

（4）传感器的连接 SENSOR_CONNECTION：传感器与现场设备之间所采用的连接方式。

（5）传感器的测量类型 SENSOR_MEASURMENT_TYPE：传感器的原始测量数据与传感器的测量值之间的关系，分为正常值和平均值两种类型。

（6）平均值个数 NUM_MEAS_TO_AVERAGE：计算测量值所需要的数据个数，其范围为 1～255。

（7）温度传感器值 TEMPERATURE_SENSOR_VALUE：温度变送器的当前值。

（8）温度传感器单位 TEMPERATURE_SENSOR_UNITS：温度传感器值的工程单位。在此，温度传感器的单位是只读的，不能改变。变送器的单位改变在模拟量输入块中进行。

（9）冷端温度值 CJC_TEMP_VALUE：等于温度变送器冷端温度，用于计算热电偶的输出。冷端温度的单位总是采用摄氏度。

（10）冷端温度校正传感器的类型 CLC_TYPE_SENSOR：冷端温度校正的类型，分为内部校正、外部校正和无校正三种类型。

（11）外部冷端温度值 EXTERNAL_CJC_VALUE：当冷端温度校正传感器是外部传感器时，外部冷端传感器的输出值。

（12）冷端温度的单位 CJC_TEMP_UNITS：冷端温度的工程单位，固定采用摄氏度。

（13）传感器状态 SENSOR_STATUS：传感器的当前状态。传感器的状态可以是：正常、故障、越上限、越下限和离线。

（14）线路电阻校正 LEAD_RESISTANCE_COMPENSATION：对于 2 线或 3 线制的 RTD/Ohm 类型的测量用户所定义的线路电阻校正，最大允许值为量程的 5%。例如，对于 100Ω 的电阻，线路电路的最大允许值为 5Ω。将 LEAD_RESISTANCE_COMPENSATION 的值置为 0，可以取消线路电阻校正功能。

（15）线性化方式 LINEARIZATION_MODE：输出信号的线性化方式，可以选择输出信号与输入信号呈线性关系，或者输出信号与温度呈线性关系。

11.3 电流—现场总线转换器

11.3.1 概述

电流—现场总线转换器主要用于传统的 $4 \sim 20mA$ 模拟式变送器，以及其他各种输出信号为 $4 \sim 20mA$ 或 $0 \sim 20mA$ 的现场仪表与现场总线系统的接口。一个转换器可以同时转换 3 路模拟量信号，它还可以提供多种形式的转换功能。它的内部可以组态三个模拟量输入块、一个信号特征化块、一个运算功能块、一个输入选择功能块以及一个积算块。

11.3.2 工作原理

电流—现场总线转换器主要由输入电路板和主电路板两部分构成，见图 11-10。

在输入电路板上，三路模拟量电流输入信号由 100Ω 输入电阻转换为电压信号，经多路器 MUX 选择后进入 A/D 转换器；转换为数字量后经信号隔离电路进行光电隔离后送往主电路板上的 CPU；在 CPU 中通过组态好的功能块对信号进行必要的转换和处理，最后经调制解调器 MODEM 和信号整形电路进入现场总线。

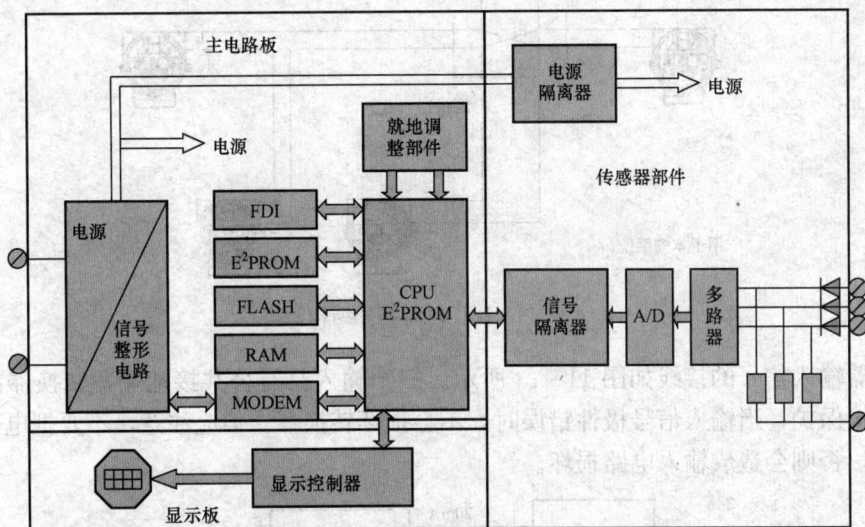

图 11-10 电流—现场总线转换器电路原理框图

11.3.3 安装接线

电流—现场总线转换器与现场总线的连接方式可以采用总线型拓扑结构或者树型拓扑结构，分别如图 11-11 和图 11-12 所示。在干路的两端应装设终端器，包括支路在内的电缆总长度不应超过 1900m，支路上可以连接多个现场总线设备。

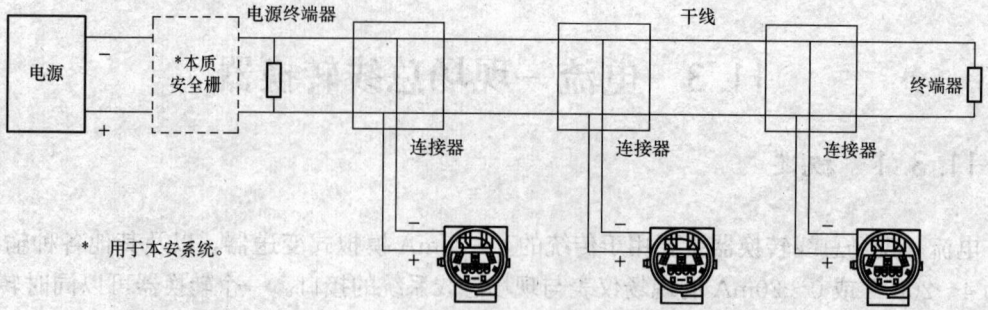

图 11-11 总线型拓扑结构

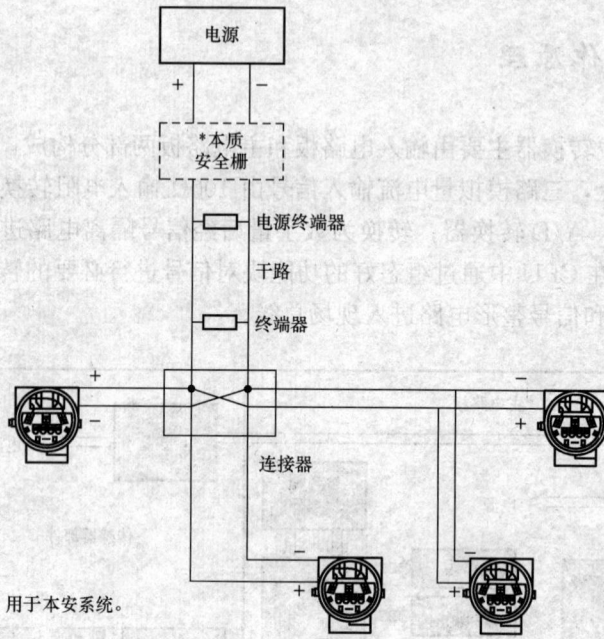

图 11-12 树型拓扑结构

转换器输入信号的接线如图 11-13 所示。三个输入具有公共接地端，转换器的输入电路具有反接保护，当输入信号极性错误时，不会损坏转换器。但应注意，不要把电源直接接到输入端，否则会造成输入电路损坏。

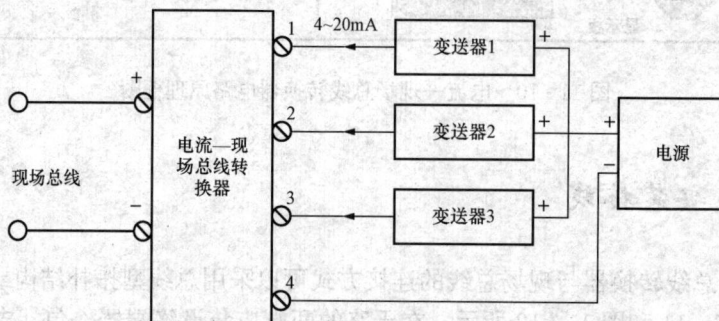

图 11-13 电流—现场总线转换器输入信号的接线

11.4 现场总线—电流转换器

11.4.1 概述

现场总线—电流转换器主要用于现场总线系统与控制阀或其他执行器之间的接口。它可以将由现场总线传输来的控制信号转换为 4～20mA 的电流信号输出。一个转换器可以同时转换 3 路模拟量输出信号。除了 3 个输入转换块、1 个物理块和 1 个显示块之外，它还可以组态 1 个 PID 控制块、1 个运算块、1 个信号选择块、1 个分程控制块和 3 个模拟量输出块。

11.4.2 工作原理

现场总线—电流转换器由输出电路板、主电路板和显示板三部分组成，详见图 11-14。

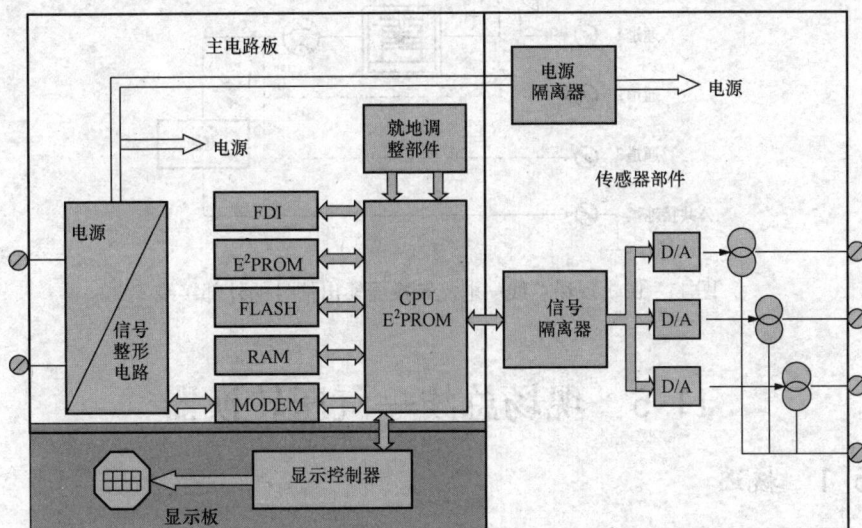

图 11-14 现场总线—电流转换器电路原理框图

主电路板由现场总线获得的信息经接收滤波器和通信控制器进入 CPU，由 CPU 送出的控制信号经信号隔离器进行光电隔离后分别送往 3 个 D/A 转换器。控制信号在 D/A 转换器中转换为模拟量信号后，分别送往 3 个输出电流控制电路，最后经输出端子送出 4～20mA 的电流信号。

主电路板和显示板的工作原理与其他现场总线设备相同，故不赘述。

现场总线—电流转换器的负载特性如图 11-15 所示。正常工作区应在阴影所示部分。例如，当供电电源电压为 24V 时，负载电阻应小于 1000Ω。

现场总线—电流转换器输出信号的外部接线如图 11-16 所示。图中只表示了通道 1 的连接方式，其余通道与通道 1 类似。由于是电流输出，3 个负载（1 个电流—气压转换器、1

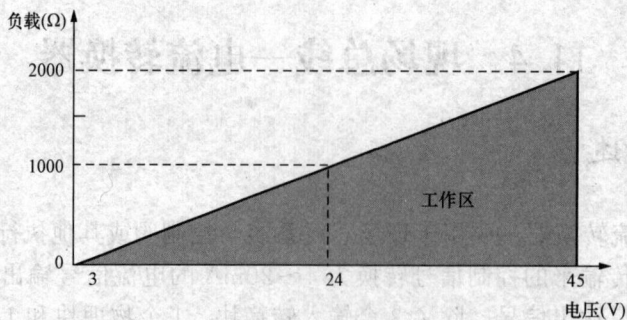

图 11-15　现场总线—电流转换器的负载特性

个记录仪、1 个电流表）串联。三个输出具有公共接地端，转换器的输出回路具有反接保护，可以承受±31V 的直流电压而不会导致损坏。

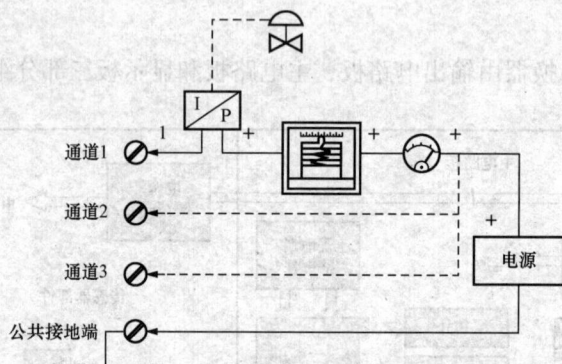

图 11-16　现场总线—电流转换器输出信号的外部接线

11.5　现场总线—气压转换器

11.5.1　概述

现场总线—气压转换器主要用于现场总线与气动执行器的接口。现场总线—气压转换器接收来自现场总线的控制信号，并将其转换为 20～100kPa 的气压信号，以控制阀门或执行机构。

在现场总线—气压转换器内部，可以实现一些基本的控制功能，如 PID 控制、输入信号选择、分程控制等。由于具有这样一些特点，因此减少了信息交换，缩短了控制周期，使基础控制级的体系结构更为紧凑。

11.5.2　工作原理

现场总线—气压转换器主要由输出组件和控制电路两部分构成。

224

1. 输出组件

输出组件主要由喷嘴挡板机构、伺服机构和压力传感器构成，如图 11-17 所示。

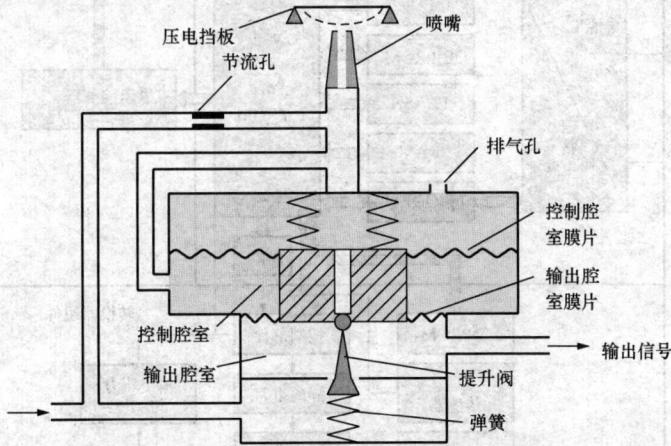

图 11-17 现场总线—气压转换器的输出组件

转换器中的 CPU 接收来自现场总线上的控制信号，并产生一个设定值信号送给控制电路。控制电路还接收由输出组件产生的压力反馈信号。

喷嘴挡板机构中有一个压电板作为挡板，当控制电路将电压加到压电板上时，压电板就会靠近喷嘴，引起控制腔室压力升高，该气压称为导压。在一定范围内，导压与挡板的偏转程度成正比，转换器的正常工作范围就在这一区域。

由于导压的变化不足以产生较大的气流控制能力，因此必须加以放大。放大是由伺服机构完成的，其作用犹如一个气动继电器。伺服机构在控制腔室一侧有一个膜片，在输出腔室一侧有一个较小的膜片，导压在控制腔室一侧的膜片上产生一个压力，在稳态下，此力和输出气压加在输出膜片上的压力相等。

如上所述，当需要增加输出气压时，导压就会增加，迫使提升阀下降，气源所提供的压缩空气，经提升阀流入输出腔室，输出气压增加，直到与导压相平衡时为止。

当需要减小输出气压时，导压就会减小，提升阀由于弹簧的作用而关闭。由于输出气压大于导压，膜片会向上移动，输出腔室中的空气通过提升阀上端的小孔逸出，输出气压减小，直至再次达到平衡。

2. 控制电路

控制电路由以下几部分组成（见图 11-18）：

（1）D/A 转换器：接收来自 CPU 的控制信号，并将其转换成模拟量电压用于控制。

（2）控制部件：根据由 CPU 接收到的数据和压力传感器的反馈信号来控制输出压力。

（3）输出压力传感器：测量输出压力，并将其反馈到控制部件和 CPU。

（4）温度传感器：测量传感器部件的温度。

（5）隔离电路：主要作用是将现场总线信号与压电信号隔离。

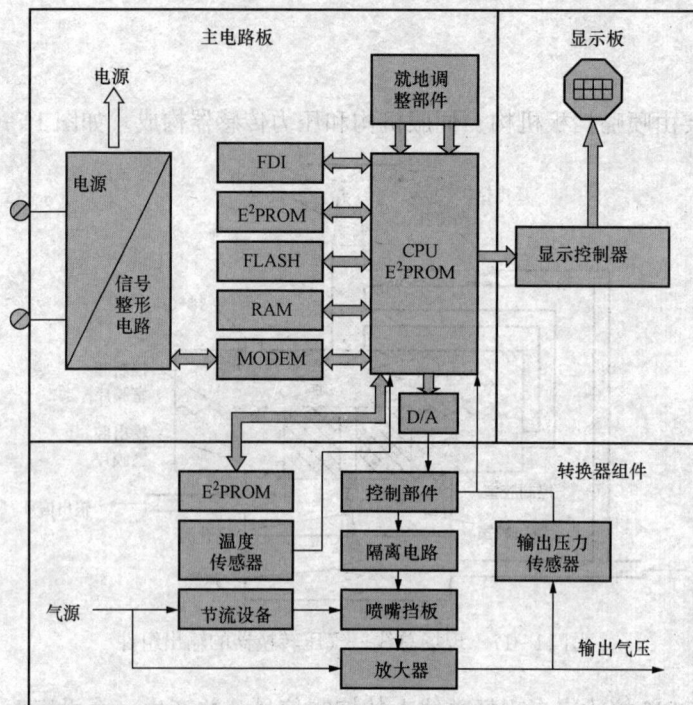

图 11-18　现场总线—气压转换器的控制电路

（6）E^2ROM：非易失存储器，当现场总线—气压转换器复位时，用来保存数据。

（7）中央处理单元 CPU、RAM 和 PROM：CPU 是转换器的智能部件，负责管理和执行功能块的算法、字诊断和通信；PROM 用来存储程序；RAM 用于数据的暂存。电源关断之后 RAM 中的数据就会丢失，但那些掉电后必须保存下来的数据可以存放在 E^2PROM 中，如标定数据、组态数据和标识数据。

（8）通信控制器：监视链路活动，对通信信号进行调制/解调，以及插入起始和结束标志。

（9）电源：由现场总线上获得电能，为转换器电路供电。

（10）显示控制器：由 CPU 接收数据驱动液晶显示器。

（11）就地调整机构：就地调整装置是两个磁性开关，这两个开关可以用磁性工具进行调整，而不需要机械或电气上的接触。

（12）压电喷嘴挡板机构：压电喷嘴挡板机构将压电板的位移转换成气压信号，以便使控制腔室的压力发生变化。

（13）节流装置：节流装置和喷嘴组成了一个分压支路，压缩空气经节流装置进入喷嘴。

（14）放大器：放大器将喷嘴挡板机构的压力变化放大，以便产生足够大的空气流量变化来驱动执行机构。

11.6　现场总线阀门定位器

11.6.1　概述

现场总线阀门定位器主要用于在现场总线控制系统中驱动气动执行机构。它根据现场总线上送来或者由其内部控制功能块所产生的控制信号，产生一个气压信号，带动执行机构输出一个机械位移，并通过非接触的霍尔元件检测位移的大小，然后反馈到控制电路中去，以便实现精确的阀门定位。

现场总线阀门定位器的特点是实现了信息的数字传输，能够进行远程设定、自动标定、故障诊断，并提供预防性维修信息。例如，它可以自动累计阀门的行程和动作次数，当到达规定的数值时，会发出提示信息。在装置内部可以实现控制、报警、计算以及其他一些数据处理功能。阀门的特性是通过软件组态实现的，不需要对凸轮、弹簧等部件作任何改动，即可以方便地实现线性、等百分比、快开以及其他任意设置的阀门特性。

11.6.2 工作原理

现场总线阀门定位器由主电路板、显示板以及输出组件（又称电—气转换器组件）等几部分构成。其中，主电路板和显示板的工作原理与前述其他现场总线设备类似，在此仅介绍输出组件的工作原理，见图 11 - 19、图 11 - 20。

输出组件由喷嘴挡板机构、伺服机构、霍尔传感器和输出控制电路等部分组成。

输出控制电路接收来自 CPU 的数字信号，以及来自霍尔传感器的阀位反馈信号。

气动部分多采用常见的喷嘴挡板机构和伺服阀，其工作原理如下：

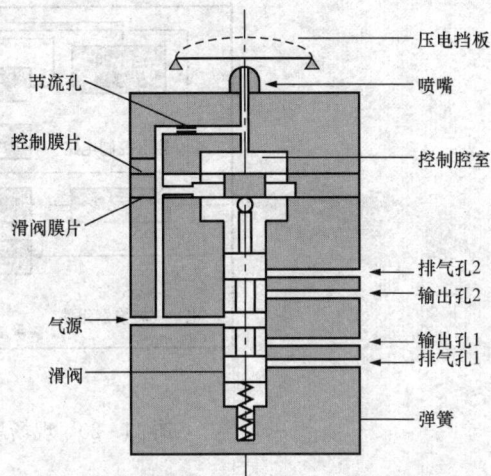

图 11 - 19　现场总线阀门定位器的输出组件

来自输出控制电路板的控制信号加到压电挡板上使压电挡片弯曲，造成流过喷嘴的气流改变，这样就会造成控制腔室中的压力变化，这个压力通常称为背压。在一定工作范围内，背压的变化与压电挡板的位移呈线性关系。

由于伺服腔内的压力变化太小，无法提供足够的流量驱动能力，因此必须加以放大。这个任务由伺服机构来完成。伺服机构有一个膜片位于控制腔室，还有一个比较小的膜片位于滑阀腔室。稳态时，控制腔室压力对膜片的作用力应该等于滑阀腔室的压力对小膜片的作用力。

当压力挡板靠近喷嘴时，控制腔室的压力就会增加，位于控制腔室的膜片受力增大，使滑阀向下移动，气源的压缩空气经滑阀中间的空间经输出孔 2 流入气动执行机构的一侧气室，使该侧的压力增加；同时，滑阀的下移又使输出孔 1 和排气孔 1 连通，气动执行机构另一侧的空气经输出孔 1 和排气孔 1 排出，执行机构两侧气室的压力差使执行机构产生位移。执行机构带动阀杆向下移动，通过连接在阀杆上的磁铁，导致霍尔传感器的输出信号发生变化，并送往输出控制电路。当反馈信号与控制信号相平衡时，执行机构到达给定位置，此时喷嘴挡板机构和伺服机构到达一个新的稳定状态。

当阀门定位器与现场总线之间的通信发生故障或上游其他设备发生故障时，它可以进入故障安全状态，保持执行机构的位置不变或者到达用户预先组态的安全位置。

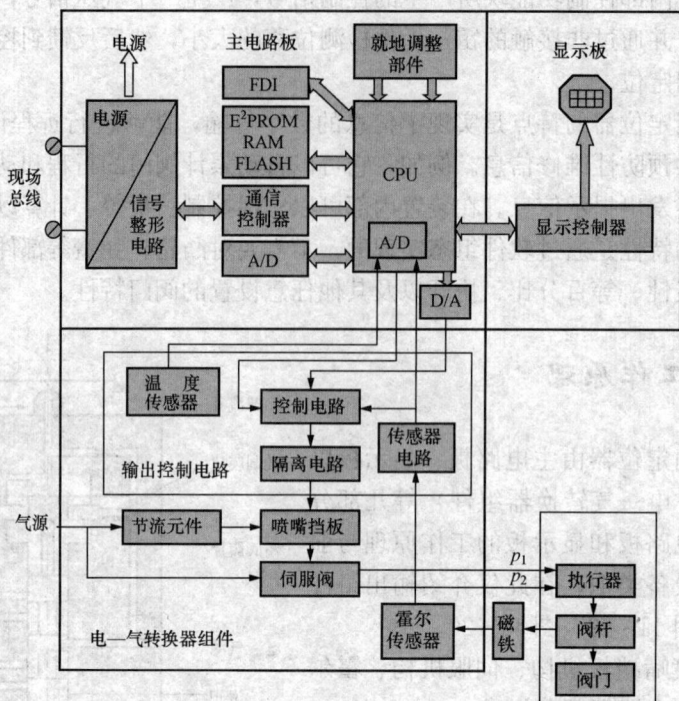

图 11-20 现场总线阀门定位器的控制电路

11.7 现场总线电动执行器

11.7.1 概述

现场总线电动执行器主要用于在现场总线控制系统中驱动阀门、挡板等设备，调节生产过程中的工质流量，以便使被控变量达到给定值。它根据现场总线上送来或者由其内部控制功能块所产生的控制信号，以及阀门位置反馈电路输出的阀门实际位置信号，产生一个电动机控制信号，通过伺服电动机带动执行机构输出机械位移，控制阀门或挡板的动作。同时，通过阀门位置反馈电路检测位移的大小，反馈到控制电路中去，形成阀门位置的闭环控制，以便实现精确的阀门定位。

在使用中继器的情况下，H1 现场总线理论上可以连接 240 个执行器。执行器的设置可以通过现场总线进行。执行器可以发出打开、关闭、停止、移动至某一位置、紧急关闭、读取继电器状态、驱动继电器、监视模拟量和阀门位置、监视执行器的状态、报警和诊断信息，通常还可以执行链路活动调度器 LAS 的功能。

利用控制室中的个人计算机或运行员操作站，可以访问执行器的有关参数，可以设置输入和输出组态参数，并且校准执行器。

现场总线电动执行器具有多变量传输能力和故障自诊断能力，它能够传输如阀门的卡涩、阀门的累积行程、阀门的动作次数、阀门的动作频率、阀门的最大动作速度等信息，因而能够提前预测可能发生的故障，减少非计划停机的可能性。

11.7.2 工作原理

现场总线电动执行器由主电路板、电动机驱动及位置反馈电路、显示板、伺服电动机及减速器等几部分构成的，见图 11-21。

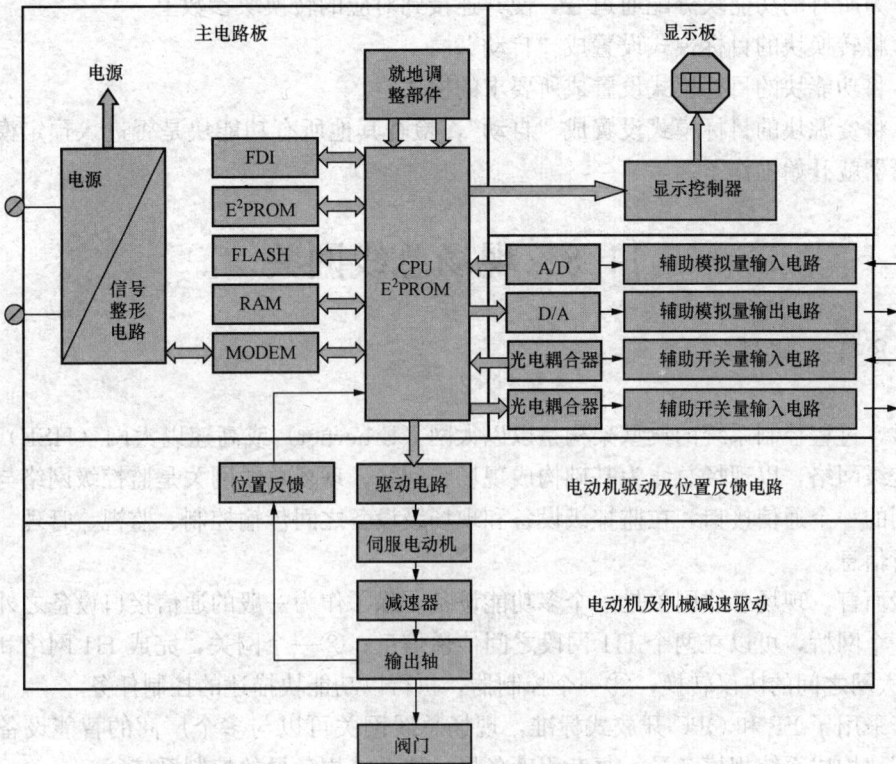

图 11-21 现场总线电动执行器原理框图

来自现场总线的阀位指令经信号整形电路和 MODEM 进入 CPU，位置反馈电路的检测到的阀门实际开度也同时送入 CPU。CPU 通过运算得到阀位指令信号与阀门实际开度信号之间的偏差，通过阀门位置控制算法，得出控制伺服电机所需要的开关量信号，经伺服电机驱动电路控制伺服电机正转/反转，通过减速器和输出轴带动阀门/挡板，最终使实际阀门位置与阀位指令相等或在容许偏差之内。

现场总线电动执行器一般还带有若干辅助 I/O 电路，如辅助模拟量输入电路、辅助模拟量输出电路、辅助开关量输入电路、辅助开关量输出电路。这些辅助的 I/O 可以用来控制和监视一些外部设备。例如，辅助模拟量输入可用于接入 4~20mA 变送器；辅助模拟量输出可以驱动 4~20mA 的变频器或其他执行器；辅助开关量输入可以用于监测开关、继电器，或者其他执行器；辅助开关量输出可以用来驱动指示灯、继电器以及其他执行器；通过辅助 I/O 电路，可以以现场总线电动执行器为中心，构成更加复杂的顺控、连锁和保护系统，以及位于现场的人机接口。

关于主电路板、显示板上其他电路的工作原理，在前述章节中已有讨述，故不赘述。

执行器可以通过现场总线提供各种监视、报警和状态信息，如伺服电动机的累积动作次数、阀门的累积行程、电动机过热报警、电源监视器报警、相位监视器报警、就地紧急关闭（ESD）报警、力矩开关报警、变频器故障报警（当执行器安装了变频控制器时）、执行器的就地/远方控制状态。

现场总线电动执行器的投入运行过程如下：

（1）为所有的功能块分配通道号，使其连接到对应的转换块参数上。

（2）将转换块的目标模式设置成"自动"。

（3）将功能块的目标模式设置成所要求的模式。

（4）将资源块的目标模式设置成"自动"，检查其他所有功能块是否进入预定模式。这时，执行器就开始工作了。

11.8　现场总线网关

11.8.1　概述

通常，过程控制系统的典型架构是以以太网（Ethernet）或高速以太网（HSE）为基础构成监控级网络，以现场总线为基础构成现场级网络，现场总线网关是监控级网络与现场级网络之间的一个通信接口，在监控级设备和现场级设备之间传输控制、监视、管理，以及维护和运行信息。

一般而言，现场总线网关是一个多功能设备。除了作为一般的通信接口设备之外，它还是：①一个网桥，可以在两个 H1 网段之间传递信息；②一个网关，完成 H1 网络和以太网/高速以太网之间的协议转换；③一个控制器，执行以功能块描述的控制任务。

由于采用了 FF 和 OPC 开放式标准，现场总线网关可以与多个厂商的智能设备和软件集成使用，构成系统规模各异、复杂程度各异、体系结构各异的控制系统。

11.8.2　现场总线网关的工作原理

现场总线网关原理框图如图 11-22 所示，它由 CPU 中央处理单元、双口 RAM、控制逻辑 CPLD、通信控制器、总线驱动电路等部分组成。

（1）CPU 中央处理单元：中央处理单元采用纯标量精简指令集 32 位微处理器，它可以完成现场总线网关的所有通信和控制任务。

（2）DP（双口 RAM）：现场总线网关上有一个共享的 16 位数据存储器。现场总线网关中的 CPU 和以太网控制器可以同时访问这个存储器，它为现场总线网关和以太网之间提供了一个高效的通信路径。

（3）控制逻辑 CPLD：现场总线接网关上的控制逻辑，能够处理 CPU 对所有装置的访问（如 RAM、NVRAM、FLASH 等）以及双口 RAM 的仲裁机构。

（4）通信控制器（通信协议栈芯片）：专用的现场总线芯片实现数据的串行通信，通信速率为 31.25kbit/s，它遵循 ISA-SP50 物理层规范。

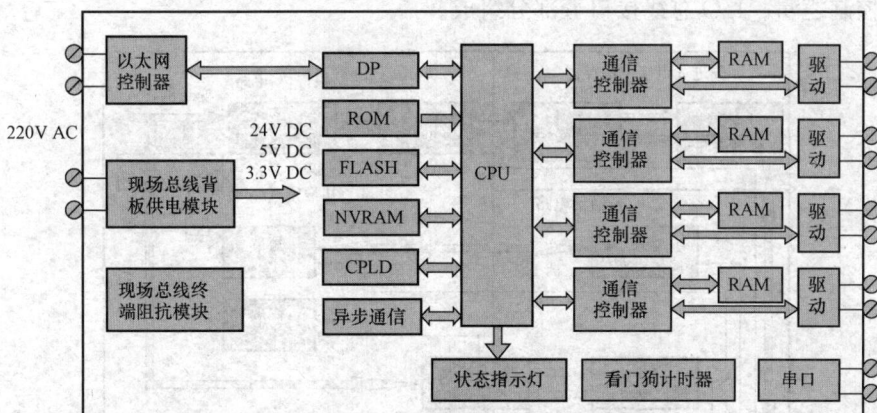

图 11-22　现场总线网关原理框图

（5）总线驱动电路：作用是将 FB3050 通信协议栈芯片输出的 0/5V 信号转换为现场总线信号并提供隔离电路。根据 ISA-SP50.02—1992 现场总线物理层规范，现场总线网关的 MAU 是无源的，也就是说不由总线供电。

（6）非易失性随机存储器 NVRAM：一个 32 位数据存储器用于存储现场总线网关的数据结构和对象。

（7）闪存 FLASH：一个 32 位的代码存储器，现场总线网关的程序保存其中。

（8）现场总线终端阻抗模块：为 4 路现场总线提供终端阻抗，可以通过开关来选择是否接入该终端阻抗。

（9）异步通信及串口：现场总线网关的外部接口，用于下载和更新固件程序，以及网关的维护工作。

11.9　现 场 总 线 接 口

11.9.1　概述

如上所述，一些 DCS 系统厂商在其原有的 DCS 基础上扩展了现场总线功能，通过现场总线接口，将现场总线设备接入 DCS 系统。现场总线接口为智能现场设备提供了一条数字通信通道。在一条现场总线通信线路上，可以并联连接多达 32 个符合该现场总线通信协议的智能设备。这些智能设备以全数字方式传递过程变量、控制变量、状态信息、管理信息等内容。有一些分散控制系统中的现场总线接口支持数/模混合通信。在这些系统中，以 4～20mA 的模拟量信号传输过程变量信号，其他信号的数字量调制信号叠加在模拟量信号上传输。现场总线接口是分散控制系统与智能化现场设备之间的一个通信接口。

11.9.2　现场总线接口的工作原理

现场总线接口原理框图如图 11-23 所示，它由 I/O 电路、A/D 转换器、通信电路、微处理机及控制逻辑、I/O总线接口五部分组成。

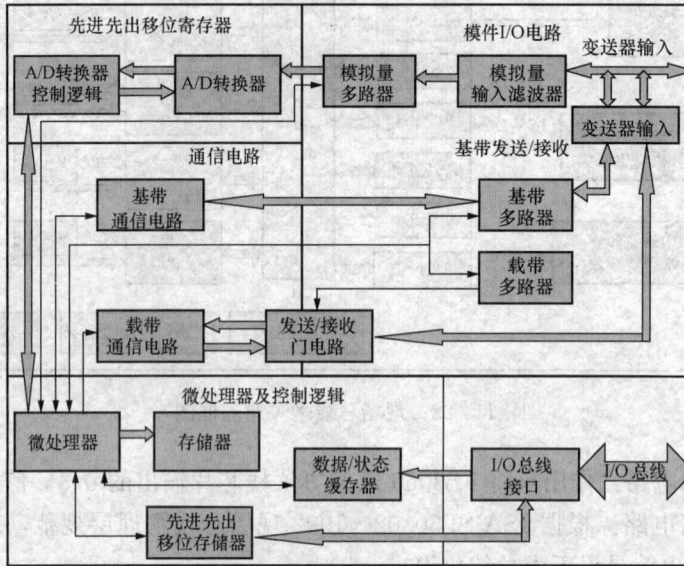

图 11-23　现场总线接口原理框图

现场总线接口通常以类似 DCS 中 I/O 模件的形式接入 DCS 的 I/O 总线。现场总线接口支持数模混合方式。由现场来的输入信号可以是纯数字信号，也可以是数模混合信号。因此，输入信号中的模拟量信号进入模拟量输入滤波器，经多路器和 A/D 转换器送入微处理机，而输入信号中的数字量信号可以有两种传输方式：一种是基带传输方式，另一种是载带传输方式。当采用基带传输方式时，由交流耦合器提取输入信号中的交流信号后，经过基带多路器和基带通信电路，传送给微处理机；当采用载带传输方式时，交流耦合器提取输入信号中的交流调制信号后，经发送/接收门电路送往载带通信电路，载带通信电路对信号进行解调后，将数字量信号送往微处理机。

微处理机还可以将信息传送给现场的智能设备，这时的通信方向正好与上述情况相反，读者可自行分析。

与微处理机相连的存储器用于存储过程变量、控制变量、现场智能设备以及其他信息。当处理器模件请求输入过程变量时，该模件中的微处理机就把存储器中的数据送入先进先出（FIFO）移位寄存器，然后由 I/O 总线接口送往处理器模件。

11.10　现场总线变频驱动装置

11.10.1　概述

现场总线变频/变速驱动装置（VFD/VSD）用于控制电动机或被驱动设备的转速。例如，变速驱动的电动机可以改变它所驱动的水泵的转速，进而改变液体的流量。设备的低速运行可以减少机械磨损，显著地减少阀门节流所导致的压力损失，消除阀门泄漏，减少调节死区，节省大量的能源；同时，它还可以减小设备容量，降低系统投资，因此得到了广泛的应用。

232

在控制系统中，现场总线变频/变速驱动装置可以看做是一个执行器，因此，需要通过现场总线技术对其进行组态、调试、运行和诊断。

目前，现场总线变频/变速驱动装置只有基于 PROFIBUS DP 现场总线的产品，未见有 FF 现场总线的变频/变速驱动装置。另外，由于变频器本身的工作原理在一般书籍中均有介绍，因此，本节着重介绍 PROFIBUS DP 变频/变速驱动装置的现场总线接口。

11.10.2 变频/变速驱动装置现场总线接口的工作原理

现场总线变频/变速驱动装置现场总线接口原理框图见图 11-24。变频/变速驱动装置现场总线接口主要由 PROFIBUS 总线控制器、RS-485 接口、CPU、ROM、E²PROM、RAM、双口存储器 DP 以及电源等部分组成。

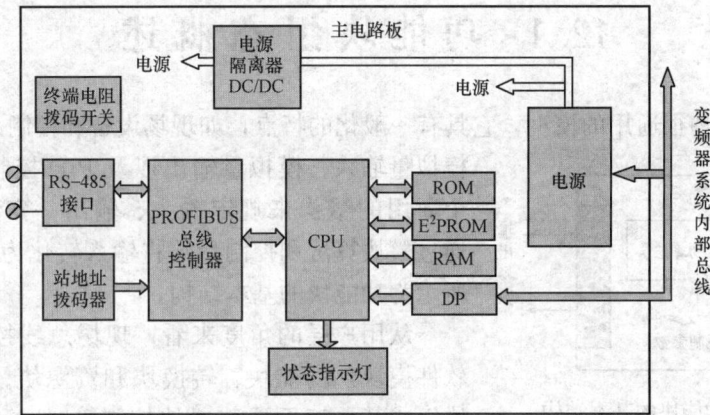

图 11-24　现场总线变频/变速驱动装置现场总线接口原理框图

由现场总线送来的控制信号在 PROFIBUS 总线控制器的控制下，经 RS-485 接口进入 CPU。然后经双口存储器 DP 送至变频器系统内部总线。通过变频器向被控电动机发出启停指令、变速指令以及其他指令。同时，变频器的频率、转速、状态、故障诊断等信息亦通过变频器系统内部总线、双口存储器 DP、CPU、PROFIBUS 总线控制器以及 RS-485 接口进入现场总线。通过现场总线传至控制器或人机接口设备。

站地址拨码器用于设定变频器在 Profibus 现场总线上的地址。终端电阻拨码开关用于决定是否将板上的终端电阻接入现场总线，而电源部分用于完成板上各部分电路的供电和电源隔离作用。

习　　题

1. 有哪些类型的现场总线设备？每种类型又包含哪些设备？
2. 现场总线变送器一般由哪些部分构成？
3. 现场总线变送器中的就地调整部件有何作用？
4. 现场总线变送器中的固件下载接口 FDI 有何作用？
5. 每种类型的现场总线设备完成的主要功能是什么？
6. 现场总线网关与现场总线接口有何区别？

12 现场总线控制系统的组态

现场总线控制系统的组态方法与分散控制系统的组态方法类似，在大多数情况下，采用功能块作为描述控制策略的基本方法。支持基金会现场总线协议的现场设备可以执行计算和控制任务，数据获取和控制计算是在现场设备的功能块中完成的。现场总线基金会定义了10个基本功能块、19个高级功能块和5个扩展功能块，这些功能块对于大多数工业生产过程控制来说已足够。

12.1 功能块组态概述

功能块是一种很通用的模型，它具有一般化的特点，如现场设备和控制系统经常用到的模拟量输入、模拟量输出以及 PID 控制等。它提供一个通用的结构来规定输入、输出、算法和控制参数，通过模块算法和控制参数将输入转化为输出。图 12-1 所示为功能块的基本结构。

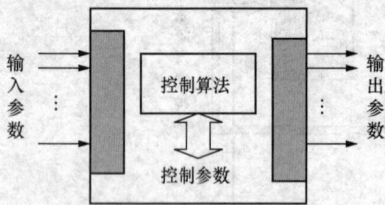

图 12-1 功能块的基本结构

从用户层的角度来看，现场总线控制系统有三种软件模块：功能块、转换块和资源块。当用一些功能块组成某一工厂或装置的控制策略时，这些功能块的有序集合称为一个"功能块应用"。不同的功能块应用可以相互连在一起，一个功能块应用也可包含另一功能块应用。

12.1.1 基本概念

（1）功能块。功能块表达了功能块应用所实现的基本自动化功能。每一个功能块都要根据特定的控制算法和一套控制参数对输入信号进行处理。同时，功能块的输出又可以为同一功能块应用或其他功能块应用的其他功能块所使用。

（2）转换块。转换块的功能是将功能块与 I/O 设备，如传感器、执行器以及开关隔离开来。转换块通过与设备独立的接口来访问 I/O 设备。同时，转换块还完成 I/O 数据的校准和线性化功能，将 I/O 数据转换为与 I/O 设备无关的表达方式。转换块与其他功能块的接口定义为一个或多个与 I/O 通道无关的输出信号。

（3）资源块。资源块用于定义功能块应用的一些硬件特性。与转换块类似，它把功能块与实际的物理硬件隔离开，提供了一套与硬件参数无关的执行过程。

（4）功能块的定义。功能块是由它的输入参数、输出参数、控制参数以及基于这些参数的控制算法所定义的。

功能块可由标签或数字索引号来识别。标签是功能块的符号，它在一个现场总线系统范围内是唯一的；数字索引号是给功能块分配的编号，其目的是优化功能块的访问过程，只在

234

包含该功能块的功能块应用中有意义。

功能块的参数定义了输入、输出以及功能块运行时所使用的数据。输入、输出参数在整个网络上是可观察的，且可互相连接。控制参数也称为"内含参数"，用来定义功能块内部的专用数据，尽管它们在网络上是可观察的，但不能与其他功能块连接。

(5) 功能块的连接。功能块的输入参数可以连接到上游功能块的输出参数上，每一个连接均表示具有输入参数的功能块可以从具有输出参数的功能块获取信息。当一个功能块从它上游的功能块"拉出"信息时，由哪一个功能块控制"拉出"取决于底层的通信特性。

两个功能块之间的连接可能存在于同一功能块应用中，也可能处于不同的功能块应用中；可能位于同一设备中，也可能位于不同的设备中。位于同一功能块应用中的两个功能块之间的接口是局部定义的，位于不同设备中的两个功能块之间的接口需要调用通信服务。如果要用功能块连接在不同功能块应用中传递数据，通信通道必须是已知的。

(6) 功能块信息访问。功能块的参数可成组访问，根据使用的目的，功能块的参数被分成了以下 4 组"视图"（View）：

1) 动态运行数据（View1）。

2) 静态运行数据（View2）。

3) 所有动态数据（View3）。

4) 其他静态数据（View4）。

在功能块运行期间，为了支持运行员接口对信息的访问，定义了二级网络访问，一级用于运行数据传输，另一级用于后台数据传输。运行员接口的数据传输作为后台数据传输，以免影响功能块的实时运行。

(7) 功能块应用的结构。功能块应用实际上就是一组功能块协同工作、完成一系列相关的操作，这些操作集成在一起，实现一个更高级别的控制功能。

功能块模型是一个实时算法，输入参数通过功能块的算法转换为输出参数。它的运算是由一套控制参数来控制的。为了支持功能块的运行，功能块体系结构中还提供了转换块、资源块以及显示对象。

12.1.2 功能块参数

功能块参数定义了一个功能块的输入、输出和控制数据。功能块参数之间的关系以及参数与功能块算法之间的关系如下。

1. 参数标识符

在一个功能块中，参数名称是唯一的。在一个系统中，参数可以通过带有块标签的参数名加以标识。这种结构即"标签．参数"（"Tag. Parameter"）。标签．参数结构用来获得参数索引。参数索引是标识一个参数的另一种方法。

2. 参数存储

根据电源故障后参数值的存储方式划分，参数属性可以分为动态属性、静态属性和非易失属性。

（1）动态属性。由功能块的算法计算出来的值具有动态属性。这类属性值在电源中断时不需要保存，因为电源恢复时该值可以重新计算。

（2）静态属性。静态属性值具有确定的数值，在电源故障后必须能够恢复。静态属性值一般不会被频繁改写。

（3）非易失属性。非易失属性值是按一定的频率改写的值，在电源故障后需要恢复最后存储的值。

一个参数的属性划分决定了其属性值在设备中的存储方式。

3. 参数用法

参数是功能块基于特定的目的而定义的，或者是输入参数，或者是输出参数，或者是控制参数（内含参数）。每种参数的用法定义如下：

（1）内含参数。内含参数的值可以被操作站或更高一级的设备设置，也可以由计算得来。它不与其他功能块的输入或输出连接。

（2）输出参数。一个输出参数可以连接到另一个功能块的输入参数上。输出参数包含状态，其状态显示了参数值的质量和产生此参数值的功能块的当前工作方式。

输出参数的值一般不从功能块的外部获取，而是由功能块的算法产生。

有些输出参数值依赖于功能块的工作方式，这些输出参数可称为工作方式控制的输出参数。

单输出功能块有一个主输出参数，主输出送至其他功能块用于控制或计算。这些功能块还有一些辅助输出参数，主要用于报警和事件，它们提供了主输出参数的辅助性信息。

（3）输入参数。输入参数从功能块的外部获取值，可以连接到其他功能块的输出参数上，其值可以用于本功能块的算法计算。

输入参数值具有状态。当一个输入参数与一个输出参数相连时，输入参数的状态由输出参数提供。当一个输入参数没有与任何输出参数相连时，其状态会指明其值不由输出参数提供。当一个输入参数没有获得预定的值时，输入参数的状态会设置为故障状态。

当一个输入参数没有连接输出参数时，功能块应用会将其看做一个常量值。无连接输入参数和内含参数的区别在于无连接输入参数具备支持连接的能力，而内含参数不具备。

单输入功能块有一个主输入参数。主输入用来控制或计算。这些功能块还有一些辅助输入参数，用于支持主参数的运算。

4. 参数之间的关系

一个功能块的执行不仅涉及输入参数、输出参数、内含参数，而且还涉及功能块的算法。功能块算法的执行时间定义为功能块的一个参数，其数值取决于功能块是如何执行的。

功能块具有四种方式参数：目标方式、实际方式、允许方式和正常方式。

功能块算法通过输入参数获取相应功能块应用的运行状态，以决定算法是否能获得给定的目标方式。目标方式是期望功能块运行的工作方式，通常由运行员站或控制设备设置。

在某些运行条件下，功能块不能在给定的目标方式下工作。在这种情况下，实际方式反映了它真正的工作方式。将实际方式与目标方式相比较，就可以知道功能块是否获得了目标方式。

一个功能块可能具有的工作方式是由允许方式所定义的。因而，功能块可能具有多个允许方式。分配给允许方式的参数值是在功能块的设计者所定义的方式中选择的。对于一个特定的功能块应用，它们在功能块组态时赋值。

实际方式一旦确定，功能块就会开始执行，并产生输出。

5. 参数状态

所有输入和输出参数都是由值和状态构成。其中，状态由质量状态、子状态和限制状态三部分构成。

质量状态表明了参数值的品质，它包含 4 种：好的串级（Good Cascade）、好的非串级（Good Non-Cascade）、不确定（Uncertain）和坏的（Bad）。

(1) 好的串级：该参数正常，可用于控制，为串级结构的一部分。

(2) 好的非串级：该参数正常，可用于控制，但不能用于串级系统。

(3) 不确定：该参数不太正常，但该值仍可用。

(4) 坏的：该参数不可用。

子状态是对质量状态的一种补充，可以提供初始化或暂停串级控制、报警和一些其他信息。每一种质量状态都有一个子状态集。

限制状态提供了相关的参数值是否受限以及受限的方向信息，限制状态可分为 4 类：无限制（Not Limited）、上限限制（High Limited）、下限限制（Low Limited）和常数（Constant）。

一个状态字节的构成如图 12-2 所示。

质量状态和子状态的对应关系如表 12-1 所示。

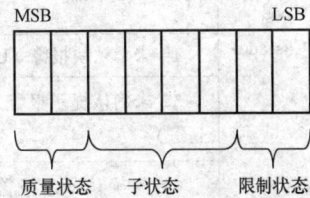

图 12-2　一个状态字节的构成

表 12-1　　　　　　　　　　功能块的质量状态与子状态

质量状态	子状态	
	名　称	说　明
0＝坏的 (Bad)	0＝不明确（Non-specific）	出现坏状态的原因不明
	1＝组态错误（Configuration Error）	功能块的组态有问题
	2＝未连接（Not Connected）	输入要求连接，但未连接
	3＝设备故障（Device Failure）	设备故障造成该值不可用
	4＝传感器故障（Sensor Failure）	传感器故障造成该值不可用
	5＝通信故障，最后可用值（No Communication, with last usable value）	通信故障，该值保留故障前的最后值
	6＝通信故障，无可用值（No Communication, with no usable value）	通信故障，且无可用的值
	7＝离线，最高优先级［Out of Service (highest priority)］	块停止工作，可能处于组态状态，无可用的值

质量状态	子 状 态	
	名 称	说 明
1＝不确定 （Uncertain）	0＝不明确（Non-specific）	出现该状态的原因不明
	1＝最后可用值（Last Usable Value）	写该值的源功能块停止工作
	2＝替换值（Substitute）	当块不是在离线状态下写入值时出现此状态
	3＝初值（Initial Value）	当块在离线状态下写入值时出现此状态
	4＝传感器不准确（Sensor Conversion not Accurate）	传感器精度下降或越限
	5＝工程单位越限（Engineering Unit Range Violation）	工程单位值越限
	6＝异常（Sub-normal）	由多个变量获得的计算值当变量数不足时出现该状态
2＝好的非串级 （Good Non-Cascade）	0＝不明确，最低优先级［Non-specific（lowest priority）］	没有明确的原因
	1＝块报警（Active Block Alarm）	好状态，但块发生了报警
	2＝提示报警（Active Advisory Alarm）	好状态，但块发生了优先级小于8的报警
	3＝紧急报警（Active Critical Alarm）	好状态，但块发生了优先级大于等于8的报警
	4＝未确认块报警（Unacknowledged Block Alarm）	好状态，但块发生了未确认报警
	5＝未确认提示报警（Unacknowledged Advisory Alarm）	好状态，但块发生了优先级小于8的未确认报警
	6＝未确认紧急报警（Unacknowledged Critical Alarm）	好状态，但块发生了优先级大于等于8的未确认报警
3＝好的串级 （Good Cascade）	0＝不明确（Non-specific）	没有明确的原因
	1＝初始化确认（Initialization Acknowledge，IA）	由上游块送至本块串级输入端的初始化值
	2＝初始化请求（Initialization Request，IR）	由下游块送来的值导致本块重新初始化
	3＝未请求（Not Invited，NI）	块没有设置使用该值作为输入的目标方式
	4＝未选择（Not Selected，NS）	功能块没有选中该值作为输入
	5＝不选择（Do Not Select，DNS）	由于状态不对，功能块不应选中该值
	6＝本地超驰（Local Override，LO）	输出该值的块已处于本地超驰状态
	7＝故障激活状态（Fault State Active，FSA）	输出该值的块已处于故障激活状态
	8＝初始故障状态（Initiate Fault State，IFS）	输出该值的块希望下游的输出功能块进入故障状态

4种限制状态是互不相容的，其说明如表12-2所示。

当一个功能块没有获得所需要的输入时，它就保存最后一个可用值，并发出该数据停止更新的信息。如果数据停止更新的次数达到预先设定的次数，该数据的状态就被置为坏状态。

表 12 - 2	限 制 状 态
限 制 状 态	说 明
0＝无限制（Not Limited）	值可以自由改变
1＝下限限制（Low Limited）	功能块不能输出该值或该值已低于下限值
2＝上限限制（High Limited）	功能块不能输出该值或者值已高于上限值
3＝常数（Constant）	该值不可以改变，上下两方向均被限制

6. 功能块参数的计算

（1）过程值计算。过程值（PV）参数反映了主输入值或基于多输入的计算值的值和状态，PV 参数或者是 IN 参数经过滤波之后的值（如 PID 功能块和 AAL 功能块），或者是转换块经过滤波后的值（如 AO 功能块的回读值和 AI 功能块），或者是两个输入参数用于范围扩展时的组合（如 AR 功能块）。

PV 参数是内含参数，但有一个状态，此状态与主输入状态或多输入功能块的最坏输入状态相同。PV 值反映了经过计算的输入值，与功能块当前的工作方式无关。

滤波特性是可选特性，当应用于过程值信号时，其时间常数由 PV_FTIME 参数决定。设输入是一个阶跃信号，PV_FTIME 参数值是 PV 值达到阶跃信号最终值的 63.2％的时间，单位是 s。如果 PV_FTIME 值为 0，则不滤波。

（2）给定值计算。在控制功能块和输出功能块中都要有给定值参数 SP，以便给出控制目标。在自动（Auto）工作方式下，SP 值的变化范围由给定值上限 SP_HI_LIM 和给定值下限 SP_LO_LIM 参数限制，在串级（Cas）或远方串级（RCas）工作方式下，SP 值只有在 CONTROL_OPTS 选项 "Obey SP limits if Cas or RCas" 选择时才受到给定值上下限值的限制。

另外，有些功能块的给定值在某些工作方式下还会受到给定值变化上升速率 SP_RATE_UP 和下降速率 SP_RATE_DN 的限制，这样可以防止给定值的变化剧烈波动，如在自动（Auto）工作方式下的 PID 功能块和在自动（Auto）、串级（Cas）或远方串级（RCas）工作方式下的 AO 功能块。

一些控制策略在功能块的工作方式从 "手动" 方式（ROut、Man、LO and Iman）到 "自动" 方式（Auto、Cas、RCas）切换时，要求给定值 SP 和过程值 PV 的偏差必须为 0，也即 SP 必须等于 PV 值。要实现这种功能，PID 功能块可通过设置 CONTROL_OPTS 参数，AO 功能块可以设置 IO_OPTS 参数 "SP-PV Track in Man" 选项有效来完成。

输出功能块中的 SP 计算和控制功能块不同。当检测到通信超时时，会启动一个定时器，如果在 FSTATE_TIME 参数指定的时间内通信没有恢复正常，则 SP 参数会自动变为 "故障安全值"，该值由 FSTATE_VAL 参数设置。通过 IO_OPTS 参数来决定是保持原有值，还是输出故障安全值，FSTATE_VAL。

（3）输出计算。功能块的输入参数和输出参数均以工程单位表示，且具有输入、输出参数的标度转换功能。功能块的执行结果作为功能块的输出参数。

当功能块的实际工作方式在 Auto、Cas 或 RCas 状态时，输出值是按正常的功能块算法计算得来的，当实际工作方式是 "手动的" 时，输出值或者是其他功能块提供（LO、Iman

方式），或者是用户提供（Man方式），或者是一个接口设备上的控制应用提供（ROut方式）。

在PID和AR功能块中的所有工作方式下，输出值的范围都受到输出高限参数OUT_HI_LIM和输出低限参数OUT_LO_LIM的限制。当然，在手动方式下，PID功能块可通过设置CONTROL_OPTS参数"No OUT limits in Manual"位有效来取消限制。

（4）串级过程中的参数计算。有几种类型的串级连接形式，如控制和输出功能块可以经CAS_IN端输入其他功能块所提供的给定值，远方控制设备也可以通过RCAS_IN和ROUT_IN参数提供给定值或输出值。为了让提供给定值或输出值的功能块和控制设备能够反映功能块的各种工作状态，相应地还定义了BACAL_OUT、RCAS_OUT、ROUT_OUT参数用于信息反向传输。每种串级连接形式相关参数的对应关系如表12-3所示。

表12-3　　　　　　　　　每种串级连接形式相关参数的对应关系

工作方式	前向通道	反向通道	工作方式	前向通道	反向通道
Cas	CAS_IN	BKCAL_OUT	ROut	ROUT_IN	ROUT_OUT
RCas	RCAS_IN	RCAS_OUT			

在每种串级形式中，上游控制功能块提供一个输出值和状态，作为下游功能块的串级输入；下游功能块提供一个输出值，作为上游功能块的反馈计算输入。

下面以图12-3中最常用的串级方式为例，来说明一下串级初始化的过程。

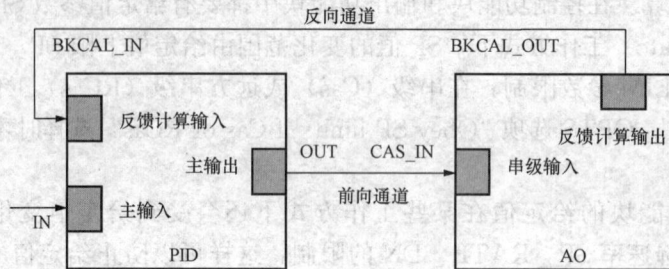

图12-3　常用的串级连接形式

为了完成一个串级初始化，需要经过以下4个步骤：

a）非串级方式（Not Cascade Mode）。当AO功能块在Auto方式下时，PID功能块并不计算输出值，而仅仅是跟踪反馈值（AO.BKCAL_OUT —> PID.BKCAL_IN）。

PID

MODE_BLK.Target=Auto

MODE_BLK.Actual=IMan

OUT.Status=GoodC-Non-specific

AO

MODE_BLK.Target=Auto

MODE_BLK.Actual=Auto

BKCAL_OUT.Status=GoodC-Not Invited

b）初始化（Initialize）。用户将AO功能块的目标方式改为Cas，则AO功能块将

BACAL＿OUT参数状态设置为 GoodC-IR，BACAL＿OUT 参数的值就是 PID 功能块开始计算的初始值。AO 功能块等待 PID 功能块将 OUT 参数的状态设为 GoodC-IA，OUT 参数与 AO 功能块的 CAS＿IN 参数连接（PID. OUT －＞AO. CAS＿IN）。

PID

MODE＿BLK. Target＝Auto

MODE＿BLK. Actual＝IMan

OUT. Status＝GoodC-Non-specific

AO

MODE＿BLK. Target＝Cas

MODE＿BLK. Actual＝Auto

BKCAL＿OUT. Status＝GoodC-Initialization Request（IR）

c）初始化完成（Initialization Complete）。当 PID 功能块发送了 GoodC-IA 状态后，则 AO 功能块进入 Cas 工作方式。

PID

MODE＿BLK. Target＝Auto

MODE＿BLK. Actual＝IMan

OUT. Status＝GoodC- Initialization Acknowledge（IA）

AO

MODE＿BLK. Target＝Cas

MODE＿BLK. Actual＝Cas

BKCAL＿OUT. Status＝GoodC- Non-specific

d）串级过程完成（Cascade Complete）。PID 功能块将 OUT 的状态由 GoodC-IA 改为 GoodC-NS。

PID

MODE＿BLK. Target＝Auto

MODE＿BLK. Actual＝Auto

OUT. Status＝GoodC- Non-specific

AO

MODE＿BLK. Target＝Cas

MODE＿BLK. Actual＝Cas

BKCAL＿OUT. Status＝GoodC- Non-specific

远方串级方式（RCas 和 ROut）与上述串级初始化过程的机制相似。具有 BACAL＿IN 参数的上游功能块有 PID、OS 和 SPG 功能块；具有 BACAL＿OUT 参数的下游功能块有 PID、AO 和 OS 功能块。

串级结构中的下游功能块不在串级方式时，上游功能块的工作方式为 IMan 方式，主要原因可能有：①反馈通道连接故障；②下游功能块不在 Cas 方式下工作：或者是目标方式不是 Cas，或者是某个错误条件使下游功能块强制进入更高优先级的工作方式，并使前向通道连接故障；③跟踪、主输入连接故障及其他原因；④控制应用在接口设备中运行类似远程串级方式的上游功能块。

12.1.3　工作方式参数

每一个功能块都有若干种工作方式。工作方式决定了功能块由谁来控制，以及进行怎样的控制。例如，改变功能块的给定值、输出值或其他参数。在某些功能块中，工作方式决定了信息的处理方法和信息的来源。

1. 工作方式类型

功能块的工作方式有如下几种：

（1）离线（Out of Service，OOS）。功能块停止运算，输出保持离线前的数值或是预先设置的安全值，给定值保持离线前的数值。离线方式意味着功能块要么还没有被配置，要么正在被修改。所有功能块都支持OOS方式。

（2）初始化手动（Initialization Manual，IMan）。串级的下游功能块不在串级（Cas）方式下，因此正常的算法停止运算，功能块的输出仅仅跟随来自下游功能块的外部跟踪信号（BACAL_IN）。此方式不能作为目标方式。

初始化手动是一种暂时的状态。初始化是现场总线技术的一个非常重要的概念，它与控制过程由完全手动控制到自动控制转换相关，一般都希望这种转换是无扰的，而初始化手动就不会造成过程值的突变。

（3）本地超驰（Local Override，LO）。应用于控制或输出功能块，以便跟踪某一信号。当控制功能块在LO方式下时，其输出跟随输入参数TRK_VAL的值。当输出功能块处于LO方式时，输出功能块可能处于故障状态。本地超驰方式不能作为目标方式，它可以允许运行员通过本地手持终端直接接管现场设备的输出。

（4）手动（Manual，Man）。功能块的输出不是由算法计算出来的，而是由运行员手动设置的。

（5）自动（Automatic，Auto）。功能块的输出是由算法计算出来的。如果功能块有一个给定值，它应该是运行员通过接口设备写入的本地值。

（6）串级（Cascade，Cas）。功能块的给定值是通过CAS_IN参数连接从其他功能块获取的，运行员无法改变给定值。功能块的输出是基于此给定值的算法计算出来的。为了能获得这种工作方式，算法使用CAS_IN输入和BKCAL_OUT输出来建立这种串级方式。这样，在块的工作方式改变时，可实现无扰切换。

（7）远方串级（Remote Cascade，RCas）。功能块的给定值是通过RCAS_IN参数由一个接口设备（如DCS、PLC设备）上的控制应用设置的。功能块的输出是基于此给定值的算法计算出来的。运行在RCas方式下的功能块，类似于串级结构中的"下游块"。为了能获得这种工作方式，算法使用RCAS_IN输入和RCAS_OUT输出来建立这种串级方式。这样，在块的工作方式改变时，可实现无扰切换。接口设备中的控制应用也就类似于串级结构中的"上游块"，但接口设备中的控制应用算法没有功能块连接中的调度和同步关系。

（8）远方输出（Remote Output，ROut）。功能块的输出是通过ROUT_IN参数由一个接口设备上的控制应用设置的。为了能获得这种工作方式，算法使用ROUT_IN输入和ROUT_OUT输出来建立这种串级方式。这样，在块的工作方式改变时，可实现无扰切换。

接口设备中的控制应用类似于串级结构中的"上游块"，但接口设备中的控制应用算法没有功能块连接中的调度和同步关系。

综上可知，Auto、Cas 和 RCas 方式是"自动的"方式，主输出可通过算法计算得出，而 IMan、LO、Man 和 ROut 方式则为"手动的"方式。

Man、Auto 和 Cas 是控制功能块中最通常的方式，这些方式通常可以由运行员通过人机接口来设置。

2. 方式参数（MODE_BLK）

每一个功能块都定义了方式参数（MODE_BLK），由如下 4 部分组成：

（1）目标方式（Target）。该方式是运行员请求的方式，是功能块需要达到的工作方式。目标方式必须是允许方式中所规定的某一方式。

（2）实际方式（Actual）。功能块当前所处的方式。由于块运行状态或配置的不同，实际方式可能会与目标方式不一致。用户不能修改此值。

（3）允许方式（Permitted）。它定义了功能块允许工作的若干方式，是根据应用需要设置的。如 PID 功能块的 CAS_IN 端没有连接其他功能块，就不允许在 Cas 方式下工作。

（4）正常方式（Normal）。该方式是功能块正常工作期间应功能块应具有的方式。它用于提示，并不参与算法计算。

功能块或转换块的执行都要受到方式参数的控制。用户设置的目标方式是希望块所达到的工作方式，实际方式是块的实际工作方式。

其他方式：

（1）保留目标方式（Retained Target）。当块的目标方式为 OOS、Man、RCas 或 ROut 时，块的目标方式属性将保留前一个目标方式的信息。当块的工作方式退出并跟踪给定值时，会用到这些信息。此特性是可选的。

（2）支持方式（Supported Mode）。每个块都有一组支持的方式类型，它定义了功能块可以运行的所有工作方式。

当一个功能块对象被组态时，其缺省方式是离线方式（OOS）。当组态完成后，最终的有效目标方式将被启动。

3. 方式优先级

功能块在计算实际的工作方式时需要用到方式的优先级。另外，对于决定在特殊方式或其他更高优先方式是否允许写操作时也需要用到优先级。各种方式的优先级次序如表 12-4 所示。

表 12-4　　　　　　　　　　　　　优 先 级 次 序

方式	说明	优先级	方式	说明	优先级
OOS	离线	7（最高）	Auto	自动	3
IMan	初始化手动	6	Cas	串级	2
LO	本地超驰	5	RCas	远方串级	1
Man	手动	4	ROut	远方输出	0（最低）

4. 方式退出

计算机、分散控制系统（DCS）、可编程控制器（PLC）等接口设备并不支持现场总线的功能块应用，但这些接口设备上可能会运行一些控制应用，而这些控制应用可能会调整功能块的给定值（RCas 方式）或主输出（ROut 方式）。当这些控制应用进行这项工作时，它们为每一个需要的参数提供值和状态。

当功能块在规定的更新时间内（SHED_RCAS 和 SHED_ROUT）没有获得来自接口设备的新值或获得了一个坏的状态时，功能块的工作方式将切换到较高优先级的非远程方式下。通过 SHED_OPT 参数可以设置当功能块方式从远方方式（RCas 和 ROut）退出时希望功能块获得的行为（不包括 Cas 方式）。当造成方式退出的原因消除后，功能块的工作方式可以保持当前的方式，也可恢复到初始的方式。

方式退出选项有以下几种：

（1）0＝未定义（Undefined）：无效的。

（2）1＝正常退出，正常返回（Normal shed，normal return）：实际的工作方式将切换到下一个允许的最低优先级的非远程方式，当运程计算机完成了初始化握手后，工作方式将恢复到目标远程方式。

（3）2＝正常退出，不返回（Normal shed，no return）：目标方式将改变到下一个允许的最低优先级的非远程方式，目标远程方式已经丢失，所以不返回。

（4）3＝退出到自动方式，正常返回（Shed to Auto，normal return）：退出条件发生时，目标方式将切换到自动方式。

（5）4＝退出到自动方式，不返回（Shed to Auto，no return）。

（6）5＝退出到手动方式，正常返回（Shed to Manual，normal return）：退出条件发生时，目标方式将切换到手动方式。

（7）6＝退出到手动方式，不返回（Shed to Manual，no return）。

（8）7＝退出到保留目标方式，正常返回（Shed to Retained target，normal return）：退出条件发生时，目标方式将切换到保留目标方式。

（9）8＝退出到保留目标方式，不返回（Shed to Retained target，no return）。

5. 方式计算

实际的工作方式将按下述原则计算：

每种方式类型都有一些条件强制实际方式成为比目标方式具有更高优先级的方式。从最高优先级的方式（OOS方式）开始分析它相应的条件，一旦条件成立，则实际方式将是对应的方式，不成立则继续检查下一个较低优先级的方式（Iman、LO、Man、Auto、Cas、RCas、ROut），直到目标方式为止。例如，目标方式是 Cas，则需要按着 OOS、IMan、LO、Man 和 Auto 的顺序检查对应的条件，如果所有条件都不成立，则实际方式就为目标方式 Cas。

各种方式产生的条件如表 12-5 所示。当实际方式与目标方式不同时，可以分析实际方式对应的条件来分析产生的原因。

表 12 - 5	实际方式产生的条件
方式	条　件
OOS	资源块在 OOS 模式，列举参数有无效值
IMan	(1) BKCAL _ IN. 参数状态为"坏"。 (2) BKCAL _ IN. 参数状态为好，但故障状态激活，未请求或有初始化请求
LO	(1) 故障状态激活（在输出功能块中）。 (2) CONTROL _ OPTS 参数的跟踪 Track 使能激活和 TRK _ IN _ D 参数激活。如果目标方式是"手动的"，则 CONTROL _ OPTS 参数的跟踪手动位必须激活
Man	(1) 目标方式刚从 OOS 改变（主输入参数的状态为坏或不确定，且选择不确定按坏处理和旁路没设定）。 (2) 目标方式为 RCas 或 ROut，且 SHED _ OPT 为退出到手动或下一个方式
Auto	(1) 目标方式是 Cas，且 CAS _ IN 的状态为坏或串级初始化为完成。 (2) 目标方式是 RCas，且 RCAS _ IN 的状态为坏、SHED _ OPT 为退出到自动或下一个方式。 (3) 目标方式是 ROut，且 ROUT _ IN 的状态为坏、SHED _ OPT 为退出到自动或下一个方式
Cas	(1) 最后执行的实际方式是 Cas。 (2) 目标方式是 Cas 且串级初始化刚刚完成。 (3) 目标方式是 RCas，且 RCAS _ IN 的状态为坏、SHED _ OPT 为退出到下一个方式且串级初始化刚刚完成。 (4) 目标方式是 ROut，ROut _ IN 的状态为坏、SHED _ OPT 为退出到下一个方式且串级初始化刚刚完成
RCas	RCas 串级初始化刚刚完成或最后执行的实际方式是 RCas
ROut	ROut 串级初始化刚刚完成或最后执行的实际方式是 ROut

12. 1. 4　量程标定参数

标定参数定义了量程范围、工程单位及十进制小数点后显示的位数。标定信息用于两个目的：显示设备需要知道棒图和趋势的范围和单位，控制功能块需要知道内部使用的百分比范围，这样调节常数可以保持无量纲。

PID 功能块使用 PV _ SCALE 参数将偏差信号转换成百分比，通过计算得出同样的百分比输出信号，同时使用 OUT _ SCALE 参数将它转回成具有工程单位的数值。

AI 功能块使用 XD _ SCALE 参数确定输入转换块的数值的工程单位。

AO 功能块使用 XD _ SCALE 参数将给定值 SP 转换成输出转换块的数值，并确定工程单位，同时这也是回读值的工程单位。

下面 4 部分构成了量程标定：

(1) 100％量程的工程单位：量程范围内的最高工程单位值。

(2) 0％量程的工程单位：量程范围内的最低工程单位值。

(3) 工程单位索引：工程单位的设备代码索引。

(4) 十进制小数点位数：显示设备显示参数的十进制小数点后位数。

下面是参数标定的例子：

PID 算法在内部使用百分比信号，因此 PID 功能块通过 PV _ SCALE 参数将偏差值转化成百分比信号，通过计算得出同样的百分比输出，同时通过 OUT _ SCALE 参数将输出转回工程单位值。

a）PID 得到输入 IN 和给定值 SP，并使用 PV_SCALE 参数将其转换成百分比信号。转化公式为：

$$VALUE\% = (VALUE - EU\_0) * 100 / (EU\_100 - EU\_0) [PV\_SCALE]$$

相关参数配置值如下：

PV_SCALE：

EU at 100% = 20   100% 量程工程单位值为 20

EU at 0% = 4   0% 量程功能单位值为 4

Units Index = mA   工程单位为 mA

Decimal point = 2   十进制小数点位数为 2

SP = 15mA   给定值 15mA

PV = 10mA   过程值为 10mA

则给定值 SP 和过程值 PV 的百分比信号值是：

$$SP\% = (15 - 4) * 100 / (20 - 4) = 68.75\%$$

$$PV\% = (10 - 4) * 100 / (20 - 4) = 37.50\%$$

b）PID 算法按百分比计算偏差信号值，偏差为 SP% 和 PV% 之差。

$$Error\% = SP\% - PV\% = 31.25\%$$

c）PID 算法将百分比偏差（Error%）应用于比例（P）、积分（I）和微分（D）项的计算。设 PID 相关参数设置如下：

比例 GAIN = 1

积分时间 RESET = +INF（正无穷，即无积分运算）

微分时间 RATE = 0，即无微分运算

则 PID 输出 OUT% = 31.25%

d）输出值使用 OUT_SCALE 参数转换成工程单位值。转化公式为：

$$OUT = OUT\% / 100 * (EU\_100 - EU\_0) + EU\_0 [OUT\_SCALE]$$

相关参数配置值如下：

OUT_SCALE：

EU at 100% = 15

EU at 0% = 3

Units Index = psi

Decimal point = 2

则最终的输出值为：

$$OUT = 31.25 / 100 * (15 - 3) + 3 = 6.75 \text{ psi}$$

12.1.5 故障状态参数

1. 故障状态处理

（1）定义。故障状态是一种特殊的状态，当输出功能块检测到一些不正常的情况或用户将资源块设置成故障状态时，输出功能块就可以采取一些安全的动作。这种特殊的状态就是

故障状态。

不正常的情况可能是有不可用的输入信号（如坏的传感器），或是在指定的 FSTATE _ TIME 时间内功能块之间没有通信。

支持串级控制的功能块（如 PID 和 OS）将把故障状态传递到输出功能块。当造成故障状态的条件正常化后，故障状态将被清除，功能块回到正常工作状态。

（2）产生初始故障状态（故障由功能块自身检测到）。PID 和 OS 功能块可以配置成当检测到不可用的输入信号时送出一个初始故障状态（IFS）。当相应的输入不可用时，参数 STATUS _ OPTS 的位 "IFS if bad IN" 和/或位 "IFS if bad CAS _ IN" 必须为逻辑真才能产生 IFS 状态。

（3）传递初始故障状态（故障发生在上游功能块）。支持串级控制的功能块有特殊的处理来向下游功能块传递故障状态，直到传递给输出功能块。当处于串级方式（Cas、RCas）的功能块接收到一个初始故障状态（IFS）时，此状态将向前向路径报告。例如，一个 PID 功能块的 CAS _ IN 输入端接收到一个 "Good Cascade IFS" 状态，如果 PID 的目标方式是 Cas，则 OUT 也将替换正常状态为 IFS 状态，否则，IFS 状态将不会向前传递。

（4）使用资源块激活故障状态。资源块的故障状态将会强制所有进入设备的输出功能块立刻进入故障状态。资源块有几个参数用于定义故障状态行为：

1）FEATURE _ SEL 参数："Fault State supported" 位用于使能资源块的故障状态特征，缺省值是禁止的。

2）FAULT _ STATE 参数：只指明故障状态是在资源块里，而不是在别的块里。例如，如果一个 AO 功能块因为 CAS _ IN 输入的状态是坏的，则 FAULT _ STATE 参数不会被激活。

3）SET _ FSTATE 参数：用户可以用此参数强制 FAULT _ STATE 激活。

4）CLEAR _ FSTATE 参数：用户可以用此参数强制 FAULT _ STATE 清除。

2. 故障状态激活

当输出功能块检测到非正常条件时，功能块进入故障状态。非正常条件有以下内容：

（1）目标方式为 Cas：CAS _ IN 输入端超过 FSTATE _ TIME 时间不能完成通信，其状态变为 IFS。

（2）目标方式为 RCas：RCAS _ IN 输入端超过 FSTATE _ TIME 时间不能完成通信，其状态变为 IFS。

（3）用户通过设置 SET _ FSTATE 参数为 "ON" 和 FEATURE _ SEL 参数 "Fault State supported" 位为真，使资源块的 FAULT _ STATE 参数被激活。

当输出功能块在故障状态时，输出可能会保留在故障发生前最后更新的值（缺省）；当 IO _ OPTS 参数的 "Fault State to value" 选项为真时，输出会保留在由 FSTATE _ VAL 预定义的值上。

当故障状态激活时，输出功能块的实际方式将进入本地超驰方式（LO）。在反馈通道上将送出未请求（NI）状态指明块处于故障状态。

当输出功能块的 IO _ OPTS 参数 "Target to Man if Fault State activated" 选项为真时，故障状态激活后，输出块的目标方式可以变为手动。

12.1.6 报警与事件参数

当功能块检测到内部重要的事件发生时，功能块可以把这个事件报告给接口设备或其他的现场设备。报警不仅指变量与限值之间的比较，也指功能块执行期间软、硬件错误引起的块报警。

进入和退出报警条件都将在网络上发布一个报告消息。检测到报警状态的时间作为报警消息的时间邮戳。每种报警报告都可以单独通过设置优先级来进行抑制。

更新事件用于通知接口设备有一个静态参数被改变了，仅在此时参数可以被读取。这是跟踪这类参数的比较好的方式，因为这类参数与动态参数相比很少改变。

(1) 报警参数（×× _ ALM）。此参数用于捕捉与报警有关的动态信息。当报警被报告时，包含在报警参数里的信息将被转移给一个警报对象。

(2) 报警限参数（×× _ LIM）。当数值达到或超过限值时，将发生模拟量报警。报警状态一直维持到模拟量值低于限值减去报警回差。可通过设置相应的报警限参数为＋/－无穷（INF）来禁止此类型报警发生。与报警限比较的模拟参数与块的类型有关。PID 功能块为 PV 和（PV-SP），AAL 功能块为 PV，AI 功能块为 OUT，SPG 功能块为BKCAL _ IN、OUT。

(3) 报警回差参数（ALARM _ HYS）。PV 或 OUT 值必须回到限值之内，报警条件才能清除。报警回差是 PV/OUT 值范围的一个百分数，范围与块的类型有关。PID 功能块用 PV _ SCALE、AI、SPG，AAL 功能块用 OUT _ SCALE。

(4) 警报优先级参数（×× _ PRI）。警报优先级参数可以指定一个报警或事件的优先权，用数值表示。

1) 0~1：相关警报不作为公告发布，而高于 1 的优先级必须报告。此优先级自动确认。

2) 2：保留的警报，不需引起运行员的注意。块报警和更新事件具有此优先级。此优先级自动确认。

3) 3~7：提示报警。此优先级必须确认。

4) 8~15：紧急报警。此优先级必须确认。

(5) 警报键参数（ALERT _ KEY）。这是一个工厂辨识码，此信息用于主机进行报警分类。

(6) 报警摘要参数（ALARM _ SUM）。此参数摘要了同一功能块的多达 16 个过程报警状态。对于每一个报警，保持了当前的状态、未确认的状态、未报告的状态和禁止的状态等 4 个属性。

(7) 确认选项参数（ACK _ OPTION）。此参数选择与块有关的报警是否被自动确认。相应位为 0，则自动确认禁止；相应位为 1，则自动确认使能。除了资源块外，ACK _ OP-TION 参数每类报警的相应位与 ALARM _ SUM 参数的含义相同，见表 12 - 6。

表 12 - 6 ACK _ OPTION 和 ALARM _ SUM 参数位定义

参数位	含义	参数位	含义	参数位	含义
0	离散报警	3	低低报警	6	偏差低报警
1	高高报警	4	低报警	7	块报警
2	高报警	5	偏差高报警	8~15	未使用

资源块的 ACK_OPTION 参数含义有几位与表 12-6 中不同，第 0 位表示写使能（WRITE_ALM），第 7 位表示块报警（BLOCK_ALM）。

（8）特性选择参数（FEATURE_SEL）。这是一个资源块参数，它有一个项可以使能/禁止整个资源块的警报报告。

（9）确认时间参数（CONFIRM_TIME）。警报通知必须回复确认，如果在 CONFIRM_TIME 时间内没有收到回复确认，将重发警报。它是一个资源块参数，对所有警报都有效。

（10）块报警参数（BLOCK_ALM）。块报警用于所有组态、硬件、连接错误或块内的系统问题。这些被块算法检测出来的问题登记在 BLOCK_ERR 参数里，它是一个位字符串，所以可以显示多种错误。其各位含义如表 12-7 所示，1 表示错误，0 表示没有。

第一个激活的条件将激活报警状态属性，其他激活的条件并不送出报警。当所有条件消除后，将发送清除报警。块报警具有固定的优先级 2，因此它是自动确认的，无需运行员干预。

表 12-7   **BLOCK_ERR 参数位含义**

参数位	含　义	参数位	含　义
0	其他（最低位 LSB）	8	输出故障
1	块组态错误	9	存储器故障
2	连接组态错误	10	丢失静态数据
3	仿真激活	11	丢失 NV 数据
4	本地超驰（LO）	12	回读检查错误
5	设备失效安全设置	13	设备现在需要维护
6	设备需要立刻维护	14	上电
7	输入故障/过程值有坏状态	15	离线（OOS，最高位 MSB）

（11）更新事件参数（UPDATE_EVT）。更新事件是为了捕捉向功能块的静态参数进行写操作这类动态信息。当此警报被报告时，一个更新警报对象将传输这个包含在更新事件参数中的信息。被改变参数的索引（相对于对象字典内的功能块的开始）和新的静态版本修订级别（ST_REV）也包含在警报消息里。更新事件具有固定的优先级 2，因此它是自动确认的，无需运行员干预。

12.1.7　仿真参数

所有输入和输出类功能块都有一个 SIMULATE（SIMULATE_D 或 SIMULATE_P）仿真参数，由仿真值和状态、转换块值和状态、仿真允许/禁止（使能开关）等属性组成。使能开关在 I/O 功能块和相应的转换块或硬件通道之间起切换作用。仿真参数主要用于诊断和检查，当仿真激活时，转换块的值和状态被仿真值和状态值代替。

（1）使能仿真。有一个硬件仿真开关可以禁止仿真，为了能够使能仿真，硬件仿真开关必须处于打开（ON）位置，然后通过设置仿真参数里面的使能开关来使能仿真。BLOCK_ALM 和 BLOCK_ERR 参数可以显示仿真状态（使能或禁止）。资源块里的相关参数表示的是硬件仿真开关的状态，而输入输出块里的参数表示的是 SIMULATE（SIMULATE_D 或 SIMULATE_P）参数中的使能开关状态。

（2）禁止仿真。当禁止仿真时，SIMULATE 的仿真值和状态跟踪转换块值和状态，这样可以防止在仿真状态切换时产生扰动。仿真参数始终被初始化为禁止状态，而且存储在动态存储器里。

（3）输入功能块（AI、DI）。如果仿真使能在禁止状态，来自转换块或输入通道的转换值和状态被送给输入功能块，反之如果在激活状态，则 SIMULATE 的仿真值和状态被送给输入功能块，转换块或输入通道被忽略。此状态可以用来仿真转换器故障。

（4）输出功能块（AO、DO）。如果仿真使能在激活状态，则 SIMULATE 的仿真值和状态变为 READBACK 的值和状态，转换块和输出块的 OUT 被忽略，转换块保持最后的输出值。此状态可以用于仿真传感器故障。

12.1.8　通道参数组态

一个现场设备可能具有多个 I/O 通道，通道参数组态和设备特性有关。

（1）固定 I/O 设备。此类型设备具有固定数目的 I/O，通道号从 1 到最大 I/O 数。变送器、多通道温度输入模块、开关量模块属于此类设备。可参考有关设备使用手册。

（2）可组态 I/O 设备。主要指插卡模块结构的控制设备，它们的 I/O 卡件的种类和数量都是不固定的，用户可以组态改变。可参考相关设备使用手册。

12.1.9　块实例化和下装时参数顺序

1. 块实例化

可通过下面几个概念来理解块的实例化：

（1）块类型。它是一种根据组态的内含参数来处理输入参数，从而产生输出参数的算法。它还包含读写参数、DD 和其他。所有这些信息都存储在设备的闪存中，因此一种设备的固件中就预先安装了一套可用的功能块类型。

（2）块实例。与存储在设备数据库（RAM 或非易失存储器）中的块参数关联的功能块。

（3）作用对象。通过作用对象，功能块可以被添加或删除。在添加功能块之前，作用对象要检查设备是否支持指定的功能块，同时检查是否有可用的 RAM 或非易失存储器用于存储功能块参数。

2. 下装时参数顺序

一些块参数进行写检查时要依赖其他块参数，因此，在下装组态时就要注意参数的顺序。下面是进行写检查时最通常的参数关系：

（1）写参数时需要工作方式。

（2）有效范围依赖于标定范围。

（3）通道组态依赖于硬件组态等。

12.1.10　块选项参数

有些块选项参数会在多种类型的功能块里使用，这里将介绍主要的块选项参数。

1. IO_OPTS 参数

表 12-8 为使用 IO_OPTS 参数的功能块表，其中×表示相应功能块此位起作用。
IO_OPTS 参数各位的具体含义如下：

（1）0：反向。离散输入值在被用作过程变量之前，决定是否进行逻辑反向。

（2）1：Man 方式下 SP 跟踪 PV 值。允许在目标方式为 Man 时 SP 跟踪 PV 值。

（3）3：LO 方式下 SP 跟踪 PV 值。允许在实际方式为 LO 时 SP 跟踪 PV 值。在 I/O 功能块中，IMan 方式不会出现。

表 12-8　　　　　　　　　　　使用 IO_OPTS 参数的功能块表

位	含　义	AI	DI	AO	DO	SPID
0	反向（Invert，低位 LSB）		×		×	
1	Man 方式下 SP 跟踪 PV（SP-PV Track in Man）			×	×	
2	保留（Reserved）					
3	LO 方式下 SP 跟踪 PV（SP-PV Track in LO）			×	×	
4	SP 跟踪被保持的目标方式参数（SP Track retained target）			×	×	
5	增加—关闭（Increase to close）			×		
6	故障状态时输出要达到的值（FAULT STATE to value）			×	×	×
7	重新启动时使用故障状态时的值（Use FAULT STATE value on restart）			×	×	×
8	如果发生故障，目标方式变为 Man（Target to Man if FAULT STATE actived）			×	×	×
9	使用 PV 值作为 BKCAL_OUT（Use PV for BKCAL_OUT）			×	×	
10	小信号切除（Low Cutoff）	×				
11~15	保留（Reserved）					

（4）4：在 LO 或 Man 方式下，SP 跟踪 RCAS 或 CAS 值。允许 SP 在实际方式为 LO 或 Man 时跟踪保持的目标方式的 RCas 或 Cas 参数值。

（5）5：增加—关闭。指明输出值在传送到 I/O 通道之前是否反向。

（6）6：故障状态时输出达到的值。当故障发生时，输出可以冻结（＝0），也可以达到预定的值（＝1）。

（7）7：重新启动时使用故障状态时的值。设备重启时使用 FSTATE_VAL 的值，否则使用非易失存储器值。

（8）8：如果发生故障，目标方式变为 Man。故障状态激活时，目标方式进入 Man 方式，原有方式丢失。可使输出功能块进入手动方式。

（9）9：使用 PV 值作为 BKCAL_OUT。正常情况下 SP 为 BKCAL_OUT 值，此选项可以使 PV 为 BKCAL_OUT 值。

（10）10：小信号切除。AI 功能块的小信号切除算法将起作用。

2．CONTROL_OPTS 参数

表 12-9 为使用 CONTROL_OPTS 参数的功能块表，其中×表示相应功能块此位起作用。

CONTROL_OPTS 参数各位的具体含义如下：

（1）0：旁路使能。此位为 1 时，可设定旁路。旁路时控制算法不能闭环控制。

（2）1：Man 方式下 SP 跟踪 PV。目标方式是 Man 时，SP 跟踪 PV 值。

（3）2：ROut 方式下 SP 跟踪 PV。实际方式是 ROut 时，SP 跟踪 PV 值。

（4）3：LO 或 IMan 方式 SP 跟踪 PV。实际方式是 LO 或 IMan 时，SP 跟踪 PV 值。

表 12-9　　　　　　　　　　使用 CONTROL_OPTS 参数的功能块表

位	含　义	RA	ML	BG	PID	PD	SC	CS	SPID
0	旁路使能（Bypass Enable，低位 LSB）				×	×	×		
1	Man 方式下 SP 跟踪 PV（SP-PV Track in Man）	×			×	×			×
2	ROut 方式下 SP 跟踪 PV（SP-PV Track in Rout）				×	×			
3	LO 或 IMan 方式 SP 跟踪 PV（SP-PV Track in LO or Iman）	×			×	×			×
4	SP 跟踪被保持的目标（SP Track Retained Target）	×		×	×	×			×
5	直接作用（Direct Acting）				×	×			×
6	平衡斜坡（Balance Ramp）	×		×					
7	跟踪使能（Track Enable）	×	×	×					
8	手动时跟踪（Track in Manual）	×	×	×					
9	使用 PV 作为 BKCAL_OUT（Use PV for BKCAL）	×			×	×			×
10	IR 时 ACT（ACT on IR）	×							
11	使用 IN_1 为 BKCAL_OUT（Use BKCAL_OUT with IN_1）	×		×					
12	CAS/RCas 允许 SP 限制（Obey SP limits if Cas or Rcas）	×		×	×	×			×
13	手动无输出限制（No OUT limits in Manual）	×	×	×	×			×	
14	保留（Reserved）								
15									

（5）4：SP 跟踪被保持的目标。当块的实际方式是 IMan、LO、Man 或 ROut 时，SP 跟踪保持的目标方式的 RCas 或 Cas 参数。当 SP 跟踪 PV 值选项使能时，SP 跟踪被保持的

目标将有更高优先权。

（6）5：直接作用。使 PV 和输出值呈正比关系变化。

（7）6：用于 BG 和 PD 功能块的偏置 BIAS，以及 RA 功能块的比率给定值 RATIO SP 的平衡作用。如果为 0，BIAS 或 RATIO SP 值在手动方式时会发生改变以平衡输入和输出；如果为 1，则 BIAS 或 RATIO SP 值在手动方式下不发生改变。当功能块转变为自动方式时，功能块内部的偏置或比率值会以 BAL_TIME 参数确定的速率回到 BIAS 或 RATIO SP 值。

（8）7：跟踪使能。使外部跟踪功能使能。如果此位为 1，TRK_IN_D 为 1 和目标方式不为 Man，则 TRK_VAL 将替换 OUT 值。

（9）8：手动时跟踪。当目标方式是 Man 和 TRK_IN_D 为 1 时，TRK_VAL 将替换掉 OUT 值。块的实际方式将变为 LO。

（10）9：使用 PV 作为 BKCAL_OUT。正常情况下 SP 为 BKCAL_OUT 和 RCAS_OUT 值，如果此选项使能，CASCADE 闭合后将使用 PV 值。

（11）10：IR 时 ACT。正常情况下，初始化仅仅作用于 PID 功能块，其他功能块仅仅是通过而已。如果此选项为真，BG 或 PD 的偏置或 RA 的 SP 会调整到初始化输出。

（12）11：IN_1 使用百分比。正常情况下，Ratio 功能块的 IN_1 和 OUT 具有相同的标定。如果此项被设置，IN_1 将会转换成 OUT_SCALE 的范围。这使系统可以驱动一些 Ratio 功能块。对于 Bias/Gain 块也很有用。

（13）12：CAS/RCas 允许 SP 限制。正常情况下，除了通过人机接口设备进入外，给定值不受限。如果此选项被选择，在 Cas 或 RCas 方式下，给定值将被限制在给定值绝对限内。

（14）13：手动无输出限制。此选项使得在目标方式或实际方式为 Man 时，OUT_HI_LIM 或 OUT_LO_LIM 不起作用，相信运行员的操作完全正确。

3. STATUS_OPTS 参数

表 12-10 为使用 STATUS_OPTS 参数的功能块表，其中×表示相应功能块此位起作用。

表 12-10　　　　　　　　　使用 STATUS_OPTS 参数的功能块表

位	含义	AL PI	DI	ML	BG	PID PD	OS	IS/SPG LL/TMR AAL	AO DO	CS	RA	SPID
0	如果 IN 坏，则 IFS			×	×	×				×	×	
1	如果 CAS_IN 坏，则 IFS				×	×	×					
2	把不确定值用做好值			×	×	×	×	×	×	×	×	×
3	前向传播故障状态	×	×									
4	后向传播故障状态				×						×	×

253

位	含　义	AL PI	DI	ML	BG	PID PD	OS	IS/SPG LL/TMR AAL	AO DO	CS	RA	SPID
5	如果 IN 错误，则目标方式变为 Man					×						×
6	如果被限制，则为不确定状态	×										
7	如果被限制，则为坏状态	×										
8	如果为 Man 方式，则为不确定	×	×							×	×	
9	如果 CAS＿IN 坏，则目标方式变为下一个允许的方式					×						×
10～15	保留											

STATUS＿OPTS 参数各位的具体含义如下：

（1）0：如果 IN 坏，则 IFS。如果 IN 参数状态为坏，则设定 OUT 参数为初始故障状态。

（2）1：如果 CAS＿IN 坏，则 IFS。如果 CAS＿IN 参数状态为坏，则设定 OUT 参数为初始故障状态。

（3）2：把不确定值用做好值。如果 IN 参数状态为不确定，则把它作为好值处理。

（4）3：前向传播故障状态。如果传感器失效、设备失效，则将此坏状态传递给 OUT，且不产生报警。通过此选项，用户可以决定是否需要块报警或向下游传递报警。

（5）4：后向传播故障状态。如果执行器失效、设备失效，则故障状态激活或本地超驰激活，传递此状态到 BKCAL＿OUT，且不用产生报警。通过此选项，用户可以决定是否需要块报警或向上游传递报警。

（6）5：如果 IN 错误，则目标方式变为 Man。如果输入曾经为坏状态，则 PID 将一直变为手动状态。

（7）6：如果被限制，则为不确定状态。如果测量值或计算值被限制，则设置功能块的输出状态为不确定。

（8）7：如果被限制，则为坏状态。如果传感器被高限或低限，则设置输出状态为坏。

（9）8：如果为 Man 方式，则为不确定。如果实际方式为 Man，则设置功能块的输出状态为不确定。

（10）9：如果 CAS＿IN 坏，则目标方式变为下一个允许的方式。

基金会现场总线功能块的参数中包含了丰富的信息，每种功能块都有几十个参数，但真正需要用户组态的只是其中的一小部分，因为一般厂家在生产现场总线产品时大部分的功能块参数已被选择为最常用的"缺省值"。当系统工作不正常时，可以通过功能块参数及其相互关系查找故障原因。只有高层次的应用才需要组态一些特殊的参数。

根据现场总线基金会（FF）的规定，对于所有的块都有 6 个通用的参数，如表 12-11 所示。在后面介绍块参数列表时，前六项予以省略。

表 12-11 　　　　　　　　　　　　FF 块的通用参数

索引	参　数	描　　述
1	ST_REV	功能块相关静态数据修订级别。每当静态参数属性被改变或重写时，其值增加
2	TAG_DESC	功能块用途的用户描述
3	STRATEGY	用于标识功能块在策略中的分组，功能块不检查和处理此值
4	ALERT_KEY	这是一个工厂辨识码，主要用于主系统对报警进行分类等
5	MODE_BLK	块工作方式参数
6	BLOCK_ERR	位字符串，可以表示多种块的软、硬件相关错误状态

12.2　功　能　块　库

现场总线控制系统的组态软件有一个功能块库，其中包括现场总线基金会所规定的各种功能块以及厂家自定义功能块。不同厂家生产的现场总线控制系统的功能块在表示方法和组态风格上略有差异，但其基本功能和组态参数基本上相同。

软件模块有资源块、转换块和功能块三种类型。对于功能块，现场总线基金会定义了 10 个基本功能块、19 个高级功能块、5 个扩展功能块。表 12-12 列出了相应的功能块。本节重点介绍现场总线控制系统中比较常用的几种功能块。

表 12-12 　　　　　　　　　　　　功 能 块 列 表

类别	类型	符号	功　能　块　名　称
基本功能块	输入块	AI	模拟量输入块（Analog Input）
		DI	开关量输入块（Discrete Input）
	输出块	AO	模拟量输出块（Analog Output）
		DO	开关量输出块（Discrete Output）
	控制块	BG	偏置/增益块（Bias/Gain）
		CS	控制选择块（Control Selector）
		ML	手动加载块（Manual Loader）
		RA	比率块（Ratio）
		PID	比例/积分/微分控制块（Proportonal/Integral/Derivative）
		PD	比例/微分控制块（Proportional/Derivative）

类别	类型	符号	功 能 块 名 称
高级功能块	输入块	PI	脉冲输入块（Pulse Input）
	输出块	CAO	复杂模拟量输出块（Complex AO）
		CDO	复杂开关量输出块（Complex DO）
		SPID	步进输出 PID（Step Output PID）
	控制块	DC	设备控制块（Device Control）
		OS	输出分程块（Output Splitter）
		SPG	给定值斜坡信号发生器块（Setpoint Ramp Generator）
	运算块	IS	输入选择块（Input Selector）
		SC	信号特征化块（Signal Characterizer）
		LL	超前—滞后块（Lead-Lag）
		DT	时间死区块（Deadtime）
		AR	计算块（Arithmetic）
		CA	运算块（Calculate）
		IT	积算块（Integrator）
		TMR	定时器块（Timer）
		AAL	模拟量报警块（Analog Alarm）
		DAL	开关量报警块（Discrete Alarm）
		AHI	模拟量人机接口（Analog Human Interface）
		DHI	开关量人机接口（Discrete Human Interface）
扩展功能块	输入块	MAI	多路模拟量输入块（Multiple Analog Input）
		MDI	多路开关量输入块（Multiple Discrete Input）
	输出块	MAO	模拟量输出块（Multiple Analog Output）
		MDO	开关量输出块（Multiple Discrete Output）
	运算块	FFB	柔性功能块（Flexible Function Block）

12.2.1 资源块

每一台 FF 现场设备都有一个资源块。资源块是描述设备软、硬件资源的软件块，所有参数都是"内含参数"，不与其他功能块连接。资源块的数据不会按着功能块处理数据的方法进行处理，所以没有功能框图。

资源块参数集满足功能块应用对资源的最小需要。一些参数像标定数据和环境温度存在于参数集中，但多数情况下也是转换块的参数。

工作方式用来控制资源的主状态。OOS 方式停止本设备内所有功能块的执行。功能块的实际方式都会变为 OOS 方式，但目标方式不会改变。Auto 方式允许资源的正常操作，IMan 方式表明资源正在初始化或在接受软件下装。

参数 MANUFAC_ID、DEV_TYPE、DEV_REV、DD_REV 和 DD_RESOURCE

用于标识和确认设备描述（DD），从而设备描述服务就可以选择正确的 DD 进行资源的使用。

参数 HARD_TYPES 是一个只读位串，指明了资源可用的硬件类型。如果 I/O 功能块组态了一个资源不支持的硬件类型，资源块将产生块组态错误报警。

参数 RS_STATE 指示了包含此资源块资源的功能块应用的运行状态。

参数 RESTART 是允许资源块的初始化程度，通常有以下几种：

（1）运行（Run）：参数的正常运行状态。

（2）重新启动资源（Restart Resource）：试图清除系统存在的问题（如垃圾程序），重新启动。

（3）按缺省值重新启动（Restart with Defaults）：恢复工厂设定的缺省值再重新启动。

（4）重新开始处理器（Restart Processor）：相当于处理器的复位按钮，使处理器和相关资源复位。此参数不会被观察到，因为写入值后，很快就会返回到运行状态。

参数 NV_CYCLE_T 指明了设备周期性向非易失（Non-volatile）存储器写入非易失参数的间隔时间。0 表示不支持周期性写入，仅在设备掉电时将非易失参数写入非易失存储器。

参数 SHED_RCAS 和 SHED_ROUT 用于设置来自远方设备的通信丢失的时限。所有支持远方串级方式的功能块都使用这些常数。

参数 MAX_NOTIFY 是资源可用于发送的没有得到确认的最大报警报告数，其值与缓冲区的大小有关。用户可以在小于 MAX_NOTIFY 参数的范围内通过调整 LIM_NOTIFY 参数来控制报警报告数，0 表示无报警报告。参数 CONFIRM_TIME 是资源等待报警确认收条的最长时间，如果超过则重新发送，0 表示不要求收条。

参数 FEATURES 和 FEATURE_SEL 确定资源特性的选项。前者只读，定义了可用的特性；后者通过组态开启可用的特性。如果在 FEATURE_SEL 设置了在 FEATURES 中没有的特性，则会产生块组态错误报警。

如果用户设置 SET_FSTATE 参数，则 FAULT_STATE 参数显示了激活的故障状态，资源内的所有输出功能块立刻进入由 I/O 选项"故障状态"所选择的条件。可通过设置 CLR_FSTATE 参数清除上面的故障状态。设置和清除都是瞬时的，都不会被观察到。

参数 WRITE_LOCK 如果被设置，可以避免任何来自外部的对资源的功能块应用的静态和非易失数据进行改变，功能块连接和计算结果仍将正常进行。清除 WRITE_LOCK 将在 WRITE_PRI 优先级产生离散警报 WRITE_ALM。设置 WRITE_LOCK 将清除报警。在设置 WRITE_LOCK 参数为锁定之前，需在 FEATURE_SEL 参数中选择"支持软写锁定"选项。

参数 CYCLE_TYPE 定义了资源能做的循环周期类型，参数 CYCLE_SEL 允许组态者选择其中一种类型。参数 MIN_CYCLE_T 为制造商指定的最小执行循环周期，为资源调度的下限。

参数 MEMORY_SIZE 声明了资源提供给功能块组态的存储容量（kilobytes），参数 FREE_SPACE 显示可用的组态存储容量的百分比。参数 FREE_TIME 显示剩余的可用于处理新增功能块的近似时间百分比。

支持的工作方式为 OOS、IMan 和 Auto。

资源块参数见表 12 - 13。

表 12 - 13　　　　　　　　　　　　资 源 块 参 数

索引	参　数	说　明	索引	参　数	说　明
7	RS _ STATE	资源的状态	24	FREE _ SPACE	剩余空间
8	TEST _ RW	读写试验参数	25	FREE _ TIME	剩余时间
9	DD _ RESOURCE	包含 DD 的资源的标签	26	SHED _ RCAS	远程串级脱落时间
10	MANUFAC _ ID	厂商识别符	27	SHED _ ROUT	远程输出脱落时间
11	DEV _ TYPE	厂商设备类型	28	FAULT _ STATE	故障状态
12	DEV _ REV	厂商设备版本	29	SET _ FSTATE	设置故障状态
13	DD _ REV	DD 文件版本号	30	CLR _ FSTATE	清除故障状态
14	GRANT _ DENY	访问允许或禁止	31	MAX _ NOTIFY	警报最大通知数
15	HARD _ TYPES	硬件类型	32	LIM _ NOTIFY	警报通知数极限
16	RESTART	允许重启状态	33	CONFIRM _ TIME	确认时间
17	FEATURES	特性	34	WRITE _ LOCK	写锁定
18	FEATURE _ SEL	特性选择	35	UPDATE _ EVT	更新事件
19	CYCLE _ TYPE	循环周期类型	36	BLOCK _ ALM	块报警
20	CYCLE _ SEL	循环周期选择	37	ALARM _ SUM	报警摘要
21	MIN _ CYCLE _ T	最小循环时间	38	ACK _ OPTION	确认选项
22	MEMORY _ SIZE	存储器大小	39	WRITE _ PRI	清除写锁定警报优先级
23	NV _ CYCLE _ T	写入非易失存储器最小时间	40	WRITE _ ALM	清除写锁定警报

12. 2. 2　转换块

为了进行标准化处理，基金会现场总线的输入输出功能块是与硬件无关的标准功能块，而实际硬件设备的物理输入输出通道类型繁多，这就需要一个中间环节，而转换块就是这个中间环节。通常，每一个输入输出功能块都对应一个转换块。

转换块有输入类型的转换块，输出类型的转换块以及一些诊断、显示等类型的转换块。输入输出转换块通常包括传感器执行器类型信息、量程标定信息、环境信息等参数信息。转换块的参数都是"内含参数"。

现场总线基金会（FF）定义了 7 个标准的转换块：①带标定的标准压力转换块；②带标定的标准温度转换块；③带标定的标准液位转换块；④带标定的标准流量转换块；⑤标准的基本阀门定位器转换块；⑥标准的先进阀门定位器转换块；⑦标准的离散阀门定位器转换块。前四种是输入转换块，后三种是输出转换块。不同的制造商会在标准转换块中加入体现自己产品特点的内容，用户应根据具体产品的说明手册来使用转换块。由于转换块种类较多，下面仅以带标定的标准压力转换块和标准的基本阀门定位器转换块为例，简单说明一下转换块。

1. 带标定的标准压力转换块

主要测量值为差压值、绝对压力值或表压力值，可通过 PRIMARY＿VALUE＿TYPE 参数确定。转换块将修正后的压力传感器的读数 PRIMARY＿VALUE 提供给 AI 功能块。初始值的单位和范围由 AI 功能块的 XD＿SCALE 参数确定。XD＿SCALE 的范围必须在传感器的量程范围内选择，如图 12-4 所示。

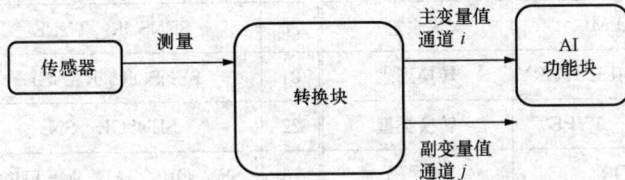

图 12-4　压力转换块示意图

转换块支持 Auto 和 OOS 方式。只有对应的 AI 功能块的实际方式在 Auto 方式，转换块才能进入 Auto 方式。

（1）与传感器值有关的 7 个参数：

1）PRIMARY＿VALUE＿TYPE：主变量类型。类型包括质量流量、测定体积流量、平均质量流量、平均测定体积流量、过程温度、非过程温度、差温、差压、表压和绝对压力等。

2）PRIMARY＿VALUE：对应通道传感器的值和状态。

3）PRIMARY＿VALUE＿RANGE：定义了 PRIMARY＿VALUE 值的范围、工程单位和小数点位数。

4）CAL＿POINT＿HI：标定值上限。

5）CAL＿POINT＿LO：标定值下限。

6）CAL＿MIN＿SPAN：标定值最小范围。

7）CAL＿UNIT：标定值工程单位。

（2）与基本传感器有关的有 7 个参数：

1）SENSOR＿TYPE：传感器类型。类型包括未知流量传感器、科式陀螺仪、电磁、毫伏、欧姆、各种类型热电阻和热电偶等 40 多种类型。

2）SENSOR＿RANGE：传感器测量范围、工程单位和小数点位数。

3）SENSOR＿SN：传感器序列号。

4）SENSOR＿CAL＿METHOD：最后的标定方法。

5）SENSOR＿CAL＿LOC：最后的标定位置。

6）SENSOR＿CAL＿DATE：最后的标定日期。

7）SENSOR＿CAL＿WHO：最后的标定者。

（3）与扩展压力传感器有关的 2 个参数：

1）SENSOR＿ISOLATOR＿MTL：压力隔离膜片材料。

2）SENSOR＿FILL＿FLUID：充满传感器流体类型。

（4）与辅助变量值有关的2个参数：

1）SECONDARY_VALUE：辅助变量值，通常为环境温度。

2）SECONDARY_VALUE_UNIT：辅助变量值工程单位。

带标定的标准压力转换块参数见表12-14。

表 12 - 14　　　　　　　　　　带标定的标准压力转换块参数

索引	参　　数	说　明	索引	参　　数	说　明
7	UPDATE_EVT	更新事件	19	CAL_UNIT	标定值单位
8	BLOCK_ALM	块报警	20	SENSOR_TYPE	传感器类型
9	TRANSDUCER_DIRECTORY	转换列表	21	SENSOR_RANGE	传感器测量范围
10	TRANSDUCER_TYPE	转换类型	22	SENSOR_SN	传感器序列号
11	XD_ERROR	错误码	23	SENSOR_CAL_METHOD	传感器标定方法
12	COLLECTION_DIRECTORY	数据汇集列表	24	SENSOR_CAL_LOC	传感器标定位置
13	PRIMARY_VALUE_TYPE	主变量类型	25	SENSOR_CAL_DATE	传感器标定日期
14	PRIMARY_VALUE	主变量值	26	SENSOR_CAL_WHO	传感器标定者
15	PRIMARY_VALUE_RANGE	主变量范围	27	SENSOR_ISOLATOR_MTL	传感器压力隔离膜片材料
16	CAL_POINT_HI	标定值上限	28	SENSOR_FILL_FLUID	传感器流体类型
17	CAL_POINT_LO	标定值下限	29	SECONDARY_VALUE	辅变量值
18	CAL_MIN_SPAN	标定值最小范围	30	SECONDARY_VALUE_UNIT	辅变量单位

2. 标准的基本阀门定位器转换块

基本阀门定位器转换块使用AO功能块的输出作为给定值来定位气动、液动或电动阀门。控制机构根据AO功能块的输出调整过程变量值。非现场总线定位器根据远端传送的模拟信号（如4~20mA电流）或气动信号（如0.02~0.1MPa）确定给定值；现场总线定位器作为总线上的一个通信终端获得给定值，都需要就地根据给定值进行比例、积分或微分调整控制机构。对应的AO功能块的OUT参数根据FINAL_VALUE_RANGE参数进行标定，一旦标定好，最终值FINAL_VALUE即通过制造商的内部机制作用到控制机构，如图12-5所示。

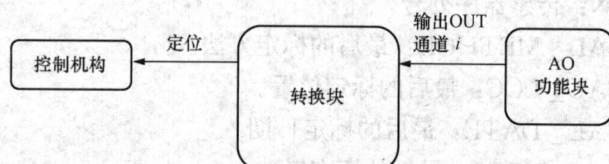

图 12 - 5　阀门定位器转换块示意图

转换块支持Auto和OOS方式。只有对应的AO功能块的实际方式不在OOS方式时，转换块才能进入 Auto 方式。

（1）2 个参数用于定义获取给控制机构定位值的方式如下：

1）FINAL_VALUE：由功能块写入的需要的阀位值和状态。

2）FINAL_VALUE_RANGE：高低限值、工程单位和小数点位数。

（2）4 个参数与执行器相关：

1）ACT_FAIL_ACTION：故障时行为。

2）ACT_MAN_ID：执行器标识码。

3）ACT_MODEL_NUM：执行器方式码。

4）ACT_SN：执行器序列号。

（3）4 个参数与阀门相关：

1）VALVE_MAN_ID：阀门标识码。

2）VALVE_MODEL_NUM：阀门方式码。

3）VALVE_SN：阀门序列号。

4）VALVE_TYPE：阀门类型，包括未定义、线性阀、旋转阀和其他等几种类型。

（4）3 个参数与阀位标定有关：

1）XD_CAL_LOC：最后的标定位置。

2）XD_CAL_DATE：最后的标定日期。

3）XD_CAL_WHO：最后的标定者。

标准的基本阀门定位器转换块参数见表 12-15。

表 12-15　　　　　　　　　　　标准的基本阀门定位器转换块参数

索引	参　　数	说　明	索引	参　　数	说　明
7	UPDATE_EVT	更新事件	17	ACT_MODEL_NUM	执行器方式码
8	BLOCK_ALM	块报警	18	ACT_SN	执行器序列号
9	TRANSDUCER_DIRECTORY	转换列表	19	VALVE_MAN_ID	阀门标识码
10	TRANSDUCER_TYPE	转换类型	20	VALVE_MODEL_NUM	阀门方式码
11	XD_ERROR	错误码	21	VALVE_SN	阀门序列号
12	COLLECTION_DIRECTORY	数据汇集列表	22	VALVE_TYPE	阀门类型
13	FINAL_VALUE	终值	23	XD_CAL_LOC	标定位置
14	FINAL_VALUE_RANGE	终值范围	24	XD_CAL_DATE	标定日期
15	ACT_FAIL_ACTION	故障时行为	25	XD_CAL_WHO	标定者
16	ACT_MAN_ID	执行器标识码			

12.2.3　模拟量输入（AI）功能块

模拟量输入（AI）功能块通过通道的选择从输入转换块获取数据，并使其输出成为其他功能块可用的数据，其机理图如图 12-6 所示。

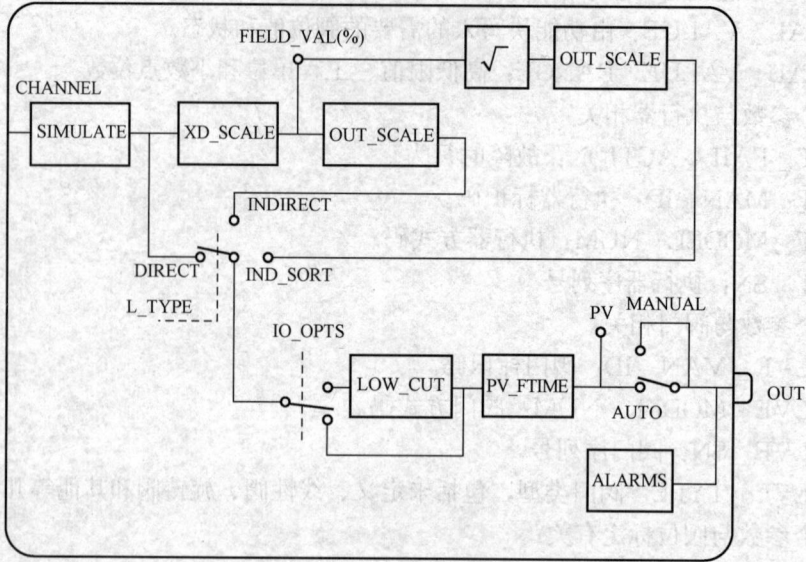

图 12-6 AI 功能块机理图

AI 功能块通过 CHANNEL 参数与转换块相连接，此参数必须与转换块中的通道参数相匹配。对于单通道输入设备，CHANNEL 参数必须为 1。

转换块标定参数 XD_SCALE 将通道信号值转换成以百分比表示的 FIELD_VAL 值。XD_SCALE 的工程单位和范围必须与 AI 功能块相连的转换块的传感器相匹配，否则将产生块组态错误报警。

L_TYPE 参数决定转换块传递的值如何在功能块中使用。选项 Direct 表示 PV 值由传感器的 FIELD_VAL 值不经量程变换得到，OUT_SCALE 参数无效；选项 Indirect 表示 PV 值由 FIELD_VAL 值通过 OUT_SCALE 转换而来；选项 Indirect with Square Root 表示 PV 值由开方后的 FIELD_VAL 值通过 OUT_SCALE 转换而来。

PV 和 OUT 总是具有相同的基于 OUT_SCALE 的缩放比例。

小信号切除参数 LOW_CUT 是可选特性，可以消除流量传感器接近于零的无效值。LOW_CUT 参数在 IO_OPTS 位串参数里有对应的"Low cutoff"选项，如果选中，则任何计算出的小于 LOW_CUT 值的输出都变为零。

过程变量 PV 设有滤波器，时间常数为 PV_FTIME，这与现场值 FIELD_VAL 是有区别的，现场值没有滤波。

功能块支持 OOS、Man 和 Auto 三种工作方式。

AI 功能块不支持串级方式，所以 OUT 状态没有串级子状态。当 OUT 值超过 OUT_SCALE 的范围，且此时功能块没有更坏的状态存在，则 OUT 状态将是"不确定—违反工程单位量程"。

AI 功能块参数见表 12-16。

表 12-16　　　　　　　　　　**AI 功 能 块 参 数**

索引	参　数	说　明	索引	参　数	说　明
7	PV	过程值	22	ALARM_SUM	报警摘要
8	OUT	输出值	23	ACK_OPTION	确认选项
9	SIMULATE	仿真参数	24	ALARM_HYS	报警回差
10	XD_SCALE	转换器值量程	25	HI_HI_PRI	高高报警优先级
11	OUT_SCALE	输出值量程	26	HI_HI_LIM	高高报警限
12	GRANT_DENY	访问允许或禁止	27	HI_PRI	高报警优先级
13	IO_OPTS	输入输出选项	28	HI_LIM	高报警限
14	STATUS_OPTS	块状态选项	29	LO_PRI	低报警优先级
15	CHANNEL	通道号	30	LO_LIM	低报警限
16	L_TYPE	变换类型	31	LO_LO_PRI	低低报警优先级
17	LOW_CUT	小信号切除值	32	LO_LO_LIM	低低报警限
18	PV_FTIME	PV滤波时间常数	33	HI_HI_ALM	高高报警
19	FIELD_VAL	现场值	34	HI_ALM	高报警
20	UPDATE_EVT	更新事件	35	LO_ALM	低报警
21	BLOCK_ALM	块报警	36	LO_LO_ALM	低低报警

12.2.4　开关量输入（DI）功能块

开关量输入（DI）功能块通过通道号选择获取设备的开关量输入数据，并使输出为其他功能块可用，其机理图如图 12-7 所示。

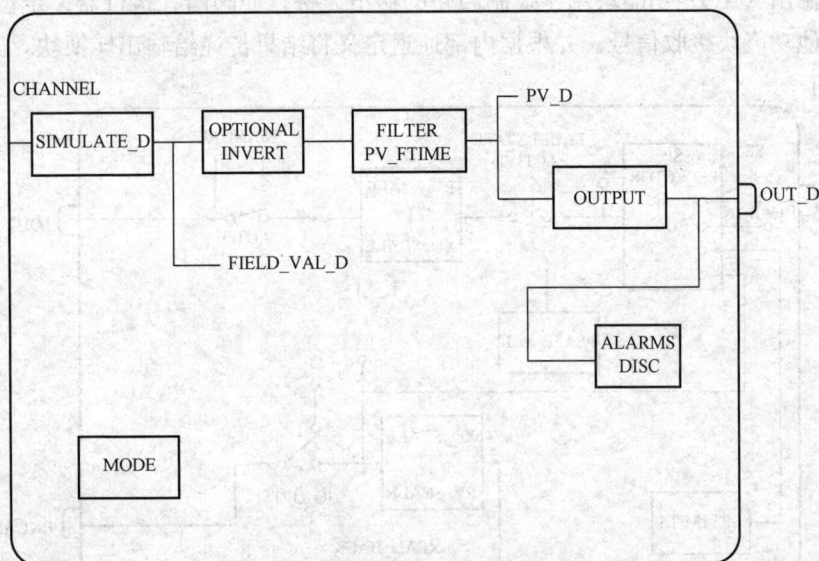

图 12-7　DI 功能块机理图

FIELD_VAL_D 使用 XD_STATE 显示了硬件真实的开关状态。IO_OPTS 参数

"Invert"选项可用来在现场值与输出值之间进行布尔取反（NOT）逻辑运算。为 0 的开关量值被认为是逻辑 0，非 0 的开关量值被认为是逻辑 1。如果取反，则非 0 的现场值的逻辑非会产生输出 0，为 0 的现场值的逻辑非会产生输出 1。

PV_FTIME 为现场值传递给 PV_D 值前，硬件必须保持一个状态的时间。在 Auto 方式下，输出 OUT_D 值等于 PV_D 值。如果块处于 Man 方式，用户可以直接改变 OUT_D 输出。PV_D 和 OUT_D 具有相同的刻度标定，OUT_STATE 提供 PV_D 的刻度标定。

功能块支持 OOS、Man 和 Auto 三种工作方式。

DI 功能块参数见表 12-17。

表 12-17　　　　　　　　　　　　DI 功能块参数

索引	参　数	说　明	索引	参　数	说　明
7	PV_D	过程值	16	PV_FTIME	PV 滤波时间常数
8	OUT_D	输出值	17	FIELD_VAL_D	现场值
9	SIMULATE_D	仿真参数	18	UPDATE_EVT	更新事件
10	XD_STATE	转换器状态	19	BLOCK_ALM	块报警
11	OUT_STATE	输出状态	20	ALARM_SUM	报警摘要
12	GRANT_DENY	访问允许或禁止	21	ACK_OPTION	确认选项
13	IO_OPTS	输入输出选项	22	DISC_PRI	报警优先级
14	STATUS_OPTS	块状态选项	23	DISC_LIM	报警输入值状态
15	CHANNEL	通道号	24	DISC_ALM	报警时间和状态

12.2.5　模拟量输出（AO）功能块

模拟量输出（AO）功能块用于控制回路的输出设备，如阀门、执行器、定位器等。AO功能块从其他功能块接收信号，并根据内部通道定义将结果传递给输出转换块，其机理图如图 12-8 所示。

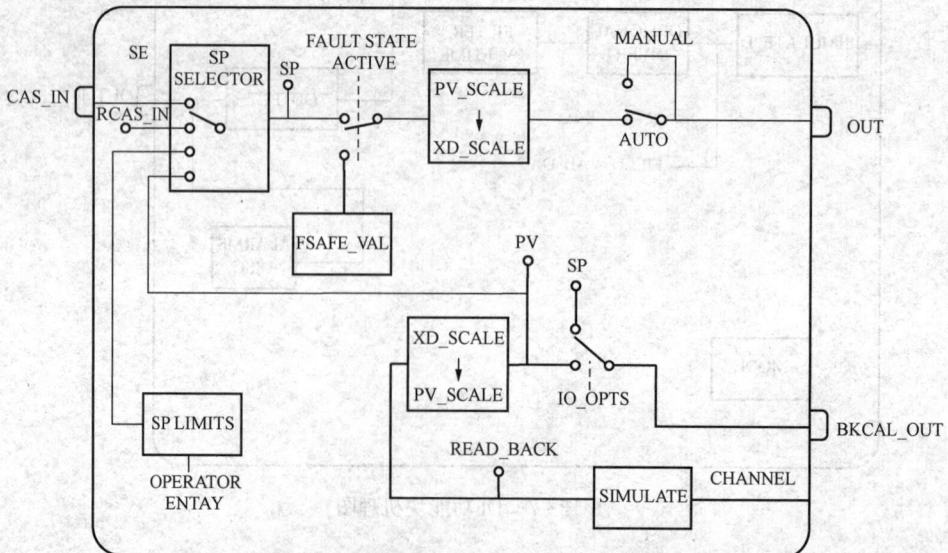

图 12-8　AO 功能块机理图

AO 功能块通过通道参数 CHANNEL 与转换块连接。CHANNEL 参数必须与输出转换块的通道参数相匹配。对于单通道输出设备，CHANNEL 参数必须为 1，相应的转换块无需配置。

SP 值可以通过串级或远程串级或运行员手动设置，PV_SCALE 和 XD_SCALE 参数用于 SP 的量程标度转换。

转换块的标定参数 XD_SCALE 用于将量程的百分比值转换为输出转换块可用的工程单位值，这就使得 SP 的部分量程范围引起输出的满量程范围动作。

OUT＝SP%∗(EU_100% － EU_0%)＋EU_0% [XD_SCALE]

IO_OPTS 参数"增加—关闭"（Increase to Close）选项可以使输出相对于输入的量程范围反向调节。例如，SP＝100，PV_SCALE＝0～100%，XD_SCALE＝0.02～0.1MPa，则：

（1）如 IO_OPTS 的"Increase to Close"选项未选，SP 经 OUT_SCALE 转换后为 0.1MPa，为"气开式"。

（2）如 IO_OPTS 的"Increase to Close"选项选择，SP 经 OUT_SCALE 转换后为 0.02MPa，为"气关式"。

如果硬件支持回读值，如阀位信号，则此值将通过转换块读取，并通过 SIMULATE 参数的转换块值和状态属性提供给 AO 功能块；如果不支持回读，SIMULATE 参数的转换块值和状态属性由 AO 的输出产生。

如果仿真禁止，READBACK 参数复制 SIMULATE 参数的转换块值和状态属性，否则，将复制 SIMULATE 参数的仿真值和状态属性。

PV 是参数 READBACK 经 PV_SCALE 的转换，因此，PV 也可通过 SIMULATE 参数仿真。

功能块支持 OOS、IMan、LO、Man、Auto、Cas 和 RCas 工作方式。

AO 功能块参数见表 12-18。

表 12-18　　　　　　　　　　　　AO 功 能 块 参 数

索引	参 数	说 明	索引	参 数	说 明
7	PV	过程值	19	SP_RATE_UP	给定值升速率限值
8	SP	给定值	20	SP_HI_LIM	给定值高限
9	OUT	输出值	21	SP_LO_LIM	给定值低限
10	SIMULATE	仿真参数	22	CHANNEL	通道号
11	PV_SCALE	过程值量程	23	FSTATE_TIME	故障安全值转移时间
12	XD_SCALE	转换器值量程	24	FSTATE_VAL	故障安全值
13	GRANT_DENY	访问允许或禁止	25	BKCAL_OUT	反馈输出值
14	IO_OPTS	输入输出选项	26	RCAS_IN	远程串级输入
15	STATUS_OPTS	块状态选项	27	SHED_OPT	方式脱落选项
16	READBACK	回读值	28	RCAS_OUT	远程串级输出
17	CAS_IN	串级输入值	29	UPDATE_EVT	更新事件
18	SP_RATE_DN	给定值降速率限值	30	BLOCK_ALM	块报警

12.2.6　开关量输出（DO）功能块

开关量输出（DO）功能块将 SP_D 转换为 CHANNEL 对应的硬件可用值，其机理图如图 12-9 所示。

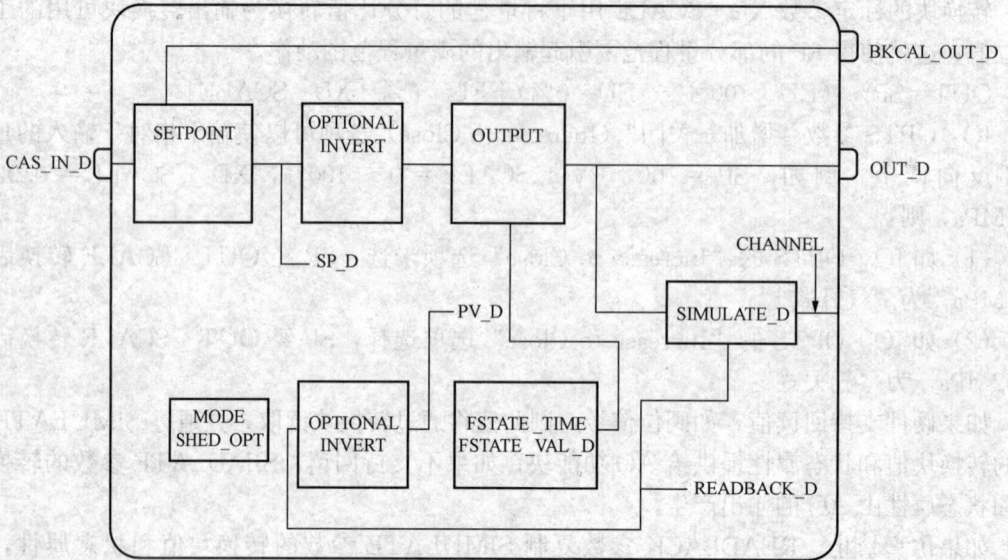

图 12-9　DO 功能块机理图

IO_OPTS 参数"Invert"选项可用来在 SP_D 值与硬件之间进行布尔取反（NOT）逻辑运算。DO 功能块支持完整的串级功能，如与其他功能块的输出连接，则 DO 功能块必须采用串级方式。如果硬件支持回读，则 READBACK_D 同 PV_D 一样需经过参数 IO_OPTS 的选项计算；如果不支持，READBACK_D 由 OUT_D 产生。READBACK_D 和 OUT_D 参数使用 XD_STATE 参数标定，PV_D 和 SP_D 使用 PV_STATE 参数标定。

功能块支持 OOS、IMan、LO、Man、Auto、Cas 和 RCas 工作方式。

DO 功能块参数见表 12-19。

表 12-19　　　　　　　　　　　　　DO 功能块参数

索引	参　数	说　明	索引	参　数	说　明
7	PV_D	过程值	17	CAS_IN_D	串级输入值
8	SP_D	给定值	18	CHANNEL	通道号
9	OUT_D	输出值	19	FSTATE_TIME	故障安全值转移时间
10	SIMULATE_D	仿真参数	20	FSTATE_VAL_D	故障安全值
11	PV_STATE	过程值状态	21	BKCAL_OUT_D	反馈输出值
12	XD_STATE	转换器状态	22	RCAS_IN_D	远程串级输入
13	GRANT_DENY	访问允许或禁止	23	SHED_OPT	方式脱落选项
14	IO_OPTS	输入输出选项	24	RCAS_OUT	远程串级输出
15	STATUS_OPTS	块状态选项	25	UPDATE_EVT	更新事件
16	READBACK_D	回读值	26	BLOCK_ALM	块报警

12.2.7 偏置/增益（BG）功能块

偏置/增益（BG）功能块的输出值等于输入 IN_1 加上偏置 SP 再乘以增益 GAIN，即 OUT＝（IN_1＋SP）×GAIN，从而实现对输入进行调整的功能，可用于前馈控制或主控制器对多个从控制器的并行控制。主控变量或前馈控制变量可连接到 IN_1 输入端，其机理图如图 12-10 所示。

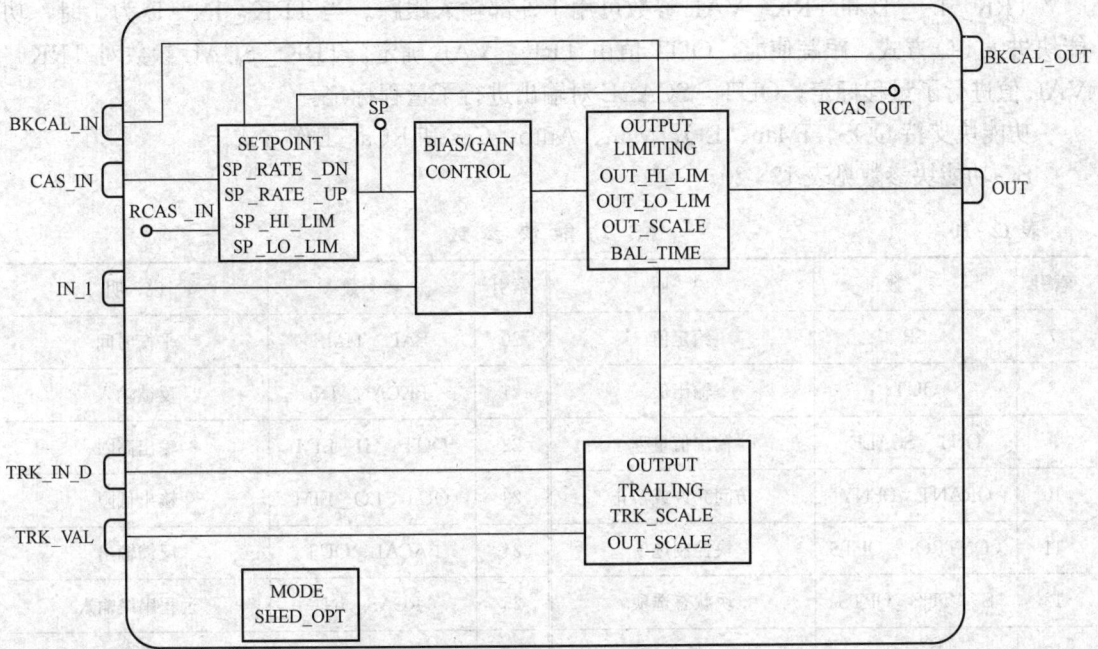

图 12-10 BG 功能块机理图

在串级方式下，偏置 SP 由串级输入值决定；在 Auto 方式下，偏置 SP 可手动设置。SP 值会受速率限制参数（SP_RATE_DN、SP_RATE_UP）和值限制参数（SP_HI_LIM、SP_LO_LIM）的限制。

在"自动的"方式下，输出经计算获得；在 Man 方式下，输出可手动进行设置；在 LO 方式下，输出由 TRK_VAL 值及其标定范围决定。最终的输出值会受到高低限值参数 OUT_HI_LIM 和 OUT_LO_LIM 的限制，其缺省值为 OUT_SCALE 参数的上下限（EU100 和 EU0）。

为了使功能块在工作方式切换时输出值不产生波动，BKCAL_OUT 参数需连接到上游的主控制功能块上，BKCAL_IN 参数需连接到下游的从控制功能块上。由于输入输出限的限制，BKCAL_OUT 和 BKCAL_IN 连接不能完全做到无扰切换，当工作方式从非自动方式向自动方式转变时，功能块会通过计算一个内部的平衡偏置值来保持输出值。此偏置值在参数 BAL_TIME 确定的时间内按斜坡规律逐渐变为 0。

当参数 CONTROL_OPTS 选项"ACT on IR"选中时，给定值会逆向计算，从而可以进行从非自动方式到自动方式的无扰切换。因为 SP 值会超出给定值限制，所以值的跳变是可能发生的，比较明智的做法就是让参数 BAL _ TIME 值非零。

可通过参数 CONTROL _ OPTS 选项"Use BKCAL _ OUT with IN _ 1"的选择状态来改变 BKCAL _ OUT 值的计算。

当参数 CONTROL _ OPTS 选项"Use BKCAL _ OUT with IN _ 1"选择时，有

$$BKCAL\_OUT = (BKCAL\_IN/GAIN) - SP$$

当参数 CONTROL _ OPTS 选项"Use BKCAL _ OUT with IN _ 1"未选择时，有

$$BKCAL\_OUT = (BKCAL\_IN/GAIN) - IN\_1$$

TRK _ IN _ D 和 TRK _ VAL 参数可用于外部输入跟踪。当 TRK _ IN _ D 为 1 时，功能块进入 LO 方式，跟踪使能，OUT 值由 TRK _ VAL 确定。TRK _ SCAL 参数对 TRK _ VAL 值进行了量程标定，OUT _ SCALE 对输出进行了量程标定。

功能块支持 OOS、IMan、LO、Man、Auto、Cas 和 RCas 工作方式。

BG 功能块参数见表 12 - 20。

表 12 - 20　　　　　　　　　BG 功能块参数

索引	参　数	说　明	索引	参　数	说　明
7	SP	给定值	20	BAL _ TIME	平衡时间
8	OUT	输出值	21	BKCAL _ IN	反馈输入
9	OUT _ SCALE	输出值量程	22	OUT _ HI _ LIM	输出高限
10	GRANT _ DENY	访问允许或禁止	23	OUT _ LO _ LIM	输出低限
11	CONTROL _ OPTS	块控制选项	24	BACAL _ OUT	反馈输出
12	STATUS _ OPTS	块状态选项	25	RCAS _ IN	远程串级输入
13	IN _ 1	输入	26	SHED _ OPT	方式脱落选项
14	CAS _ IN	串级输入	27	RCAS _ OUT	远程串级输出
15	SP _ RATE _ DN	给定值降速率限值	28	TRK _ SCALE	跟踪值量程
16	SP _ RATE _ UP	给定值升速率限值	29	TRK _ IN _ D	跟踪输入使能
17	SP _ HI _ LIM	给定值高限	30	TRK _ VAL	跟踪值
18	SP _ LO _ LIM	给定值低限	31	UPDATE _ EVT	更新事件
19	GAIN	增益	32	BLOCK _ ALM	块报警

12.2.8　控制选择（CS）功能块

控制选择（CS）功能块从三个控制信号中选择一个功能块来对 PID 功能块执行超驰控制，其机理图如图 12 - 11 所示。

BKCAL _ IN 从下游功能块 BKCAL _ OUT 获得输入值和状态，用于跟踪实现无扰切换。

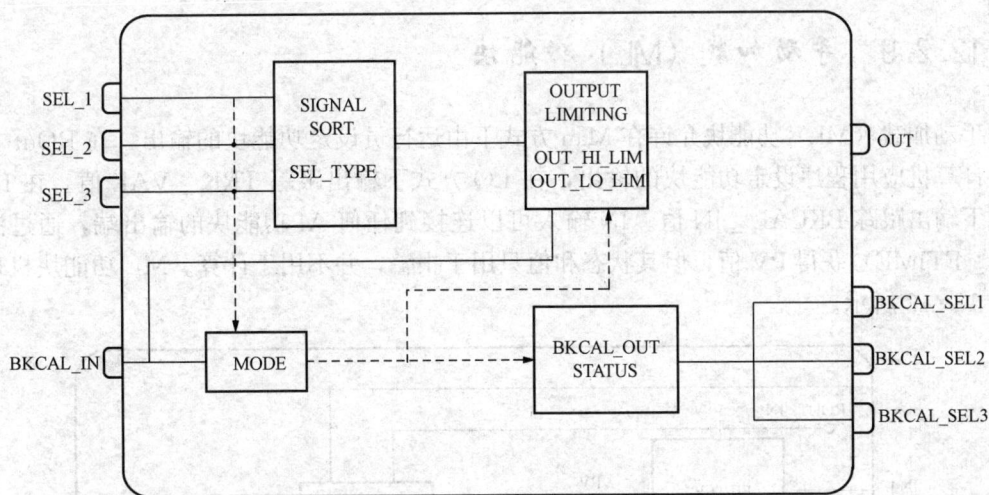

图 12-11 CS 功能块机理图

SEL_1、SEL_2 和 SEL_3 是控制选择块的 3 个输入值。

BKCAL_SEL1、BKCAL_SEL2 和 BKCAL_SEL3 是与控制选择块对应的 3 个输入相关的反向输出值，送给上游功能块用于跟踪。

控制选择功能块根据选择类型参数 SEL_TYPE 从 2 个或 3 个 PID 功能块的主输出中选取 1 个高值、低值或中值信号作为功能块的主输出。3 个反馈计算输出送往对应的上游 PID 功能块。

在 Auto 方式下，如果连接的输入中任一个出现坏状态，功能块的实际方式将变为 Man。当所有连接的输入状态重新变好后，功能块才恢复到 Auto 方式。

输出要受到高、低限参数 OUT_HI_LIM 和 OUT_LO_LIM 的限制。

功能块支持 OOS、IMan、Man、Auto 工作方式。

CS 功能块参数见表 12-21。

表 12-21   CS 功 能 块 参 数

索引	参 数	说 明	索引	参 数	说 明
7	OUT	输出值	15	BKCAL_IN	反馈输入
8	OUT_SCALE	输出值量程	16	OUT_HI_LIM	输出高限
9	GRANT_DENY	访问允许或禁止	17	OUT_LO_LIM	输出低限
10	STATUS_OPTS	块状态选项	18	BKCAL_SEL_1	1 路反馈输出
11	SEL_1	1 路输入	19	BKCAL_SEL_2	2 路反馈输出
12	SEL_2	2 路输入	20	BKCAL_SEL_3	3 路反馈输出
13	SEL_3	3 路输入	21	UPDATE_EVT	更新事件
14	SEL_TYPE	选择类型	22	BLOCK_ALM	块报警

12.2.9 手动加载（ML）功能块

手动加载（ML）功能块允许在 Man 方式下由运行员设定功能块的输出，在 ROut 方式下由计算机应用程序设定功能块的输出，在 LO 方式下输出跟踪 TRK_VAL 值，在 IMan 方式下输出跟踪 BKCAL_IN 值。IN 输入可以连接到任何 AI 功能块的输出端，通过滤波（PV_FTIME）获得 PV 值，但其状态和值只用于报警，并不用于计算。ML 功能块机理图如图 12-12 所示。

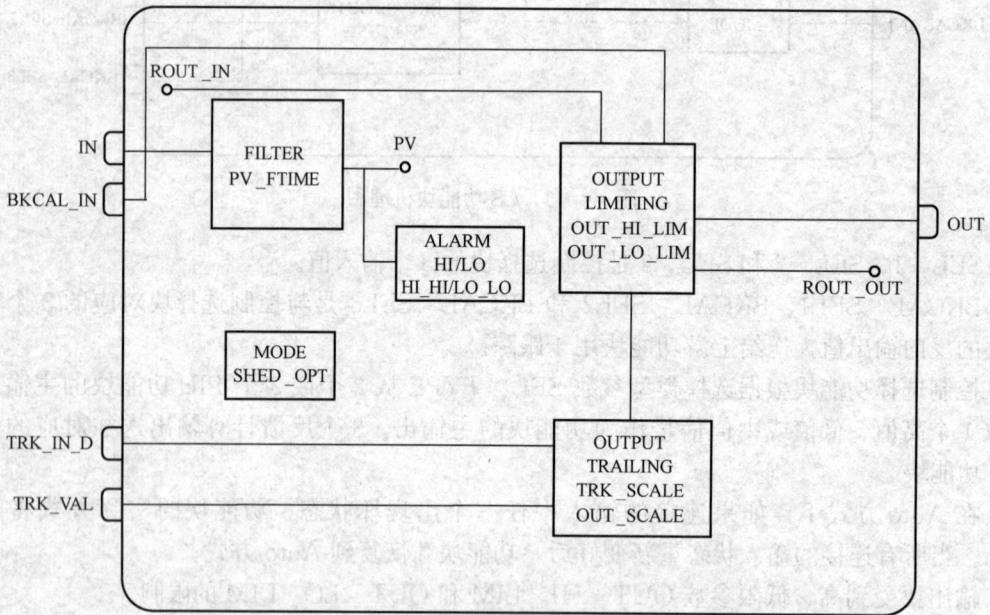

图 12-12　ML 功能块机理图

BKCAL_IN 来自其他功能块的反向输出 BKCAL_OUT，用于强制平衡输出，从而在方式切换时做到无扰。

TRK_IN_D 和 TRK_VAL 参数用于外部输入跟踪。

输出要受到高、低限参数 OUT_HI_LIM 和 OUT_LO_LIM 的限制。

功能块可对 PV 参数值进行报警检测，可通过组态 HI_LIM、HI_HI_LIM、LO_LIM、LO_LO_LIM 参数获得报警限。

功能块支持 OOS、IMan、LO、Man 和 Rout 工作方式。

ML 功能块参数见表 12-22。

表 12-22　　　　　　　　　　　　ML 功 能 块 参 数

索引	参　数	说　明	索引	参　数	说　明
7	PV	过程值	10	OUT_SCALE	输出值量程
8	OUT	输出值	11	GRANT_DENY	访问允许或禁止
9	PV_SCALE	过程值量程	12	CONTROL_OPTS	块控制选项

索引	参 数	说 明	索引	参 数	说 明
13	STATUS_OPTS	块状态选项	28	ACK_OPTION	确认选项
14	IN	输入	29	ALARM_HYS	报警回差
15	PV_FTIME	PV滤波时间常数	30	HI_HI_PRI	高高报警优先级
16	BKCAL_IN	反馈输入	31	HI_HI_LIM	高高报警限
17	OUT_HI_LIM	输出高限	32	HI_PRI	高报警优先级
18	OUT_LO_LIM	输出低限	33	HI_LIM	高报警限
19	ROUT_IN	远方输入	34	LO_PRI	低报警优先级
20	SHED_OPT	方式脱落选项	35	LO_LIM	低报警限
21	ROUT_OUT	远方输出	36	LO_LO_PRI	低低报警优先级
22	TRK_SCALE	跟踪值量程	37	LO_LO_LIM	低低报警限
23	TRK_IN_D	跟踪输入使能	38	HI_HI_ALM	高高报警
24	TRK_VAL	跟踪值	39	HI_ALM	高报警
25	UPDATE_EVT	更新事件	40	LO_ALM	低报警
26	BLOCK_ALM	块报警	41	LO_LO_ALM	低低报警
27	ALARM_SUM	报警摘要			

12.2.10 比率（RA）功能块

比率（RA）功能块可用于比值控制。功能块有两个输入 IN_1 和 IN。SP 值为输出 OUT 对 IN_1 的比率，即在增益 GAIN 为 1 时，输出等于 IN_1 乘以 SP。RA 功能块机理图如图 12-13 所示。

在 Cas 或 Auto 方式下，比率功能块的输出通过比率 SP、IN_1 和 GAIN 获得，即

$$OUT = SP * IN\_1 * GAIN$$

功能块的过程值 PV 为

$$PV = IN/(IN\_1 * GAIN)$$

通过设置时间常数 RA_FTIME 和 PV_FTIME，可以对输入 IN_1 和 IN 进行滤波。

通过对参数 CONTROL_OPTS 选项设置，实现 IMan、LO 或 Man 方式下的 SP 跟踪 PV 值。当达到 SP 上、下限值时，不再跟踪。

TRK_IN_D 和 TRK_VAL 参数可用于外部输入跟踪。

在 Auto 和 Cas 方式下，输出根据比率计算而得，在 Man 方式下输出可手动修改。可通过设置参数 OUT_HI_LIM 和 OUT_LO_LIM 对输出进行高低限制。

当参数 CONTROL_OPTS 选项"ACT on IR"选中时，给定值会逆向计算，从而可以进行从非自动方式到自动方式的无扰切换。

可通过参数 CONTROL_OPTS 选项"Use BKCAL_OUT with IN_1"的选择状态来改变 BKCAL_OUT 值的计算。

当参数 CONTROL_OPTS 选项"Use BKCAL_OUT with IN_1"选择时，有

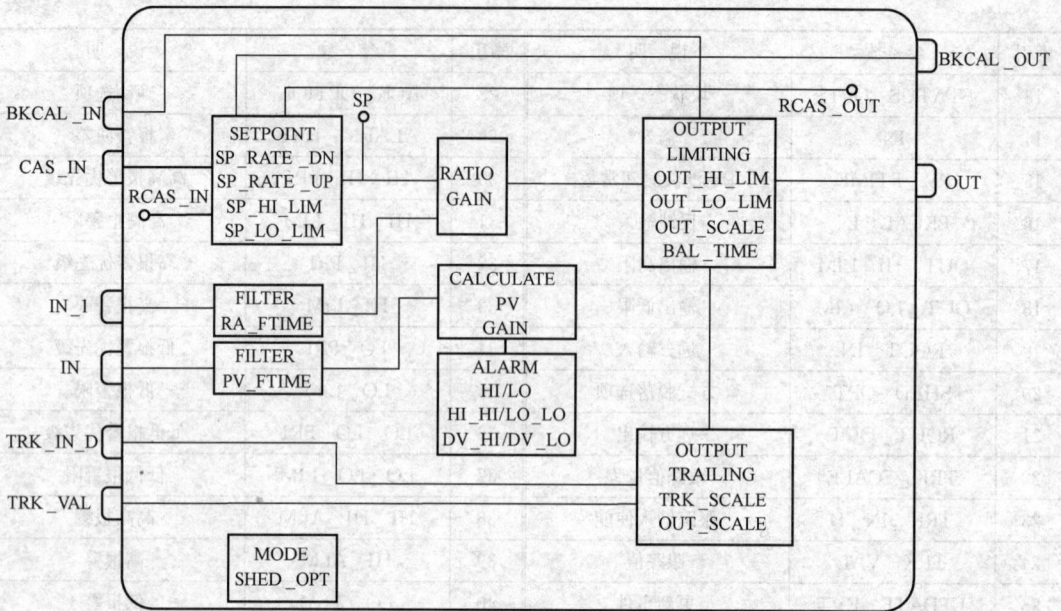

图 12-13　RA 功能块机理图

$$BKCAL\_OUT = BKCAL\_IN/GAIN/SP$$

当参数 CONTROL_OPTS 选项"Use BKCAL_OUT with IN_1"未选择时，有

$$BKCAL\_OUT = BKCAL\_IN/GAIN/IN\_1$$

功能块可对 PV 及 SP 和 PV 之间的偏差进行报警检测，可通过组态 HI_LIM、HI_HI_LIM、LO_LIM、LO_LO_LIM、DV_HI_LIM、DV_LO_LIM 参数获得报警限。

功能块支持 OOS、IMan、LO、Man、Auto、Cas 和 RCas 工作方式。

RA 功能块参数见表 12-23。

表 12-23　　　　　　　　　　RA 功 能 块 参 数

索引	参　数	说　明	索引	参　数	说　明
7	PV	过程值	18	RA_FTIME	IN_1 滤波时间常数
8	SP	给定值	19	CAS_IN	串级输入
9	OUT	输出值	20	SP_RATE_DN	给定值降速率限值
10	PV_SCALE	过程值量程	21	SP_RATE_UP	给定值升速率限值
11	OUT_SCALE	输出值量程	22	SP_HI_LIM	给定值高限
12	GRANT_DENY	访问允许或禁止	23	SP_LO_LIM	给定值低限
13	CONTROL_OPTS	块控制选项	24	GAIN	增益
14	STATUS_OPTS	块状态选项	25	BKCAL_IN	反馈输入
15	IN	输入	26	OUT_HI_LIM	输入高限
16	PV_FTIME	PV 滤波时间常数	27	OUT_LO_LIM	输入低限
17	IN_1	辅助输入	28	BKCAL_OUT	反馈输出

索引	参 数	说 明	索引	参 数	说 明
29	BAL _ TIME	平衡时间	44	HI _ LIM	高报警限
30	RCAS _ IN	远方串级输入	45	LO _ PRI	低报警优先级
31	SHED _ OPT	方式脱落选项	46	LO _ LIM	低报警限
32	RCAS _ OUT	远方串级输出	47	LO _ LO _ PRI	低低报警优先级
33	TRK _ SCALE	跟踪值量程	48	LO _ LO _ LIM	低低报警限
34	TRK _ IN _ D	跟踪输入使能	49	DV _ HI _ PRI	偏差高报警优先级
35	TRK _ VAL	跟踪值	50	DV _ HI _ LIM	偏差高报警限
36	UPDATE _ EVT	更新事件	51	DV _ LO _ PRI	偏差低报警优先级
37	BLOCK _ ALM	块报警	52	DV _ LO _ LIM	偏差低报警限
38	ALARM _ SUM	报警摘要	53	HI _ HI _ ALM	高高报警
39	ACK _ OPTION	确认选项	54	HI _ ALM	高报警
40	ALARM _ HYS	报警回差	55	LO _ ALM	低报警
41	HI _ HI _ PRI	高高报警优先级	56	LO _ LO _ ALM	低低报警
42	HI _ HI _ LIM	高高报警限	57	DV _ HI _ ALM	偏差高报警
43	HI _ PRI	高报警优先级	58	DV _ LO _ ALM	偏差低报警

12.2.11 PID 功能块

PID控制算法功能块提供了比例、积分、微分形式的计算控制,其机理图如图12-14所示。

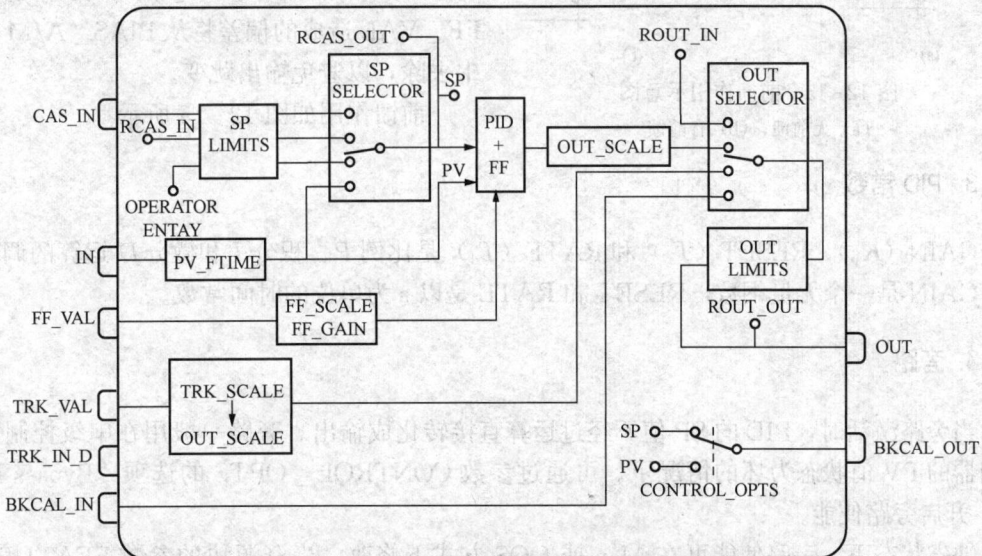

图 12-14 PID功能块机理图

PID算法是非迭代或 ISA 标准算法。在此算法中,增益 GAIN 作用于 PID 的所有项,比例和积分项对偏差起作用,微分项只对过程值 PV 起作用。因此,在 Auto 方式下用户改变 SP 时，不会对 PID 的微分项的输出造成影响。

如果需要，PID 功能块可以连接成串级方式。有关 PV 和 SP 值的计算可参考功能块参数计算一节。

1. 正作用和反作用

可以通过参数 CONTROL _ OPTS 的选项"Direct Acting"选择 PID 功能块的正反作用方式。正反作用是根据偏差的计算来进行划分的。"Direct Acting"选项选中时为正作用，反之为反作用。

正作用时，偏差值是 PV 值和 SP 值的差值，即

$$Error = PV - SP$$

反作用时，偏差值是 SP 值和 PV 值的差值，即

$$Error = SP - PV$$

PID 正反作用的缺省值为反作用。

2. 前馈控制

PID 功能块支持前馈算法。输入 FF _ VAL 为外部提供的前馈值，与控制回路中的某个扰动呈比例关系。前馈值通过 FF _ SCALE 和 OUT _ SCALE 参数转化成输出值。FF _ GAIN 为前馈增益，与前馈值相乘然后添加到 PID 算法的输出上。

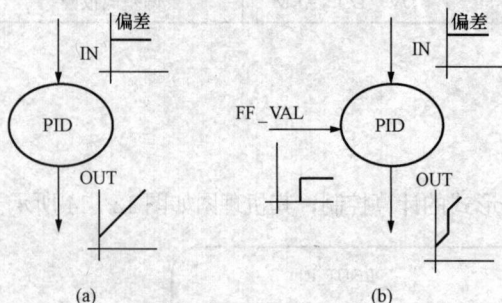

如果 FF _ VAL 状态为坏，功能块将使用最后可用的值；当 FF _ VAL 状态恢复时，FF _ VAL 造成的偏差将从 BIAS _ A/M 参数中去除，以避免输出跳变。

前馈作用如图 12 - 15 所示。

图 12 - 15　前馈作用示意图
(a) 无前馈；(b) 有前馈

3. PID 常数

GAIN（K_p）、RESET（T_r）和 RATE（T_d）是比例 P、积分 I 和微分 D 运算的调节常数。GAIN 是一个无量纲数，RESET 和 RATE 是以 s 为单位的时间常数。

4. 旁路

当旁路激活时，PID 的 SP 值不经过运算直接转化成输出。旁路一般用在串级控制中副控制器的 PV 值状态为坏的情况下。可通过参数 CONTROL _ OPTS 的选项"Bypass Enable"开启旁路使能。

缺省状态下，旁路使能可在 Man 或 OOS 方式下修改。当资源块的参数 FEATURE _ SEL 选项"Change of Bypass in an automatic mode"选中时，也可以在自动的方式下改变。

当旁路使能状态改变时，有特殊的处理方式来避免 PID 的输出跳变。当旁路使能时，SP 按着 OUT _ SCALE 标定接受 OUT 值；当旁路禁止时，SP 接受 PV 值。

5. 输出跟踪

PID 功能块支持跟踪算法。为了激活输出跟踪，参数 CONTROL _ OPTS 选项 "Track Enable" 必须选中，目标方式为 Auto、Cas、RCas 或 Rout，参数 TRK _ VAL 和 TRK _ IN _ D 可用，TRK _ IN _ D 的值为激活状态。如果目标方式是 Man，则参数 CONTROL _ OPTS 选项 "Track in Manual" 必须选中。

输出跟踪激活后，输出值将被经 OUT _ SCALE 转化过的 TRK _ VAL 代替。输出限状态变为常数，实际方式进入 LO。

当 TRK _ IN _ D 或 TRK _ VAL 状态不可用时，输出跟踪将关闭，PID 回到正常操作方式。

6. 控制算法

控制算法算式如下

$$OUT = GAIN\left(E + \frac{RATE \times S}{1 + a \times RATE \times S}PV + \frac{E}{RESET \times S}\right) + BIAS\_A/M + FEEDFORWARD$$

式中：BIAS _ A/M 为在向自动的方式（RCas、Cas、Auto）切换时的内部偏置，a 为虚拟微分增益。

功能块支持 OOS、IMan、LO、Man、Auto、Cas、RCas 和 ROut 工作方式。

PID 功能块参数见表 12 - 24。

表 12 - 24　　　　　　　　　PID 功 能 块 参 数

索引	参　数	说　明	索引	参数	说　明
7	PV	过程值	22	SP _ LO _ LIM	给定值低限
8	SP	给定值	23	GAIN	比例增益
9	OUT	输出值	24	RESET	积分时间常数
10	PV _ SCALE	过程值量程	25	BAL _ TIME	平衡时间
11	OUT _ SCALE	输出值量程	26	RATE	微分时间常数
12	GRANT _ DENY	访问允许或禁止	27	BKCAL _ IN	反馈输入
13	CONTROL _ OPTS	块控制选项	28	OUT _ HI _ LIM	输出高限
14	STATUS _ OPTS	块状态选项	29	OUT _ LO _ LIM	输出低限
15	IN	输入	30	BKCAL _ HYS	反馈输出回差
16	PV _ FTIME	PV 滤波时间常数	31	BKCAL _ OUT	反馈输出
17	BYPASS	旁路使能	32	RCAS _ IN	远程串级输入
18	CAS _ IN	串级输入	33	ROUT _ IN	远方输入
19	SP _ RATE _ DN	给定值降速率限值	34	SHED _ OPT	方式脱落选项
20	SP _ RATE _ UP	给定值升速率限值	35	RCAS _ OUT	远程串级输出
21	SP _ HI _ LIM	给定值高限	36	ROUT _ OUT	远方输出

索引	参 数	说 明	索引	参 数	说 明
37	TRK_SCALE	跟踪值量程	52	LO_PRI	低报警优先级
38	TRK_IN_D	跟踪输入使能	53	LO_LIM	低报警限
39	TRK_VAL	跟踪值	54	LO_LO_PRI	低低报警优先级
40	FF_VAL	前馈值	55	LO_LO_LIM	低低报警限
41	FF_SCALE	前馈值量程	56	DV_HI_PRI	偏差高报警优先级
42	FF_GAIN	前馈值增益	57	DV_HI_LIM	偏差高报警限
43	UPDATE_EVT	更新事件	58	DV_LO_PRI	偏差低报警优先级
44	BLOCK_ALM	块报警	59	DV_LO_LIM	偏差低报警限
45	ALARM_SUM	报警摘要	60	HI_HI_ALM	高高报警
46	ACK_OPTION	确认选项	61	HI_ALM	高报警
47	ALARM_HYS	报警回差	62	LO_ALM	低报警
48	HI_HI_PRI	高高报警优先级	63	LO_LO_ALM	低低报警
49	HI_HI_LIM	高高报警限	64	DV_HI_ALM	偏差高报警
50	HI_PRI	高报警优先级	65	DV_LO_ALM	偏差低报警
51	HI_LIM	高报警限			

12.2.12 定时器（TMR）功能块

定时器（TMR）功能块提供如下逻辑组合和定时功能：

（1）对多个输入进行或、与、表决或准确计数等逻辑组合运算。

（2）测量逻辑组合后的输入信号的持续时间。

（3）累积逻辑组合后的输入信号的持续时间，直到发生复位。

（4）计算逻辑组合后的输入信号的改变次数。

（5）如果逻辑组合后的输入信号的持续时间超过限值，则使开关量输出置 1。

（6）对逻辑组合后的输入信号进行延长、延时、脉冲或去抖运算。

（7）提供指示已持续时间和剩余时间值的输出。

（8）可选择对任何输入或输出进行反向。

（9）复位定时器。

TMR 功能块机理图如图 12-16 所示。

功能块可对至多 4 路输入信号进行逻辑组合演算形成 PV_D 值，逻辑组合类型由 COMB_TYPE 参数确定，如表 12-25 所示。

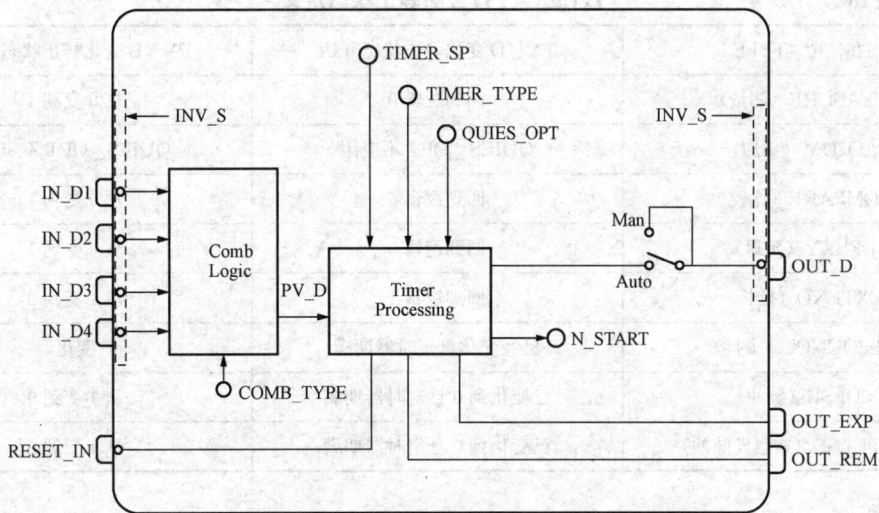

图 12-16   TMR 功能块机理图

表 12-25 逻 辑 组 合 类 型

COMB_TYPE 列举	PV_D 值逻辑为1的条件	COMB_TYPE 列举	PV_D 值逻辑为1的条件
OR（或）	1 个以上使用的输入信号为 1	EXACTLY2（准确计数 2）	仅 2 个使用的输入信号为 1
ANY2（表决）	2 个以上使用的输入信号为 1	EXACTLY3（准确计数 3）	仅 3 个使用的输入信号为 1
ANY3（表决）	3 个以上使用的输入信号为 1	EVEN（偶）	偶数（0、2、4）个使用的输入信号为 1
AND（与）	所有使用的输入信号为 1	ODD（奇）	奇数（1、3）个使用的输入信号为 1
EXACTLY1（准确计数 1）	仅 1 个使用的输入信号为 1		

连接的输入可能是 1、0 或未定义，未定义的连接输入按坏状态（OOS）处理。未连接的输入也可能是 1、0 或未定义，未定义的未连接输入（运行员/工程师手动输入）被忽略。

定时器类型由参数 TIMER_TYPE 确定，可对 PV_D 进行测量、累加、比较、延迟、延长、去抖、脉冲等操作，形成输出 PRE_OUT_D。PRE_OUT_D 经过工作方式和 IN-VERT_OPTS 取反逻辑，最终形成功能块的输出 OUT_D。

TIMER_SP 是延迟、延长、脉冲、去抖滤波器，或限值比较的持续时间参数。它由运行员/工程师手动输入，在每个执行周期，功能块都要检查已经持续的时间是否超过当前的 TIMER_SP。

OUT_EXP 指示了测量、比较、延迟、延长、去抖，或脉冲已经持续的时间。

OUT_REM 指示了测量、比较、延迟、延长、去抖，或脉冲剩余的时间。

QUIES_OPT 参数允许组态人员选择当定时器静止时输出 OUT_EXP 和 OUT_REM 的行为，静止指的是没有定时也没有触发条件。表 12-26 列举了每种 TIMER_TYPE 的静止状态定义。

表 12 - 26

TIMER _ TYPE	PV _ D 变化静止状态开始	PV _ D 变化静止状态结束
MEASURE（测量）	回到逻辑 0	从 0 变到 1
ACCUM（累加）	QUIES _ OPT 不应用	QUIES _ OPT 不应用
COMPARE（比较）	回到逻辑 0	从 0 变到 1
DELAY（延迟）	回到逻辑 0	从 0 变到 1
EXTEND（延长）	回到逻辑 1	从 1 变到 0
DEBOUNCE（去抖）	已经变化且定时器期满	变化
PULSE（脉冲）	已变化到 0 且定时器期满	从 1 变到 0
RT _ PULSE（重触发脉冲）	已变化到 0 且定时器期满	从 1 变到 0

QUIES _ OPT 的 CLEAR 选项在静止状态期间会将输出 OUT _ EXP 和 OUT _ REM 设为 0。QUIES _ OPT 的 LAST 选项会使输出 OUT _ EXP 和 OUT _ REM 保持在功能块变为静止状态时的值，也就是持续和剩余时间值一直保持到静止状态结束、下一个动作开始。注意：复位端 RESET _ IN 从 0 到 1 的变化也可以复位 OUT _ EXP 和 OUT _ REM。

N _ START 用于记录从上一次 RESET _ IN 复位后 PV _ D 从 0 变到 1 的次数。

下面分别介绍 TIMER _ TYPE 的各种功能。

（1）MEASURE（测量）：PRE _ OUT _ D 与 PV _ D 变化相同，OUT _ EXP 指示了当次 PV _ D 为 1 的时间长度，单位为 s，下次 PV _ D 为 1 时重新记录。OUT _ REM 不使用，为 0，如图 12 - 17 所示。

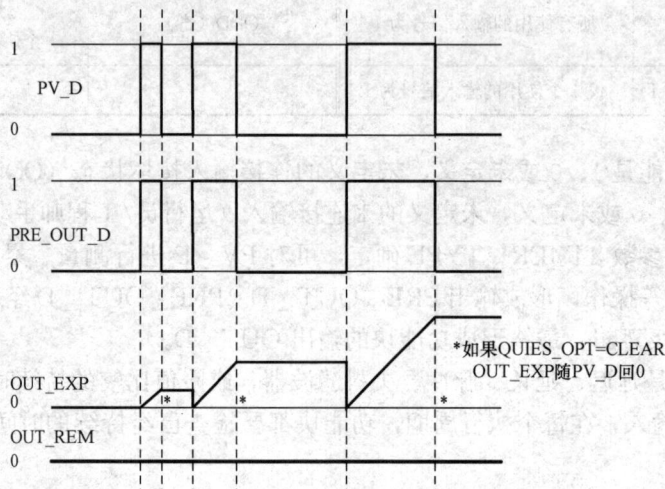

图 12 - 17　MEASURE 功能时序图

（2）ACCUM（累加）：PRE _ OUT _ D 与 PV _ D 变化相同，OUT _ EXP 累积了 PV _ D 为 1 的时间长度，单位为 s，每次 PV _ D 为 1 都持续累积，直到 RESET _ IN 从 0 变 1。OUT _ REM 不使用，为 0，如图 12 - 18 所示。

（3）COMPARE（比较）：OUT_EXP 指示了 PV_D 从 0 变 1 后经过的时间，OUT_REM 指示了当前限值 TIMER_SP 减去 OUT_EXP 后的剩余时间。如果 OUT_EXP 没有超过 TIMER_SP，则 PRE_OUT_D 为 0；如果 OUT_EXP 等于或超过 TIMER_SP，则 PRE_OUT_D 为 1，剩余时间 OUT_REM 为 0。当 PV_D 回到 0 时，OUT_D 将设为 0。此行为与 DELAY 的相同，只是观察角度不同而已，如图 12-19 所示。

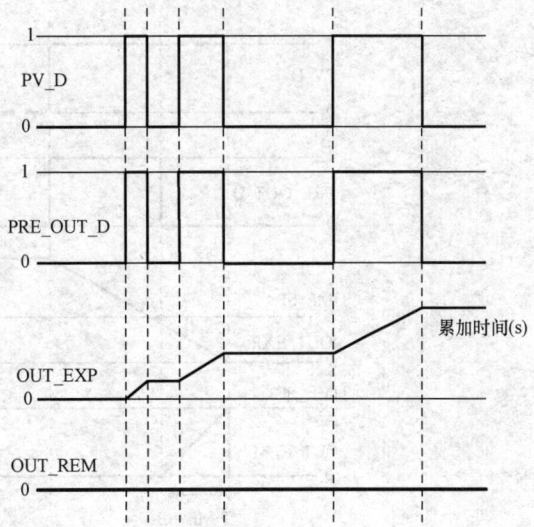

（4）DELAY（延迟）：如果 PV_D 从 0 变到 1，则 PRE_OUT_D 在 TIMER_SP 时间内仍保持为 0；如果 PV_D 在 TIMER_SP 时间后仍为 1，则 PRE_OUT_D 变为 1。如果在 TIMER_SP 时间内 PV_D 回到 0，则 PRE_OUT_D 将会一直为 0，隐藏了 PV_D 的变化。如果 PRE_OUT_D 变为 1，则 PV_D 从 1 到 0 的变化将立即使 PRE_OUT_D 变为 0，也可称为延迟开（变 1），如图 12-20 所示。

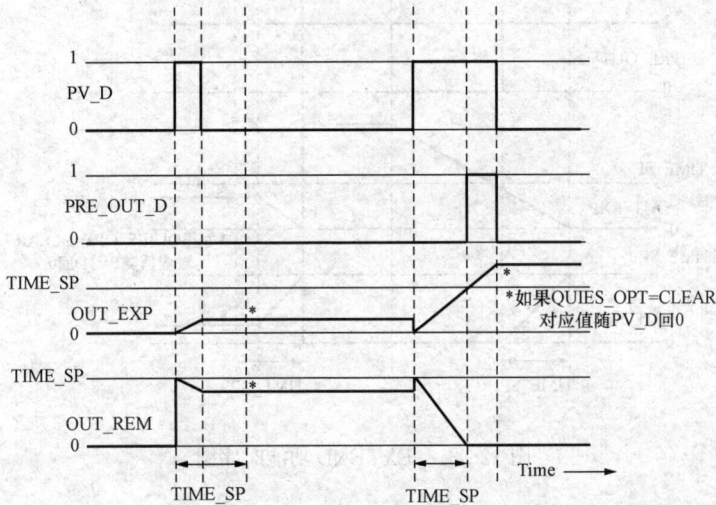

图 12-18　ACCUM 功能时序图

图 12-19　COMPARE 功能时序图

（5）EXTEND（延长）：如果 PV_D 从 1 变到 0，则 PRE_OUT_D 在 TIMER_SP 时间内仍保持为 1；如果 PV_D 在 TIMER_SP 时间后仍为 0，则 PRE_OUT_D 变为 0。如果在 TIMER_SP 时间内 PV_D 回到 1，则 PRE_OUT_D 将会一直为 1，隐藏了 PV_D 的变化。如果 PRE_OUT_D 变为 0，则 PV_D 从 0 到 1 的变化将立即使 PRE_OUT_D 变为 1，也可称为延迟关（变 0），如图 12-21 所示。

（6）DEBOUNCE（去抖）：如果 PRE_OUT_D 为 0，则 PV_D 从 0 到 1 的变化将被

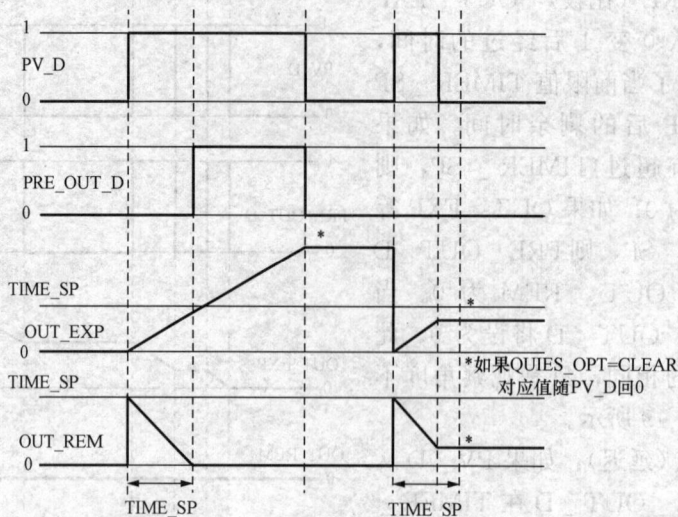

图 12-20 DELAY 功能时序图

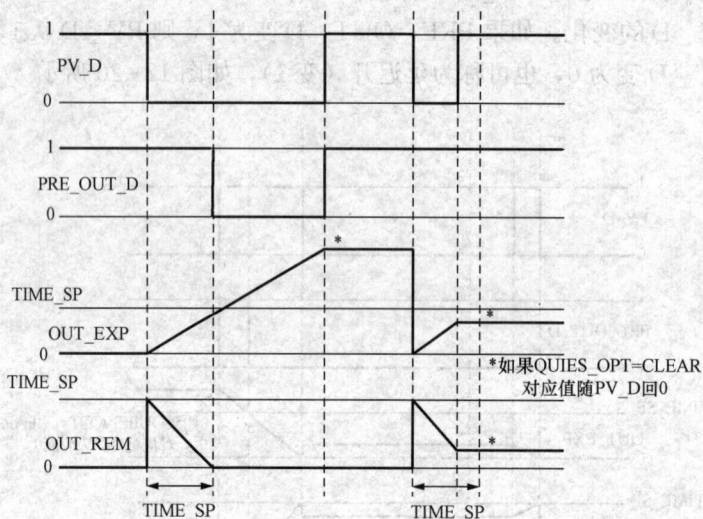

图 12-21 EXTEND 功能时序图

延迟 TIMER _ SP 时间；如果 PV _ D 在 TIMER _ SP 时间内回 0，则 PRE _ OUT _ D 一直为 0。如果 PRE _ OUT _ D 为 1，则 PV _ D 从 1 到 0 的变化将被延迟 TIMER _ SP 时间；如果 PV _ D 在 TIMER _ SP 时间内回 1，则 PRE _ OUT _ D 一直为 1；既延迟变 1，又延迟变 0，类似于滤波器，防止信号抖动，如图 12-22 所示。

（7）PULSE（脉冲）：PV _ D 从 0 到 1 的变化将使 PRE _ OUT _ D 产生一个从 0 到 1 的脉冲信号，脉冲时间长度为 TIMER _ SP。在脉冲持续期间，PRE _ OUT _ D 将忽略 PV _ D 的变化。TIMER _ SP 时间后，PRE _ OUT _ D 回到 0，如图 12-23 所示。

（8）RT _ PULSE（重触发脉冲）：PV _ D 从 0 到 1 的变化将使 PRE _ OUT _ D 产生一

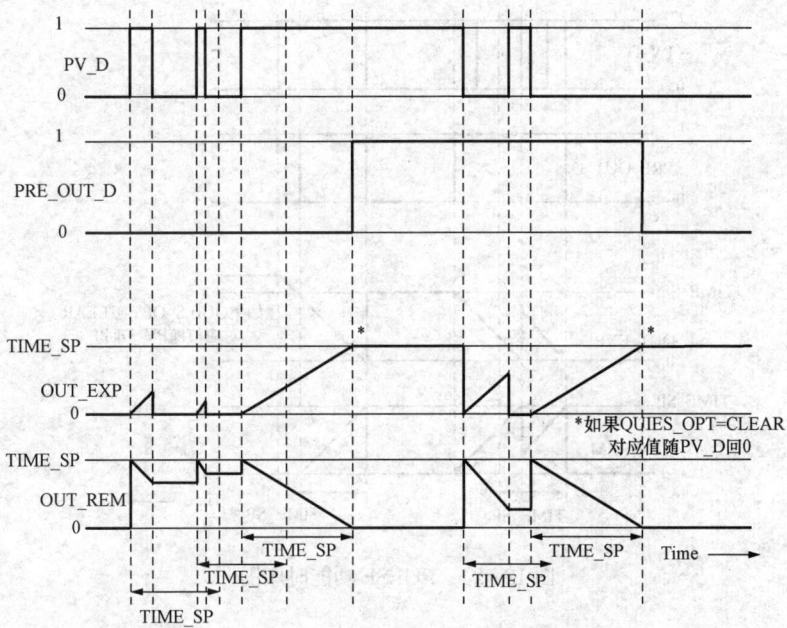

图 12 - 22　DEBOUNCE 功能时序图

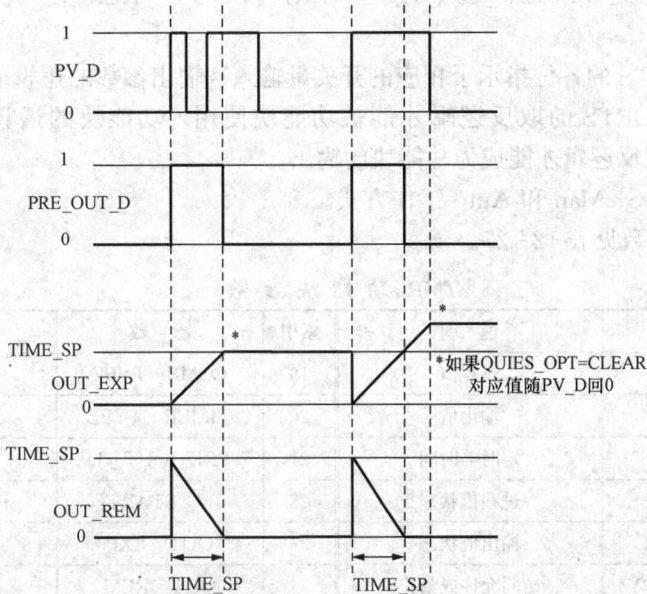

图 12 - 23　PULSE 功能时序图

个从 0 到 1 的脉冲信号,脉冲时间长度为 TIMER ＿ SP。在脉冲持续期间,如果 PV ＿ D 回到 0 又变为 1,则会使脉冲定时器重新计时,PRE ＿ OUT ＿ D 继续为 1。脉冲时间结束后,PRE ＿ OUT ＿ D 回到 0,如图 12 - 24 所示。

　　RESET ＿ IN 是开关量输入,它从 0 到 1 的变化将使定时器复位,OUT ＿ EXP 被设为 0,同时按"初始化处理"确定 PRE ＿ OUT ＿ D 和 OUT ＿ REM。如果 RESET ＿ IN 未连接

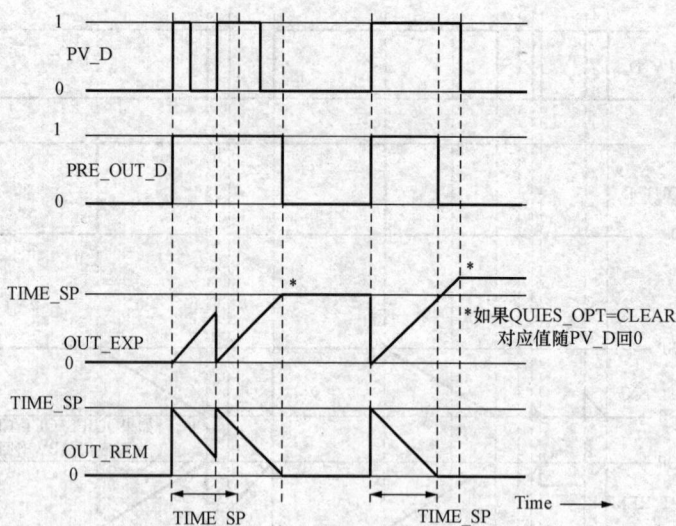

图 12-24　PULSE 功能时序图

输入，则运行员/工程师可以手动将其设为 1，在下一个运行周期，功能块的逻辑将使它复位为 0。

TIME_UNITS 是 TIMER_SP、OUT_EXP 和 OUT_REM 在人机界面显示的时间单位。

INVERT_OPTS 的各位指示了相应的开关量输入和输出参数的逻辑取反状态。输入要先经过 INVERT_OPTS 的取反逻辑才能被功能块使用，功能块的运算结果需经过 INVERT_OPTS 的取反逻辑才能成为功能块的输出。

功能块支持 OOS、Man 和 Auto 工作方式。

TMR 功能块参数见表 12-27。

表 12-27　　　　　　　　　　TMR 功 能 块 参 数

索引	参　数	说　明	索引	参　数	说　明
7	PV_D	过程值	19	COMB_TYPE	逻辑处理类型
8	OUT_D	输出值	20	TIMER_TYPE	定时器类型
9	TIMER_SP	定时器时间	21	PRE_OUT_D	预输出
10	PV_STATE	过程值状态	22	N_START	PV_D 正跳变次数
11	OUT_STATE	输出值状态	23	OUT_EXP	已进行时间
12	GRANT_DENY	访问允许或禁止	24	OUT_REM	剩余时间
13	INVERT_OPTS	反向选项	25	RESET_IN	输出累积复位
14	STATUS_OPTS	块状态选项	26	QUIES_OPT	输出行为选项
15	IN_D1	1 路输入	27	TIME_UNITS	时间单位
16	IN_D2	2 路输入	28	UPDATE_EVT	更新事件
17	IN_D3	3 路输入	29	BLOCK_ALM	块报警
18	IN_D4	4 路输入			

12.3 组态的一般步骤

对于一个使用现场总线控制系统的工程项目而言，需要将这个项目分成若干个层次去进行组态。这些层次由底向上分别是控制组件、过程单元、控制区域和工程项目，简称组件、单元、区域和项目。也就是说，若干个相互连接的功能块组成了控制组件，若干个控制组件组成了过程单元，若干个过程单元组成了控制区域，而若干个控制区域组成了工程项目。

要对一个现场总线控制系统进行组态，首先应创建一个项目，然后进行逻辑对象和物理对象的组态，接着定义功能块的参数，最后是建立通信并下载组态。在上述步骤中，逻辑对象的组态主要是确定控制区域、过程单元、控制组件，选择功能块和形成控制策略；而物理对象的组态主要是定义现场总线，以及每条现场总线上所连接的现场总线设备。现场总线控制系统的组态可以先做物理对象的组态，也可以先做逻辑对象的组态。下面以 Smar 公司的 SysCon 现场总线组态软件为例来介绍现场总线控制系统的组态过程。这个例子是由物理对象开始组态的，但是，它同样也可以由逻辑对象开始组态。

12.3.1 开始建立一个项目

要建立一个新的现场总线项目，首先要启动系统组态软件，打开 Project File 菜单，选择 New，或者工具条上面的 New 按钮，这时就会出现如图 12-25 所示的文件类型对话框。选择对话框中的 Projects，出现如图 12-26 所示的对话框，输入项目文件名，如 Proj01，点击保存。这时一个包含具有扩展名为 ffp 的同名文件的新文件夹就建立了。

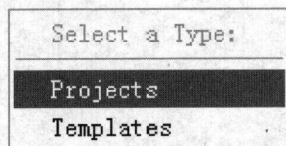

图 12-25 文件类型对话框

这时会出现如图 12-27 所示的新窗口，在窗口中有一个 Area 1 图标和 FieldBus Networks 图标。

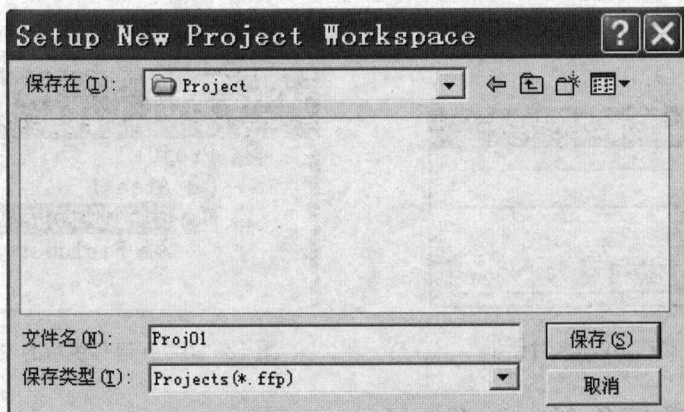

图 12-26 新建项目对话框

283

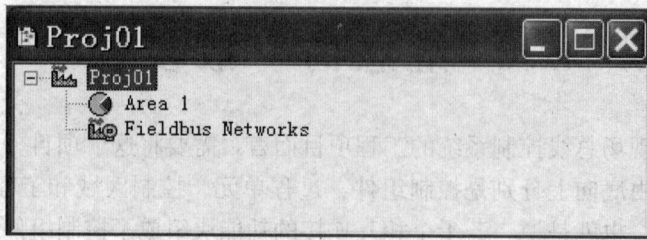

图 12-27 Proj01 新项目主窗口

12.3.2 物理项目

在称为 Proj01 的主窗口中，用鼠标右键击 Fieldbus Network 图标，选择 New Fieldbus。不要忘记 New Fieldbus 是一个新的物理总线，如图 12-28 所示。

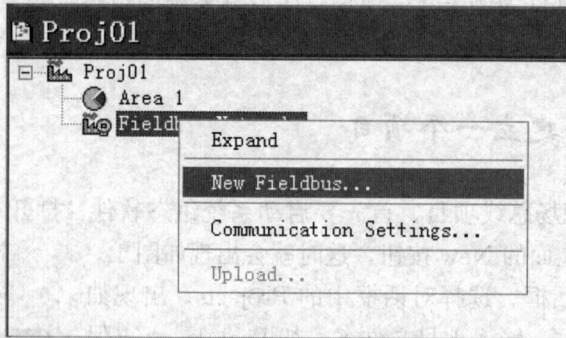

图 12-28 建立新的物理总线

出现 New Fieldbus 对话框，类型选择 H1 低速现场总线。如果你要想要为现场总线起一个特定的名字，就在 Tag 文本框中输入它的名字；否则按 OK 按钮，就为现场总线分配了一个缺省的标签（位号）Fieldbus 1。对话框如图 12-29 所示。

项目 Proj01 的窗口如图 12-30 所示。

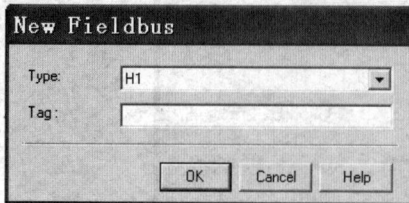

图 12-29　新总线命名对话框

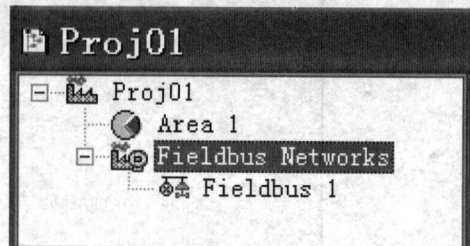

图 12-30　新建总线后的 Proj01 窗口

12.3.3 现场总线窗口的组织

用鼠标右键单击现场总线 Fieldbus 图标，选择 Expand，出现一个新的窗口。为了组织屏幕上的视图，打开 Window 菜单，选择 Tile，平铺窗口。这时组态窗口如图 12-31 所示。

284

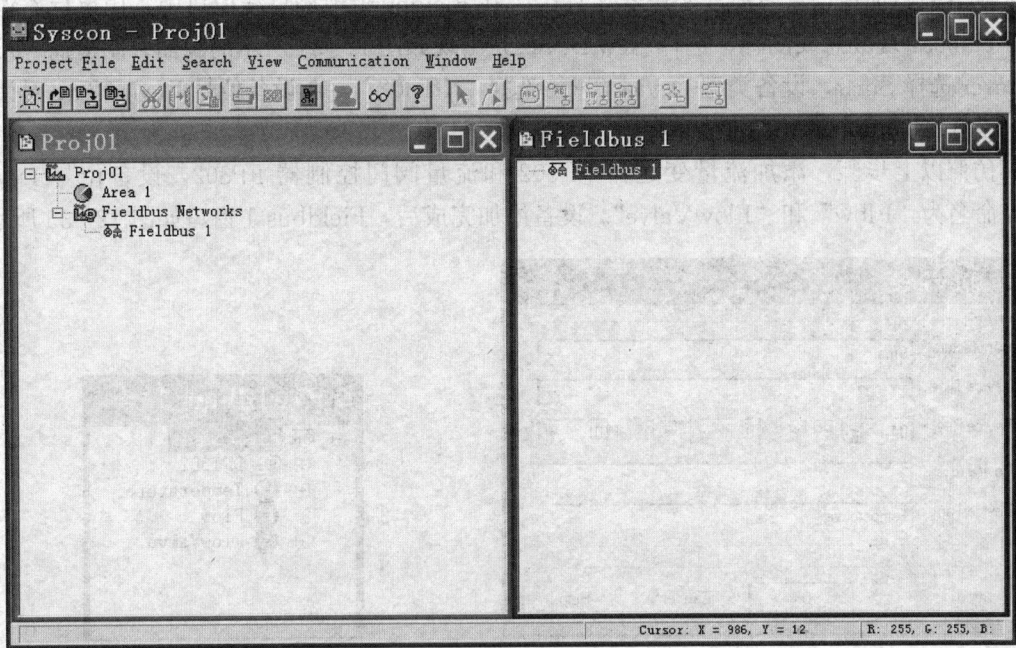

图 12-31　平铺后的组态窗口

12.3.4　添加现场总线设备

现在就可以添加在项目中将要使用的现场总线设备。

首先添加现场总线桥路设备。在 Fieldbus 1 现场总线窗口中，用鼠标右键单击 Fieldbus 1 现场总线图标，出现如图 12-32 所示的画面。

选择 New Bridge，则出现新桥路设备添加对话框，如图 12-33 所示。制造商 Manufacturer 选择 Smar，设备类型 Device Type 选择 DFI 302。在设备位号 Device Tag 对话框中，键入"DFI302"或其他自定义的位号。

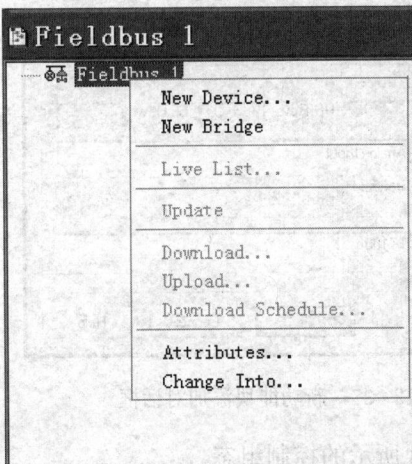

图 12-32　现场总线快捷菜单

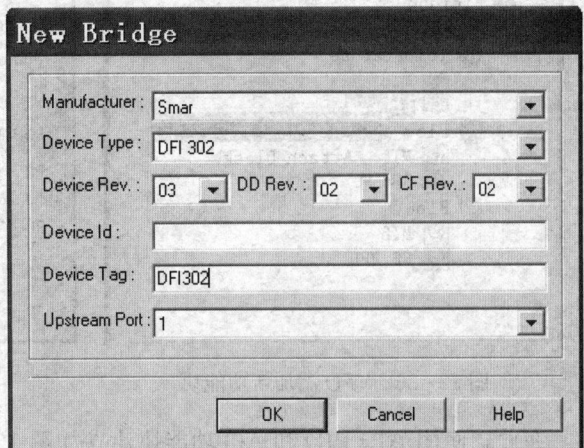

图 12-33　Bridge 对话框

285

接下来添加现场总线温度变送器 TT302。在 Fieldbus1 现场总线窗口中，用鼠标右键单击 Fieldbus1 现场总线图标，选择 New Device，出现如图 12-34 所示的画面。制造商 Manufacturer 选择 Smar，设备类型 Device Type 选择"TT302"。在设备位号 Device Tag 对话框中，键入"Temperature"或其他自定义的位号。

仿照以上步骤，添加流量变送器 LD302 和流量阀门控制器 FP302，设备位号 Device Tag 命名为"Flow"和"FlowValve"。设备添加完成后，Fieldbus 1 窗口如图 12-35 所示。

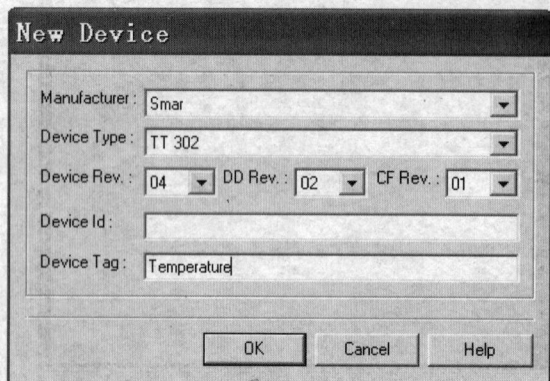

图 12-34　Device 对话框

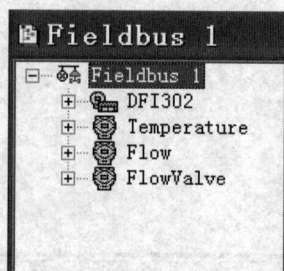

图 12-35　添加完设备后的 Fieldbus 1 窗口

12.3.5　添加功能块

现在就可以添加组态设计中所使用的功能块 Function Blocks。

要添加一个新的功能块 FB（Function Block），首先单击设备扩展符号"+"，然后用鼠标右键单击 VFD2 图标，选择新加功能块 New Block，如图 12-36 所示。

这时会出现一个名为 New Block 的对话框，如图 12-37 所示。在功能块类型 Block Type 下拉列表中选择所需要的功能块，并在 Block Tag 文本框中键入自定义的功能块名。

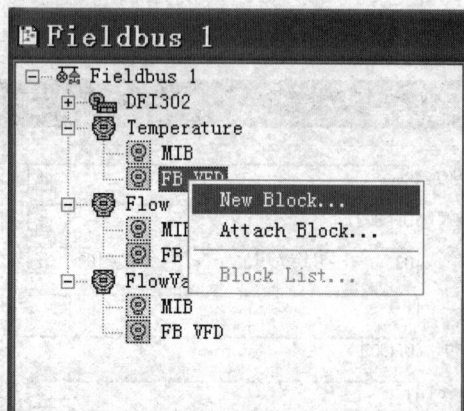

图 12-36　VFD 添加新功能块

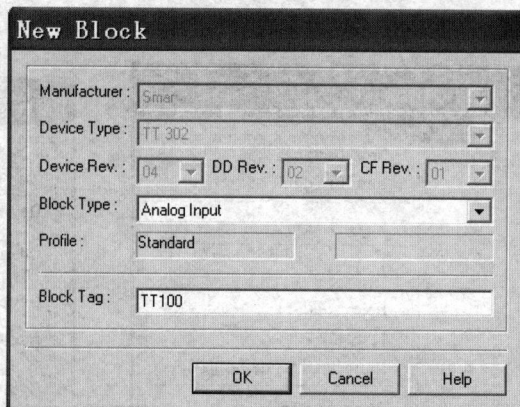

图 12-37　新功能块添加对话框

在此，使用 AI、PID 和 AO 功能块建立如图 12-38 所示的控制组态。

该组态所对应的工艺系统如图 12-39 所示。

286

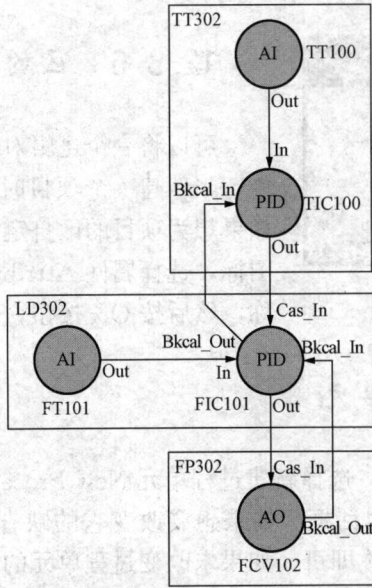

图 12 - 38　建立控制组态

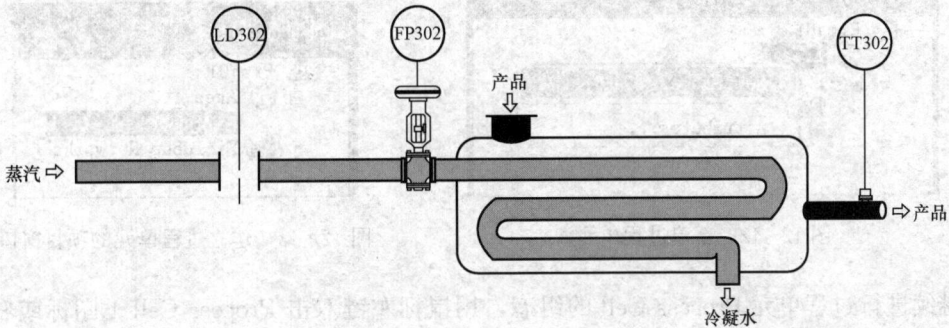

图 12 - 39　工艺系统图

所需要的功能块类型和名称如表 12 - 28 所示。

这时的现场总线 Fieldbus 1 窗口如图 12 - 40 所示。

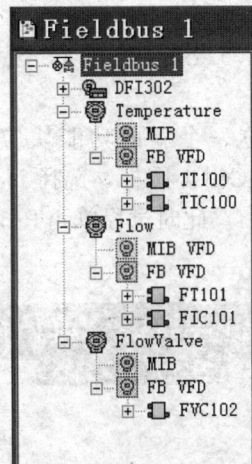

图 12 - 40　物理对象组态
结束时的现场总线窗口

表 12 - 28　　　　功能块类型和名称

Block Type	Block Tag	Device Tag
AI	TT100	Temperature
PID	TIC100	
AI	FT101	Flow
PID	FIC101	
AO	FCV102	FlowValve

现在，为了实现所需要的控制策略，需要对逻辑对象进行组态。

287

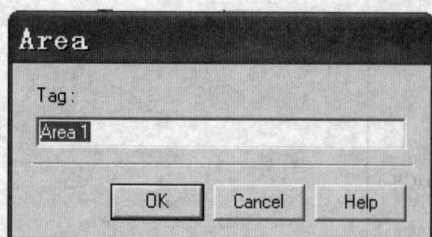

图 12-41 区名对话框

12.3.6 区的组态

可以将一个逻辑对象划分为几个区。

当新建一个项目时，会自动生成一个区 Area 1，如果想为项目的区自定义名称，用鼠标右键单击区的图标，选择属性 Attributes，修改本文框 Tag 中的名称，然后按 OK 按钮，如图 12-41 所示。

12.3.7 建立过程单元

用鼠标右键单击区的图标，选择新建过程单元 New Process Cell，如图 12-42 所示。

窗口中出现 Process Cell 对话框。如果想要改变它的缺省名（Process Cell 1），只要在 Tag 对话框中键入自定义的名称即可。如果未改变过程单元的名称，项目窗口将如图 12-43 所示。

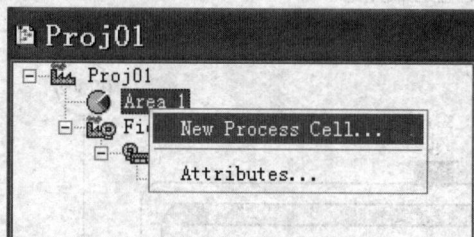

图 12-42 新建过程单元

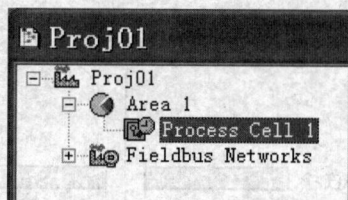

图 12-43 建立过程单元的项目窗口

继续进行过程单元 Process Cell 的组态，用鼠标左键双击 Process Cell 1 图标或右键单击弹出菜单，选择 Expand，出现如图 12-44 所示的应用窗口。

12.3.8 建立控制组件

建立一个新的功能块应用项目——控制组件（Control Module）。用鼠标右键单击 Process Cell 1 图标，选择 New Control Module，创建新的控制组件，默认名称为 Control Module 1。此时过程单元 Process Cell 1 窗口如图 12-45 所示。

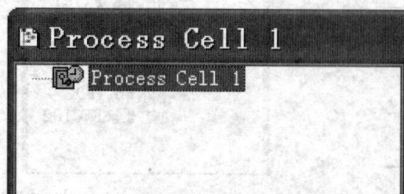

图 12-44 过程单元组态窗口

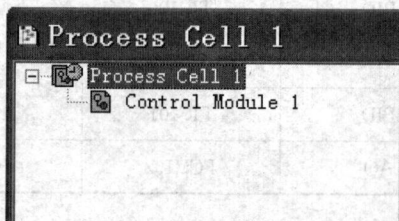

图 12-45 控制组件组态窗口

288

12.3.9 在控制组件上添加功能块

用鼠标右键单击 Control Module 1，选择 Attach Block，添加需要的功能块，如图 12-46 和图 12-47 所示。

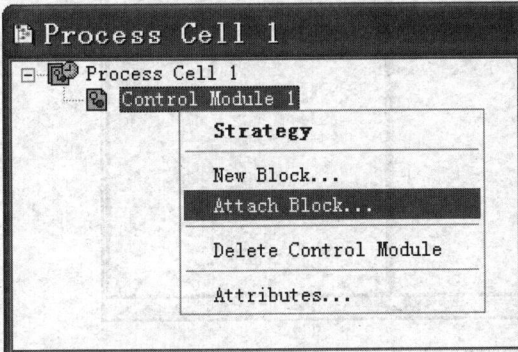

图 12-46 添加功能块

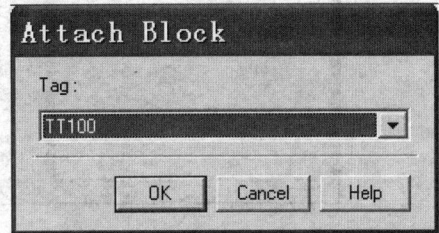

图 12-47 添加功能块对话框

按 OK 按钮，功能块就会出现在控制组件 Control Module 1 的逻辑项目中，如图 12-48 所示。

根据所设计的组态，仿照上述过程，把其他功能块加到逻辑项目中。最后，过程单元窗口 Process Cell 1 如图 12-49 所示。

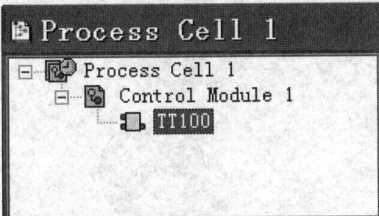

图 12-48 添加完一个功能块

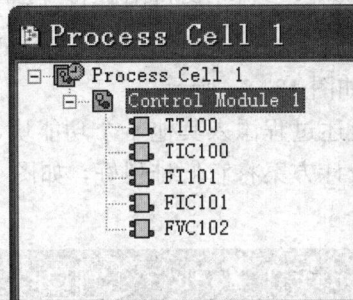

图 12-49 添加完功能块之后的过程单元窗口

12.3.10 控制策略的组态

首先用鼠标右键单击控制组件 Control Module 1 选择控制策略 Strategy，控制策略窗口 Strategy Window 出现。这时组态浏览器上已经有 3 个窗口，为方便起见，单击 Process Cell 1 窗口标题栏，再单击 Proj01 窗口标题栏，打开 Window 菜单，选择 Tile 平铺，则 3 个窗口就会如图 12-50 所示并列显示。

控制策略窗口具有许多绘图功能，读者可以通过联机帮助 Help 中的控制策略 Strategies，进一步了解有关的细节。

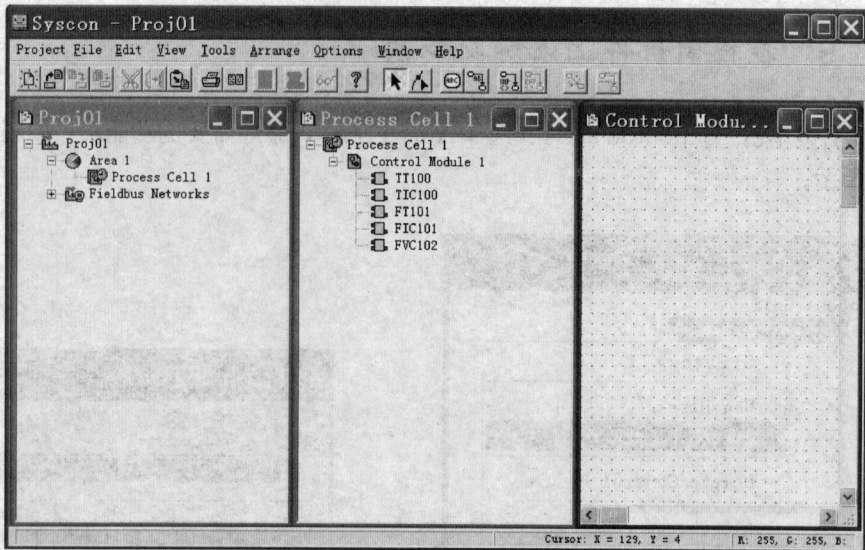

图 12-50 组态浏览器窗口

12.3.11 在控制策略窗口中加入功能块

现在就可以将功能块添加到控制组件 Control Module 1 的控制策略窗口中。

用鼠标左键点住第一个功能块 TT100, 将其拖入控制策略窗口, 窗口中会自动建立一个功能块图形符号, 这时控制组件 Control Module 1 窗口如图 12-51 所示。

仿照上述过程添入其他 4 个功能块, 并按照项目的设计方案将它们排列好, 如图 12-52 所示。

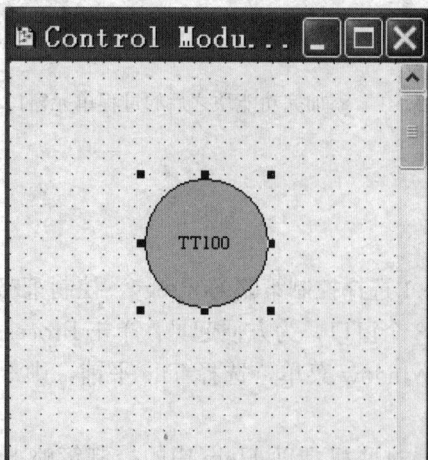

图 12-51 控制组件窗口

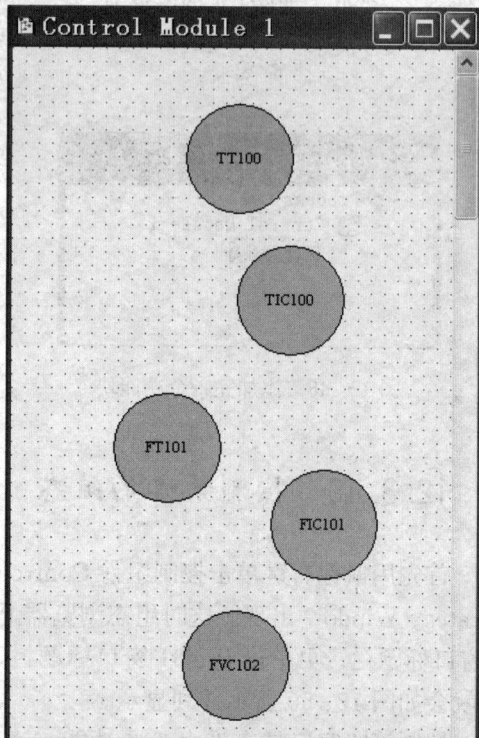

图 12-52 添入功能块后的控制组件窗口

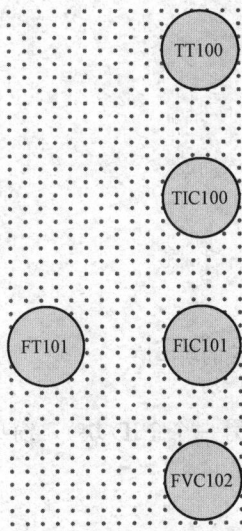

图 12-53 功能块的排列

12.3.12 在作图区内移动功能块

要移动功能块，需要使用控制策略工具栏中的选择工具 ![cursor], 按下该按钮，单击想要移动的功能块，将其拖到适当的位置。所有的功能块位置定好后，其排列如图 12-53 所示。

这时最好使用主工具栏的保存（Save）按钮 ![save]，把项目文件保存起来。项目文件会自动保存在原先设置的文件夹中。每当改变项目文件时，最好都要保存。

12.3.13 功能块的连接

最后把功能块连接在一起。在制图工具栏 Drawing Toolbar 中，有一个连接 Link 按钮，![link]，用它来完成连接任务。按下这个按钮，单击标有 TT100 的功能块，出现一个输出参数选择对话框，如图 12-54 所示。单击输出 OUT，按 OK 按钮。

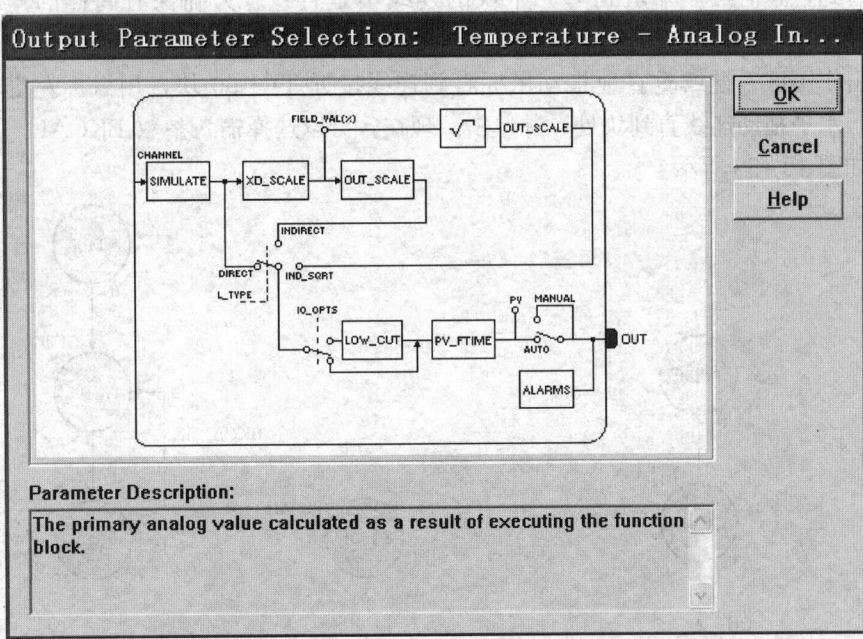

图 12-54 功能块的连接

此外，也可以用鼠标右键单击功能块，实现快速连接。

要完成连接，将鼠标的光标拖至功能块 TIC100 上，单击鼠标右键，出现如图 12-55 所示的浮动菜单。

按照设计的组态，用鼠标左键选择参数 IN。

连接完成后，窗口如图 12-56 所示。

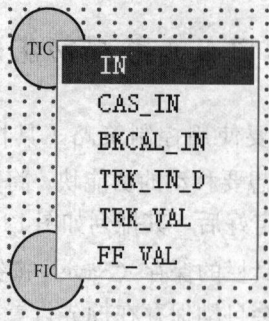

图 12-55 浮动菜单

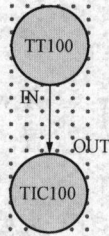

图 12-56 完成连接的功能块

采用完全相同的方法或者别的方法来连接 TIC100 至 FIC101（另一个 PID 块），窗口如图 12-57 所示。

12.3.14 反馈回路的连接

按照设计的组态，进行 FIC101 和 TIC100 之间的反馈连接。

可以看到，这时从一个块到另一个块的连线不是直线。为确保有同样的连线，单击 FIC101 块，选择输出参数 BKCAL_OUT，对角地向左侧拖动鼠标直到路线的中间，用鼠标左键单击作图区。继续垂直地拖动鼠标直到连线接近 TIC100 块，用鼠标左键单击作图区；最后，水平拖动连线直到块处，并单击。现在，可以选择输入参数 BKCAL_IN。所设计的组态如图 12-58 所示。

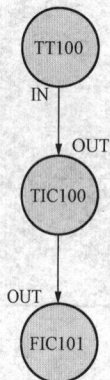

图 12-57 另一些功能块的连接

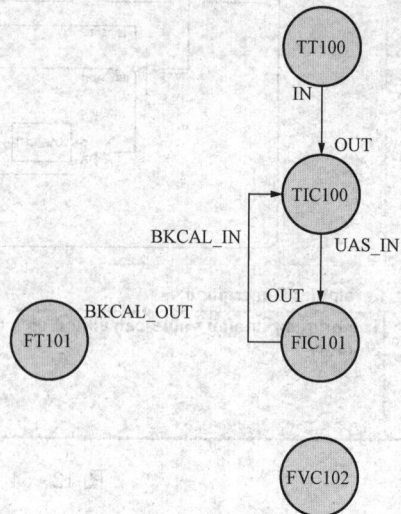

图 12-58 功能块反馈回路的连接

继续设计组态，直到完成连接所有的块。在这个过程的最后，策略窗口将如图 12-59 所示。注意：务必保存项目文件。

现在，如果正确地完成了组态设计，就不再需要策略窗口了。用上面相应的图标⊠，

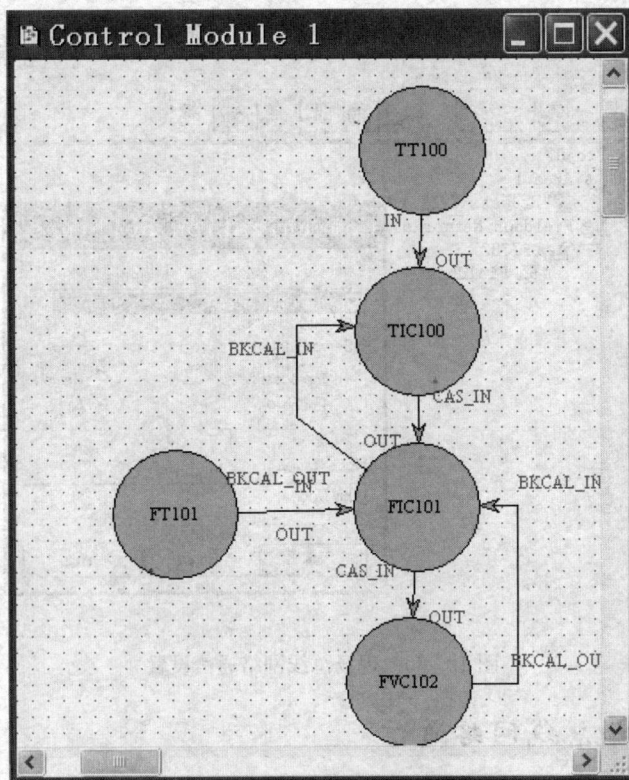

图 12-59 组态完成后的策略窗口

关闭它。

接着，可以根据控制系统的要求确定每个功能块的参数，然后与现场总线建立通信联系，并将组态好的控制策略下载到现场总线设备中去。

12.4 通信与组态下载

现场总线控制系统的组态完成后，必须经过现场总线通信系统下载到现场总线设备中去。为此，要在现场总线控制系统中添加用于现场总线通信的桥路设备，进行通信初始化，然后才能下载控制组态。

12.4.1 添加现场总线桥路设备

现场总线的桥路设备使用 Smar 公司的 DFI 302，通过以太网建立现场总线设备和上位人机接口的联系。其添加过程如 12.3.4 所述。

12.4.2 现场总线网络通信设置

用鼠标右键单击 FieldBus Networks 图标，选择 Communication Settings，在 Server Id 下拉菜单中选择 Smar. DFIOLEServer. 0（DFI302 的驱动程序），点击 OK，如图 12-60 所示。

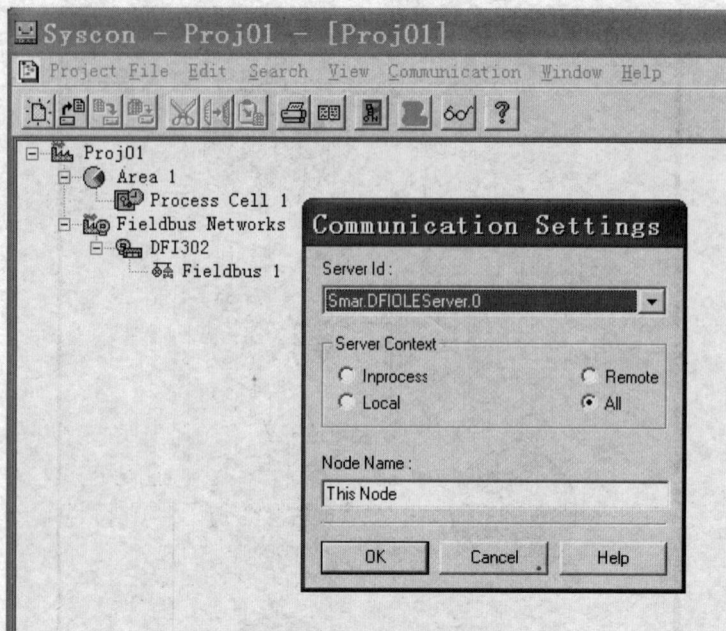

图 12-60 现场总线网络通信设置

12.4.3 现场总线网络通信

在工具栏中选择通信按钮![icon]，与总线上的桥路设备进行通信。这时，系统组态软件就会识别项目中所定义的桥 Bridge 和现场总线 Fieldbus。由于在添加现场设备时并没有给逻辑现场设备指定设备 ID 号，即逻辑现场设备并没有真正与实际设备关联起来，因此，在通信窗口所有没有关联的逻辑现场设备都会出现"红叉"，如图 12-61 所示。

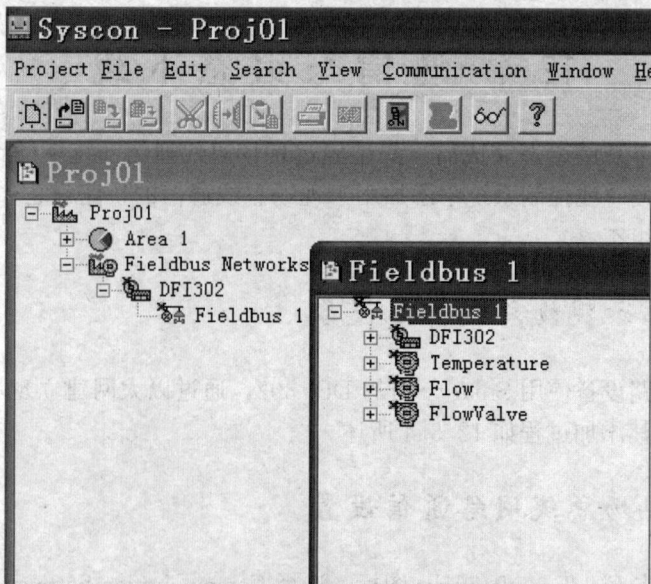

图 12-61 现场总线设备的初始通信状态

选择 Fieldbus 1 窗口，选中其中一个带红叉的设备，如 DFI302，右键单击，选择 Attributes...。在 Device Id 下拉菜单中选择所对应设备 ID 号，点击 OK，该设备所带红叉就会消失。重复以上步骤，直至所有设备红叉消失。

右键单击 Fieldbus 1 窗口中的 Fieldbus 1 图标，选择 Live List...，如图 12 - 62 所示，可以显示当前现场总线中设备活动列表。该活动列表中含有所有设备的标志号，可以通过 Assign Tag 对设备标志号进行修改。

此时，就可以下载组态了。

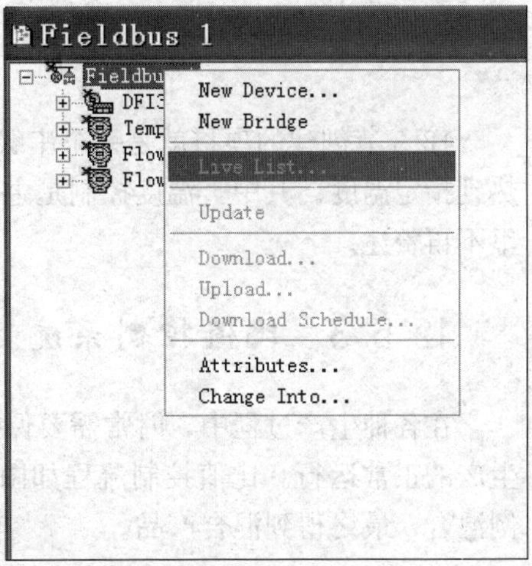

图 12 - 62　设备活动列表选择

12.4.4　组态下载

在通信 Communication 菜单中，选择下载 Download 或用鼠标右键单击设备的图标，选择下载 Download，组态就会立即下载到设备中，通信任务结束。

12.5　现场总线控制系统的应用实例

本节介绍常用的现场总线组态实例，包括单回路控制系统、串级控制系统、比值控制系统、分程控制系统及超驰控制系统等。

12.5.1　单回路控制系统

在生产过程的控制中，最基本且应用最广泛的是单回路控制系统。单回路控制系统通常由变送器、控制器和执行器组成闭环回路，其控制流程如图 12 - 63 所示。

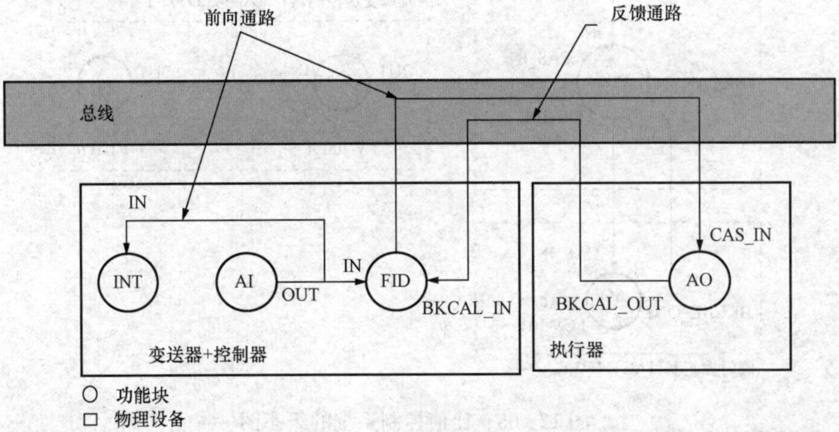

图 12 - 63　单回路控制流程

12.5.2 串级控制系统

12.3 节创建的项目就是一个串级控制系统的示例,通过控制蒸汽流量来保证产品被加热到指定温度。其中,温度控制是主回路,流量控制是副回路,其方案如 12.3 节所述,这里不再赘述。

12.5.3 比值控制系统

在各种生产过程中,时常需要保持两种物料呈一定比例关系。一旦比例失调,则会影响生产的正常运行。比值控制流程如图 12-64 所示,通过阀门控制物料 2 与物料 1 成一定比例混合,最终得到混合产品。

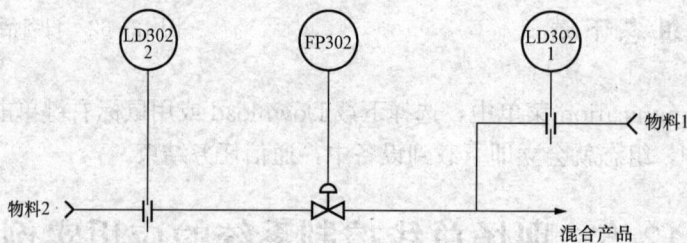

图 12-64 比值控制流程

相应组态图如图 12-65 所示。

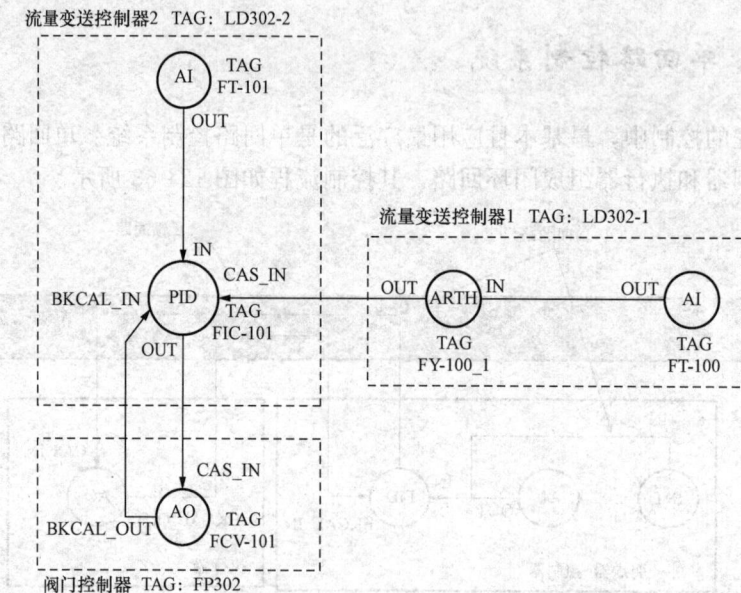

图 12-65 比值控制系统的组态图

功能块参数设置如下:

296

(1) AI 功能块（LD302-1）：

TAG＝FT-100

MODE_BLK.TARGET＝AUTO

(2) ARTH 功能块（LD302-1）：

TAG＝FY-100_1

MODE_BLK.TARGET＝AUTO

ARTH_TYPE＝7（加减法）

GAIN＝adjusted by user to desired ratio（用户希望的比值）

RANGE_LO＝0

RANGE_HI＝－10（$g=1$）

(3) AI 功能块（LD302-2）：

TAG＝FT-101

MODE_BLK.TARGET＝AUTO

(4) PID 功能块（LD302-2）：

TAG＝FIC－101

MODE_BLK.TARGET＝CAS

PV_SCALE＝0-200kg/h

OUT_SCALE＝0-100％

(5) AO 功能块（FP302）：

TAG＝FCV_101

MODE_BLK.TARGET＝CAS

PV_SCALE＝0-100％

XD_SCALE＝0.02－0.1MPa

12.5.4 分程控制系统

由一个控制器的输出信号去控制两个或两个以上的调节阀动作，并且是按输出信号的不同区间去操纵不同的调节阀，此控制方式即为分程控制。如图 12-66 所示，使用一个控制器，控制冷水、蒸汽两个阀门，使反应釜中目标温度保持在 48～50℃之间。当反应釜温度高于 50℃时，蒸汽阀门关闭，控制冷水阀门对过程进行冷却；当反应釜温度低于 48℃时，冷水阀门关闭，控制蒸汽阀门对过程进行加热。

相应组态图如图 12-67 所示。

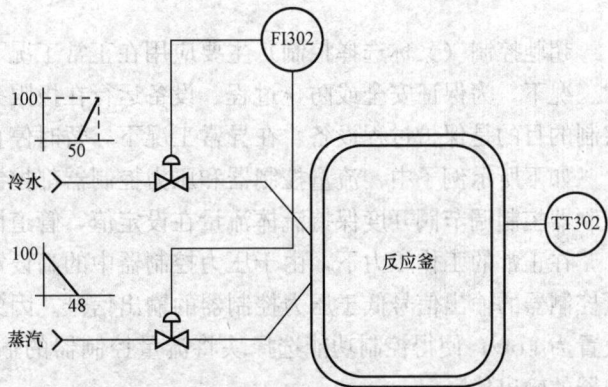

图 12-66　分程控制示意图

297

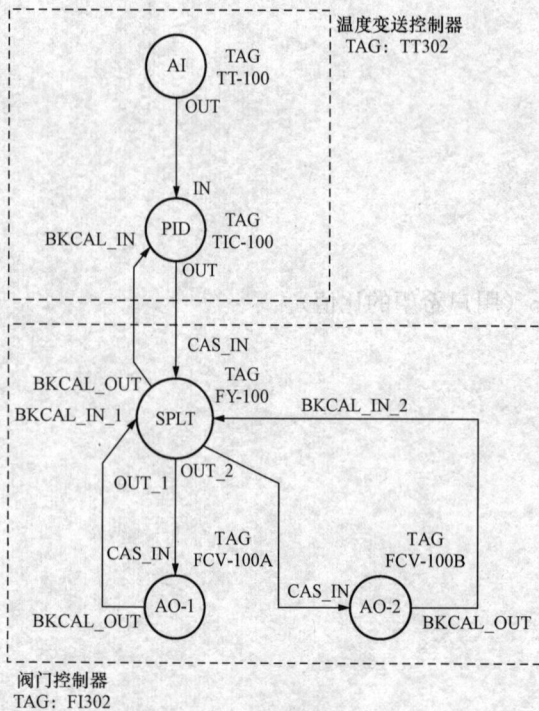

温度变送控制器
TAG: TT302

AI TAG TT-100
OUT
IN
PID TAG TIC-100
BKCAL_IN
OUT
CAS_IN
BKCAL_OUT TAG FY-100
BKCAL_IN_1
SPLT BKCAL_IN_2
OUT_1 OUT_2
CAS_IN TAG FCV-100A
TAG FCV-100B
BKCAL_OUT AO-1 CAS_IN AO-2 BKCAL_OUT

阀门控制器
TAG: FI302

图 12 - 67　分程控制系统的组态图

功能块的参数设置如下：
（1）AI 功能块（TT302）：
TAG＝TT-100
MODE_BLK. TARGET＝AUTO
（2）PID 功能块（TT302）：
TAG＝TIC-100
MODE_BLK. TARGET＝AUTO
PV_SCALE＝0-600℃
OUT_SCALE＝0-100％
（3）SPLT 功能块：
TAG＝FY-100
MODE_BLK. TARGET＝CAS
LOCK_VAL＝YES
IN_ARRAY＝0，48，50，100
OUT_ARRAY＝100，0，0，100
（4）AO1 功能块（FI302）：
TAG＝FCV_100A
MODE_BLK. TARGET＝CAS
PV_SCALE＝0-100％

XD_SCALE＝4-20mA
（5）AO2 功能块（FI302）：
TAG＝FCV_100B
MODE_BLK. TARGET＝CAS
PV_SCALE＝0-100％
XD_SCALE＝4－20mA

12.5.5　超驰控制系统

超驰控制（又称选择控制）主要应用在正常工况下，一个过程变量是被控制量；而在异常工况下，为保证安全或防止过程、设备运行在极限条件下，要控制另一个过程变量。超驰控制的目的是保护过程设备，在异常工况下，暂时停止正常过程控制。

如下所示例子中，流量控制器和压力控制器都控制调节阀。在正常运行工况下，由流量控制器控制调节阀开度保持流体流量在设定值，管道内压力有一个安全极限值。

在正常的工作压力下，由于压力控制器中的高设定值，需要调节阀开大以增加压力。流量控制器的输出信号低于压力控制器的输出信号。因此，控制功能选择块中的 SEL_TYPE 设置为 Low，使得控制功能选择块将流量控制器的输出信号送至调节阀，同时闭锁压力控制器的输出信号。

如果流体压力升高至危险值，压力控制器将控制调节阀开小。当其控制信号下降到低于压力控制器的输出信号时，控制功能选择块将选择压力控制器的输出信号给调节阀，同时闭

锁流量控制器的输出信号。控制示意图如图
12 - 68 所示。

相应组态图如图 12 - 69 所示。

功能块参数设置如下：

（1）AI 功能块（LD302-1）：

TAG＝LT-100

MODE _ BLK. TARGET＝AUTO（目标模式＝自动）

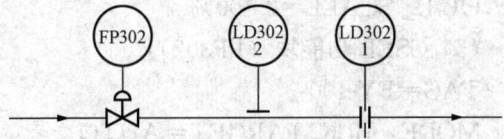

图 12 - 68 控制示意图

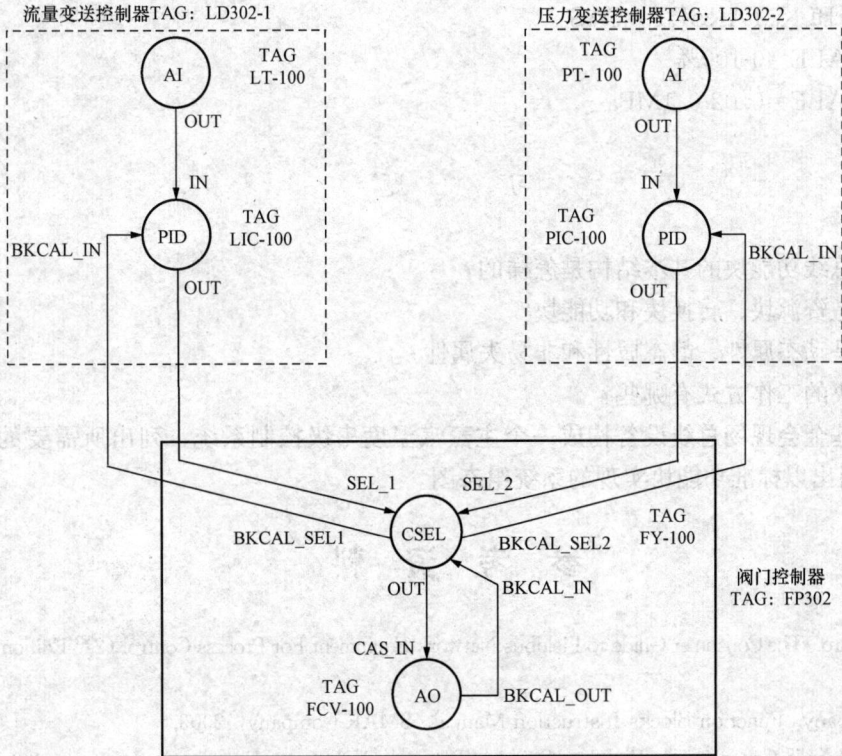

流量变送控制器TAG: LD302-1

压力变送控制器TAG: LD302-2

图 12 - 69 超驰控制系统组态图

（2）PID 功能块（LD302-1）：

TAG＝LIC-100

MODE _ BLK. TARGET＝AUTO

PV _ SCALE＝0-50Ton/hr

OUT _ SCALE＝0-100％

（3）AI 功能块（LD302-2）：

TAG＝PT-100

MODE _ BLK. TARGET＝AUTO（目标模式＝自动）

（4）PID 功能块（LD302-2）：

TAG＝PIC-100

MODE _ BLK. TARGET＝AUTO

PV _ SCALE＝0-25kPa

299

OUT _ SCALE＝0-100％

（5）CSEL 功能块（FP302）：

TAG＝FY-100

MODE _ BLK. TARGET＝AUTO

SELECT _ TYPE＝Low

（6）AO 功能块（FP302）：

TAG＝FCV-100

MODE _ BLK. TARGET＝CAS

PV _ SCALE＝0-100％

XD _ SCALE＝0.02-0.1MPa

习　　题

1. 现场总线功能块的基本结构是怎样的？

2. 什么是资源块、转换块和功能块？

3. 什么是动态属性、静态属性和非易失属性？

4. 功能块的工作方式有哪些？

5. 选用基金会现场总线设备构成一个主蒸汽温度串级控制系统，列出所需要的现场总线设备，并画出以标准功能块实现的系统组态图。

参 考 资 料

1. Richard H Caro. The Consumer Guide to Fieldbus Network Equipment For Process Control (2ND Edition). 2006，Amarica.

2. SMAR Company. Function Blocks Instruction Manual. SMAR Company，2003.

3. Yokogawa Electric Corporation. Fieldbus Book-A Tutorial. Yokogawa Electric Corporation，2001.

4. Fieldbus Foundation. Foundation Specification Function Block Application Process Part1：FF－890，1997.

5. Fieldbus Foundation. Foundation Specification Function Block Application Process Part2：FF－891，1997.

6. Fieldbus Foundation. Foundation Specification Function Block Application Process Part3：FF－892，1996.

7. Fieldbus Foundation. Foundation Specification Function Block Application Process Part4：FF－893，1997.

8. Fieldbus Foundation. Foundation Specification Transducer Block Application Process Part1：FF－902，1997.

9. Fieldbus Foundation. Foundation Specification Transducer Block Application Process Part2：FF－903，1997.

13 现场总线控制系统的工程设计和实施

由于现场总线是一种数字化的、双向传输的、多分支结构的通信网络，因此，现场总线控制系统的工程设计和实施与传统的 4~20mA 现场设备有很大的区别。在一条现场总线上挂接着许多现场设备，这些现场设备的互连方式可能有多种不同的选择。现场总线上传输的是具有一定带宽的数字信号，因此对传输线的电气特性就会有一些特殊的要求。另外，现场总线装置是通过总线供电的，需要考虑如何避免电源对数字信号传输所造成的影响。其他像本质安全、接地与屏蔽等问题也具有一定的特殊性。

13.1 现场总线的工程设计

13.1.1 现场总线网段设计

现场总线系统的设计过程不同于传统的分散控制系统（DCS）。在 DCS 的设计过程中，仪表的选择、仪表的布置和接线盒的设计通常是各自独立完成的。然而，基于现场总线的系统设计并非如此。由于许多传统的控制功能可以下放到现场总线仪表中，因此，以前由 DCS 所实现的功能，现在可能会由现场仪表来实现。

1. 基本概念及定义

典型的现场总线网段构成如图 13-1 所示，其中 H1 为现场总线接口卡，FPS 为现场总线电源和信号调理，PS 为大功率直流电源，T 为终端器，此外还有若干现场总线设备（如变送器、执行器等）。

（1）段：由连接到 H1 现场总线接口卡一个端口上的现场总线电源和所有传输介质、连接设备、终端器等构成。在 ISA S50.02 标准中，段被定义为，"一段终止于自身特性阻抗的现场总线"。多个段通过中继器连接起来，构成一个完整的现场总线。

（2）干线：同一个 H1 总线接口卡上两个终端器之间的电缆。通常称为"主干线"或"主链路"。

图 13-1 典型的现场总线网段构成

（3）设备：连接到现场总线的物理实体，至少由一个通信部件，还可能由一个控制部件（变送器、执行器等）所组成。

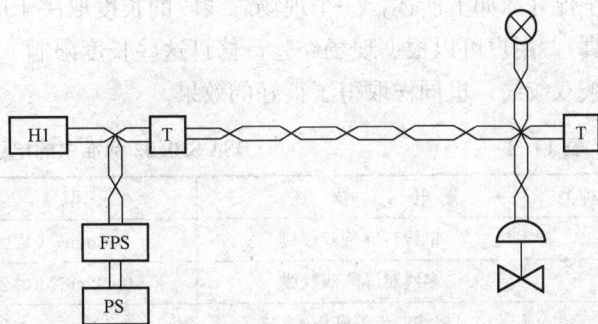

（4）支线：干线和设备之间的连接电缆，又称分支。

（5）通信部件：现场总线设备中通过总线与其他部件通信的部分。

（6）传输介质：电缆、光纤，或实现在两个或多个节点之间传输通信信号的其他媒体。

（7）非设备部件：包括现场总线电源、本质安全栅、电流隔离器、终端器和连接设备（如接线端子、连接器等）。

2. 段设计的约束条件

在确定了每段现场设备的数量和位置，以及功能块的分配之后，必须检查物理层和通信的有关约束条件是否满足。如果不能满足，则不能按照设计实施。

（1）设备约束。在进行段的设计时，需要验证主机系统 H1 卡可以分配给一个现场总线段的设备的最大数目。其约束条件如下：

1）一个非总线供电、非本质安全的现场总线段，可以接入 2～32 个设备。

2）一个总线供电、本质安全的现场总线段，可以接入 2～6 个设备，其中 1～4 个设备在危险区。

3）一个总线供电、非本质安全的现场总线段，可以接入 1～12 个设备。

注：上述要求并不排除在实际安装的系统中使用比上述规定更多的设备。例如，有的主机系统已经证明，在总线供电时每段可以支持多达 16 个设备。

（2）距离约束。现场总线网段的最大允许长度取决于它所使用的电缆类型。现场总线段的总长度是主干线的长度和所有从主干线分支出去的支线长度的总和。因此，现场总线段的总长度＝干线长度＋全部支线长度。干线是两端都有终端器的主缆线路，支线是干线的分支。

表 13-1 给出了 4 种不同电缆的最大允许段长度。但是，这并不排除使用其他类型电缆或混合使用多种类型电缆的情况。ISA 标准规定："可以使用其他类型的电缆。改进型的电缆可以增加干线长度并且具有良好的抗干扰性能。相反，采用性能较差的电缆会受干线和支线长度限制，同时有可能不满足对射频干扰/电磁干扰敏感性的要求。"

表 13-1 给出的最大长度来自于 ISA S50.02 标准，根据现场经验可以发现，这些长度趋于保守。如上所述，一个现场总线段的长度取决于电源电压的下降和信号质量（即衰减和失真）。用户可以根据现场经验，修订这些长度限制。例如，有些用户使用现有的 $1.25mm^2$ 屏蔽双绞线，也同样取得了很好的效果。

表 13-1　　　　　　　　　　　　　ISA S50.02 标准中的电缆类型

种类	电 缆 描 述	型　　号	最 大 长 度
A	单线对屏蔽双绞线	$0.8mm^2$（#18AWG）	1900m（6232ft）
B	多线对屏蔽双绞线	$0.32mm^2$（#22AWG）	1200m（3936ft）
C	多线对无屏蔽双绞线	$0.13mm^2$（#26AWG）	400m（1312ft）
D	多芯整体屏蔽非双绞线	$1.25mm^2$（#16AWG）	200m（656ft）

有时可能会需要混合使用不同类型的电缆，例如，一个段的干线可以采用 B 型电缆，其支线采用 A 型电缆。在这种情况下，可以用式（13-1）来判断是否符合要求，即

$$\frac{L_1}{L_{1,\max}} + \frac{L_2}{L_{2,\max}} + \cdots + \frac{L_n}{L_{n,\max}} < 1 \tag{13-1}$$

式中 L_1、L_2、$\cdots$、L_n——每一种电缆的实际使用长度；

$L_{1,\max}$、$L_{2,\max}$、$\cdots$、$L_{n,\max}$——每一种电缆所允许的最大长度。

【例 13-1】 在一现场总线网段中，共使用 A 型电缆 1000m、B 型电缆 100m，试判断该网段是否符合技术规范要求。

解 已知 $L_1 = 1000m$，$L_2 = 100m$

查表得 $L_{1,\max} = 1900m$，$L_{2,\max} = 1200m$，故

$$\frac{L_1}{L_{1,\max}} + \frac{L_2}{L_{2,\max}} = \frac{1000}{1900} + \frac{100}{1200} = 0.61 < 1$$

所以，该网段符合技术规范要求。

（3）支线长度。支线是从干线延伸出来的分支，见图 13-2。无论是总线型拓扑还是树型拓扑，支线长度都取决于该段的设备总数和每个分支的设备数。表 13-2 给出了 ISA S50.02 允许的支线最大长度。支线最大长度与 A、B、C 和 D 类电缆相同。

表 13-2   ISA S50.02 标准中的支线长度限制   m

设备总数	每条支线 1 台设备	每条支线 2 台设备	每条支线 3 台设备	每条支线 4 台设备
1～12	120	90	60	30
13～14	90	60	30	1
15～18	60	30	1	1
19～24	30	1	1	1
25～32	1	1	1	1

在大多数现场总线段中，每个分支只连接一个装置。根据表 13-2，这种情况下有 1～12 个设备的现场总线段的支线长度应小于 120m，有 13～14 个设备的现场总线段的支线长度应小于 90m，有 15～18 个设备的现场总线段的支线长度应小于 60m。

任何与干线距离小于 1m 的连接线，都不认为是支线。如果两个仪表安装在同一支架上，可以将这两个仪表用一根电缆连接到干线上。只要两个仪表之间的距离小于 1m，支线的长度不超过表 13-2 中的范围即可。

图 13-2 所示的现场总线网段连接了 11 个设备，只有 1 个设备的支线长度要小于 120m，具有 2 个设备的支线长度要小于 90m，具有 3 个设备的支线长度要小于 60m。

（4）总线功耗。现场总线设备有两种供电方式：总线供电和就地供电。总线供电的设备，其供电电压通常为 9～32V，电流为 10～30mA。需要注意的是，非总线供电（单独供电）的四线制设备也会从总线中吸收一些电流，通常介于 11～18mA 之间。

现场总线段必须与大功率直流电源和其他具有现场总线电源的段隔离。现场总线段上所有设备的总电流不能超过现场总线电源的额定值。

根据现场总线所使用部件（如总线电源、断路器、本质安全栅等）的不同，若采用本质安全设备，每个段的总耗电流不超过 80mA；若采用一般设备，每个段的总耗电流不超过 350mA。一般来说，非本安段的电源和本安段的安全栅/电流隔离器决定了该段总线的可用

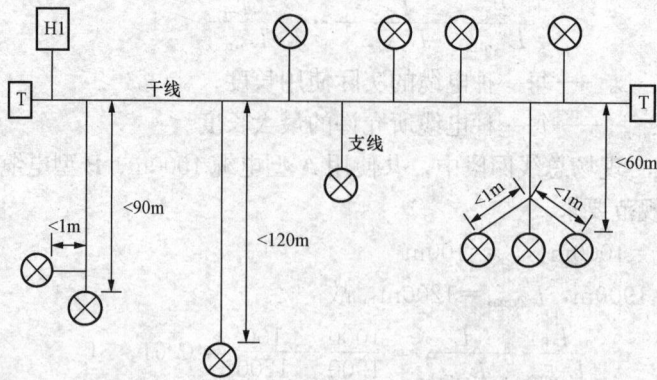

图 13-2 典型的现场总线网段构成

功耗。

每个现场总线段上的总线供电设备数受下列因素的限制：

1）现场总线电源的输出电压。

2）每个设备消耗的电流。

3）设备在网络上的位置。

4）现场总线电源的位置。

5）各段电缆的阻值。

6）每个设备的最低工作电压。

现场总线布线系统的规模和网络段上的设备数量会受到电源分配、信号衰减和畸变的限制。摘自 ISA S50.02 的表 13-1 中长度是能保持高质量信号（即可接受的衰减和畸变）的现场总线电缆的长度。计算一个现场总线段的电压分布相对简单，用户或工程承包商都可以很容易地完成这个计算。

（5）电压降。根据基金会现场总线技术规范，现场设备正常运行时必须能得到 9～32V 的直流电压。现场总线设备所使用的电源因设备类型和制造商而异。在每个设备的技术规范中都包含该设备所要求的最低电压和工作电流。在进行现场总线网段电路分析时，应考虑每个设备的对电压和电流的要求。

每个现场总线网段都应进行电路分析，以确定每个设备的工作电压。设备的计算电压通常应该超过设备最低额定工作电压 2V 以上（如设备所需的最小直流电压为 9V，则计算出的设备最低电压应为 11V 以上）。这项规定适用于本质安全网段以及非本质安全网段。在每个设备上增加的 2V 作为安全裕度，因为在电路分析计算中所使用电阻值可能会与电缆的实际电阻值不同。

为了保证所有现场设备都能正常运行，对每个设备提供的电压不能低于 9V DC。必须考虑电缆和所有现场设备的电能消耗所引起的电压降。此外，应在总电流中增加一个或多个短路电流，以保证网络在故障时仍然能够正常工作。如果某段电缆距离很长，可能就需要用一个 32V DC 的电源来补偿由电缆引起的压降。此外，使用中继器或者更好的电缆也可以减少信号衰减，扩展电缆的敷设长度。

参考图 13-3，末端设备的电压可用式（13-2）计算，即

304

$$U_x = U_{\text{out}} - \left[R_{\text{in}} \sum_{n=1}^{x} I_n + \sum_{m=1}^{x} \left(R_m \sum_{n=m}^{x} I_n \right) \right] \qquad (13 \text{-} 2)$$

式中　U_{out}——电源电压；

　　　R_{in}——电源内阻；

　　　x——设备数；

　　　R_m——至设备 m 的电缆电阻；

　　　I_n——设备 n 的电流。

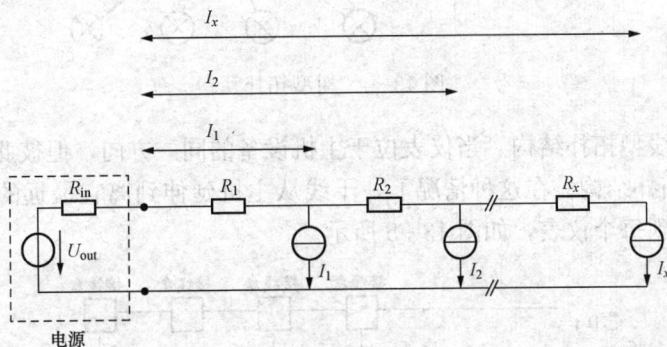

图 13-3　末端电压的计算

对于某些高性能的稳压电源，可以设 $R_{\text{in}}=0$。当 $R_{\text{in}} \neq 0$ 时，可以将 R_{in} 折算到 R_1 中。这样，第一个设备上的压降为 $R_1(I_1+I_2+\cdots+I_x)$，第二个设备上的压降为 $R_1(I_1+I_2+\cdots+I_x)+R_2$ $(I_2+\cdots+I_x)$，最后一个设备上的压降为 $R_1(I_1+I_2+\cdots+I_x)+R_2$ $(I_2+\cdots+I_x)+\cdots+R_xI_x$。

为便于利用计算机软件工具提供的一些矩阵计算功能，末端设备上的电压亦可用式 (13-3) 中矩阵表达式计算，即

$$U_x = U_{\text{out}} - \boldsymbol{R} \times \boldsymbol{I}_U \times \boldsymbol{I} \qquad (13 \text{-} 3)$$

其中

$$\boldsymbol{R} = [R_1 \quad R_2 \quad \cdots \quad R_x]$$
$$\boldsymbol{I} = [I_1 \quad I_2 \quad \cdots \quad I_x]^T$$
$$\boldsymbol{I}_U = \begin{bmatrix} 1 & 1 & \cdots & 1 \\ 0 & 1 & \cdots & 1 \\ \vdots & \vdots & \ddots & \vdots \\ 0 & 0 & \cdots & 1 \end{bmatrix}$$

如果网络上安装了短路保护装置，建议按该短路保护装置每个通道的电流来计算压降，这能够反映网络中最严重的短路状态。同时，还建议在计算时增加 1～2 个备用设备，以适应未来网络的扩展。

3. 布线设计

（1）段的拓扑结构。现场设备可以按照各种不同的拓扑结构连接在一起。拓扑结构的选择通常由设备的安装位置所决定，以降低安装成本。因此，在现场总线网络的设计中，除了

要使用 P&ID 图和仪表位号外，还要有仪表的位置图。

完成上述设计后，权衡各方面因素，通常使用以下三种拓扑结构：

1）树型/鸡爪型拓扑结构。当仪表彼此相距很近时，宜采用树型/鸡爪型拓扑结构。现场总线接线盒位于仪表附近，通过支线连接这些仪表，如图 13-4 所示。

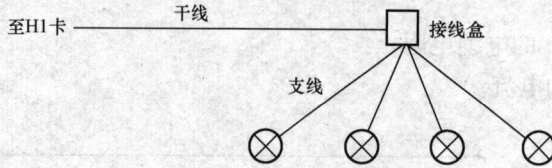

图 13-4 树型拓扑

2）分支型/总线型拓扑结构。当仪表位于主机设备的同一方向，但彼此相距较远时，采用分支型/总线型拓扑结构。在这种情况下，干线从主机延伸到离它最远的仪表，支线从干线引出，分别连接到每个仪表，如图 13-5 所示。

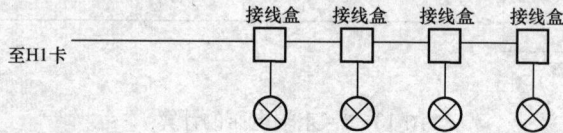

图 13-5 分支型拓扑

3）分支与树型混合拓扑结构。如果以上两种情况同时存在，则可以采用分支与树型混合拓扑结构。注意：只允许分支由干线引出，而不能由其他支线引出，如图 13-6 所示。

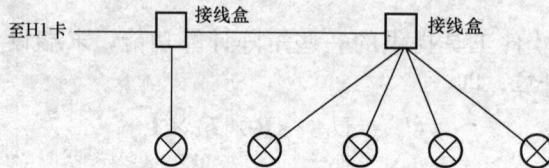

图 13-6 分支与树型混合拓扑

通常不建议使用图 13-7 所示的菊花链型拓扑结构，因为如果采用这种拓扑结构，运行过程中要在现场总线段中添加或拆除一些设备，就不得不中断其他设备的服务。当然，我们可以通过改变接线方法，如进线与出线均由设备的同一侧引入来解决这一问题。理论上，菊花链型拓扑相当于支线长度为 0 的分支型拓扑。

图 13-7 菊花链型拓扑

直到详细设计完成，网络的拓扑结构才能落实。在很多情况下，可能会改变最初的设计。应该清楚地记录初步设计阶段所作的假设，并且在详细设计阶段验证这些假设。

（2）接线极性。尽管许多厂家生产的设备是不分极性（自动识别极性）的，现场总线标

306

准中并没有提出这样的要求。因此，在整个网段设计中要保持接线极性。如果区分极性的现场总线设备极性接错，该设备就可能导致现场总线短路或者根本不能工作。

（3）干线布线。A型电缆或标准的模拟量多线对电缆都可用于干线。干线使用多线对电缆还是单线对电缆，取决于现场接线盒中所包含的段数。一般情况下，如果在接线盒中有多个现场总线段，那么干线电缆就采用多线对电缆。

为了便于识别，建议选择橙色护套的现场总线电缆。目前，现场总线基金会与 ISA/IEC 标准没有规定电缆和导体的颜色代码。如果想通过电缆护套的颜色来区分不同安装方式的现场总线电缆，可采用下述配色方案：

1）一般区域安装方式：橙色。

2）非易燃安装方式：橙色、蓝色条纹。

3）本质安全安装方式：淡蓝色和橙条纹。

建议现场总线电缆导体的颜色代码如下：

1）信号＋：橙色。

2）信号－：蓝色。

3）接地/屏蔽：裸镀锡铜导体。

（4）接线端子。现场总线所采用的接线端子（如现场接线盒、中间端子箱等）通常是基于该段的接线方式、电缆类型和拓扑结构所决定的。现场总线接线盒可以使用通用的接线端子（如 Weidmuller、Phoenix、Entrelec 等）。参考图 13-8，接线端子之间的连接跳线可以使用标准跳线梳，一般不建议使用接线式的跳线。

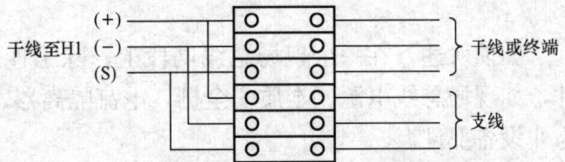

图 13-8 采用通用接线端子组成的现场总线端子排

采用通用接线端子也有一些缺点，如不易区分极性，容易导致接错。同一个接线端子上既有跳线梳，又有压线板，这很可能导致接线端子出现问题。此外，这种类型的配置将增加每个设备所需要的端子，而工程经验表明，应尽量减少现场的接线端子。

比较好的方法是使用专门为现场总线设计的接线端子。这些端子通过内部连接线互相连接，见图 13-9。通常每个端子模块有 2 个、4 个或 8 个分支。

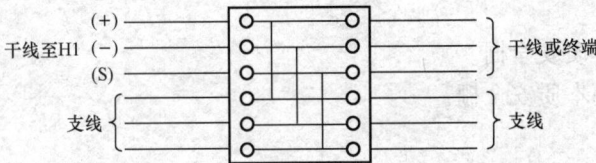

图 13-9 专门为现场总线设计的端子排

（5）现场总线设备布线技术。如果现场总线段是Ⅰ类1分区的本质安全设计、Ⅰ类2分区的非易燃电路设计，或者在一般分区内，那么用户可以考虑使用设备连接器。连接器具有以下优点：

1）大大减少总线短路的机会。尽管现场总线短路不会损坏与该段相连的现场总线设备，但该段所有设备的通信会中断。该段上的执行器将进入预先设定的故障位置。

2）便于维修。由于采用了本质安全和非易燃电路设计，因此可以在没有带电工作许可的情况下带电断开设备。

3）便于接入和拆除现场总线设备。这在现场总线设备投运期间很重要。

4）连接器可以减少潜在的不正确接线。

5）可以在不影响该段其他设备运行的前提下，断开某一设备。

6）减少了安装时间和成本。设备端的连接器可以由工厂预制，这样就减小了接线错误的可能性。

7）易于在该段中增加新设备。

总线供电（两线）设备应使用 3 针带对正键的连接器连接到现场总线，也可使用 4 针连接器，但一般不使用第 4 针。

采用连接器连接时，现场设备应装有一个插头。首选的方法是在发货前由设备制造商安装插头。该仪表的技术规范书必须规定采用 3 针还是 4 针的插头。屏蔽线/接地线不与插头的引脚连接，插头的屏蔽引脚也不与连接器外壳连接。

现场使用的连接器都应是专门用于恶劣工业环境的（如镀金接点和不锈钢连接部件）。连接器应具有适合于安装环境的防护等级（如 NEMA 4X 或 IEC IP 67）。

（6）屏蔽。每个支线屏蔽层要与干线屏蔽层连接，干线屏蔽层一点接地。通常在 H1 接口卡一侧的"屏蔽总线汇流排"上接地。

如果一个现场接线盒中连接了多个干线电缆，则不要把不同段的电缆屏蔽线连接在一起。

4. 非设备部件的选择

如前所述，在一个现场总线网段上，除了连接各种现场设备之外，还需要其他一些部件，如现场总线电源、本质安全栅、电流隔离器、终端器和连接设备等，通常将这些部件称为非设备部件。

（1）现场总线电源。每个现场总线段都需要一个现场总线电源。

如果用一个普通电源为现场总线供电，电源设法保持电压恒定，因此会吸收电缆上的信号。为了在现场总线上应用，必须对普通的电源加以改进。在电源和现场总线之间安装一个电感就可以实现。电感让直流电流通过导线，同时又可以防止信号被电源吸收。在实际应用中，不使用一般的电感器，而是采用电子电感器。这种电子电感电路的优点是：如果电缆短路，它可以限制总线段的电流。

现场总线电源是按照本质安全或非本质安全，以及是否使用本质安全栅为基础进行分类的。具体分类如下：

1）131 类型，非本质安全。使用本质安全栅。

2）132 类型，非本质安全。不使用本质安全栅。

3）133 类型，本质安全。

非本质安全段通常使用 131 型电源，一般其最大输出电流为 350mA，开路输出电压为 19V DC。131 型电源通常有接地线/屏蔽线，将电源内部的接地线接往屏蔽总线汇流排。

本质安全段通常使用 133 型电源，其最大输出电流不超过 80mA，开路输出电压为 18V DC。133 型电源通常没有内部连接的地线。因此，需要在电源附近另外安装接线端子，以便将网段的接地线接至屏蔽总线汇流排。

（2）终端器。一个信号在电缆中传输时，如果遇到中断，如开路或短路，信号就会发生反射。在中断处反射的那部分信号以相反的方向传输。反射是一种干扰信号的噪声。终端器是用来防止在现场总线电缆的两端产生反射的设备。现场总线终端器由一个 $1\mu F$ 的电容和一个100Ω的电阻串联组成。每一个现场总线段必须有两个终端器。

前面所讨论的一些非设备部件内部可能有终端器（如现场总线电源FPS）。这些终端设备可能是始终接入的，或者是通过开关或跳线器的选择而接入的。

13.1.2 电源系统设计

如上所述，现场总线控制系统所采用的一线多点式的连接方式使得多个现场总线设备通过单一线路共享同一电源。另外，为了避免总线上传输的数字信号通过电源而短路，需要在总线电源和现场设备之间装设电源阻抗器。这样就导致每个现场总线设备所需要的供电电流在流过现场总线和电源阻抗器时要产生电压降，最终可能会引起处于总线末端的现场设备供电电压不足，因而不能正常工作。电源系统设计的目的就是要在给定的设计条件（如网络的拓扑结构、连接的现场设备数、每个现场设备的耗电量、干线和支线的长度等）下，来核算现场总线电源系统的技术指标是否满足要求，以及选择所需要的电源设备。

在不同的应用场合，对现场总线电源的要求是不同的。例如，本质安全系统（Intrinsically Safe，IS）、非本质安全系统（Non-Intrinsically Safe，NIS）、现场总线本质安全概念系统（Fieldbus Intrinsically Safe Concept，FISCO）、现场总线非易燃性概念系统（Field Non Incendive Concept，FNICO）等，它们对于电源系统的要求都是不一样的。

1. 基本要求

现场总线设备有两种供电方式：一种是总线供电方式，另一种是非总线供电方式。表13-3定义了总线供电的现场设备特性，而表13-4则列出了对电源的要求。

表13-3   总线供电的现场设备特性

总线供电设备特性	限于31.25kbit/s总线
工作电压	9.0～32.0V DC
最大电压	35V
最大空载电流变化率（不发送信息时）；不适用于设备连接到正在工作的网络上，或者网络通电后的最初的10ms	1.0mA/ms
最大电流：在设备连接到正在工作的网络上或网络通电后的100μs～10ms之间	空载电流加10mA

表13-4   总 线 电 源 要 求

总线电源要求	限于31.25kbit/s总线
输出电压，非本质安全	≤32V DC
输出电压，本质安全（IS）	取决于本质安全电源调理器
输出阻抗，非本质安全，测量频率范围为（0.25～1.25）f_r	≥3kΩ
输出阻抗，本质安全，测量频率范围为（0.25～1.25）f_r	≥400kΩ（一个本质安全电源包含一个本质安全栅）

注　f_r为通信频率。

如果用一个普通电源对现场总线供电，那么由于电源的恒压特性，它将会吸收总线上的信号。因此，在现场总线电源和现场总线设备之间要加入电源阻抗器。电源阻抗器由一个 50Ω 的电阻和一个 $5mH$ 的电感串联组成。

现场总线基金会于 2004 年发布了 FF-831 现场总线电源规范。用于项目中的所有现场总线电源或电源阻抗器都应通过此规范的测试，并获得现场总线基金会认证标志。

电源阻抗器具有 5Ω 的阻抗，当变送器的曼彻斯特电流流过时，它将产生 $0.5V$ AC 的压降。总线上的所有设备都具有足够的灵敏度，能够检测到这个电压信号。总线是以发送电流、接收电压的方式工作的。

所有现场总线系统可能区分极性，也可能不区分。现场总线的物理层标准没有特别提出不区分极性的要求。按通常做法，现场总线电缆的屏蔽层一端接地，且不能用作电源导线。

现场总线设备并联接入网络，且确保规格兼容，最好不分极性，但并非所有制造商的设备都是不分极性的。因此，安装设备时，必须注意使设备端子标明的极性与主机和电源的极性一致。因此，应继续沿用现场维修人员经常使用的、以导线颜色代表极性的方法。

在使用屏蔽电缆的情况下，对于所有频率低于 $63Hz$ 的测试信号，现场总线屏蔽电缆和现场总线设备接地线之间的阻抗应大于 $250k\Omega$。

同一台设备两个输入端对地端的不平衡电容的最大值不能超过 $250pF$。

终端器应位于电缆主干线的两端。终端与电缆屏蔽层之间没有连接。

终端器的阻抗应为 $100\times(1\pm20\%)$ Ω，频率范围为 $(0.25\sim1.25)f_r$，即 $7.8\sim39kHz$。这接近于工作频率下电缆的平均阻抗，以便使传输线上的反射最小。

终端的直流漏电不应超过 $100\mu A$，且终端应无极性。

为了避免噪声干扰，必须确保沿电缆、连接器、耦合器均有连续的屏蔽。

现场总线设备的额定工作电压为 $9\sim32V$ DC。$9V$ DC 是技术规范中规定的最小值，但在实际工程中至少应有 $1V$ 的裕量。也就是说，现场总线设备的最低供电电压不能小于 $10V$。在网段设计文件中，供电电压低于 $11V$ 的网段都要作出警告标记，避免进一步增加负载。同时，应在文件中标注出最小段电压。

2. 本质安全

本质安全（IS）是对于可燃性场所的一种仪表设计方法。通过限制正常运行工况或者特定故障工况可能导致火花或发热的功率和电流，或者通过限制能够引起着火的电荷来保证生产过程的安全。可燃性气体可能由两个不相关的因素引燃：一个是产生了大于某一最小能量值的、能够引燃可燃性气体的火花，另一个是能够产生相同效果的加热表面的最低温度值。

对于介于 $7.8\sim39kHz$ 之间的所有频率，本质安全栅的阻抗均应大于 400Ω。本质安全栅与终端器的距离不能超过 $100m$。终端器的电阻应足够小，从而在它与安全栅阻抗并联时，其等效阻抗是一个纯电阻性的。这些要求对于独立安全栅和与电源集成在一起的安全栅，都是必要的。

在本质安全栅的工作电压范围内，正极（危险场所）与接地端的电容量应小于 $250pF$，并大于负极（危险场所）与接地端的电容量。

在本质安全系统中，工作电压应符合技术规范要求。在这种情况下，电源就会处于安全工作区，安全栅会限制其输出电压。

3. 现场总线安全栅

有了现场总线安全栅，现场总线电源调理器就能够在安全区域（通常指控制室机柜）的高电压电流下工作。因此，从机柜到危险区域再到 Zone 1（见图 13-10）中现场总线安全栅的主干电缆连接就变成非带电操作。所以，每个现场总线安全栅的 Ex'e'部分必须保持物理隔离，并与本质安全侧分开。可以通过在高能量电缆上使用塑料或聚碳酸酯屏蔽层，或者在两套端子间使用小型隔板来实现。

由于可以使用高电压，因此可以将现场总线网络电缆的最大距离增加到 1900m。

符合 EN 标准的现场设备，最大输入电压为 24V。在使用高压电源调理器时，必须注意不能超过此电压值。

制造商已经推出了各种类型的现场总线安全栅，大部分都可以安装在 Zone 1。等同于 FISCO 的安全栅可以连接到支线长达 120m 的设备上。图 13-10 所示为现场总线安全栅如何在 Zone 1 中安装，以及安全栅的支线与 Zone 0 中的现场设备，如阀门和变送器的连接方式。

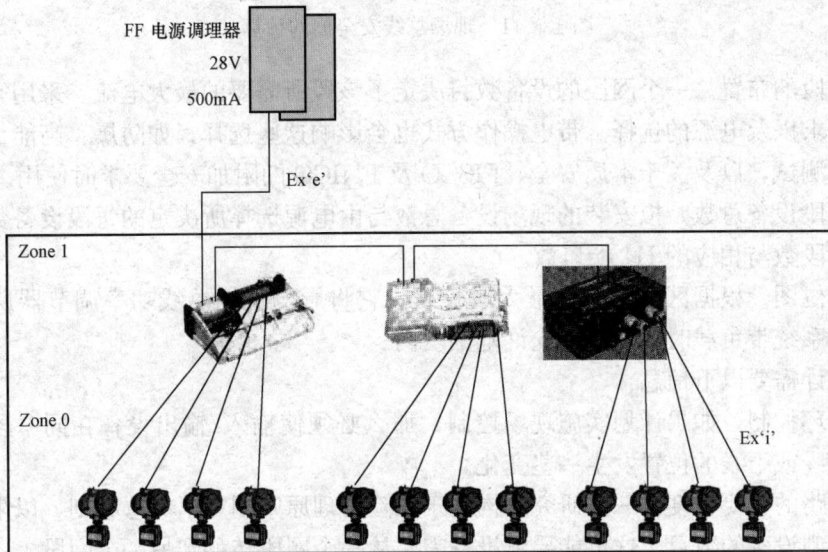

图 13-10　现场总线安全栅的安装

通常，一个总线段上可以安装 4 个现场总线安全栅，每个安全栅有 4 条支线。市场上也有 8 支线的现场总线安全栅。

图 13-11 所示为现场总线安全栅的计算实例。尽管这些仪表可以安装到 Zone 0 中，现场总线安全栅上的电压降仍然满足本质安全的需要。

4. 电源的选择

电源的选择需要以下信息：

（1）区域分类。区域分类和保护方法决定了能够使用并保证本质安全的电源种类，同时也确定了网段上的最大电流和最大电压，以及能够连接到一个电源上的最大设备数。

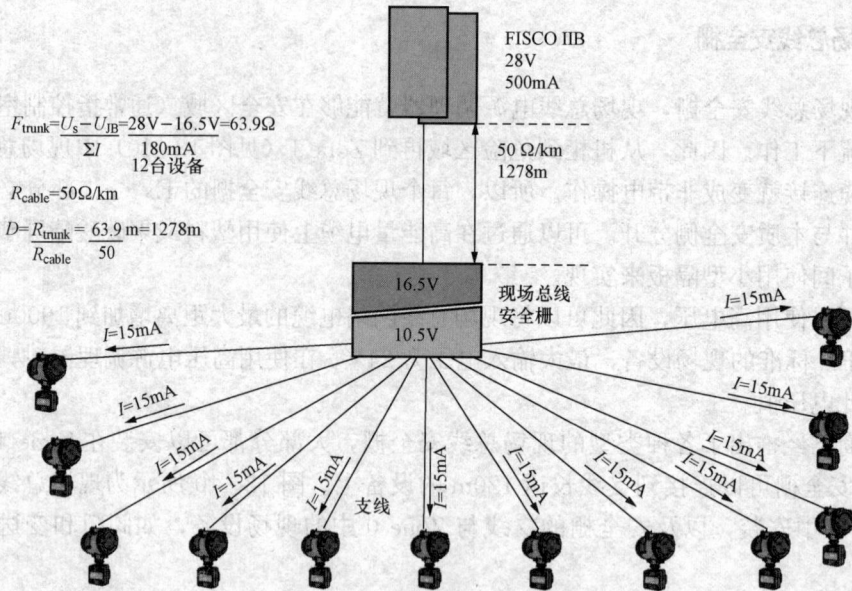

图 13-11　现场总线安全栅的计算

（2）网段的布置。一个网段的设备数目决定了该段所需要的最大电流。采用冗余方案会影响空间需求以及电源的选择。带电操作方式也会影响这些选择，如防爆、高能量主干线不能在无气体测试，以及关于本质安全、FISCO 及 FNICO 的附加安全要求时使用。

（3）各段设备总数。拟安装的现场设备总数与由电源选择所决定的每段设备数之比，将决定所需的段数与相应的 H1 端口数。

（4）区位图。根据区位图确定最大段长度。它将影响现场总线功率调节器所需要的电压，以保证系统带负载时的压降在允许范围之内。

段的设计需要以下信息：

（1）闭环控制。如果计划实施现场控制，那么必须使输入/输出设备在同一段中。这也许会导致支线或干线的位置发生一些变化。

（2）回路的重要程度。一些研究机构基于风险管理原则制定了一些导则，以限制一个网段中某种类型设备的数目。这可能导致设备需要从一个网段转移到另一个网段，或者改变现场电缆的路由，从而影响到网络的设计。

图 13-12 所示为基于项目区域分类和冗余要求来选择电源的流程图。

下面参照图 13-12，讨论对于一个现场总线系统而言，什么是合理的电流负载。设计现场总线系统时，通常会根据经验，保守地假设每台设备的电流为 20mA。在大多数工程中，一个网络段上连接的设备不会多于 12 台。这并不是网络本身的限制，而是风险管理的需要，因为我们不希望一个故障点会导致如此多的信号丢失。

因此，网络的最大负载电流将在 240mA 之内，包含连接便携式诊断工具的附加电流（10mA），以及近 50mA 的短路保护电流。短路保护电流的确定是基于：60mA 是短路保护电路由网络引入的最大电流，13mA 是现场设备的最低能量需求；因此，（60-13）mA 接近 50mA，是发生短路时的负载电流。一个含 12 台设备、每台设备 20mA 的满负载段所需最大电流，加上 60mA，为 12×20+60=300mA。因此，对于大部分系统而言，网络的最大电流

312

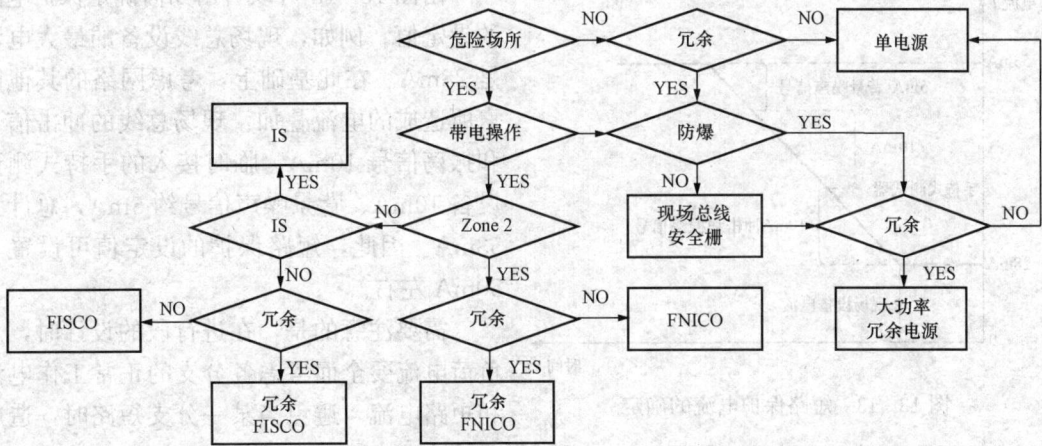

图 13-12　基于项目区域分类和冗余要求来选择电源的流程图

是 300mA 左右。

电源选择的另一个步骤是电压的计算，网络的任一节点上的电压都不得低于 9V。最坏的情况下，电缆的长度为 1900m。现场总线 A 类电缆每千米的额定电阻为 50Ω，因此，为简单计，假设系统总电阻为 100Ω。

运用欧姆定律 $U=IR$，便能够计算最坏情况下的压降，即

$$U = 0.3 \times 100\text{V} = 3\text{V}$$

选择更高电压输出的电源调理器的主要原因是：要保证末端设备具有更高的电压，或者基于电缆电阻给出更大的压降裕量。电缆电阻将随温度、电阻系数（与制造厂商和电缆直径有关）及长度变化。

由于现场总线安全栅系统包含变压器和许多元件，将高能量主干线转换成低能量本质安全（IS）支线，因此安全栅本身要消耗一些电能，同时也会产生相应的压降。

正是由于使用了这些现场总线安全栅，因此需要更大的电源调理器。每个现场总线安全栅消耗的最大值电流近似为 250mA（取决于制造商），支持最多 4 条 IS 支线及相关设备。为了适用于连接 12 个设备的网络，电源调理器的最大值不能超过 750mA。这几乎达到了传统的现场总线系统所需电流的 2.5 倍。

系统设计者不应为了图省事而过高地选择电源系统参数，否则就会导致系统投资增加，或者超出设备的生命周期。电源调理器是系统的一部分，因此在安装后必须符合期望达到的要求。

5. 段的保护

由于现场总线设备是以并联方式连接至现场总线的，短路故障会引起整个总线的通信瘫痪，因此总线的短路保护非常重要。最简单的短路保护措施是采用熔断器，但熔断器是一次性保护设备，一旦熔断器熔断，就需要人工更换。因此，现在在现场总线接线盒中采用电子电路来检测电流的变化。一旦检测到电流增加，就立即切断故障分支，以保护网段的正常运行。

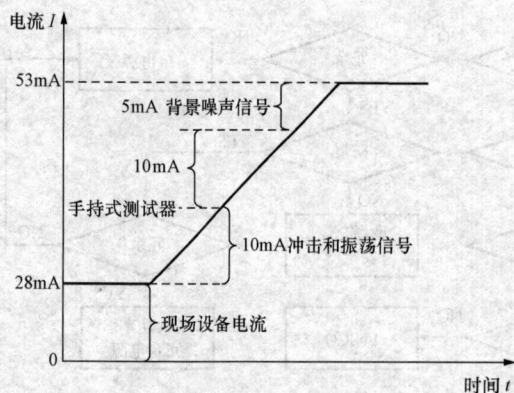

图 13-13　短路保护电流的确定

由图 13-13 可以看出如何确定保护电路的设定值。例如，现场总线设备的最大电流是 28mA。在此基础上，考虑网络的其他因素所造成的电流叠加：现场总线的冲击信号和振荡信号 10mA、临时接入的手持式测试设备 10mA、背景噪声信号约 5mA，总计为 53mA。因此，短路保护的设定值可设置为 50mA 左右。

需要注意的是，在进行段的设计时，总负荷电流要全面考虑各分支的正常工作电流和短路电流，避免当某一分支短路时，造成该段电源过负荷而导致该段全部失电。

13.1.3　接地与防雷系统设计

一个仪表与控制系统工程项目能否成功，与系统的接地具有直接的关系。接地不良经常是信号质量下降和故障的重要原因。

在工业环境中存在着大量的噪声源，如高压电动机、变频调速器、电焊机、感应炉等。一般情况下，这些电子噪声的电平要比数字通信所采用的电平（一般不超过 1～2V 峰峰值）高得多。设计接地系统的目的就是要将这些干扰信号疏导至地，使之不对有用信号产生影响。

1. 接地方式

基金会现场总线规范要求传输线的屏蔽是在主机一侧一点直接接地，如图 13-14 所示。然后再将每个控制室或每个仪表系统的接地单点连接到工厂的接地网上，如图 13-15 所示。注意：电缆槽盒、导管、外壳（包括变送器的外壳），以及设备支架都必须连接到厂级接地网上。

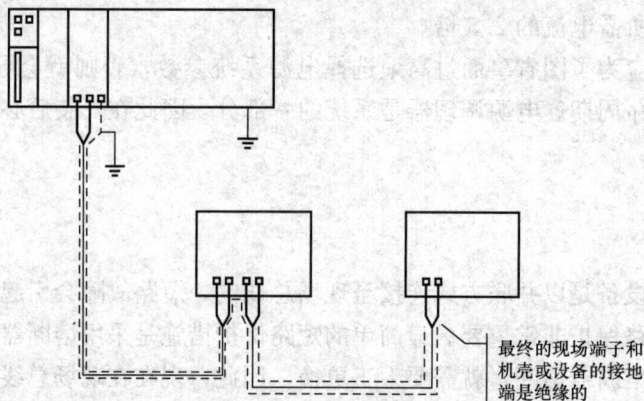

最终的现场端子和机壳或设备的接地端是绝缘的

图 13-14　地线的连接

314

对于信号的屏蔽接地，建议采用单点接地方式，最好是在控制系统机柜一侧一点接地。机柜本身及其构件的接地也必须接入厂级接地网。一般情况下，仪表的信号接地系统是与全厂接地系统分开的。将这两个接地系统连接在一起，就是要使工厂中所有的设施具有相同的电位，以保证人身和设备安全。

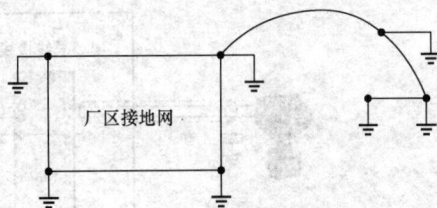

图 13-15　厂级接地和仪表接地

按照相关标准要求，图 13-16 中两个接地点之间的接地电阻可以到 25Ω。

如果通信电缆屏蔽层的接地连接得不规范，很容易造成相邻网段之间短路。这一点在施工中要特别注意，最好使用套管，以避免散乱的导线造成短路，如图 13-16 所示。

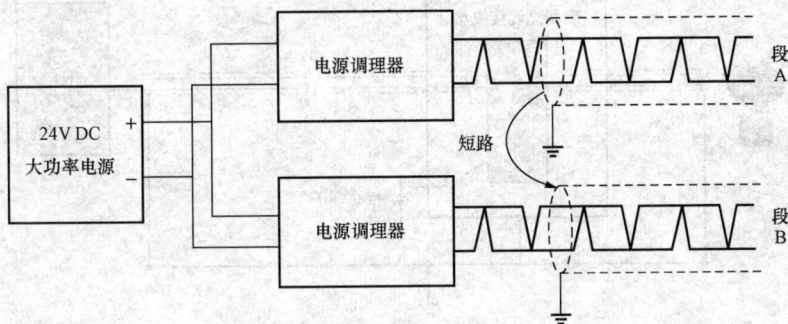

图 13-16　电缆屏蔽接地

下面各图所示就是现场总线的各种接地方式。

图 13-17 所示是最通用的接地方法，即主机侧单点直接接地。

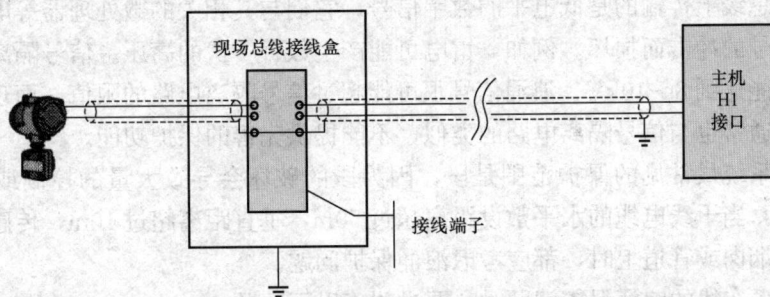

图 13-17　推荐的现场总线接地方案

图 13-18 所示为现场设备侧电容接地、主机侧直接接地的方案。该方案能有效地抑制高频噪声，它的另一种变形是现场设备侧直接接地、主机侧电容接地的方案。这两种方案是欧洲经常采用的方案。

图 13-19 所示为等电位或称均衡接地方案。这种方案经常用在北欧地区。由于这种方案需要增加一根专用的均衡地线，因此会导致安装费用增加。

控制系统机柜中通常装设了许多机架，上面安装了总线接口模块以及其他一些部件，如电源、段耦合器、控制系统接口模块、本质安全栅等，机柜的设计应考虑到传统的 4～20mA 信号对接地回路潜在的影响。

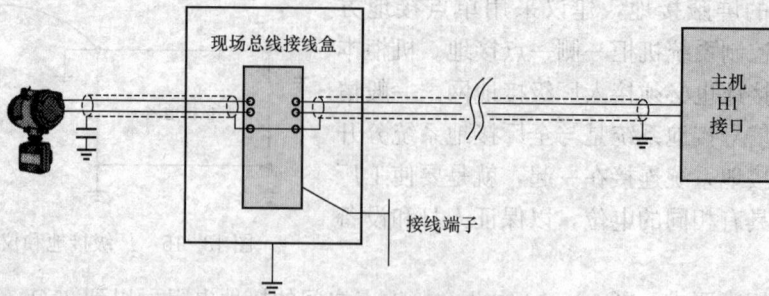

图 13-18　高频电容接地方案

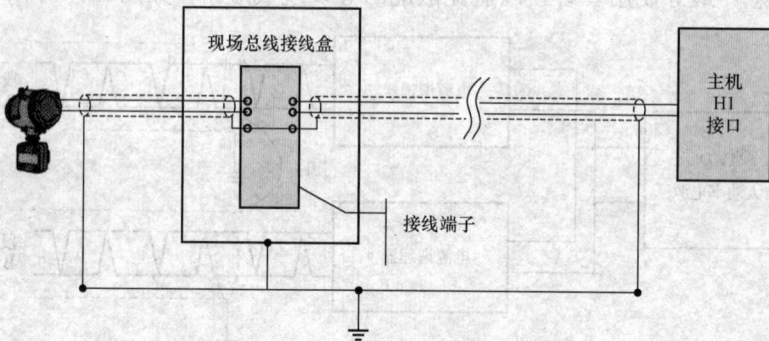

图 13-19　等电位接地方案

2. 防雷系统

由于现场总线上传输的是低电平的数字信号，它们与其相关的微处理器等电子线路很容易遭受浪涌信号的冲击而损坏。例如，雷电可能产生数百千伏的高压。信号隔离电路的能力有限，它们仅能达到 8～10kV，浪涌信号很可能超过信号隔离电路的限值，而现场部件中的浪涌保护电路通常也与信号隔离电路的类似，不能提供完善的保护功能。

现场总线系统最常见的保护范围是段，因为段的破坏会导致大量的控制或检测信号丢失。一般来说，当干线电缆的水平敷设距离超过 50m，垂直距离超过 10m，传感器或变送器位于塔、杆、烟囱或管道上时，都应考虑浪涌保护问题。

当考虑现场布线的浪涌保护问题时，要求明确以下问题：

（1）任何长度超过 50m 连接到单个仪表的支线电缆，都应该考虑浪涌保护问题。长度超过 100m 的支线电缆是高风险的，应该重点考虑。

（2）某些特殊的安装场所可能位于雷电易经过的区域，如仪表安装在通过干燥沙地敷设的管道上。

（3）沿着易受雷击的结构垂直长距离敷设的电缆，如塔顶安装的压力变送器。

（4）高压或大功率电气设备附近安装的设备，如高压电动机绕组中安装的温度传感器。

对于危险场所和非危险场所，应该分别采用不同的浪涌保护设备。浪涌保护设备不应造成任何信号衰减。

浪涌保护电路所引入的负荷可以近似看做 30cm 长的电缆。

浪涌保护有端子型和插头型两种，后者可以通过螺纹直接拧入现场安装的变送器中，使用起来非常方便。

13.2　现场总线的工程实施

13.2.1　现场仪表安装

现场总线设备可以在现场总线正在工作时安装到现场总线上，或者由现场总线上拆除。在线拆除现场总线设备时，应注意避免现场总线的两根导线短路、碰屏蔽或接地。通信速率不同的现场总线设备不能连接在同一路现场总线上，但具有相同通信速率的总线供电设备和非总线供电设备可以连接在同一路现场总线上。应注意，非现场总线设备不允许连接到现场总线上。带有线圈的模拟式指示表会影响现场总线的通信，因此在查找故障时，应使用高阻抗的数字化仪表。

要把一个现场总线设备在线连接到现场总线上时，应按照以下步骤进行：

（1）在工作室将现场总线设备与带有系统组态软件的计算机单独连接在一起。

（2）为该现场总线设备分配一个标签。

（3）将该现场总线设备拆下并带到现场。

（4）将该现场总线设备连接到正在工作的现场总线上。

（5）把组态下载到该现场总线设备上。

13.2.2　现场总线接线

最初确认电缆完整性时，不建议在安装前测量现场总线电缆盘。经验表明，新装电缆很少有问题，安装后再检验电缆，工作效率会更高。

电缆安装步骤如下：

（1）安装主干线电缆（现场总线网络中最长的电缆）。

（2）在主干线电缆的两端安装终端器。终端器应安装在接线盒中，而不在设备中。终端器应清晰地标明。如果将终端器安装在设备中，技术人员维护设备时可能因疏忽而拆除，从而影响整个网络。

（3）安装主干电缆上的所有分支线。

（4）进行电缆阻抗和接地测试。

（5）连接主干电缆的供电电源、功率调节器、接地和 H1 接口。

（6）执行基金会现场总线网络/网段测试程序。

（7）测试完网络接线系统后，可以连上设备并调试回路。

13.2.3　现场接线盒

建议所有主干和分支都在现场接线盒中连接，包括不带分支的直通式主干线对，采用基金会现场总线网络专用的"接线端子"为终端。另一种连接方式是不带接线盒的防风雨的

"模块"，它采用工厂定制的插拔接头。

现场总线支持传统端子排，但用户须注意网络上所有设备的接线应采用并联方式。接线端子/接线盒或模块应满足如下要求：

（1）现场总线主干线的输入/输出电缆分设 2 组独立专用的连接。

（2）分支端子集成短路保护器，根据区域等级和网络允许的电流，限制分支的最大电流。分支电路应具有一定的无火花等级。

短路保护器可装在与输入或输出主干线网络电缆相连的端子板上。

（1）可插拔（可拆卸）的"主干"和"分支"连接件。

（2）当分支短路或处于过流模式时，分支连接的指示器应显示该状态。

（3）显示获得总线供电的状态。

（4）Ex 'n' 认证的电气条例（如 CSA 或 FM）；Class Ⅰ，Division 2，组 B、C、D 或 Zone 2、ⅡA、ⅡB、ⅡC。

（5）接线规格：12～24 AWG。

（6）温度范围：－45～＋70℃。

（7）DIN 导轨安装（端子排）。

（8）可选的组态方式：4 分支、6 分支和 8 分支。

根据终端用户标准，未上电的备用现场总线主干线可最终接在传统端子排上。带集成式短路保护器的接线板可防止设备或分支电缆故障（短路），避免引起整个 FF 网段崩溃。如果分支发生短路，通常其负载电流增加 10mA。

13.2.4 控制系统

1. 主机系统

（1）采用标准产品。系统应采用制造商提供的标准硬件、系统软件和固件，经配置后应能满足规定的要求。销售商的标准系统操作软件应不需要改动就能够满足客户的所有要求。

设计应用软件时，不得对系统操作软件进行修改。软件设计时需考虑的事项：今后对系统操作软件进行修订或更新时，不会影响系统的正常运行。

来自 FF 设备的信息不得以 I/O 通道的方式映射到系统中。实现控制策略时，可直接采用驻留在设备中的功能块。

（2）备用容量和扩展。为所有组件进行系统配置时，每个系统至少要预留 10% 的备用容量，这包括应用软件、图形、历史数据、报表和趋势曲线等。基本系统中要为各类 I/O 预留 10% 的备用容量。

（3）互操作测试。所有主系统都应通过主机互操性测试（HIST）。主机互操作性测试后，应出具主机一致性的测试报告，以确认测试完毕及支持的性能。所有 FF HIST 支持的性能都应能够与现有控制系统的工程、组态、维护和操作系统实现无缝集成。

主机应采用基金会现场总线网址上提供的注册设备描述。对于不支持规定 HIST 性能的 FF 主机系统，在彻底评估主系统性能的局限性后，首席项目工程师和项目负责人应以书面方式批准其使用。

（4）对基金会现场总线功能的支持。主系统应能与基金会现场总线的如下性能实现集成：

 1）自动节点寻址。

 2）互操作性。

 3）利用标准 DDL 对设备直接组态。

 4）FF 设备运行、维护和诊断数据的直接集成。

 5）调整参数、模式、报警和数据质量。

 6）无须关断网络，在主系统运行时就能实现现场设备的组态。

 7）无须调试和启动延迟，主系统应具备如下功能：向现有网络/网段（如设备位号/占位符）中添加新的现场设备，并且可以进行全部组态。

 8）主系统应提供设备描述文件。

对现场总线设备的固件改动后，主系统软件的升级不得受到影响；反之亦然。

主系统应能够将第三方数据库系统集成到现场总线设备中。

（5）组态工具。FF 主机应提供在线和离线组态的工具。组态工具应具备多用户和多实例功能。所有主 FF 功能，包括工程、组态、维护和操作显示功能，应集成到单个无缝主系统中。在方法和外观感觉上，主 FF 组态应与传统组态相一致。

支持离线 FF 组态，如网络/网段或 FF 设备未连接时的 FF 策略组态。主机应能够组态所有的 FF 功能块和参数，并支持 DD 服务和通用文件格式（CFF）的技术规范。

主机系统应支持现场设备中的下列 FF 功能块：AI、AO、DI、DO、MAI、MDI、MDO、PID 和 IS 等。

实现主机和网络/网段级别的控制时，可能需要或要求采用附加（可选）功能块，如 AR、TMR、FFB、SC 和 IT 等。

（6）冗余和稳定性。要求高可靠性的应用场合，可考虑采用下列冗余组件：

 1）提供冗余电源。

 2）带 20min 备用电池的主配电冗余电源。

 3）冗余系统控制器电源。

 4）冗余系统控制器。

 5）冗余基金会现场总线 H1 插件。

 6）冗余基金会现场总线电源适配器。

 7）冗余控制器不得安装在同一个底板上。

 8）冗余 H1 插件不得安装在同一个底板上。

 9）冗余电源不得共用同一个底板。

由于生产过程要求高可靠性，因此，为避免停产，主机系统应具备足够的稳定性来处理失效冗余组件的无扰动切换。

主机系统中，尽可能避免单点故障。对于所有采用冗余的节点，主机应具备在线升级软件的性能。除了与单个过程输入/输出/H1 插件连接的控制回路外，系统内任何一处的单点故障不得引起其他控制回路失控。任何单个设备的失效不得影响系统与其他设备的通信。切换不得中断任何系统功能。

冗余设备和软件应对错误进行连续监视。所有模块都能够在线诊断。为便于找出失效模块，错误报警应提供错误报文。

为便于快速更换网络上的所有组件，I/O端子应采用"可插拔的"连接端子，包括接口卡件。在现场接线盒或其他接至室内网络/网段的端子处，采用可插拔或快速连接端子，在现场也能够获得同样的功能。

2. 软件组态

（1）控制系统图形。所有对控制系统图形的修改和重构都必须遵循最终用户主系统图形的现有标准，如线条颜色、图标细节、趋势页、报警跟踪和历史数据。

对于其他基金会现场总线图形，最终用户可以建议控制系统集成商，哪些参数需要包含在运行员控制台中，以及如何以图形方式表达它们，如设备状态报警、基金会现场总线趋势以及警事等。

尽管控制台运行员可以从控制台上确认所有设备的状态报警，并将这些报警设置为非激活状态，但这也许不是合理的做法；在遵循适合的报警管理规范的同时，此类活动可根据现场情况在现场确定。所有此类的状态报警也可以传送到基于计算机的维护系统，供维护人员参考。

（2）节点地址分配。每个基金会现场总线节点必须拥有唯一的节点地址。节点地址是网段描述该设备的当前地址。每个现场总线设备必须拥有唯一的物理设备位号，以及相应的网络地址。

设备调试后将分配一个设备位号，当其断开时，（大多数设备状态）可以在内存中保留该位号。网络地址是现场总线使用的设备当前地址。

基金会现场总线使用的节点地址范围为0～255。各销售商分配节点号的方式有所不同。所有销售商都将低位号保留为上位通信和主机接口，其中一部分高位号分配给在线现场设备，更高的位号则为备件预留。

FF地址范围的分配如下：

1）0～15预留。

2）16～247是永久性设备使用的地址。一些主系统可能对此范围进一步细分。为提高效率，该范围通常要缩小。

3）248～251是非永久性设备使用的地址，如新设备或停用的设备。

4）252～255是临时设备使用的地址，如手持工具。

（3）命名惯例：

1）设备位号命名惯例。每个基金会现场总线设备必须拥有唯一的物理设备位号。设备调试后将分配一个设备位号，当其断开（大多数设备状态）时，可以在内存中保留该位号。设备位号应在P&ID上标明，它可用于设备诊断报警面板。

每个基金会现场总线设备都有32字节的唯一标识符，这是一种与MAC地址非常类似的硬件地址，它包括6字节的生产商代码、4字节的设备型号代码、22字节的序列号。

所有生产商的上述标识符都不同。生产商代码由现场总线基金会统一管理，从而避免可能的重名。设备生产商为设备分配类型代码和序列号。当设备发货或组态成备用件时，它采用缺省的设备位号。基金会现场总线设备的位号应与P&ID上标明的仪表位号相匹配。

2）控制策略/模块命名惯例。各现场总线控制策略或模块以P&ID上标出的方式进行命名。用于运行员接口的主回路功能块（AI或PID）将采用相同的模块名。

3）基金会现场总线块的命名惯例。每个现场总线设备都包括多个块。这些块用于描述并包含设备本身、其他设备的相关信息。每个块应包括后缀，它提供所定义功能或块类型的相关信息。表 13-5 列出了典型块的名称后缀。

表 13-5 典型块的名称后缀

名称	描 述	名称	描 述
FT5010_AI	流量变送器 5010 的模拟输入块	FT5010_PD	流量变送器 5010 的比例—微分块
FT5010_B	流量变送器 5010 的偏差块	FT5010_PID	流量变送器 5010 的 PID 块
FT5010_CS	流量变送器 5010 的控制选择器块	FT5010_R	流量变送器 5010 的比率块
FT5010_DI	流量变送器 5010 的离散输入块	FT5010_RB	流量变送器 5010 的资源块
FT5010_DO	流量变送器 5010 的离散输出块	FT5010_TX	流量变送器 5010 的转换块
FT5010_ML	流量变送器 5010 的手动装入块	FV5010_AO	流量控制阀 5010 的模拟输出块

各块应采用现场设备位号名作为其主描述名。如果一个设备中存在多个相同的块（如 2 个模拟输入信号），则应分别采用 AI_1 和 AI_2 加以标识。

（4）控制功能本地化。控制包含在所谓模块的软件实体中。模块中的控制块可在现场设备或主控制器中执行。模块按 P&ID 标明的位号进行命名，并且在面板上以相同的位号显示。

为便于现场设备连接时进行下载，具体组态（如模拟输入块参数定义的范围、间距、报警和放宽限制）应储存在主机过程自动化系统中。

采用 PID 控制算法的现场设备应在相应的网络/网段图纸上标明，并包含粗体字母 P。

1）单回路 PID 控制。对于现场设备中的单回路 PID 控制，组成控制回路的所有功能块都应驻留在相同的网段中。如果单 PID 控制回路的所有功能块不能驻留在同一个网段上，可考虑将 PID 控制算法放到主系统中。

该限制并不适用于 H1 网络之间存在支持网桥功能的系统。如果单回路 PID 控制由现场设备执行，则 PID 功能块应位于最终控制部件中。

通常阀门和变送器都带有 PID 块，因此将一个设备的 PID 块放置到另一个设备并不是件复杂的事件。决定 PID 位置时，通常需要考虑的问题有执行时间、高级诊断、故障模式和运行员访问等。然而，通常采用的方案是将 PID 放置到控制阀门定位器中。如同传统控制系统一样，回路和设备故障模式、每个控制回路故障保护的正确动作也需要确定。

2）串级控制。优先考虑的串级控制组态是：同一网络/网段上的各串级回路功能块和设备的定位。主 PID 控制器应驻留在主测量变送器中，而副 PID 控制器应驻留在辅助的最终元件中。

如果主回路和副回路有设备或功能位于独立网段上，则主 PID 控制应驻留在中央控制器/主机中。在这种情况下，如果所有副回路功能块和设备位于相同的网段上，则副 PID 控制可以驻留在辅助最终元件中。

（5）组态选项和缺省值。所有 FF 项目都应制定控制策略的说明文档。说明文档应定义所有典型控制策略、控制模块、功能块，以及所有定义参数的组态。该说明文档应为目前和将来的 FF 项目制定功能块和控制模块策略。组态说明应由最终用户工程代表审核和批准。

作为该说明文档的一部分，应提供各类典型功能块和控制模块的叙述，详细描述参数的设置和后继块/模块的操作。叙述性讨论的内容包括参数组态、信号"状态"的操作、无效值确定、故障模式切换、初始化性能、防止复位的限幅性能等。说明文档应重点突出 FF 和非 FF 控制策略组态或操作之间的差别。

以此构成"非正常"状态下设备和控制系统行为的组态基础，因为它对于工厂的安全和可靠操作至关重要。

控制系统销售商应提供具体主系统的设置、组态策略、设备和资产管理软件的组态选项和缺省值。委托人应审核所有组态选项和缺省值。

以下是控制回路的一些缺省值设置的示例：

1) 对于无效的 PV（过程变量），回路模式应切换到手动方式。该状态产生报警并在图形上显示，面板颜色变化并且数据显示消失。

2) 回路模式应忽略不确定的 PV。该状态不会引起报警，但图形上应显示该状态，同时面板颜色应变化。

（6）报警和警事：

1) 报警。现场总线包括 15 个报警优先级，它们必须映射到主系统中。上述报警优先级以及映射到分散控制系统（DCS）中的方式如表 13-6 所示。

表 13-6　　报警优先级以及与 DCS 的映射

报警	FF 警事优先级	主机报警优先级	报警	FF 警事优先级	主机报警优先级
12～15	关键	紧急	3～4	建议	日志
8～11	关键	高	2	低	日志
5～7	建议	低	1	不通知	无动作

报警必须作为整个系统报警管理方法的一部分，由主控制系统管理。主机必须支持现场设备的时间同步和报警时间戳功能，必须支持 FF 报警和警事功能。

2) 警事。由于通信错误、误操作（诊断）或故障，现场设备将生成警事。

警事是报警和事件的统称。报警有发生和清除过程，会生成两个报告；而事件只有发生，生成一个报告。因而故障将像过程报警一样产生报警，其原因在于过程报警和故障都有发生和清除过程。事件的一个例子是静态参数变化时发送警事，这只是一个报文。

警事功能对于系统集成是非常重要的，同时对于充分利用现场设备的新型诊断功能也是必需的。

3) 趋势采集。基金会现场总线能够采集最近 16 个过程变量和状态点的趋势，并且提供每个网络/网段的时间戳。趋势采集可以有多种可选方案。

首选的方案是利用 FF 趋势对象采集基于事件的高速数据。只需通过一个简单的呼叫，FF 趋势对象即可利用客户机/服务器服务读取 16 个趋势变量。它读取 1 个变量的 16 个连续取样值。

趋势采集其他可行方案：①利用客户机/服务器服务，主机可以通过读取单个数据值，进而从现场设备读取趋势数据。此种方式下总线的通信量最大，允许系统采集数据并储存到长期和短期历史系统中。②趋势也可以通过由现场设备到主机的出版商/订阅者服务实现。该服务可降低总线负载，并提供更为准确的定时，但代价是 LAS 调试中存在更多的时隙。

（7）网络通信和调度：

1）链路活动调度器。链路活动调度器（LAS）是一种确定的、集中式总线调度程序，它包括一张传输时刻表，这张时刻表对所有需要周期性传输的设备中的所有数据缓冲器起作用。LAS负责现场总线上所有通信的协调（由令牌控制）。

主设备和主备用链路活动调度器应位于主控制系统中，在冗余H1网络接口插件中。

为所有网络组态附加备用LM链路主设备，并将其放置到现场节点地址最低的网络设备中。备用LAS应位于不具备控制功能的独立设备中。

每个网络都应组态成自动故障切换方式，以便主LAS发生故障时切换到备用LAS。

除了主LAS，现场总线裂缝中可以有一个或多个备用LAS。如果当前LAS失效，其中一个备用LAS将自动接管总线的控制。这是一种秩序井然并且可靠的切换方式。H1现场总线网络上只能有一个LAS处于激活状态。故障模式应考虑到LAS和备用LAS最终更换的情况。

2）网络/网段执行时间。网络/网段的宏周期应与模块执行时间相匹配。每个网络/网段应以指定的宏周期执行时间运行。未经委托人批准，不得在单个网络/网段上采用多个宏周期。

如果向包含较慢回路的网络/网段中添加较快的控制回路，则所有驻留在网络/网段上设备的宏周期应以执行速度较快的回路为准，同时须确保网络不会过载。

3）宏周期。宏周期至少要预留50％的非调度（空闲异步）时间。非调度时间的计算应考虑到备用容量的要求。因而，新调试网段至少要预留70％的非调度时间。如果网段的非调度时间不足，回路可以移到其他较慢的网段或宏周期。

"空闲"异步时间应根据通信和块执行所需的时间计算。

注意：宏周期包含非确定性总线通信所需的非调度时间，如报警传送、给定值变化等。尽管期望销售商的组态软件可以管理和维持最小的（50％）非调度时间，但实际情况并不一定如此，必须加以确认。

为获得具有代表性的实际过程变化的采样值，过程宏周期必须足够快速。统计特征表明它至少要比过程时间快6倍。例如，过程"滞后时间"为60s的过程，要求宏周期时间小于10s。

4）网络/网段调度。设计现场总线网络/网段时，调度是必须考虑的条件。每个主机单周期内传输参数的数量都存在限制。

时间周期映射和相关计算应以电子文本格式保留在官方设计文档中。网络/网段每添加一个新的点/块时，必须进行网络/网段的调度和链接。各周期内必须预留足够的非调度时间，以传送非周期（维护和组态）信息。

（8）数据导入和导出。主机组态工具和数据库应具备所有功能块和模块数据的导入/导出功能。导入/导出格式包括Microsoft Excel、Text、Microsoft Access、SQL。

主机应能够利用导入的数据下载所有功能块，应能够导出并更新外部数据库。主机下载功能应包括控制功能、调度和初始化。

（9）运行员显示。基金会现场总线可以提供大量信息。从工程工具上可以显示和组态所有过程、设备和网络信息。但是，为便于运行员对过程进行监督，运行员只需访问其中的部分信息。过多的信息只会造成运行员显示混乱并引起紊乱。此外，太多的信息也会造成屏幕刷新速度降低。其要求如下：

1）过程可视化的组态应只显示与过程相关的信息。如果需要提供其他信息，如设备故障情况，应通过报警通知运行员。该报警应通过工程诊断工具提供更为详尽的分析。

2）运行员站不只是显示过程变量，而且包括数值的质量，以及数值是否存在限制。对过程数值状态的质量组态的原则：如果存在任何异常情况，应提示运行员。与正常情况相比，向运行员提供异常情况更为重要。异常情况信息也更有价值。

3）安全方面的重要一点是：当通信发生故障时，运行员看到的显示数值应为无效。由于数值可能被误认为有效，因此数字值并不是显示该状态的唯一方式。保持可疑数值不变是种危险的做法，未得到委托人的批准，不得采用。

4）过程可视化的组态原则：为运行员提供直观而方便的界面。

5）状态显示应便于运行员快速监视故障并精确找出故障位置。

6）有关标定、标识、结构材料和高级诊断的信息太过烦琐和复杂，不便于客户组态到过程显示屏幕上。基于条件的维护功能应能够从专用工具上执行，或者是集成到组态工具中。但是，运行员应能够从过程可视化软件上直接运行该工具。

13.2.5 环境条件

（1）室内安装。室内空调环境中的设备指标：

1）温度范围：0～60℃。

2）相对湿度：5%～95%。

（2）室外环境。如果需要，可能要在 Class 1 Div 2（Zone 2）环境下的室外机箱中安装系统控制器和 I/O 系统。

（3）存储环境。在下述条件下，设备至少能够存储 6 个月：

室内空调环境，设备应封装在防潮容器中，温度为 -40～+85℃，相对湿度（防潮容器外部）为 5%～95%。

13.3 现场总线的工程调试

现场总线控制系统的工程设计和实施是保证系统安全稳定运行的前提，但要真正使系统能够投入使用，还需要对系统进行调试。调试工作包括工厂阶段的调试和现场阶段的调试，每阶段的内容都会由多个部分组成，本节只对几个比较重要的部分进行介绍。

13.3.1 工厂验收测试

传统的工厂验收测试（Factory Acceptance Test，FAT）针对的是系统和子系统，并不适用于现场设备。通过 FAT 对所有现场设备进行测试是不太现实的，但通过现场总线 FAT 对一小部分有代表性的现场设备进行测试时必须的。

工厂验收试验集中对图形、数据库、电源、通信和其他的系统集成性能和功能做确认。现场总线测试的目的是为上述系统测试提供支持。严格的现场总线测试将在现场综合测试时进行。其他的现场总线设备将在现场综合测试时测试。同样的过程也适用于现场总线网络/

网段的工厂测试。

1. 出厂阶段

出厂阶段的测试规划和设计应由系统销售商和客户共同制定，并需得到所有各方的认可。建议出厂测试时，各类现场总线设备至少提供一个样品测试。这取决于技术规范中对功能性测试的要求。以下是一些建议的测试内容：

（1）互操作性：系统中每个组态至少测试一个例子的功能。

（2）控制策略和/或控制方法组态确认。

（3）备用 LAS 功能。

（4）第三方系统通信（OPC 通信）

（5）将设备由一个网络移动到另一个网络。

2. 假定

FAT 程序假定以下情况成立：

（1）预 FAT 中出现的所有问题都已经解决。

（2）生产商根据其制定的标准程序，已经对所有类型的现场设备和主系统进行预测试。这些程序在生产商假定的情况下执行，并在单独的文档中说明。FAT 时可以查看这些文档，同时这些文档还是整套 FAT 文档的一部分。

（3）FAT 在生产商假定的情况下执行，并由客户监督。这可以确保提供充足的 FF 专门技术和专业知识，为测试提供技术支持，并在必要时采用校正措施。

（4）主机组态和图形已经根据客户的要求完成，并且为相应的 FF 设备分配相应的 FF 功能块。

（5）与上述主机组态相对应的 FF 设备位号（包括 FF 地址）已经组态，包括每个 H1 接口插件的所有冗余端口。

（6）具有组态所有典型网络所需的足够设备。提供具有代表性的 FF 网段。买方应确定选择的网段是已安装网络的典型代表。

（7）为相应的 H1 插件和端口准备好选定的 FF 网络/网段（但没有连接 FF 设备），并且已经完成供电和接地检查。

（8）FF 参数仿真支持对过程条件的仿真，并对报警设置加以评估。

（9）提供足够的外部 FF 终端。

（10）没有采用最终的电缆连接和接线盒。典型连接必须执行。调试时将对最终的基础设施进行测试。

说明：对于特别长或特别复杂的网络，应采用工厂的电缆盘进行仿真。

3. 工厂验收试验（FAT）要求

FAT 是一种必要的质量保证检验，它确保主机的所有组件都能正常工作。控制策略的实质部分都是在现场设备中执行。因而，在没有连接所有 FF 设备或仿真应用程序的情况下，不可能对控制策略进行测试。现场总线将许多系统功能下放到现场层；DCS 工厂测试一般只测试运行员接口，尤其是现场设备由多家销售商提供时。为便于基金会现场总线FAT，现场总线系统销售商将制定单独的书面测试规划和测试程序。

主系统的工厂验收试验应与如下基金会现场总线的附加测试一并执行：

（1）功能性测试。项目中各 FF 设备的全套功能性必须进行测试（即第三方产品）。该测试包括，但不仅限于：主系统即插即用的互连性、所有功能块的访问确认、实际设备的运行（如阀门、变送器过程输入的仿真等）。

（2）标定测试。该测试包括各类 FF 设备的标定和设置，具体如下：

1）温度变送器：更改 RTD/热电偶类型和下载变送器量程。

2）压力变送器：①压力和 DP 变送器调零；②DP 液位变送器的调零。

3）阀门定位器：控制阀上新定位器的设置和校准。

说明：本要求的目的是，通过主系统方便地调用标定向导和设置程序。上述测试应在保证系统中其他设备在线和受控的情况下执行，否则部分控制回路应正常。

（3）校准和设置程序。各类设备的所有校准和设置程序应由销售商提供，并且得到最终用户首席项目工程师的书面批准。

（4）冗余切换测试程序。销售商应提供 H1 接口插件和现场总线功率调节器的冗余故障保护测试程序。该测试应确保自动故障切换时不会导致停车（如信号冲撞、运行员窗口不能运行、模式切换等）。所有 H1 接口插件和现场总线功率调节器都应测试。该程序由销售商负责制定，并得到最终用户首席项目工程师的批准。

所有供电电源和功率调节器故障报警都应要测试和解决。

（5）网络测试程序。每个网络（端口），包括备件，应在至少连接一个在线现场总线设备的情况下测试。现场总线设备应与现场接线的端子板或现场总线功率调节器的系统电缆下游连接。该程序由销售商负责制定，并得到最终用户首席项目工程师的批准。

4. FAT 程序

FAT 程序包括网络/网段检查、设备检查和数据校正（备注：后者可能是 FAT 其他部分的内容）三部分。

（1）网络/网段检查。FAT 测试时，委托人选择网段的代表号码。

对于每个待测试的 FF 网络/网段，需完成以下步骤：

1）网络/网段测试和调试。

2）测试/确认主机和设备具有相同的固件/软件版本。

3）测试/确认主机采用的所有 H1 接口插件具有相同的固件/软件版本。

4）检查相关网络/网段的通信参数是否正确，以及各网络的宏周期是否设置。

5）检查功率调节器模块工作是否正常，以及故障是否能够传送到主系统。

6）检查网络/网段是否能够由短路状态恢复。

7）测量总的消耗电流。

8）检查基金会现场总线主系统接口模块是否工作正常，以及故障是否被主系统识别。

9）检查备用 LAS 是否工作正常，以及是否能够正常进行调度。

10）利用 National Instruments 的 Bus Monitor（或类似产品）捕获和检查稳态（无下载）情况下的通信负荷。需要采用小于 70% 的负载。在 FF FAT 检验表中记录所有结果。

11）确保足够的备用容量以连接两个额外的 FF 设备，并利用 National Instruments 的 Bus Monitor（或类似产品）观测带宽。

12）监视器至少能够稳定运行 12h。稳定意味着 National Instruments 的 Bus Monitor（或类似产品）没有观测到不能解释的错误。

（2）设备检查。待测试的所有设备应视为网络/网段的一部分，测试步骤如下：

1）检查该设备的数据库是否正常。假定数据库在修改相关范围、报警、单位等后上载。通过与相关文档的对比，确认数据库是否正确。

2）向 FF 设备执行下载，并确认 FF 组态器和 National Instruments 的 Bus Monitor（或类似产品）都没有出现不能解释的错误。

（3）数据校正。对驻留在 FF 设备（如 AI、PID 或 AP 块）中的每一个参数，完成以下步骤：

1）根据 AI（AO）功能块和转换块的需要，确认刻度和工程单位是否正确设置。

2）确认 FF 设备，相关的面板、图形和趋势中刻度和工程单位组态正确，并且一致。

3）模拟过程变量的一半量程并确认。

4）AI（AO）块中，PV 参数域中过程变量显示正确。

5）过程图形中 PV 参数组态的地方显示相同的数值。

6）（历史）趋势中 PV 参数组态的地方显示相同的数值。

当同一设备生成的过程变量（如果有多个过程变量，则需对每个参数进行单独检查）超过限值时，确认运行员和/或维护工作站上出现预组态报警。

如果设备为阀门定位器，执行以下步骤：

1）确认 AO 块位于 CAS 模式。

2）确认 PID 块位于 MAN 模式。

3）在控制器面板上手工输入控制器输出值。

4）确认阀门定位器保持相同的输出。

13.3.2 电缆及网络/网段测试

1. 电缆测试程序

在调试网络/网段上的现场设备之前，按照该程序检查各网络/网段的电源、接线和隔离是否正确。在现场总线电缆检验表中记录步骤 1～3 的数据。

执行电缆测试程序时，需要以下工具：

1）带阻抗、DC 电压和电容测量功能的数字万用表（一些电容测量表具只能适用于元件测量，在测量整个网段时可能达不到预期的效果）。

2）小螺丝刀。

3）现场总线电缆检验表（每个网段复制一份）。

执行检查程序之前：

1）确认现场接线已经完成，并且终端连接正确，所有现场分支（不包括设备）都已连接。

2）在功率调节器端子板连接器处，拆除现场总线网络电缆（＋、－和屏蔽线）。

只需将连接器移到现场接线处；无需将连接器移到 H1 插件处。将连接器移到现场总线处可以实现现场接线与 H1 插件和供电电源的隔离，隔离屏蔽线与地，同时执行检查程序时可以测量阻抗和电容。如果现场接线方式与此处说明的不同，则需要将现场接线与 H1 插件和供电电源隔离，以及屏蔽线与地隔离。

注意：裸露的手不得与测量仪表的导线或网络/网段线接触。由于人体相当于一个电容，因此人体与导线或接线接触会影响读数。

检验步骤：

步骤 1：阻抗检查。拆掉由现场引来的端子板连接器，并在此处测量 H1 网络/网段导体的阻抗。

步骤 2：电容检查。拆掉由现场引来的端子板连接器，并在此处测量 H1 网络/网段导体的电容。

步骤 3：DC 电压检测。重新接上前面拆除的与电源相连的端子板连接器，使其与供电电源接通。拉动导线，以确认连接处的接线是否牢靠。在端子板连接器与现场连接的地方，测量 DC 电压。

现场总线电缆检验表如表 13-7 所示。

表 13-7　　　　　　　　　　　　　　　　现场总线电缆检验表

公司/地址_____　装置/说明_____		
控制器编号_____　现场总线插件编号_____　部件编号_____		
步骤 1：在现场引来的 H1 网络/网段导线处，测量阻抗		
（＋）到（－）信号线	预期值≥50kΩ（递增）	实际值_____
（＋）到屏蔽线	预期情况：开路＞20MW	实际值_____
（－）到屏蔽线	预期情况：开路＞20MW	实际值_____
（＋）到接线棒	预期情况：开路＞20MW	实际值_____
（－）到接线棒	预期情况：开路＞20MW	实际值_____
屏蔽线到接线棒	预期情况：开路＞20MW	实际值_____
步骤 2：在现场引来的 H1 网络/网段导线处，测量电容		
（＋）到（－）信号线	预期值≥1μF(±20％)	实际值_____
（＋）到屏蔽线	预期值≤300nF	实际值_____
（－）到屏蔽线	预期值≤300nF	实际值_____
（＋）到接线棒	预期值≤300nF	实际值_____
（－）到接线棒	预期值≤300nF	实际值_____
屏蔽线到接线棒	预期值≤300nF	实际值_____
步骤 3：在现场总线供电电源/功率调节器处，测量 DC 电压		
（＋）到（－）信号线	预期值＝18.6～19.4V DC	实际值_____
（＋）到（－）信号线	预期值＝25～28V DC	实际值_____
技术员_____　合格_____　不合格_____		
日期_____		

2. 网络/网段的检查程序

检查工具不得影响链路调度或过程控制，不得用以执行超出监视之外的各类现场总线功能。现场总线接线监视器可以测试基金会现场总线的接线，它能够测试接线上的电压、信号电平和噪声。

以下是执行网段检查程序所需的工具：

（1）Relcom，Inc. FBT-3 现场总线监视器。

（2）小螺丝刀。

（3）现场总线网络/网段检验表。

（4）示波器。

检验步骤：

步骤1：连接。将 FBT-3 现场总线监视器与距离功率调节器最远的现场终端连接。红色线夹与现场总线接线的正端连接，黑色线夹与现场总线接线负端相连。如果导线极性颠倒，FBT-3 现场总线监视器将不会工作。

（1）DC 电压应与上节的结果相匹配。

（2）按一次 FBT-3 现场总线监视器的模式按钮，读取 LAS 功能。LAS 信号电平应为"OK"，并显示信号电平。表 13-8 为有关信号电平和接线状态的信息。

LAS 功能：如果网络上存在任何活动，链路活动调度器将发送探测节点帧。FBT-3 现场总线监视器测量探测节点帧的信号电平。信号电平的单位是 mV。测量值大于 150mV 为正常。如果 FBT-3 现场总线监视器与 FBT-5 现场总线接线确认器配合使用，则 FBT-5 将向导线注入现场总线信号，担当 LAS 的功能。

按下 FBT-3 现场总线监视器的模式按钮 3 次，获取噪声平均性能。读数应显示为"OK"，并显示噪声数值。表 13-9 为噪声电平和接线状态信息。

表 13-8　　　信号电平和接线状态信息		表 13-9　　　噪声电平和接线状态信息	
信号电平	接线状况	噪声电平	接线状况
800mV 或更高	无终端器	25mV 或更低	很好
350～700mV	好	213～50mV	OK
150～350mV	临界状态	50～100mV	临界
150 或更低	不能工作	100mV 或更高	差

噪声平均性能：帧之间的静默时间内测得的网络噪声。该值为 10 次测量值的平均值。监视器不会显示超过 693mV 的噪声读数。

FBT-3 应显示 2 个设备在线。

如果通过步骤 1 的检查，则继续执行后面的步骤，否则应校正问题后再继续。

步骤2：现场设备连接。连接和调试每个现场设备时，FBT-3 的读数应从现场设备读取，从而确认信号和噪声在允许的范围之内。

这种情况下调试应参照网络/网段上设备的初始下载操作（为其分配位号名和节点编号）。该调试并不包括初始下载后的活动，同时设备也没有投入运行。

由于现场总线回路的调试速度很快，将各现场设备连接到网络时，每个现场小组与应用工程师的密切合作非常重要。

步骤3：填写表格。表格应在完成所有现场设备调试后填写。读数应由编组机柜和距离编组机柜最远端的现场设备处读取。

步骤4：波形捕获。在编组机柜端子板的现场连接器处，测量 AC 波形。为获得最佳效果，将过滤器到 200mV/格，10μs/格并按下 HOLD 键捕获波形。将波形与预期波形作对比。

现场总线网络/网段检验表如表 13-10 所示。

表 13-10　　　　　　　　　　　现场总线网络/网段检验表

公司/地址＿＿＿＿＿＿＿ 装置/说明＿＿＿＿＿＿＿		
控制器编号＿＿＿＿＿＿＿ 现场总线插件编号＿＿＿＿＿＿＿		
部件编号＿＿＿＿＿＿＿ 电缆编号＿＿＿＿＿＿＿		
FBT-3 现场总线监视器显示的编组机柜电压		
（＋）到（－）信号线	25～29V DC	实际值＿＿＿＿＿＿＿
FBT-3 现场总线监视器显示的编组机柜信号电平		
（＋）到（－）信号线	350～700mV	实际 LAS=＿＿＿＿＿＿＿
		实际最小值＿＿＿＿＿＿＿
FBT-3 现场总线监视器显示的噪声平均性能		
（＋）到（－）信号线	25mV 或更低（很好）	实际值＿＿＿＿＿＿＿
	150mV 或更高（差）	
FBT-3 现场总线监视器显示的现场终端测量电压		
（＋）到（－）信号线	25～29V DC	实际值＿＿＿＿＿＿＿
FBT-3 现场总线监视器显示的现场终端信号电平		
（＋）到（－）信号线	350～700mV	实际 LAS=＿＿＿＿＿＿＿
		实际最小值＿＿＿＿＿＿＿
FBT-3 现场总线监视器显示的噪声平均性能		
（＋）到（－）信号线	25mV 或更低（很好）	
	75mV 或更高（差）	
设备数量	现场设备数＋2	实际值＿＿＿＿＿＿＿
技术员＿＿＿＿＿＿＿ 合格＿＿＿＿＿＿＿ 不合格＿＿＿＿＿＿＿		
日期＿＿＿＿＿＿＿		
注意：＿＿＿＿＿＿＿		
安装期间记录主要和隐性的位传送和信号电压的"基线"，并且定期检测其品质状况，尽早检测不可避免的应力损伤。		

13.3.3　回路检测/现场集成测试

将网段上的任一设备投入运行（与过程相连）之前，网络上的所有设备必须完全正常，并且已完成软件的综合测试。

所有变送器都要进行如下检测：

（1）校正量程。

（2）报警。

（3）故障模式。

所有控制阀都需进行如下检测：

（1）正确动作。

（2）限幅/反馈。

（3）故障模式。

具体的现场安装、测试和调试程序之后，应执行更为详细的回路检查和调试程序。要实现高效的测试和预调试操作，需提供简便的组态指南。该文档应包括如下典型操作的简单说明：

（1）网络添加新仪表。

（2）从网络上删除新仪表。

（3）替换网络上的仪表。

（4）修改仪表变量和参数，如更改位号名、更改测量范围、更改设备描述符、更改工程单位、更改仪表显示的设定等。

13.3.4 现场验收测试

现场验收测试（Site Acceptance Test，SAT）是一种基本质量保证检查，它可以检验设备安装、组态是否正确及是否正常工作。测试内容除了包含 FAT 的内容之外，还增加了一些只有在现场环境才能完成的测试。

SAT 测试程序补充：系统销售商和客户通常会共同制定一个 SAT 测试进度文档。如果在 FAT 期间组态还没有被下装和测试，那么就要在 SAT 期间进行下装和测试。在 SAT 期间有一些新的内容需要在现场测试。

（1）确保所有现场设备出现在相应网络的在线设备列表中。

（2）通过检验从传感器来的和送到执行器去的物理读数是否畅行无阻，来确认正确的设备是否被安装在正确的位置。

习　　题

1. 在一现场总线网段中，共使用 A 型电缆 800m、B 型电缆 200m，试判断该网段是否符合技术规范要求。

2. 现场总线布线设计中一般采用哪几种类型的拓扑结构？

3. 现场总线控制系统的电源设计应该注意哪些问题？

4. 现场总线本质安全系统的设计应该注意哪些问题？

5. 在现场总线控制系统中有哪些接地方式？

6. 什么是工厂验收测试（FAT）和现场验收测试（SAT）？

附录 A DCS 主要供应商及其代表产品

品牌	制 造 商	产 品 名 称
国外	ABB	800xA
		Symphony Plus
		Freelance
		Compact 800
	Emerson（艾默生）	DeltaV
		Ovation
		WDPF
	Eurothem（欧陆）	NETWORK－6000＋
		T2550
	Honeywell（霍尼韦尔）	HC900
		UMC800
		EXPERION LS
	Invensys（英维思，福克斯波罗）	Foxboro I/A Series
		Foxboro A²
	Rockwell（罗克韦尔）	AB ProcessLogix
	Siemens（西门子）	PCS7
		SPPA-T3000
	Yokogawa（横河）	CS1000
		CS3000
	HITACHI（日立）	HIACS-5000M
国内	和利时	HOLLiAS MACS-F
		HOLLiAS MACS-S
	浙大中控	WebField ECS-100
		WebField JX-300XP
		WebField GCS-1/2
	上海新华	TiSNet-P600
		TiSNet-XDC800
	国电智深	EDPF-NT
		GD99
	南京科远	NT6000
	正泰中自	SunyTDCS9200
		SunyPCC800
		Chitic CTS700
	山东鲁能	LN2000

附录 B DCS 系统技术统计表

DCS 系统		Ovation 系统	Symphony 系统	HIACS-5000M 系统	EDPF-NT 系统
1. 系统情况					
生产商		艾默生过程控制有限公司	北京 ABB 贝利工程有限公司	北京日立控制系统有限公司	北京国电智深控制技术有限公司
系统抗干扰能力		抗共模电压：≥500V；差模电压：≥60V	抗共模电压：≥500V；共模抑制比：≥120dB，50Hz；差模电压：≥60V；差模抑制比：≥60dB	抗共模电压：≥500V；差模电压：≥90V	抗共模电压：≥500V；差模电压：≥60V
系统可用率		99.9%	99.9%	99.9%	99.9%
系统电源		电源均为冗余配置	电源均为冗余配置	电源均为冗余配置	电源均为冗余配置
系统精度		输入信号（高电平）：±0.1%；输入信号（低电平）：±0.1%；输出信号：±0.1%	输入信号（高电平）：±0.1%；输入信号（低电平）：±0.1%；输出信号：±0.25%	输入信号（高电平）：±0.1%；输入信号（低电平）：±0.2%；输出信号：±0.2%	输入信号（高电平）：±0.1%；输入信号（低电平）：±0.1%；输出信号：±0.1%
2. 数据通信系统					
网络结构		单层一体化以太网、非 C/S 结构，对等结构	C/S 结构或对等结构	采用更快速、更可靠的单层网络结构，服务器集群式结构，无单独服务器，对等结构	快速以太网双环结构，监视操作级与过程控制级网络合一，不分层；C/S 结构，对等结构
通信方式		高速工业以太网	环形令牌网	FDDI 环形令牌网	高速工业以太网
标准		IEEE 802.3	IEEE 802.5	IEEE 802.5	IEEE 802.3
介质		光纤或五类双绞线	同轴电缆	光纤	光纤或五类双绞线
速率及传输量		100Mbit/s，每秒 200000 实时点	监控以太网：100Mbit/s；控制环网：10Mbit/s	Network-100 光纤令牌网络，100Mbit/s	100Mbit/s

DCS系统	Ovation系统	Symphony系统	HIACS-5000M系统	EDPF-NT系统
3. 运行员操作站				
性能	允许对200000动态点进行访问，支持多种语言、字符集转换的能力。调用画面时间：1s；动态数据更新时间：<1s；操作指令相应时间：<1s；模拟图：25000，8个报警级别、颜色16种，历史清单5000个	标签量30000个，调任一画面的击键次数不大于3次；数据刷新时间：≤1s；发指令收到反馈显示时间：≤1s；有报警管理系统，具有8个报警优先级	调用画面时间：<1s；动态数据更新时间：1s；操作指令相应时间：<1s；模拟图：不限制；趋势曲线：任意，每幅8条，系统最大不限制	调用画面时间：<1s；动态数据更新时间：0.5~1s；操作指令相应时间：<1s；模拟图：不限制；趋势曲线：可离线/在线
4. 工程师站				
组态方式	控制建立器是基于CAD的软件包，包含图像建立器、组态建立器、测点建立器和报表建立器；数据库适应标准ODBC和SQL；图形化组态，可离线/在线，可采用高级语言（如C语言等）	图形化组态、功能码、C语言、Basic、Batch90、Ladder	专用（分层式计算机辅助绘图系统）。具有高级语言——POL语言，可离线/在线	图形化组态，可离线/在线
5. 过程控制器模件				
型号	OCR400	BRC-300	R600CH	EDPF-DPU
配置	400MHz, 128MB闪存, 128M RAM, 外部接口	主频160MHz, ROM: 2MB, RAM: 8MB, NVRAM: 512KB	32位RISC处理器，160MHz（处理速度相当于500MHz的CISC处理器）; ROM: 512KB; RAM: 32MB 支持ECC（带电池后备）	Pentium 500MHz, 64MB RAM, 128MB非易失内存
外部接口	4个100Mbit/s以太网口	控制级网络接口	双重化配置的光接口	以太网口
处理能力	标签名最多32000点，最大硬接线点模拟量1024点，最大数字量或SOE 2048点，最大本地I/O模件128块，最大远程模件数64	最大I/O模件数64个，块地址最大10000，支持功能码200种	每个控制器最多128块I/O模件，可组态功能块114686个，可组态最大标签量57343个，硬接线点模拟量2048点，数字量2048点	1024点模拟量或2048点数字量，最大I/O模件数120块，每个DPU999个控制页；每个DPU的数据库容量不少于16000点

DCS系统	Ovation 系统	Symphony 系统	HIACS-5000M 系统	EDPF-NT 系统
实时能力	10ms～30s 可调，最多 5 个具有不同回路执行时间的任务	1ms 以上根据任务量任意调整执行周期，SOE 1ms	20～500ms 可设定。同一控制器中，对不同的处理任务可根据任务对实时性的要求设定不同的控制周期	周期：模拟量 100ms，开关量 50ms；快速处理周期：模拟量 50ms，开关量 10ms，SOE 1ms；系统最快处理周期：20ms
冗余方式	1：1 冗余	1：1 冗余	双重化冗余配置	1：1 热备冗余
智能设备能力	支持 PROFIBUS、FF、DeviceNet 总线设备			
6. 过程I/O模件 配置种类	AI、TC、RTD、AO、DI、DO（250V AC、150V DC）、单边节点输入模件、继电器板接口模件、SOE 模件、脉冲累计模件、LC 模件、速度检测模件、阀定位模件、伺服驱动模件、HART 协议接口模件、远程 I/O 模件	AI（电压、电流）、AI（电压、电流、热电偶、热电阻）、AO、DI、DO、PI、SOE、频率计数模件、控制输入/输出模件、伺服模件、FSK 输入模件	AI、RTD、TC、AO、DI、DO、PI、SOE、转速测量模块、伺服驱动模块	AI（16 输入）、RTD（16 输入）、TC（16 输入）、AIO（8 输入、4 输出）、DI、DIO（16 输入、16 输出）、PI
I/O 模件智能化程度	自诊断至模件通道级	自诊断至模件通道级	微处理器进行模件的诊断及增益校正、零源校正；具备防抖动功能等	智能化，减轻过程处理器负担
信号隔离	通道隔离，光电或电磁	通道隔离，光电或电磁	通道隔离，光电或电磁	通道隔离，光电或电磁
SOE	同一控制器 0.125ms 分辨率，控制器间 1ms 分辨率	1ms	1ms	1ms

注 本书提供的数据仅供读者从总体上了解各 DCS。各数据对各 DCS 时参考，而不是试图通过这些数据对各 DCS 作出评价。DCS 的发展日新月异，以上数据并不一定适用于当前各 DCS。另外，各为控制系统，各 DCS 对某一类控制应用问题都有一系列的解决方案，本数据表中仅列出了一种。

335

附录 C 通过现场总线基金会认证的现场设备

序号	制造商	分类	设备名称	型号
1	Yokogawa Electric Corp.	现场设备：压力	压力变送器	EJA 系列
2	Fuji Electric	现场设备：温度	光纤温度变送器	FFX-T 系列
3	Fuji Electric	现场设备：压力	光纤压力变送器	FFX-P 系列
4	Rosemount Inc.	现场设备：压力	压力变送器	3051
5	Rosemount Inc.	现场设备：流量	涡街流量计	8800A
6	Smar International Corp.	现场设备：信号处理/转换	现场总线—气压信号转换器	FP302
7	Smar International Corp.	现场设备：压力	差压变送器	LD302
8	Smar International Corp.	现场设备：温度	通用温度变送器	TT302
9	Smar International Corp.	现场设备：阀门控制	现场总线阀门定位器	FY302
10	Smar International Corp.	现场设备：信号处理/转换	现场总线—电流转换器	FI302
11	Smar International Corp.	现场设备：信号处理/转换	电流—现场总线转换器	IF302
12	Fieldbus Inc.	培训：仿真工具	仿真工具	UCR-501
13	Rosemount Analytical Uniloc Division	现场设备：分析仪表	现场总线 pH 变送器	4081pH
14	Yokogawa Electric Corp.	现场设备：流量	涡街流量计	YEWFLOW
15	Rosemount Analytical Process Analytic Division	现场设备：分析仪表	现场氧量分析仪	4081FG
16	Rosemount Analytical Process Analytic Division	现场设备：分析仪表	现场氧量变送器	Oxymitter 5000
17	Rosemount Inc.	现场设备：温度	温度变送器	3244MV
18	Micro Motion Inc.	现场设备：流量	科里奥利流量变送器	5300
19	Honeywell Industrial Automation & Control	现场设备：温度	温度变送器	STT35F Fieldbus
20	Honeywell Industrial Automation & Control	现场设备：压力	压力变送器	FF Option
21	The Foxboro Company	现场设备：压力	压力变送器	IASPT10
22	National Instruments	现场设备：控制器	现场总线网络控制器	FP3000
23	Yamatake Corp.	现场设备：压力	压力变送器	DSTJ 3000
24	Yamatake Corp.	现场设备：流量	电磁流量计	MagneW 3000
25	Smar International Corp.	现场设备：其他	可编程逻辑控制器现场总线接口模块	FB700

序号	制造商	分类	设备名称	型号
26	Flowserve	现场设备：阀门控制	现场总线阀门定位器	Logix 14XX
27	El-O-Matic	现场设备：阀门控制	现场总线电动执行器	DD30/7360/8000
28	Rosemount Inc.	现场设备：分析仪表	导电度变送器	4081C/T
29	Rosemount Inc.	现场设备：流量	电磁流量计	8742
30	Yamatake Corp.	现场设备：压力	压力变送器	ST3000 S900
31	Yamatake Corp.	现场设备：阀门控制	阀门定位器	AVP303
32	Yokogawa Electric Corp.	现场设备：分析仪表	导电度/电阻率变送器	EXAxt SC
33	El-O-Matic	现场设备：阀门控制	现场总线电动执行器	22C0/0990/F800
34	Yokogawa Electrical Corp.	现场设备：分析仪表	pH 变送器	EXAxt pH
35	Fisher Controls International Inc.	现场设备：阀门控制	数字式阀门控制器	DVC5000f - SC
36	Yokogawa Electric Corp.	现场设备：阀门控制	阀门定位器	YVP
37	Endress＋Hauser	现场设备：压力	压力变送器	Cerabar S
38	Endress＋Hauser	现场设备：信号处理/转换	雷达液位变送器	Micropilot II
39	ABB Instrumentation	现场设备：流量	质量流量计	1210SMT-F
40	Endress＋Hauser	现场设备：压力	差压流量计	Deltabar S
41	Flowserve Corp.	现场设备：阀门控制	开关量阀门控制器	BUSwitch
42	Rosemount Analytical	现场设备：分析仪表	连续气体分析仪	CAT
43	Rosemount Analytical	现场设备：信号处理/转换	现场总线 pH/ORP 变送器	4081 pH/ORP
44	Fisher Controls International	现场设备：阀门控制	开关量阀门控制器	DVC5000f - FL
45	SAMSON AG	现场设备：阀门控制	现场总线阀门定位器	3787
46	ABB Instrumentation	现场设备：压力	差压、压力变送器	600T EN
47	Rotork Controls Ltd	现场设备：阀门控制	阀门执行器	FF-01
48	Endress ＋ Hauser Flowtec AG	现场设备：流量	电磁流量计	ProMag 53
49	Rosemount Analytical	现场设备：其他	过程气相色谱仪	GCX 8000
50	The Foxboro Company	现场设备：压力	差压、压力变送器	IADP10-F
51	The Foxboro Company	现场设备：压力	差压变送器	IDP10
52	The Foxboro Company	现场设备：压力	直接连接的表压力变送器	IGP10
53	The Foxboro Company	现场设备：压力	管路连接的表压力变送器	IGP20
54	The Foxboro Company	现场设备：压力	绝对压力变送器	IAP10

序号	制造商	分类	设备名称	型号
55	The Foxboro Company	现场设备：压力	绝对压力变送器	IAP20
56	Dresser Valve Division	现场设备：阀门控制	阀门定位器	FVP
57	Yokogawa Electric Corp.	现场设备：流量	电磁流量计	ADMAG AE
58	The Foxboro Company	现场设备：温度	温度变送器	RTT25
59	Ohmart/Vega	现场设备：液位	核子液位计	GEN2000
60	Yokogawa Electric Company	现场设备：温度	温度变送器	YTA-320
61	ABB Automation Products GmbH	现场设备：流量	电磁流量计	FXE4000
62	ABB Automation Products GmbH	现场设备：链路设备	H1/HSE 链路设备	FIO-100
63	ABB Automation Products GmbH	现场设备：阀门控制	阀门定位器	TZID-C120/220
64	ABB Automation Products GmbH	现场设备：压力	压力变送器	2600T 系列 263/265
65	ABB Automation Products GmbH	现场设备：压力	压力变送器	2600T 系列 267/269
66	ABB Automation Products GmbH	现场设备：其他	多变量现场指示器	2600T 系列-Model 264IB
67	ABB Automation Products GmbH	现场设备：压力	压力变送器	2600T 系列-Models 262/264
68	ABB Automation Products GmbH	现场设备：流量	电磁流量计	FSM4000
69	ABB Automation Products GmbH	现场设备：流量	科里奥利质量流量计	FCM2000
70	ABB Automation Products GmbH	现场设备：电源和调节器	电源调节器（类型1）	PC 900-NR
71	ABB Automation Products GmbH	现场设备：流量	涡街/涡流流量计	TRIO-WIRL FV4000/FS4000
72	ABB Automation Products GmbH	现场设备：分析仪表	pH、ORP、pION 变送器	TB82PH
73	ABB Automation Products GmbH	现场设备：主机		Industrial IT System 800xA
74	ABB Automation Products GmbH	现场设备：链路设备	H1/HSE 链路设备	LD 800HSE

序号	制造商	分类	设备名称	型号
75	ABB Automation Products GmbH	现场设备：温度	温度变送器	TTX300
76	ABB Automation Products GmbH	现场设备：压力	差压、表压、绝对压力变送器	2600T 系列-Model 266 P-DP
77	ABB Automation Products GmbH	现场设备：流量	电磁流量计	ProcessMaster/HygienicMasterFEX300/FEX500
78	Advanced Process Automation Technologies-APAT	现场设备：通信栈	APAT FF H1 链路主站通信栈	APATH1LM
79	Advanced Process Automation Technologies-APAT	现场设备：链路设备	H1/HSE 链路设备	LD101
80	Associated Flexibles &Wires PVT. Ltd.	现场设备：配线组件、电缆	18 号 AWG 1～24 屏蔽双绞线	AFWFC-18
81	AUMA	现场设备：阀门控制	阀门定位器	AUMATIC FF H1
82	BEKA Associates Ltd.	现场设备：其他	现场总线指示器	BA414DF Series
83	BEKA Associates Ltd.	现场设备：其他	现场总线显示器	BA488CF 系列
84	BELDEN	现场设备：配线组件、电缆	18 号 AWG 1 屏蔽双绞线	3076F
85	Berthold Technologies GmbH & Co. KG	现场设备：液位	液位变送器	Uniprobe LB490
86	Berthold Technologies GmbH & Co. KG	现场设备：流量	密度/流量变送器	Uniprobe LB491
87	Biffi Italia SRL	现场设备：阀门控制	电动执行器	F02-FF
88	Biffi Italia SRL	现场设备：阀门控制	电动执行器—阀门定位器	FF 2000 v4
89	Buerkert Werke GmbH & Co.	现场设备：模拟或离散 I/O 模块	电源 I/O 盒	8643（4-wire version）
90	CBI Electric Aberdare ATC Telecom Cables（PTY）Ltd.	现场设备：配线组件、电缆	18 号 AWG 1～20 屏蔽双绞线	CBI-FieldbusTP-02
91	ChongQing ChuanYi Automation Co.，Ltd.	现场设备：流量	电磁流量计	FlowMaster EM Flow Meter
92	Cidra Corporate Services Inc.	现场设备：流量	过程监控系统	SONARtrac
93	Dandong Top Electronic Instrument Co.，Ltd.	现场设备：流量	现场总线流量变送器	DDTOP-F

序号	制造商	分类	设备名称	型号
94	Dandong Top Electronic Instrument Co.，Ltd.	现场设备：液位	现场总线液位变送器	DDTOP-L
95	Dekoron Wire & Cable LLC	现场设备：配线组件、电缆	16 号 AWG 1～36 屏蔽双绞线	FB5X-6XXXX/FB7X-6XXXX
96	Dekoron Wire & Cable LLC	现场设备：配线组件、电缆	16 号 AWG 1～36 屏蔽双绞线	FP5X-6XXXX/FP7X-6XXXX
97	Dekoron Wire & Cable LLC	现场设备：配线组件、电缆	18 号 AWG 1～36 屏蔽双绞线	FP5X-8XXXX/FP7X-8XXXX
98	Draeger Safety AG&Co. KGAA	现场设备：分析仪器	气体检测器	Polytron 7XXX
99	Dresser Valve Division	现场设备：阀门控制	阀门定位器	FVP（Software Download）
100	Dynamic Flow Computers	现场设备：流量	流量计算器	DynamicFB
101	EIM Control Inc.	现场设备：阀门控制	电动执行器	DCM Fieldbus Actuator
102	Emerson Process Management	现场设备：温度	温度变送器	Rosemount 644
103	Emerson Process Management	现场设备：链路设备	H1/HSE 链路设备	Linking Device HSE
104	Emerson Process Management	现场设备：压力	压力变送器	Rosemount 2051
105	Emerson Process Management	现场设备：分析仪器	pH、ORP 变送器	Rosemount Analytical 5081-pH/ORP-FF
106	Emerson Process Management	现场设备：流量	电磁流量计	Rosemount 8742C
107	Emerson Process Management	现场设备：阀门控制	数字阀门控制器	Fisher DVC6000f
108	Emerson Process Management	现场设备：模拟或离散 I/O 模块	离散 I/O	Rosemount 848L
109	Emerson Process Management	现场设备：分析仪器	电流分析变送器	Rosemount Analytical Xmt-C/T-FF
110	Emerson Process Management	现场设备：分析仪器	pH、ORP 变送器	Rosemount Analytical Xmt-P-FF
111	Emerson Process Management	现场设备：液位	雷达液位变送器	Rosemount 5400 Series

序号	制造商	分类	设备名称	型号
112	Emerson Process Management	现场设备：流量	差压质量流量计	Rosemount 3095 MultiVariable™ Transmitter
113	Emerson Process Management	现场设备：阀门控制	气动阀门执行器	FieldQ
114	Emerson Process Management	现场设备：液位	雷达液位变送器	Rosemount 3900 Tank Radar REX
115	Emerson Process Management	现场设备：分析仪器	多组分连续式气体分析仪	Rosemount Analytical MLT
116	Emerson Process Management	现场设备：压力	压力变送器	Rosemount 3051S
117	Emerson Process Management	现场设备：流量	布鲁克斯现场总线变送器	Brooks Instrument SLA Series, AM
118	Emerson Process Management	现场设备：阀门控制	阀门控制器	Numatics Inc. FF Valve Manifold
119	Emerson Process Management	现场设备：分析仪器	氧气变送器	Rosemount Analytical Oxymitter 5000
120	Emerson Process Management	现场设备：温度	温度变送器	Rosemount 3144P
121	Emerson Process Management	现场设备：压力	压力变送器	Rosemount 3051C
122	Emerson Process Management	现场设备：分析仪器	氧气和可燃气体分析仪	Rosemount Analytical OCX 8800
123	Emerson Process Management	现场设备：阀门控制	数字阀门控制器	Fisher DVC6200f/DVC 6000f
124	Emerson Process Management	现场设备：主机		DeltaV & AMS Suite: Intelligent Device Manager
125	Emerson Process Management	现场设备：分析/诊断仪器	机械设备状态变送器	CSI 9210
126	Emerson Process Management	现场设备：流量	电磁流量变送器	Rosemount 8732E
127	Emerson Process Management	现场设备：液位	导波雷达液位和接口变送器	Rosemount 5300 Series
128	Emerson Process Management	现场设备：分析仪器	气相色谱仪	Rosemount Analytical 700XA

序号	制造商	分类	设备名称	型号
129	Emerson Process Management	现场设备：温度	8位输入温度变送器	Rosemount 848T
130	Emerson Process Management	现场设备：分析仪器	气相色谱仪	Rosemount Analytical 1500XA
131	Emerson Process Management	现场设备：液位	数字液位控制器/变送器	Fisher DLC3020f Digital Level Controller/Transmitter
132	Emerson Process Management	现场设备：阀门控制	角行程开/关电动执行器	EL-O-MATIC 22C0
133	Emerson Process Management	现场设备：阀门控制	直行程电动执行器	EL-O-MATIC DD30
134	Emerson Process Management	现场设备：流量	涡街流量变动器	Rosemount 8800
135	Emerson Process Management	现场设备：液位	雷达液位变送器	Rosemount 5600 TankRadar PRO
136	Emerson Process Management	现场设备：主机		Ovation Expert Control System & AMS Suite: Intelligent Device Manager
137	Emerson Process Management	现场设备：显示器	远程指示器	Rosemount 752 Fieldbus Remote Display
138	Emerson Process Management	现场设备：流量	科里奥利质量流量计	Micro Motion MVD 2700
139	Endress+Hauser	现场设备：温度	温度变送器	TMT165
140	Endress+Hauser	现场设备：流量	涡街流量计	Prowirl 72
141	Endress+Hauser	现场设备：流量	涡街流量计	Prowirl 73
142	Endress+Hauser	现场设备：链路设备	H1/HSE 链路设备	CONTROLCARE SFC162 FIELD CONTROLLER（4X FF H1）
143	Endress+Hauser	现场设备：分析仪器	pH、ORP 变送器	Liquiline M CM42 pH/ORP
144	Endress+Hauser	现场设备：分析仪器	电导率变送器	Liquiline M CM42 Cond
145	Endress+Hauser	现场设备：液位	导波液位变送器	Levelflex M

序号	制造商	分类	设备名称	型号
146	Endress+Hauser	现场设备：液位	超声波液位变送器	Prosonic M
147	Endress+Hauser	现场设备：液位	雷达液位变送器	Micropilot M
148	Endress+Hauser	现场设备：温度	温差变送器	TMT85
149	Endress+Hauser	现场设备：温度	温度多路复用器	TMT125
150	Endress+Hauser	现场设备：分析仪器	溶解氧变送器	Liquiline M CM42 Doxygen
151	Endress+Hauser	现场设备：流量	超声波流量计	Prosonic Flow 92
152	Endress+Hauser	现场设备：压力	压力变送器	Cerabar S
153	Endress+Hauser	现场设备：液位	静压液位变送器	Deltabar S
154	Endress+Hauser	现场设备：液位	辐射密度/液位变送器	FMG60 Gammapilot M
155	Endress+Hauser	现场设备：流量	科里奥利质量流量计	PROline Promass 83
156	Endress+Hauser	现场设备：流量	电磁流量计	PROline Promag 53/55
157	Endress+Hauser	现场设备：流量	超声波流量计	PROline Prosonic Flow 93
158	Endress+Hauser	现场设备：显示器	8 通道现场指示器	RID1x （RID14/RID16）
159	Endress+Hauser	现场设备：温度	温度变送器	TMT162
160	Enotec GmbH	现场设备：分析仪器	氧气分析系统	OXITEC 5000
161	Enotec GmbH	现场设备：分析仪器	氧气和 CO_e 分析系统	COMTEC 6000
162	Enraf Terminal Automation	现场设备：液位	测量仪表	854 ATG Servo 系列
163	Enraf Terminal Automation	现场设备：液位	测量仪表	97x SmartRadar 系列
164	FCI-Fluid Components International	现场设备：流量	热式质量流量计	ST100 系列
165	Fieldbus Inc.	现场设备：转换器/网关	艾美特克总线到 FF 总线的转换器	Ametek LinkBus-FF
166	Fieldbus International	现场设备：液位	液位计	LEVEL_RADAR_DEVICE
167	Fieldbus International	现场设备：液位	液位计	LEVEL_TDR_DEVICE
168	Flowserve Corp.	现场设备：阀门控制	阀门定位器	LOGIX 3400IQ/1400

序号	制造商	分类	设备名称	型号
169	Flowserve Corp.	现场设备：阀门控制	电动执行器	Accutronix MX
170	Flowserve Corp.	现场设备：阀门控制	定位器	Logix 3400MD
171	Flowserve Corp.	现场设备：阀门控制	数字阀门定位器	PMV D3
172	Foxboro （and Foxboro-Eckardt）	现场设备：液位	智能变送器	240FF
173	Foxboro （and Foxboro-Eckardt）	现场设备：温度	温度变送器	RTT15-F
174	Foxboro （and Foxboro-Eckardt）	现场设备：阀门控制	通用定位器	SRD 960
175	Foxboro （and Foxboro-Eckardt）	现场设备：阀门控制	智能定位器	SRD 991
176	Foxboro （and Foxboro-Eckardt）	现场设备：压力	多变量压力变送器	I/A Series IMV25 Pressure Transmitter
177	Foxboro （and Foxboro-Eckardt）	现场设备：压力	单变量压力变送器	IGP20
178	Foxboro （and Foxboro-Eckardt）	现场设备：温度	多变量温度变送器	RTT25-F2
179	Foxboro （and Foxboro-Eckardt）	现场设备：压力	单变量压力变送器	IDP10
180	Foxboro （and Foxboro-Eckardt）	现场设备：压力	单变量压力变送器	IASPT10
181	Foxboro （and Foxboro-Eckardt）	现场设备：压力	单变量压力变送器	IAP20
182	Foxboro （and Foxboro-Eckardt）	现场设备：压力	单变量压力变送器	IGP10
183	Foxboro （and Foxboro-Eckardt）	现场设备：压力	单变量压力变送器	IAP10
184	Foxboro （and Foxboro-Eckardt）	现场设备：压力	单变量压力变送器	IGP25
185	Foxboro （and Foxboro-Eckardt）	现场设备：压力	单变量压力变送器	IGP50
186	Foxboro （and Foxboro-Eckardt）	现场设备：压力	单变量压力变送器	IDP25
187	Foxboro （and Foxboro-Eckardt）	现场设备：压力	单变量压力变送器	IDP50

序号	制造商	分类	设备名称	型号
188	Foxboro（and Foxboro-Eckardt）	现场设备：流量	电磁流量计	IMT25
189	Foxboro（and Foxboro-Eckardt）	现场设备：流量	涡街流量计	83
190	Foxboro（and Foxboro-Eckardt）	现场设备：温度	温度变送器	RTT25-F1
191	Foxboro（and Foxboro-Eckardt）	现场设备：温度	2通道温度变送器	RTT30
192	Fuji Electric Systems Co.，Ltd.	现场设备：压力	压力变送器	FCX-AIII Series
193	GE Sensing	现场设备：流量	气体流量变送器	GE Flow Gas 868
194	GE Sensing	现场设备：流量	超声波流量计	XMT868i Liquid Flow Transmitter
195	Hach Company	现场设备：分析仪器	接触式电导率变送器	SI 792X C-FF
196	Hach Company	现场设备：分析仪器	溶解氧变送器	SI 792X D-FF
197	Hach Company	现场设备：分析仪器	3700 系列感应式电导率变送器	SI 792X E-FF
198	Hach Company	现场设备：分析仪器	pH、ORP 变送器	SI 792X P-FF
199	Hach Company	现场设备：分析仪器	7MA2200-8DA & 8398.5 感应式电导变送器	SI 792X T-FF
200	Harold Beck & Sons Inc.	现场设备：阀门控制	电动执行器	DCM
201	Hawk Measurement Systems	现场设备：液位	声波系列液位变送器	Hawk FF Level Series-AW-XXXX
202	Hawk Measurement Systems	现场设备：液位	声纳系列液位变送器	Hawk FF Level Series-OSIR-XXXX
203	Hawk Measurement Systems	现场设备：流量	流量变送器	Hawk FF Level Series-AWF-XXXX
204	Hawk Measurement Systems	现场设备：液位	TDR 液位系列变送器	Hawk FF Level Series-TDR-XXXX
205	Hawk Measurement Systems	现场设备：液位	雷达液位系列变送器	Hawk FF Level Series-RW-XXXX
206	Hawk Measurement Systems	现场设备：液位	导纳系列液位变送器	Hawk FF Level Series-AS2-XXXX
207	Hawk Measurement Systems	现场设备：液位	振动系列液位变送器	Hawk FF Level Series-VS1-XXXX

序号	制造商	分类	设备名称	型号
208	Hawk Measurement Systems	现场设备：液位	电导率系列液位变送器	Hawk FF Level Series-CS3-XXXX
209	Hawk Measurement Systems	现场设备：液位	微波液位系列变送器	Hawk FF Level Series-GM-XXXX
210	Heinrichs Messtechnik GmbH	现场设备：流量/液位	可变截面流量计、帕德尔威尔流量计、液位计、密度计	ES-FF
211	Honeywell Field Solutions	现场设备：温度	ST 3000 系列 350 温度变送器	STT35F
212	Honeywell Field Solutions	现场设备：温度	温度变送器	STT40F
213	Honeywell Field Solutions	现场设备：温度	温度变送器	STT17F
214	Honeywell Field Solutions	现场设备：压力	差压变送器	ST 3000 FF-STD900
215	Honeywell Field Solutions	现场设备：压力	表压变送器	ST 3000 FF-STG900
216	Honeywell Field Solutions	现场设备：压力	绝对压力变送器	ST 3000 FF-STA900
217	Honeywell Field Solutions	现场设备：液位	法兰式液位变送器	ST 3000 FF-STF900
218	Honeywell Field Solutions	现场设备：压力	远程膜片密封变送器	ST 3000 FF-STR900
219	Honeywell Field Solutions	现场设备：压力	差压变送器	ST 3000 FF-STD100
220	Honeywell Field Solutions	现场设备：压力	表压变送器	ST 3000 FF-STG100
221	Honeywell Field Solutions	现场设备：压力	绝对压力变送器	ST 3000 FF-STA100
222	Honeywell Field Solutions	现场设备：液位	法兰式液位变送器	ST 3000 FF-STF100
223	Honeywell Field Solutions	现场设备：压力	远程膜片密封变送器	ST 3000 FF-STR100
224	Honeywell Field Solutions	现场设备：流量	科里奥利质量流量变送器	TWC9000
225	Honeywell Field Solutions	现场设备：流量	电磁流量变送器	TWM9000
226	Honeywell Process Solutions	现场设备：主机		Experion PKS
227	Invensys	现场设备：主机		Infusion Enterprise Control System
228	ISE-Magtech	现场设备：液位	磁致伸缩液位变送器	LTM-300FF
229	K-TEK	现场设备：液位	磁致伸缩液位变送器	AT100、 AT100S、AT200
230	K-TEK	现场设备：液位	导波雷达液位变送器	MT5000、 MT5100、MT5200
231	KEI Industries Limited	现场设备：配线组件、电缆	18 号 AWG 1～24 屏蔽双绞线	KFC100118

序号	制造商	分类	设备名称	型号
232	KEI Industries Limited	现场设备：配线组件、电缆	16 号 AWG 1～24 屏蔽双绞线	KFC100116
233	Knick Elektronische Mess-gerate GmbH & Co. KG	现场设备：分析仪器	pH 变送器	Stratos FF 2231 X pH
234	Knick Elektronische Mess-gerate GmbH & Co. KG	现场设备：分析仪器	OXY 变送器	Stratos FF 2231X OXY
235	Knick Elektronische Mess-gerate GmbH & Co. KG	现场设备：分析仪器	电导率变送器	Stratos FF 2231 X COND
236	Knick Elektronische Mess-gerate GmbH & Co. KG	现场设备：分析仪器	环形电导率变送器	Stratos FF 2232 X CONDI
237	Knick Elektronische Mess-gerate GmbH & Co. KG	现场设备：分析仪器	液体分析测量系统	COMFF 3400-085
238	KOSO America Inc.	现场设备：阀门控制	电动液压执行器	Xpac X2 Model Series
239	Krohne Messtechnik GmbH	现场设备：流量	超声波流量计	OPTISONIC UFC300- IL
240	Krohne Messtechnik GmbH	现场设备：流量	电磁流量计	OPTIFLUX IFC300
241	Krohne Messtechnik GmbH	现场设备：流量	科里奥利质量流量计	OPTIMASS MFC300
242	L. Bernard S. A.	现场设备：阀门控制	执行器	BERNARD _ AC-TUATOR
243	Magnetrol	现场设备：液位	导波雷达液位变送器	705
244	Magnetrol	现场设备：液位	磁致伸缩液位变送器	Orion Jupiter Model 2xx
245	Magnetrol	现场设备：液位	导波雷达液位变送器	Eclipse Enhanced Model 705 3x
246	Magnetrol	现场设备：液位	浮筒液位变送器	E3 Modulevel
247	Metroval Controle De Flu-idos Ltda.	现场设备：流量	质量流量变送器	CMM-01
248	Metroval Controle De Flu-idos Ltda.	现场设备：密度	密度变送器	TDM-FF-01
249	Metroval Controle De Flu-idos Ltda.	现场设备：流量	容积式流量变送器	CVM-FF-01
250	Metso Automation	现场设备：显示器等	本地控制面板	LCP9000F
251	Metso Automation	现场设备：链路设备	H1/HSE 链路设备	FFlink
252	Metso Automation	现场设备：阀门控制	数字阀门定位器	ND9000F
253	Metso Automation	现场设备：阀门控制	智能阀门控制器	VG9000F

序号	制造商	分类	设备名称	型号
254	Mettler-Toledo GmbH	现场设备：分析仪器	pH 变送器	pH 2100e FF
255	Mettler-Toledo GmbH	现场设备：分析仪器	O_2 变送器	O2 4100e FF
256	Mettler-Toledo GmbH	现场设备：分析仪器	电导率仪	Cond 7100e FF
257	Mettler-Toledo GmbH	现场设备：分析仪器	环形电导率变送器	Cond Ind 7100e FF
258	Mettler-Toledo GmbH	现场设备：分析仪器	液体分析测量系统	M700 FF700
259	Micocyber Inc. （Shenyang Bowei）	现场设备：链路设备	H1/HSE 链路设备	NCS-LD105
260	Micocyber Inc. （Shenyang Bowei）	现场设备：压力	压力变送器	NCS-PT105
261	Micocyber Inc. （Shenyang Bowei）	现场设备：信号处理/转换	现场总线—电流转换器	NCS-FI105
262	Micocyber Inc. （Shenyang Bowei）	现场设备：信号处理/转换	4～20mA 电流—现场总线转换器	NCS-IF105
263	Middle East Specialized Cables Co. （MESC）	现场设备：配线组件、电缆	18 号 AWG 1～36 屏蔽双绞线	0224/0424-U0OR8-78
264	Moore Industries-International Inc.	现场设备：温度	温度变送器	TFZ
265	MooreHawke	现场设备：电源/调节器	现场总线电源	FPS201 Carrier and FPS202 Fieldbus Power Conditioner
266	MooreHawke	现场设备：电源/调节器	电源	RM100 （RM101 Rack，RM103 DC Regulator，RM102 Trunk Isolator Module）
267	MooreHawke	现场设备：电源/调节器	冗余电源	FPS202/TPS202 TRUNKSAFE TS Series Fault-Tolerant Fieldbus System
268	MooreHawke	现场设备：电源/调节器	冗余电源	TRUNKGUARD High Availability Fieldbus Power Conditione （TPS400）
269	MooreHawke	现场设备：配线组件、耦合器	耦合器	TG200 TRUNK-GUARD Series Fieldbus Device Coupler

序号	制造商	分类	设备名称	型号
270	MooreHawke	现场设备：配线组件、耦合器	耦合器	TG300 TRUNK-GUARD Series Fieldbus Device Coupler
271	Morgan Korea Ltd.	现场设备：阀门控制	智能电动执行器	MK-FF-H1
272	MTL Instrments	现场设备：电源/调节器	现场总线电源	MTL 5995***
273	MTL Instrments	现场设备：电源/调节器	电源	9121-IS
274	MTL Instrments	现场设备：电源/调节器	电源	9122-IS
275	MTL Instrments	现场设备：电源/调节器	电源	9111-NI
276	MTL Instrments	现场设备：电源/调节器	电源	9112-NI
277	MTL Instrments	现场设备：电源/调节器	电源	Relcom IPM（Module）with MTL F6X0X-XX and F6X5X-XX（Backplanes）
278	MTL Instrments	现场设备：温度	温度变送器	9331-T1
279	MTL Instrments	现场设备：诊断	现场总线诊断模块	F809F
280	MTL Instrments	现场设备：电源/调节器	带背板模块化冗余电源供电系统	9101-22/9107-22/9108-22/9106-22/9109-22
281	MTS System Corp.，Sensor Division	现场设备：液位	液位变送器	MTS＿LEVELPLUS＿MG
282	National Instruments	现场设备：链路设备	H1/HSE 链路设备	H1/HSE Linking Device
283	Northwire Inc.	现场设备：配线组件、电缆	16 AWG 1～24 屏蔽双绞线	FH1（X)-16X-XXX
284	Northwire Inc.	现场设备：配线组件、电缆	18 AWG 1～24 屏蔽双绞线	FH1（X)-18X-XXX
285	Ohmart/Vega	现场设备：液位	核液位计	GEN2000
286	Ohmart/Vega	现场设备：密度	核密度计	GEN2000 Density
287	Oval Corp.	现场设备：流量	质量流量计	CT9401
288	Oval Corp.	现场设备：流量	涡街流量计	EX DELTA Electrical
289	Pepperl＋Fuchs GmbH	现场设备：温度	温度多路复用器	F2D0-TI-Ex8. FF
290	Pepperl＋Fuchs GmbH	现场设备：电源/调节器	电源	HD2-FBPS-1. 25. 360＋MBHD-FB-＊.＊
291	Pepperl＋Fuchs GmbH	现场设备：阀门控制	阀门耦合器	FD0-VC-Ex4. FF
292	Pepperl＋Fuchs GmbH	现场设备：模拟量或离散 I/O	基金会现场总线远程 I/O	LB 8110-FB 8210

序号	制造商	分类	设备名称	型号
293	Pepperl+Fuchs GmbH	现场设备：电源/调节器	电源	KLD2-FBPS-1.25.360
294	Pepperl+Fuchs GmbH	现场设备：电源/调节器	1 型功率调节器	HD2-FBCL-1.500（Module）with MB-FB-*.*(Backplane)
295	Pepperl+Fuchs GmbH	现场设备：电源/调节器	电源	HD2-FBPS-1.500（Module）with MB-FB-*.*(Backplane)
296	Pepperl+Fuchs GmbH	现场设备：电源/调节器	电源	HD2-FBPS-1.17.500（Module）+MB-FB-*.*(Backplane)
297	Pepperl+Fuchs GmbH	现场设备：电源/调节器	电源	HD2-FBPS-1.23.500（Module）and MB*-FB*-*.*(Backplane)
298	Pepperl+Fuchs GmbH	现场设备：配线组件、耦合器	耦合器	R2-SP-N*
299	Pepperl+Fuchs GmbH	现场设备：配线组件、耦合器	耦合器	RM-SP*
300	Pepperl+Fuchs GmbH	现场设备：电源/调节器	电源	HCD2-FBPS-1.23.500（module）+MBHC*-FB*-*（backplane）
301	Pepperl+Fuchs GmbH	现场设备：电源/调节器	电源	HCD2-FBPS-1.500（module）+MBHC*-FB*-*（backplane）
302	Pepperl+Fuchs GmbH	现场设备：电源/调节器	冗余电源	HD2-FBPS-IBD-1.24.360 with MBHD-FB-D-*(Backplane)
303	Pepperl+Fuchs GmbH	现场设备：配线组件、耦合器	耦合器	R3-SP-IBD*
304	Phoenix Contact	现场设备：配线组件、电缆	18 号 AWG 1 屏蔽双绞线	SAC 7/8" and M12 for Foundation Fieldbus
305	Phoenix Contact	现场设备：配线组件、耦合器	耦合器	FB-ET ＋FB-2SP
306	PR Electronics	现场设备：温度	温度变送器	PRetrans 6350
307	PR Electronics	现场设备：温度	温度变送器	PRetop 5350
308	R. Stahl Schaltgreate GmbH	现场设备：电源/调节器	电源	9412/PS-**

序号	制造商	分类	设备名称	型号
309	R. Stahl Schaltgreate GmbH	现场设备：配线组件、耦合器	数字 I/O 耦合器	9413 （4-wire version)
310	R. Stahl Schaltgreate GmbH	现场设备：电源/调节器	电源	9412/00-310-11
311	Relcom Inc.	现场设备：电源/调节器	电源	FPS-D
312	Relcom Inc.	现场设备：电源/调节器	电源	FPS-DT
313	Relcom Inc.	现场设备：电源/调节器	电源	FPS-2
314	Relcom Inc.	现场设备：电源/调节器	带终端器的现场总线冗余电源	FPS-1
315	Relcom Inc.	现场设备：电源/调节器	电源	F8xx Redundant Power Supply Systems utilizing F801 Power Modules
316	Relcom Inc.	现场设备：电源/调节器	电源	F8xx Redundant Power Supply Systems utilizing F802 Power Modules
317	Relcom Inc.	现场设备：配线组件、耦合器	耦合器	F241 to F273/F241-XE to F273-XE
318	Rockbestos-Surprenant Cable Corp.	现场设备：配线组件、电缆	18 号 AWG 1～16 屏蔽双绞线	Gardex Fieldbus
319	Rockwell Automation	现场设备：链路设备	H1/HSE 链路设备	1757-FFLD
320	Ronan Engineering	现场设备：流量	核子质量流量计	X96S Mass Flow
321	Ronan Engineering	现场设备：分析仪器	核子台秤	X96S Weight Scale
322	Ronan Engineering	现场设备：液位	核子液位测量系统	X96S Standard Level
323	Ronan Engineering	现场设备：密度	核子密度计	X96S Density Gage
324	Rotork Controls Ltd	现场设备：阀门控制	阀门定位器	FF01 Mk2 Network Interface
325	Samson AG	现场设备：阀门控制	阀门定位器/阀门控制器	373x-5
326	Shanghai Automation Instrumentation Co., Ltd. (SAIC)	现场设备：压力	压力变送器	3151F
327	Shanghai Welltech Automation Co., Ltd.	现场设备：流量	电磁流量计	WT-XE4000

序号	制造商	分类	设备名称	型号
328	ShawFlex	现场设备：配线组件、电缆	18 号 AWG 1～24 屏蔽双绞线	300V/600V XLPE
329	Siemens AG	现场设备：压力	压力变送器	SITRANS P DSIII FF and SITRANS P300 FF
330	Siemens AG	现场设备：阀门控制	阀门定位器	SIPART PS2 FF
331	Siemens AG	现场设备：温度	温度变送器	TH400
332	Siemens AG	现场设备：流量	电磁流量计	SITRANS F M MAG6000
333	Siemens AG	现场设备：流量	科里奥利质量流量计	SITRANS F C MASS6000
334	Siemens AG	现场设备：液位	雷达液位变送器	SITRANS LR250
335	Siemens AG	现场设备：主机		SIMATIC PCS 7 Distributed Control System
336	Smar International Corp.	现场设备：压力	压力变送器	LD292
337	Smar International Corp.	现场设备：链路设备	H1/HSE 链路设备	DF51 HSE
338	Smar International Corp.	现场设备：密度	密度变送器	DT302
339	Smar International Corp.	现场设备：链路设备	H1/HSE 链路设备	DF62
340	Smar International Corp.	现场设备：转换器/网关	HI302-HART/基金会现场总线网关	HI302-I 8AI+8HART
341	Smar International Corp.	现场设备：转换器/网关	HI302-HART/基金会现场总线网关	HI302-N 8HART
342	Smar International Corp.	现场设备：转换器/网关	HI302-HART/基金会现场总线网关	HI302-O 8AO+8HART
343	Softing AG	现场设备：转换器/网关	基金会现场总线 H1-Modbus/TCP 网关	Foundation Fieldbus H1/Modbus/TCP Gateway FG-100 FF/M
344	Softing AG	现场设备：链路设备	H1/HSE 链路设备	Foundation Fieldbus High Speed Ethernet/H1 Linking Device FG-100 FF/HSE
345	Spirax Sarco S. R. L.	现场设备：阀门控制	阀门定位器	SP302
346	Stonel Corp.	现场设备：模拟/数字 I/O 模块	阀门通信终端器（2DI/2DO）	93/94 VCT
347	Stonel Corp.	现场设备：模拟/数字 I/O 模块	离散和模拟 I/O 模块	I/O Module（2DI、2DO、1AI、1AO)

352

序号	制造商	分类	设备名称	型号
348	Stonel Corp.	现场设备：模拟/数字 I/O 模块	VCT/通用开关量 I/O 模块	VCT/I/O Module (2DI、2DO)
349	Thermo Fisher Scientific	现场设备：液位	液位变送器	Thermo Scientific LevelPRO
350	Thermo Fisher Scientific	现场设备：密度	密度变送器	Thermo Scientific DensityPRO
351	TopWorx Inc.	现场设备：阀门控制	开关量阀门控制器（开/关）	SCM-FF
352	Turck	现场设备：温度	温度变送器	KMU40-EX
353	Turck	现场设备：电源/调节器	电源	RPC49-10120Ex
354	Turck	现场设备：电源/调节器	电源	RPC49-10265Ex, Ident No. 6604158
355	Turck	现场设备：电源/调节器	电源	DPC-49-IPS1
356	Tyco Valves & Controls	现场设备：阀门控制	离散定位器	AVID ZR-F
357	Tyco Valves & Controls	现场设备：阀门控制	本安气动阀门定位器（Positioner）	AVID SmartCal FF
358	Vega Grieshaber KG	现场设备：液位	雷达液位变送器	VEGAPULS
359	Vega Grieshaber KG	现场设备：液位	导向微波变送器	VEGAFLEX
360	Vega Grieshaber KG	现场设备：液位	电容式液位变送器	VEGACAL
361	Vega Grieshaber KG	现场设备：液位	超声波液位变送器	VEGASON
362	Vega Grieshaber KG	现场设备：压力	压力变送器	VEGABAR
363	Vega Grieshaber KG	现场设备：压力	差压变送器	VEGADIF
364	Westlock Controls	现场设备：阀门控制	紧急停车系统	FPAC-ESD
365	Westlock Controls	现场设备：阀门控制	离散阀门控制器	EL40106
366	Westlock Controls	现场设备：阀门控制	本安气动阀门定位器	Intellis ICot FF
367	Westlock Controls	现场设备：阀门控制	本安开关量阀门控制器/变送器	FF-EPIC
368	Westlock Controls	现场设备：阀门控制	阀门定位器	FF EPIC ESD
369	WIKA Alexander Wiegand SE & Co. KG.	现场设备：压力	压力变送器	IPT-1x-4
370	WIKA Alexander Wiegand SE & Co. KG.	现场设备：温度	温度变送器	T53.10
371	Yamatake Corp.	现场设备：压力	压力变送器	DSTJ 3000 NewAce
372	Yamatake Corp.	现场设备：阀门控制	阀门定位器	SVP3000 AVP204/AVP304

序号	制造商	分类	设备名称	型号
373	Yamatake Corp.	现场设备：阀门控制	阀门定位器	SVP3000 AVP203/AVP303
374	Yamatake Corp.	现场设备：主机		Industrial-DEO/Harmonas
375	Yamatake Corp.	现场设备：流量	涡街流量计	digital YEWFLO
376	Yokogawa Electric Corp.	现场设备：信号处理/转换	基金会现场总线—气动信号转换器	YPK
377	Yokogawa Electric Corp.	现场设备：温度	温度变送器	YTA80
378	Yokogawa Electric Corp.	现场设备：分析仪器	氧化锆氧量计	AV550G
379	Yokogawa Electric Corp.	现场设备：流量	电磁流量计	ADMAG AXF
380	Yokogawa Electric Corp.	现场设备：压力	压力变送器	EJX
381	Yokogawa Electric Corp.	现场设备：阀门控制	阀门定位器	YVP（Software Download）
382	Yokogawa Electric Corp.	现场设备：流量	多变量流量变送器	EJX910
383	Yokogawa Electric Corp.	现场设备：分析仪器	感应式电导率变送器	EXA ISC202
384	Yokogawa Electric Corp.	现场设备：分析仪器	pH 变送器	EXA PH202
385	Yokogawa Electric Corp.	现场设备：分析仪器	溶解氧变送器	EXA DO202
386	Yokogawa Electric Corp.	现场设备：分析仪器	电导率和电阻率变送器	EXA SC202
387	Yokogawa Electric Corp.	现场设备：流量	涡街流量计	Digital YEWFLOW-Software Download
388	Yokogawa Electric Corp.	现场设备：主机		CENTUM VP
389	Yokogawa Electric Corp.	现场设备：流量	科里奥利质量流量计	ROTAMASS/RC-CT3
390	Yokogawa Electric Corp.	现场设备：主机		STARDOM
391	Yokogawa Electric Corp.	现场设备：显示器	网段指示器	FVX110

参 考 文 献

[1] 白焰，吴鸿，杨国田. 分散控制系统与现场总线控制系统——基础、评选、设计和应用. 北京：中国电力出版社，2001.

[2] 阳宪惠. 现场总线技术及其应用. 2 版. 北京：清华大学出版社，2008.

[3] 缪学勤. 20 种类型现场总线进入 IEC 61158 第四版国际标准. 自动化仪表，2007，28（增刊）.

[4] 斯可克，王尊华，伍锦荣. 基金会现场总线功能块原理及应用. 北京：化学工业出版社，2003.

[5] 白焰，朱耀春，李新利，等. 现场总线控制系统及其应用. 北京：中国电力出版社，2011.